D1660336

Schnittpunkt

Mathematik Rheinland-Pfalz

Rainer Maroska
Achim Olpp
Claus Stöckle
Hartmut Wellstein

unter Mitarbeit von
Volker Müller, Isenburg
Rainer Vicari, Hochspeyer
Kurt Vogelsberger, Kaiserslautern

Ernst Klett Verlag
Stuttgart Düsseldorf Leipzig

Bildquellenverzeichnis:

Adams, George, Geometrische u. graphische Versuche ..., Wissenschaftl. Buchgesellschaft, Darmstadt, 1985; 111.1 + 3–5 – amw Pressedienst, München; 162 – Archiv für Kunst und Geschichte, Berlin; 125.1 – Arothek, Kunstdia-Archiv, Peißenberg; 149 – Bach, Eric, Superbild-Archiv, München-Grünwald; 112, 144 (Bernd Ducke) – Baumann Presse-Foto, Ludwigsburg; 28.1, 166.1 – Bavaria Bildagentur Gauting U1 (The Telegraph) – Bildarchiv Preußischer Kulturbesitz, Berlin; 110 – Bildgeber war nicht zu ermitteln 13.1 + 4, 130, 147.1 – Bongarts, Sportpressephoto, Hamburg; 20, 28, 166.2 + 3 – CESA-Diaarchiv GmbH, Cölbe; 123.2 – Cordon Art, Baarn, Holland; 114.1 (© 1955 Hikki Arai), 114.2 (© M. C. Escher) – Deutsche Bahn AG, Mainz; 93 – Deutsches Museum, München; 45.1 + 2, 87, 96 – dpa, Frankfurt/Main; 13.2, 160 (Wöstmann) – Funke, Pepe, Bietigheim; 32 – Gebhardt, Dieter, Grafik- und Fotodesign, Asperg; 13.6, 45.3, 65.4, 95.2–5, 123.1, 147.2, 168.2, 169, 170, 171 – Gericke, Helmut, Mathematik i. Antike und Orient, Springer Verlag GmbH u Co KG, Berlin, 1984; 125.4 – Herzog-August-Bibliothek, Wolfenbüttel; 125.3 – IBM Deutschland; 40 – Interfoto-Pressebild-Agentur, München; 70 (Peter Senter) – Kraftwerk Laufenburg, Laufenburg; 154 – Lade, Helga, Fotoagentur, Frankfurt/Main; 49 (Waltraud Dönitz), 158 (Dr. Wagner) – Landesbildstelle Rheinland-Pfalz, Koblenz; 153 – Landespolizeidirektion, Pressestelle, Stuttgart; 150 – Mauritius Bildagentur, Stuttgart; 61.1 (Bach), 61.2 (Dr. J. Müller), 65.1 + 3 (Vidler), 95.1 (Thonig), 152 (Bordis), 156 (Thonig), 168.1 (Mio) – Max-Planck-Gesellschaft, München; 65.2 – Meyers, Jonathan, Lonsley, Washington D. C.; 116 – Öffentliche Bibliothek der Universität Basel, Basel; 13.3 – Okapia, Frankfurt/Main; 135 (K. Schäfer/Global Pictures), 165 (Hermann Gehlken) – Rheinbraun AG, Köln; 34 – Scala, Florenz; 125.2 – Schrade, Richard, Winterbach; 25 – Simon, Bernd, Hürtgenwald; 140 – Smith, D. E.: History of Mathematics, 2 Bände, Ginn and Company, Boston–New York–Baltimore 1923/25; 13.5 – Stanciu, Ulrich: Alles über Mountain Bike, Delius Klasing Verlag, 1990; 168.3 – Stuttgarter Luftbild Elsäßer, Stuttgart; 155 – Thylmann, Esther, Stuttgart; 163 – Ullstein Bilderdienst, Berlin; 109 (Camera Press. Ltd.) – Verlag Heinrich Vogel, München 172.1 + 2 (Klaus Hummel/Uli Maier), 173 (Klaus Hummel/Uli Maier) – Vicari, Rainer, Hochspeyer; 29 – Vogelsberger, Kurt, Kaiserslautern; 65.5

1. Auflage € 1 12 11 10 9 8 | 2013 2012 2011 2010 2009

Alle Drucke dieser Auflage können im Unterricht nebeneinander benutzt werden, sie sind im Wesentlichen untereinander unverändert. Die letzte Zahl bezeichnet das Jahr dieses Druckes.
Ab dem Druck 2000 ist diese Auflage auf die Währung EURO umgestellt. Zum überwiegenden Teil sind in diesen Aufgaben keine zahlenmäßigen Veränderungen erfolgt. Die wenigen notwendigen Änderungen sind mit € gekennzeichnet. Lösungen und Hinweise zu diesen Aufgaben sind im Internet unter http://www.klett-verlag.de verfügbar.

Internetadresse: http://www.klett-verlag.de

Zeichnungen: Rudolf Hungreder, Leinfelden, Günter Schlierf, Neustadt, Mathias Wosczyna, Rheinbreitbach und Dieter Gebhardt, Asperg
Umschlagsgestaltung: Manfred Muraro, Ludwigsburg
Satz: Grafoline T · B · I · S GmbH, L.-Echterdingen
Druck: Firmengruppe APPL, aprinta druck, Wemding

ISBN 3-12-741960-0

Inhalt

Wiederholung

Terme. Binomische Formeln 7
Gleichungen. Ungleichungen 8
Lineare Funktionen 9
Flächeninhalt und Umfang von Vielecken 10
Volumen und Oberfläche von Prismen 12

I Lineare Gleichungssysteme. Ungleichungen 13

1 Lineare Gleichungen mit zwei Variablen 14
2 Lineare Gleichungssysteme. Zeichnerische Lösung 17
3 Geometrische Deutung der Lösungsmenge 20
4 Gleichsetzungsverfahren 22
5 Einsetzungsverfahren 24
6 Additionsverfahren 26
7 Lineare Ungleichungen mit zwei Variablen 29
8 Systeme linearer Ungleichungen. Planungsgebiete 32
9 Lineares Optimieren 34
10 Vermischte Aufgaben 37
Thema: Bildfahrpläne 43
Rückspiegel 44

II Quadratwurzeln. Reelle Zahlen 45

1 Quadratzahl. Quadratwurzel 46
2 Bestimmen von Quadratwurzeln 49
3 Reelle Zahlen 51
4 Multiplikation und Division von Quadratwurzeln 53
5 Addition und Subtraktion von Quadratwurzeln 55
6 Umformen von Wurzeltermen 57
7 Vermischte Aufgaben 59
Thema: Heronverfahren 63
Rückspiegel 64

III Quadratische Funktionen und Gleichungen 65

1 Die quadratische Funktion $y = x^2$ 66
2 Die quadratische Funktion $y = ax^2 + c$ 68
3 Die rein quadratische Gleichung. Grafische Lösung 71
4 Die rein quadratische Gleichung. Rechnerische Lösung 73
5 Die quadratische Funktion $y = ax^2 + bx + c$ 75
6 Gemischt quadratische Gleichung. Grafische Lösung 79
7 Gemischt quadratische Gleichung. Rechnerische Lösung 81
8 Der Satz von Vieta 86
9 Vermischte Aufgaben 88
Thema: Brücken 93
Rückspiegel 94

IV Zentrische Streckung. Strahlensätze 95

1 Streckenverhältnisse. Maßstäbliche Abbildungen 96
2 Zentrische Streckung. Konstruktion 98
3 Zentrische Streckung. Eigenschaften 101
4 Strahlensätze 104
5 Strahlensätze. Umkehrung 112
6 Ähnliche Figuren 114
7 Ähnlichkeitssätze 117
8 Vermischte Aufgaben 120
Thema: Der goldene Schnitt 123
Rückspiegel 124

V Satzgruppe des Pythagoras 125

1 Kathetensatz 126
2 Höhensatz 128
3 Satz des Pythagoras 130
4 Rechnen mit Formeln 136
5 Anwendungen 138
6 Vermischte Aufgaben 142
Thema: Pythagoreisches Zahlentripel 147
Rückspiegel 148

VI Kreis. Kreisberechnungen 149

1 Kreisumfang 150
2 Kreisfläche 153
3 Kreisteile 158
4 Vermischte Aufgaben 162
Thema: Kreise im Sport 166
Rückspiegel 167

Projekte

Wer hat die beste Schaltung? 168
Bau von Mess- und Zeichengeräten 170
Verkehr in Zahlen 172

Test 174

Lösungen der Wiederholungen 178
Lösungen der Rückspiegel 181
Lösungen – Test 186
Formeln 187
Mathematische Symbole und Bezeichnungen/Maßeinheiten 190
Register 191

Hinweise

1

Jede **Lerneinheit** beginnt mit ein bis drei **Einstiegsaufgaben**. Sie bieten die Möglichkeit, sich an das neue Thema heranzuarbeiten und früher Erlerntes einzubeziehen. Sie sind ein Angebot und können neben eigenen Ideen von der Lehrerin und vom Lehrer genutzt werden.

Im anschließenden **Informationstext** wird der neue mathematische Inhalt erklärt, Rechenverfahren werden erläutert, Gesetzmäßigkeiten plausibel gemacht. Hier können die Schülerinnen und Schüler jederzeit nachlesen.

Im Kasten wird das **Merkwissen** zusammengefasst dargestellt. In der knappen Formulierung dient es wie ein Lexikon zum Nachschlagen.

Beispiele

Sie stellen die wichtigsten Aufgabentypen vor und zeigen Lösungswege. In diesem „Musterteil“ können sich die Schülerinnen und Schüler beim selbstständigen Lösen von Aufgaben im Unterricht oder zu Hause Hilfen holen. Außerdem helfen Hinweise, typische Fehler zu vermeiden und Schwierigkeiten zu bewältigen.

Aufgaben

2 3 4 5 6 7...

Der Aufgabenteil bietet eine reichhaltige **Auswahlmöglichkeit**. Den Anfang bilden stets Routineaufgaben zum Einüben der Rechenfertigkeiten und des Umgangs mit geometrischem Handwerkszeug. Sie sind nach Schwierigkeiten gestuft. Natürlich kommen Kopfrechnen und Überschlagsrechnen dabei nicht zu kurz. Eine Fülle von Aufgaben mit Sachbezug bieten interessante und altersgemäße Informationen.

Kleine Trainingsrunden für die Grundrechenarten

Angebote ...
... von Spielen, zum Umgang mit „schönen“ Zahlen und geometrischen Mustern, für Knobeleien, ...
Kleine Exkurse, die interessante Informationen am Rande der Mathematik bereithalten und zum Rätseln, Basteln und Nachdenken anregen.
Sie sollen auch dazu verleiten, einmal im Mathematikbuch zu schmökern.

Vermischte Aufgaben

Auf diesen Seiten wird am Ende eines jeden Kapitels nochmals eine Fülle von Aufgaben angeboten. Sie greifen die neuen Inhalte in teilweise komplexerer Fragestellung auf.

Themenseiten

Am Ende des Kapitels werden Aufgaben unter einem bestimmten Thema behandelt. Lehrerinnen und Lehrern wird somit die Möglichkeit gegeben, anwendungsorientiert zu arbeiten.

Rückspiegel

Dieser Test liefert am Ende jeden Kapitels Aufgaben, die sich in Form und Inhalt an möglichen Klassenarbeiten orientieren. Die Lösungen am Ende des Buches geben den Schülerinnen und Schülern die Möglichkeit, selbstständig die Inhalte des Kapitels zu wiederholen.

Mit diesem Symbol sind Aufgaben gekennzeichnet, in denen Fehler gesucht werden müssen.

Projektseiten

Diese Seiten stellen am Ende des Buches mathematische Inhalte der Kapitel unter ein Thema. Die Aufgabenstellungen sind sehr offen, so dass die Lehrerin und der Lehrer die Möglichkeit haben, die Materialien, die auf diesen Seiten gegeben sind, individuell zu nutzen.

Wiederholung: Terme. Binomische Formeln

$(a+b)(c+d)=ac+ad+bc+bd$
$(a+b)(c-d)=ac-ad+bc-bd$
$(a-b)(c+d)=ac+ad-bc-bd$
$(a-b)(c-d)=ac-ad-bc+bd$

Multiplizieren von Summen
Zwei Summen werden miteinander multipliziert, indem man jeden Summanden der ersten Summe mit jedem Summanden der zweiten Summe multipliziert.
Die entstandenen Produkte werden anschließend addiert.
$(a+b)\cdot(c+d)=ac+ad+bc+bd$

Beispiel
$(7+x)\cdot(y+4)$
$=7\cdot y+7\cdot 4+x\cdot y+x\cdot 4$
$=4x+7y+xy+28$

1
Multipliziere.
a) $(a+2)(b+6)$ b) $(x+3)(y-5)$
c) $(r-7)(s+11)$ d) $(5-m)(n-12)$
e) $(9a-6b)(3c+4d)$ f) $(m+5u)(-r-2s)$
g) $(4z+5x)(-x+3y)$ h) $(-v-w)(-s-t)$

2
Multipliziere und vereinfache.
a) $(4x+10y)(2x-5y)$
b) $(5r+4s+3t)(r-2s-3t)$
c) $(x+4)(5-x)-(x-1)(x+8)$
d) $(2a+3)(1-3a)+(6a-17)(4+a)$

Binomische Formeln
$(a+b)^2=a^2+2ab+b^2$ **1. binomische Formel**
$(a-b)^2=a^2-2ab+b^2$ **2. binomische Formel**
$(a+b)(a-b)=a^2-b^2$ **3. binomische Formel**

Beispiel
$(4x-3y)^2=(4x)^2-2\cdot 4x\cdot 3y+(3y)^2$
$=16x^2-24xy+9y^2$

3
Berechne mit der 1. oder 2. binomischen Formel.
a) $(5+a)^2$ b) $(x-7)^2$
c) $(3s+7t)^2$ d) $(5x-8y)^2$
e) $(1{,}5e+4f)^2$ f) $(2{,}5p-3q)^2$
g) $(\frac{1}{2}a+\frac{1}{2}b)^2$ h) $(\frac{1}{4}v-\frac{1}{3}w)^2$

4
Schreibe die folgenden Produkte als Summen.
a) $(3a+b)(3a-b)$
b) $(13x+0{,}9y)(13x-0{,}9y)$
c) $(1{,}5c-14d)(1{,}5c+14d)$
d) $(1{,}3d+1{,}7)(1{,}3d-1{,}7)$
e) $(\frac{1}{5}x+\frac{1}{4}y)(-\frac{1}{4}y+\frac{1}{5}x)$

5
Ergänze und schreibe in Form eines binomischen Terms.
a) $169+130x+\triangle$ b) $9x^2-6ax+\bigcirc$
c) $36a^2-\triangleright+81b^2$ d) $25y^2-\bigcirc+1$
e) $\diamond+12xy+0{,}16x^2$
f) $\triangleright+6{,}25g^2-15fg$

6
Bilde eine vollständige Gleichung.
a) $(\square+2y)^2=\nabla+4xy+\triangle$
b) $(3u+\bigcirc)^2=\triangle+\square+16v^2$
c) $(9p-\square)^2=\triangle-144pr+\bigcirc$
d) $(\frac{1}{2}x+\bigcirc)(\square-\bigcirc)=\frac{1}{4}x^2-\frac{9}{25}y^2$

7
Fasse so weit wie möglich zusammen.
a) $(7x-17)^2+(5+x)^2$
b) $(4x+7)^2-(4-7x)^2$
c) $(0{,}3a+5b)^2+(1{,}3a-1{,}7b)^2$
d) $(25+15g)(15g-25)-225g^2$
e) $-7(5x-8y)(5x+8y)$
f) $5(\frac{3}{5}h+0{,}6i)^2-5(0{,}6i-\frac{3}{5}h)^2$

8
Schreibe die Summe als Produkt.
a) $a^2+10a+25$
b) $81x^2-72xy+16y^2$
c) $0{,}25u^2-1{,}2uv+1{,}44v^2$
d) $9p^2-81q^2$
e) $256v^2-400w^2$
f) $\frac{1}{16}a^2-\frac{9}{121}b^4$

Wiederholung: Gleichungen. Ungleichungen

Eine **Gleichung** löst man mit Hilfe von Äquivalenzumformungen:
- Vereinfachen der Terme auf beiden Seiten
- Ordnen der Summanden mit Variablen auf der einen Seite und der Summanden ohne Variablen auf der anderen Seite
- Dividieren beider Seiten durch den Zahlfaktor der Variablen

1

Löse die Gleichung.

a) $12x - 15 = 33$ b) $5y - 4 = 8{,}5$
c) $-16 - 3n = -2n$ d) $12 - 6{,}4z = -4{,}8z$
e) $-3s = -9s + 12$ f) $2{,}3x - 7{,}2 = 2x$

2

a) $12x - (16x - 20) = 174 - (42 + 20x)$
b) $-5(y - 7) + 14 = 30 - (2y + 1) + 14$
c) $0{,}2(x - 3) - 1 = 0{,}5(x + 3) - 18{,}4$

3

a) $\frac{2}{5}x + \frac{1}{2}x = x + \frac{1}{10}$
b) $x + \frac{3x}{4} = 2x - \frac{1}{2}$
c) $\frac{2}{3}x - \frac{1}{3} = \frac{1}{2} - (\frac{1}{4} - \frac{1}{6}x)$
d) $\frac{3}{4}x = 1\frac{1}{2} - \frac{1}{4}(x - 2)$

Auch dies ist eine Gleichung.

$$\begin{array}{r} \square\ 9\ \ast\ \# \\ +\ \#\ \bigcirc\ 3\ \square \\ \hline \ast\ \bigcirc\ 1\ 7 \end{array}$$

Es gibt mehrere Lösungen!

4

Multipliziere zuerst mit dem Hauptnenner.

a) $\frac{x-2}{2} + \frac{2x-1}{3} = \frac{4x}{3} - 4\frac{1}{3}$
b) $\frac{5x-1}{2} - \frac{4(3+2x)}{7} - \frac{13x}{14} = \frac{1}{7}$
c) $\frac{7y+18}{3} - \frac{4}{5}(y + 3) = \frac{3}{2}(y + 2) + \frac{2}{3}$

5

Löse die Gleichung.

a) $(2x - 1)^2 + 40 = 4x^2 + 5$
b) $x^2 - (x - 2)^2 = 16$
c) $(x + 1)^2 + 2 = x(x - 1)$
d) $(x - 2)^2 + 95 = (x + 3)^2$
e) $(x - 1)(x + 2) + 4 = (x - 3)^2$
f) $(x - 4)(x + 4) = x^2 + 2(x - 3)$
g) $(x - \frac{2}{3})^2 - (x + \frac{1}{3})^2 = -\frac{2}{3}$

6

Die Lösungen ergeben ein Lösungswort. Ordne die Lösungen richtig zu.

a) $2 + (2x - 1)^2 = (1 + x)(4x - 3)$
b) $(3x - 2)^2 = (3x - 1)(1 + 3x) - 7$
c) $(9 - x)(9 + x) + 3x - 7 = -(x + 1)^2$
d) $3(x + 2)^2 + x + 2 = 3(x + 2)(x - 2)$
e) $2x^2 - 4 = (x + 2)^2 + (x - 4)(x + 4)$
f) $(x - 2)(x^2 + 2) - 2x^3 + x(x + 1)^2 = 0$

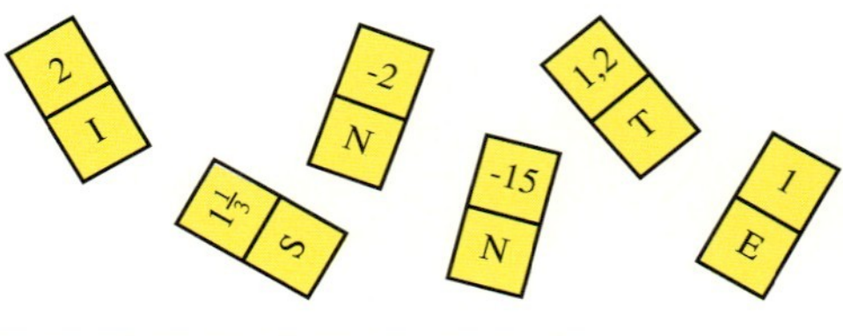

Eine **Ungleichung** löst man mit Hilfe von Äquivalenzumformungen. Dabei darf man
- auf beiden Seiten denselben Term addieren oder subtrahieren
- beide Seiten mit derselben **positiven** Zahl multiplizieren oder dividieren
- beide Seiten mit derselben **negativen** Zahl multiplizieren oder dividieren, wenn das Ungleichheitszeichen umgekehrt wird

7

Gib die Lösungsmenge an und kennzeichne sie auf der Zahlengeraden.

a) $-19 + x > 33$; $G = \mathbb{N}$
b) $2x - 12 < -17$; $G = \mathbb{Z}$
c) $3 - 2x \geq 7x - 1$; $G = \mathbb{Z}$
d) $-4x - 3 < 5x - 3$; $G = \mathbb{Q}$
e) $3(2 + 5x) < 2(3x - 7)$; $G = \mathbb{Z}$
f) $1{,}2x + \frac{1}{5} \geq 1 - \frac{4}{5}x$; $G = \mathbb{Q}$

8

Löse die Ungleichung in der Grundmenge $\mathbb{Q}$.

a) $7x > 21$ b) $-2x < -22$
c) $3 < -6x$ d) $7 - 3x \geq 5$
e) $3x \leq 2x + 8$ f) $-2 + \frac{x}{3} < 10$
g) $\frac{1}{2}x - 3 > 0$ h) $\frac{1}{4} + \frac{1}{3}y \leq 1$
i) $0{,}5x < -0{,}5 + x$ k) $-1{,}2x > 0{,}6 - x$

Wiederholung: Lineare Funktionen

Funktionen sind Zuordnungen, bei denen zu jedem Element x aus der Definitionsmenge D genau ein Element y aus der Wertemenge W gehört.

1

Handelt es sich bei den Zuordnungen um Funktionen oder nicht? Begründe deine Antwort.

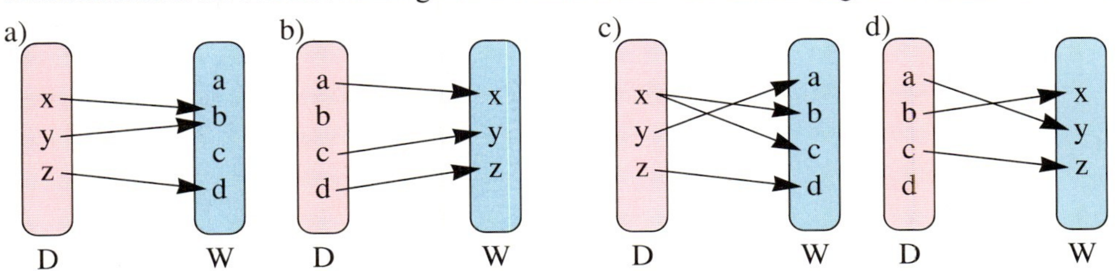

Eine Funktion kann mit Hilfe einer **Funktionsgleichung,** einer Wertetabelle **(Funktionstabelle)** oder als **Funktionsgraph** beschrieben werden.

2

Bestimme die Gleichungen der Funktionen.

a)

x	0	1	2	3	4
y	0	1	4	9	16

b)

x	1	2	3	4	5
y	1	0,5	$\frac{1}{3}$	0,25	0,2

c)

x	0,1	0,2	0,3	0,4	0,5
y	−0,15	−0,3	−0,45	−0,6	−0,75

d)

x	−4	−3	−2	−1	0
y	−13	−11	−9	−7	−5

3

Erstelle für die Funktionen Tabellen mit $-5 \leq x \leq 5$. (Schrittweite 1)

a) $y = 0{,}25x$ b) $y = -3x - 7$
c) $y = 0{,}5x^2$ d) $y = -3x^3 + 3$

4

Zeichne die Graphen der Funktionen.

a) $y = x^2 - 3$ b) $y = 2x - 3$
c) $y = -0{,}2x + 2$ d) $y = 3$

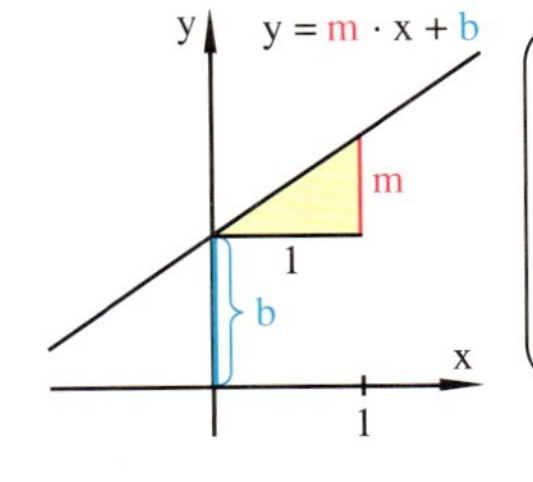

Ist der Graph einer Funktion eine Gerade, so spricht man von einer **linearen Funktion.** Lineare Funktionen lassen sich mit Funktionsgleichungen der Form $\mathbf{y = m \cdot x + b}$ beschreiben. Ihr Graph hat die **Steigung m** und den **Ordinatenabschnitt b**. Den Schnittpunkt mit der x-Achse nennt man **Nullstelle** der Funktion. Die Steigung kann mit Hilfe eines Steigungsdreiecks bestimmt werden.

5

Bestimme die Gleichungen der Funktionen und zeichne ihren Graphen.

a) $m = 2;\ b = 0$ b) $m = -1;\ b = 1$
c) $m = 0;\ b = -3$ d) $m = 1{,}5;\ b = 2$
e) $m = \frac{2}{3};\ b = -1$ f) $m = -\frac{3}{2};\ b = -2$

6

Bestimme die Steigungen, Ordinatenabschnitte und Gleichungen der Geraden sowie ihre Nullstellen. Beschreiben alle Graphen eine Funktion?

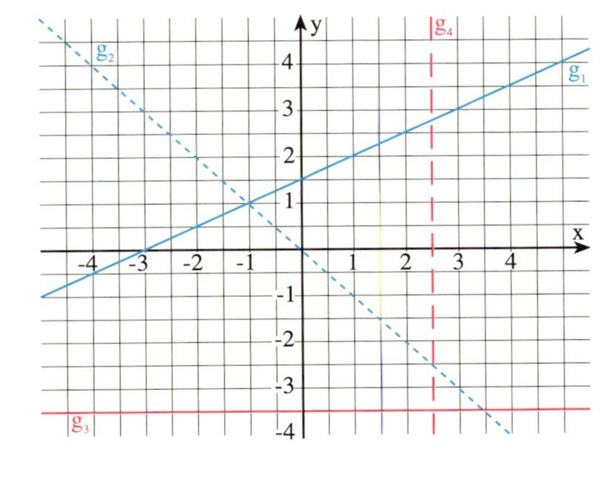

Wiederholung: Flächeninhalt und Umfang von Vielecken

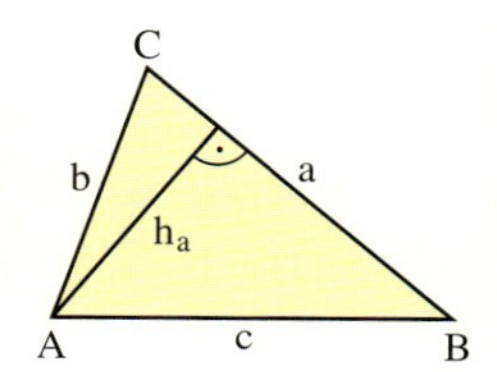

Flächeninhalt und Umfang von Dreiecken

Allgemeines Dreieck:	$A = \frac{1}{2} a \cdot h_a = \frac{1}{2} b \cdot h_b = \frac{1}{2} c \cdot h_c$	$u = a + b + c$
Rechtwinkliges Dreieck: ($\gamma = 90°$)	$A = \frac{1}{2} a \cdot b$	$u = a + b + c$

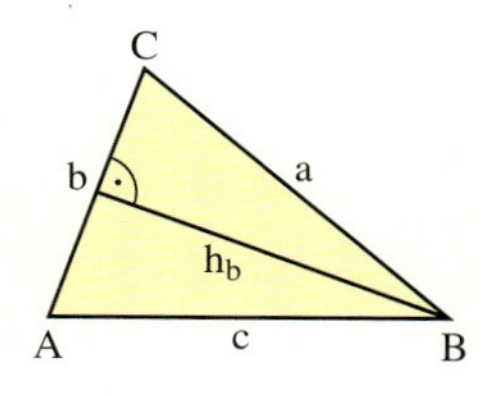

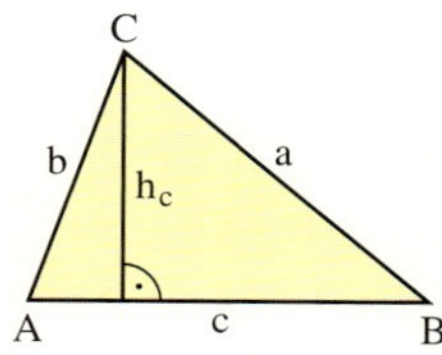

1

Berechne den Flächeninhalt des Dreiecks.

a) $c = 14{,}0$ cm, $h_c = 5{,}0$ cm
b) $a = 7{,}2$ cm, $h_a = 8{,}6$ cm
c) $b = 4{,}8$ dm, $h_b = 0{,}5$ m
d) $a = 2{,}8$ cm, $b = 72$ mm ($\gamma = 90°$)

2

Berechne die Seite b des Dreiecks.

a) $u = 12{,}84$ m; $a = 3{,}6$ m; $c = 48$ dm
b) $A = 399{,}84\ \text{mm}^2$; $h_b = 39{,}2$ mm
c) $A = 143\ \text{cm}^2$; $c = 13$ cm; $\alpha = 90°$

3

In einem Dreieck ist $a = 5{,}0$ cm, $b = 4{,}0$ cm und $h_a = 3{,}6$ cm.
Berechne die Höhe h_b.

4

In einem rechtwinkligen Dreieck mit $\gamma = 90°$ sind $c = 9{,}0$ cm, $a = 5{,}4$ cm und der Flächeninhalt $A = 19{,}44\ \text{cm}^2$ bekannt.
Berechne b, h_c und den Umfang.

5

Gib den Flächeninhalt und den Umfang des Dreiecks in Abhängigkeit von r bzw. s an.

a) 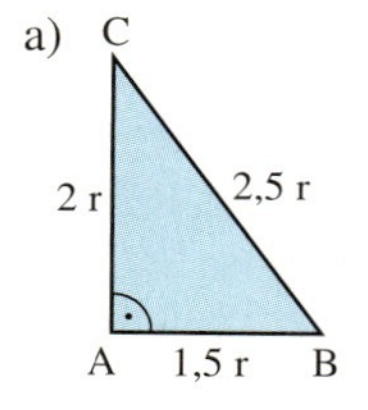

b) 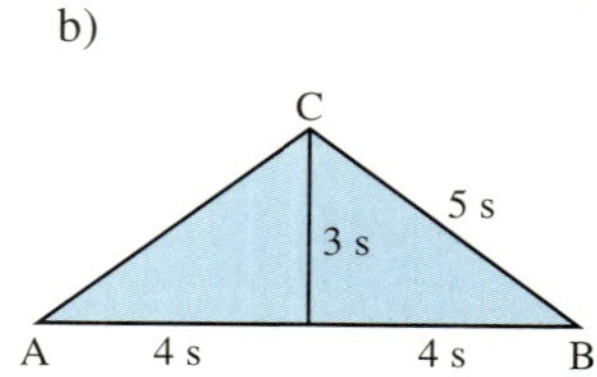

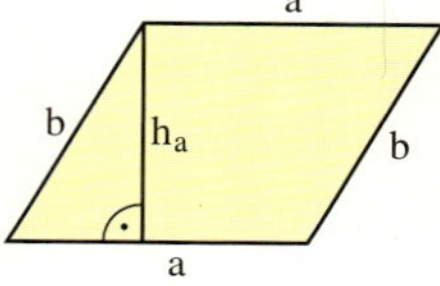

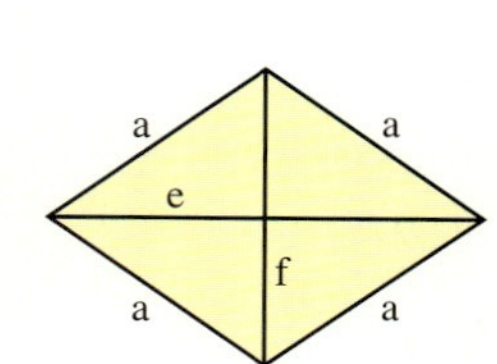

Flächeninhalt und Umfang von Vierecken

Quadrat:	$A = a \cdot a = a^2$	$u = 4a$
Rechteck:	$A = a \cdot b$	$u = 2(a + b)$
Parallelogramm:	$A = a \cdot h_a$ oder $A = b \cdot h_b$	$u = 2(a + b)$
Trapez:	$A = m \cdot h = \frac{1}{2}(a + c) \cdot h$	$u = a + b + c + d$
Raute:	$A = \frac{1}{2} e \cdot f$	$u = 4a$
Drachen:	$A = \frac{1}{2} e \cdot f$	$u = 2(a + b)$

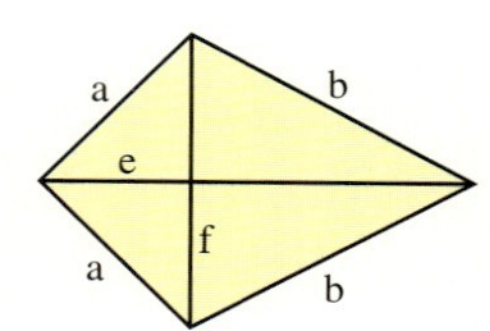

6

Berechne die fehlenden Größen des Rechtecks.

a) $a = 6{,}3$ cm; $b = 17{,}1$ cm
b) $a = 8{,}8$ dm; $u = 218$ cm
c) $A = 30{,}96\ \text{cm}^2$; $b = 4{,}3$ cm

7

Berechne den Flächeninhalt und den Umfang des Parallelogramms.

a) $a = 0{,}34$ dm; $b = 8{,}22$ cm; $h_a = 8{,}1$ cm
b) $a = 29{,}2$ m; $b = 6{,}4$ m; $h_b = 29{,}1$ m
c) $a = 10{,}6$ cm; $h_b = 5{,}3$ cm; $h_a = 5{,}0$ cm

8

Die Grundfläche eines Badminton-Doppelspielfeldes beträgt $81{,}74\ \text{m}^2$. Das Einzelspielfeld ist $12{,}328\ \text{m}^2$ kleiner. Beide Felder sind 13,40 m lang.
Um wie viel m ist das Einzelfeld schmaler als das Doppelfeld?

9

Die Seite a eines gleichschenkligen Trapezes ist 3,8 m, die Mittellinie $m = 2{,}6$ m und der Flächeninhalt $A = 14{,}95\ \text{m}^2$.
Bestimme die Höhe h sowie die Seite c.

10
Ein Rechteck, das dreimal so lang wie breit ist, hat einen Umfang von 72 cm.
Berechne den Flächeninhalt.

11
Zwei Quadrate mit den Seitenlängen 8 cm und 11 cm haben zusammen einen doppelt so großen Umfang wie ein drittes Quadrat.
Bestimme die Seitenlänge des dritten Quadrats.

12
Welchen Flächeninhalt hat der trapezförmige Querschnitt eines Deiches, dessen Kronenbreite 16,25 m, dessen Sohlenbreite 32,75 m und dessen Höhe 14,10 m beträgt?

13
Wie verändert sich der Flächeninhalt einer Raute, wenn die Länge einer Diagonale verdreifacht und die der anderen verdoppelt wird?

14
Zeichne das Viereck ABCD mit A(3|1), B(5|5), C(3|9) und D(1|5) in ein Koordinatensystem. Ermittle den Flächeninhalt dieses Vierecks.

15
Die Kosten für den Anstrich eines Treppenhauses werden mit 32 €/m² incl. Mehrwertsteuer kalkuliert. Pro Treppenhaus müssen jeweils zwei der dargestellten Flächen gestrichen werden.
Berechne die Kosten für die 6 Treppenhäuser eines Miethauses.

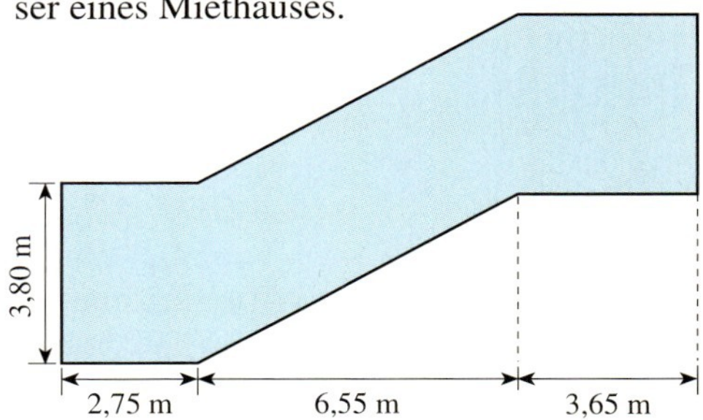

Flächeninhalt eines Vielecks
Der Flächeninhalt A eines Vielecks ist gleich der Summe der Flächeninhalte der Teilvielecke.

$$A = A_1 + A_2 + A_3 + \ldots + A_n$$

16
Zerlege die Vielecke in Teilflächen und berechne jeweils den Flächeninhalt.

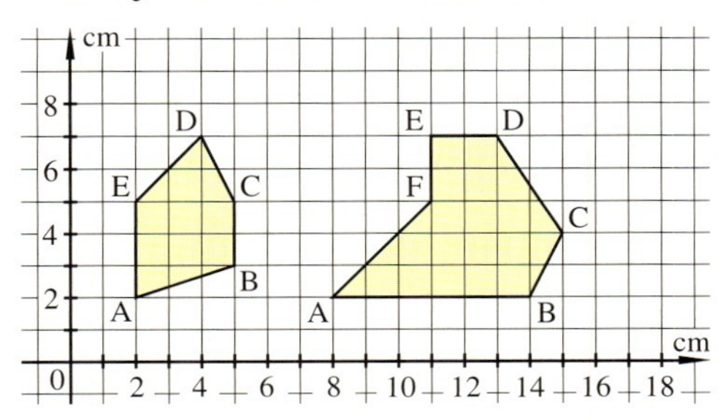

17
Ein Sechseck ist durch die Koordinaten seiner Eckpunkte A(1|1), B(2|1), C(6|2), D(8|6), E(6|9) und F(1|9) festgelegt.
Zeichne dieses Vieleck in dein Heft und berechne seinen Flächeninhalt.

18
Bestimme den Flächeninhalt der Figuren.

a)
b)

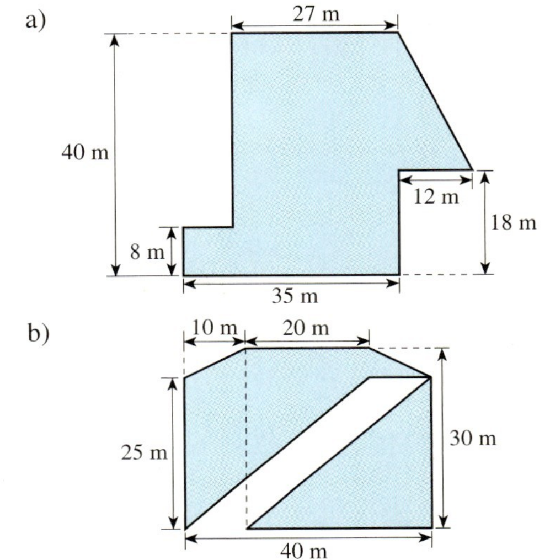

Wiederholung: Volumen und Oberfläche von Prismen

Das **Volumen V eines Prismas** ist das Produkt aus Grundfläche G und Körperhöhe h:
$$V = G \cdot h$$
Die **Mantelfläche M eines Prismas** ist das Produkt aus Körperhöhe h und Umfang u der Grundfläche G:
$$M = u \cdot h$$
Die **Oberfläche O eines Prismas** ist die Summe aus dem Doppelten der Grundfläche G und der Mantelfläche M:
$$O = 2 \cdot G + M$$

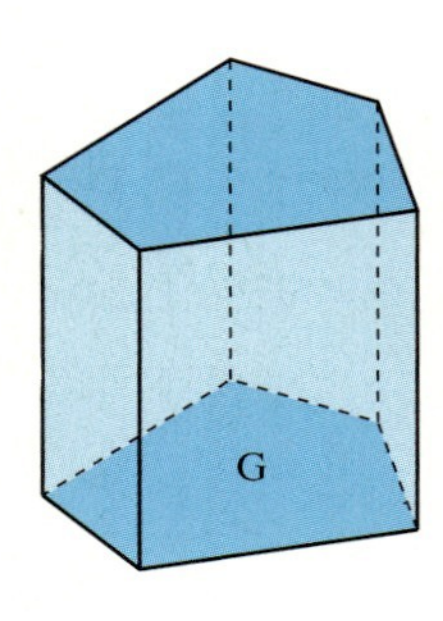

1

Berechne das Volumen und die Oberfläche des Quaders.

a) $a = 7{,}2$ cm; $b = 8{,}4$ cm; $c = 2{,}1$ cm
b) $a = 57$ cm; $b = 5{,}8$ cm; $c = 0{,}37$ dm
c) $G = 61{,}92$ dm²; $b = 7{,}2$ dm; $c = 2{,}6$ m

2

Berechne die fehlenden Kantenlängen des Quaders.

a) $V = 64{,}26$ cm³; $a = 4{,}2$ cm; $b = 5{,}1$ cm
b) $V = 12{,}2$ dm³; $c = 0{,}4$ m; $b = 5$ cm
c) $V = 40{,}32$ cm³; $G = 8{,}4$ cm²; $b = 3{,}5$ cm

3

4 cm 19 cm 4 cm
4 cm
13 cm

Eine aus Beton (1 cm³ wiegt 1,8 g) gegossene Eisenbahnschwelle ist 2,68 m lang und hat den nebenstehenden Querschnitt.
Wie viele Schwellen kann ein Eisenbahnwagen mit einem zulässigen Ladegewicht von 24 t höchstens laden?

4

Das im Querschnitt abgebildete Schwimmbecken ist 12,5 m breit. Berechne das Beckenvolumen.

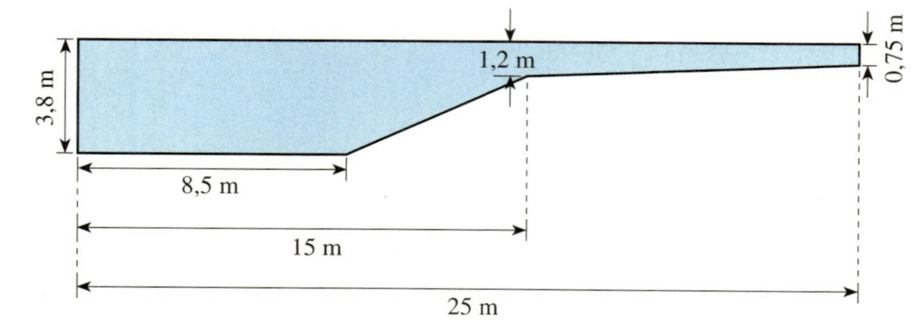

5

Wie verändern sich Volumen und Oberfläche eines Quaders, wenn Länge, Breite und Höhe halbiert werden?

6

Berechne das Volumen und die Oberfläche des Eisenträgers.

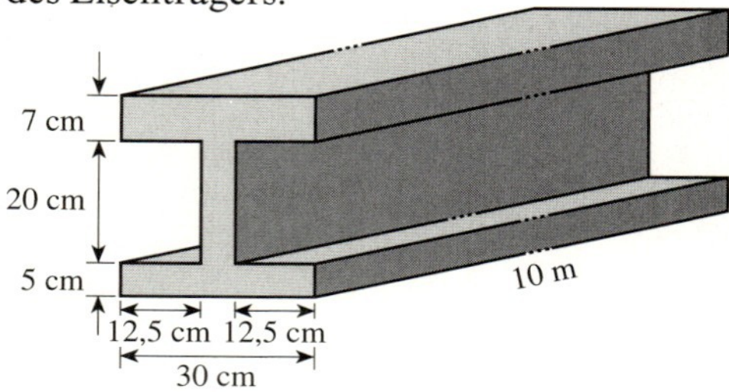

7

Ein 12,4 km langer Kanal hat den abgebildeten Querschnitt und ist zu 80 % mit Wasser gefüllt. Berechne die Wassermenge.

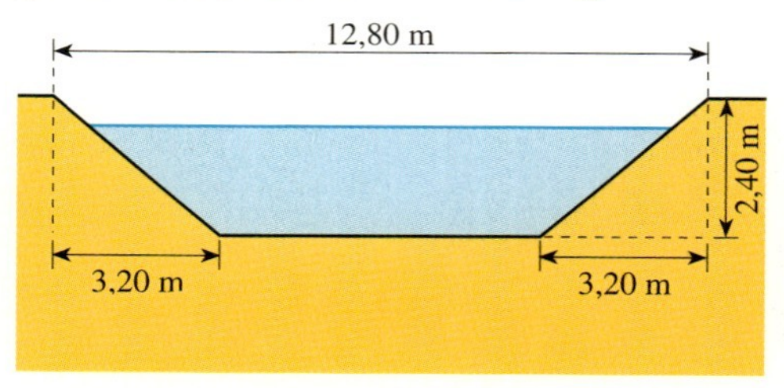

8

Welches Gewicht hat ein 12 m hoher zweizügiger Lüftungsschacht aus Blähbeton (1 cm³ wiegt 1,2 g)?

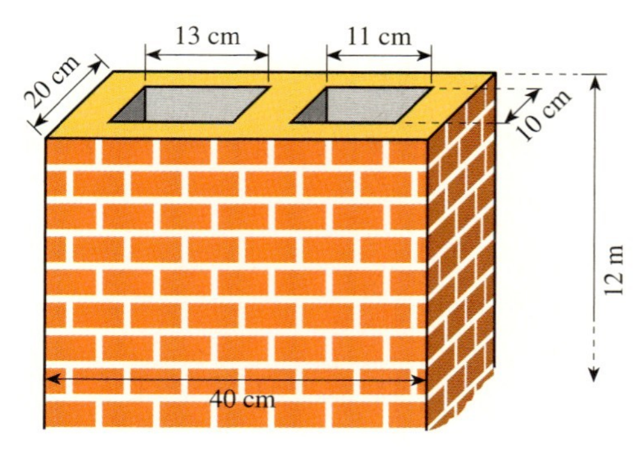

I Lineare Gleichungssysteme. Ungleichungen

Chinesische Mathematiker

Isaac Newton (1643–1727)

Gabriel Cramer (1704–1752)

Adam Risen. 71

Vihekauff.

Item/einer hat 100. fl. dafür wil er 100. haupt Vihes kauffen / nemlich / Ochsen/ Schwein/ Kälber/ vnd Geissen/ kost ein Ochs 4 fl. ein Schwein anderthalben fl. ein Kalb einen halben fl. vnd ein Geiß ein ort von einem fl. wie viel sol er jeglicher haben für die 100. fl?

„ein Ort von einem fl" bedeutet ein Viertel von einem Gulden

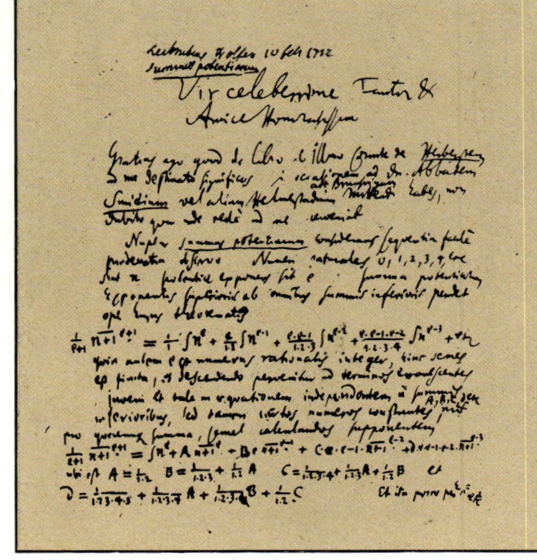

Seite aus einem mathematischen Schriftstück von Leibniz

Das Problem der 100 Vögel

Eine in vielen Varianten überlieferte Rätselaufgabe erscheint zum ersten Mal in „Arithmetischen Handbüchern" des Chinesen Chang Chin-Chin (um 475 n. Chr.).

„Für 100 Geldstücke sollen 100 Vögel gekauft werden. Ein Hahn kostet 5 Geldstücke, eine Henne 3 Geldstücke und 3 Küken 1 Geldstück. Wie viele Tiere sind es von jeder Sorte?"

Diese Problemstellung findet man in vielen Kulturen, z. B. bei den Indern und den Arabern. Aber auch viele uns bekannte Mathematiker schufen häufig ihre persönliche Variante: Ein Beispiel zeigt das Bild aus dem Rechenbuch von Adam Ries (1492–1559). Während man zwar viele dieser Aufgaben durch geschicktes Probieren lösen kann, ist ein solches Verfahren doch jedesmal recht aufwendig. So war es seit jeher ein Bestreben der Mathematiker, ein allgemeines Lösungsverfahren zu entwickeln. Ein erster Ansatz ist in den oben genannten chinesischen Rechenbüchern zu finden.
Der Engländer Isaac Newton (1643–1727), der Schweizer Gabriel Cramer (1704–1752) und der Deutsche Gottfried Wilhelm Leibniz (1646–1716) haben die heute gebräuchlichen Verfahren entscheidend beeinflusst.

1 Lineare Gleichungen mit zwei Variablen

1

Ein Elefant wiegt 5 Tonnen, eine Maus 25 Gramm. Wie viele Elefanten und Mäuse wiegen zusammen 35 t 225 g?

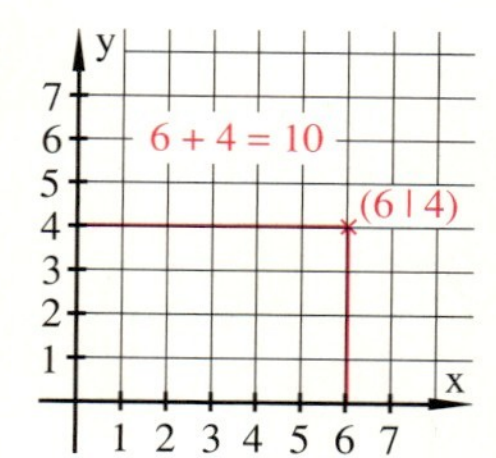

2

a) Die Differenz zweier natürlicher Zahlen beträgt 10. Wie können die beiden Zahlen heißen?
b) Markiere im Koordinatensystem Punkte, deren Koordinatensumme 10 beträgt.
c) Der Umfang eines Rechtecks beträgt 20 cm. Wie lang sind die beiden Seiten?

Gleichungen wie $4x + 6y = 10$ oder $3x + 6y - 12 = 0$ heißen **lineare Gleichungen mit zwei Variablen**. Wenn man als Grundmenge für beide Variablen die rationalen Zahlen zugrunde legt, gibt es im Allgemeinen unendlich viele Zahlenpaare, die die Gleichung erfüllen.

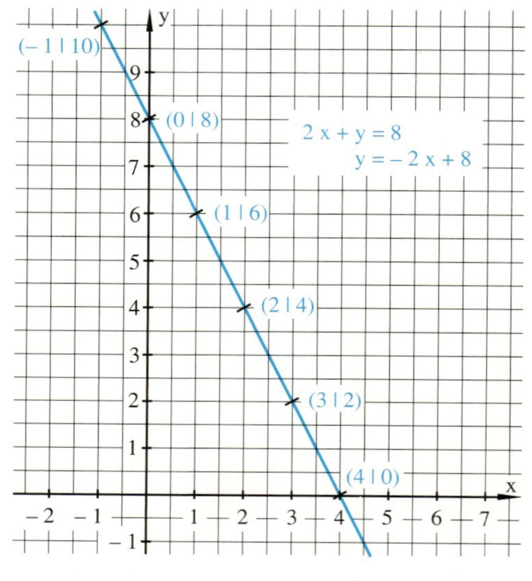

Zum Beispiel hat die Gleichung $2x + y = 8$ die Lösungen

$(-1; 10)$, $(0; 8)$, $(1; 6)$, $(2; 4)$, ...

Man kann die Zahlenpaare auch in einer Wertetabelle darstellen.

x	−1	0	1	2	3	4	5...
y	10	8	6	4	2	0	−2...

Alle **Lösungen** – als Punkte im Koordinatensystem – liegen auf einer Geraden.
Um die Gerade geschickt zeichnen zu können, stellt man die Gleichung nach y um und erhält die Funktionsgleichung der Form $y = mx + b$.

> Eine Gleichung der Form $ax + by + c = 0$ heißt **lineare Gleichung mit zwei Variablen**.
> Lösungen dieser Gleichung sind Zahlenpaare, die die Gleichung erfüllen.
> Die zugehörigen Punkte liegen auf einer Geraden im Koordinatensystem.

Beispiel
Wenn die Differenz zweier Zahlen 5 beträgt, kann man dies mit der Gleichung $x - y = 5$ ausdrücken. In einer Wertetabelle kann man Zahlenpaare darstellen, die die Gleichung erfüllen.

x	10	8	5,5	5	3
y	5	3	0,5	0	−2

Löst man die Gleichung nach y auf, erhält man die Geradengleichung $y = x - 5$.
Alle Punkte der Geraden stellen Lösungen der Gleichung dar.

Aufgaben

3

Gib jeweils mehrere Lösungen an.

a) Ein Paket kostet 8,40 € Porto. Es soll mit Briefmarken zu 1 € und zu 60 ct frankiert werden.

b) Dora muss beim Einkaufen 52 € bezahlen. Sie bezahlt mit 10-Euro-Scheinen und 2-Euro-Stücken.

c) Auf einer Waage sollen mit 3-kg- und 5-kg-Gewichten 68 kg zusammengestellt werden.

d) Andreas möchte in seine Kiste nicht mehr als 30 kg packen. Er hat Kartons mit 5 kg und 2 kg Gewicht.
Wie kann er sie zusammenstellen?

4

Stelle eine Gleichung mit zwei Variablen auf.

a) Die Summe zweier Zahlen beträgt 9.

b) Die Summe einer Zahl und dem Dreifachen einer zweiten Zahl beträgt 10.

c) Die Differenz aus dem Dreifachen einer Zahl und dem Doppelten einer anderen Zahl beträgt 7.

d) Das Fünffache einer Zahl, vermehrt um die Hälfte einer zweiten Zahl, ergibt 134.

e) Vermindert man das 4,5fache einer Zahl um den 3. Teil einer anderen Zahl, so erhält man 4.

5

Würfle mit zwei Würfeln. Setze die beiden Augenzahlen für □ ein.

$$\square \cdot x + \square \cdot y = 30$$

Suche für x und y Zahlenpaare, die die Gleichung erfüllen.

6

Gib drei Lösungen für die Gleichung an. Rechne im Kopf.

a) $3x + 4y = 12$

b) $2x - 3y + 4 = 0$

c) $y = 2x + 5$

d) $-x + 3 = y + 2$

e) $x - 2y = 1$

7

Ordne die Texte den Schaubildern zu.

(1) Die Summe zweier positiver Zahlen beträgt 8.

(2) Addiert man zwei Zahlen, so erhält man 8.

(3) Werden zwei natürliche Zahlen addiert, so erhält man 8.

(4) Werden zwei ganze Zahlen addiert, so erhält man 8.

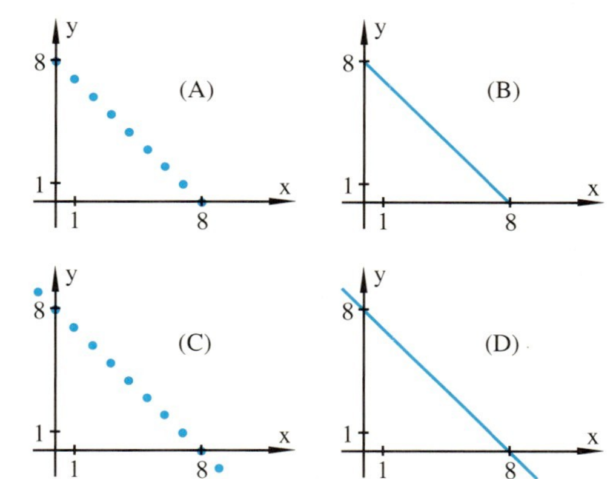

8

Stelle die Lösung zeichnerisch in einem Koordinatensystem dar.
Bestimme zwei Zahlenpaare. Prüfe mit einem weiteren Zahlenpaar.

a) $x + y = 7$ b) $2x + y = 9$

c) $x - 2y = 3$ d) $3x - y = 3$

e) $2x + 3y = 5$ f) $5x - 3y = 2$

9

Stelle die Gleichung um in die Form $y = mx + b$ und zeichne den Graphen.

a) $y - 2x = 5$ b) $y - x = 3$

c) $y + 3x = 6$ d) $y + 2x = 2{,}5$

e) $y - 4 = x$ f) $y + 3 = \frac{1}{2}x$

g) $x - y = 5$ h) $2x - y = 3$

10

Prüfe durch Zeichnung und Rechnung, welche Zahlenpaare welche Gleichung erfüllen.

A(0 | −3)	(1) $y = \frac{1}{2}x + 1$
B(3 | −1)	(2) $y = 3x - 1$
C(1,5 | 3,5)	(3) $y = \frac{3}{2}x - 3$
D(−2 | 0)	(4) $y = -2x + 5$

11

Forme die Gleichungen zunächst um. Zeichne und prüfe sowohl in der Zeichnung als auch durch Rechnung, welcher Punkt auf welcher Geraden liegt.

(1) $2x-3y+3=0$	A(4|2)
(2) $3x-y=3$	B(2|−2)
(3) $x+y=0$	C(1,5|1,5)
(4) $2y+x=8$	D(−3|−1)

12

Welche der Zahlenpaare sind Lösungen der Gleichung $3x-2y+1=0$?

a) (0;0) b) (3;1) c) (1;−3)
d) (2;3,5) e) (2,5;3) f) (−1;−1)
g) $(0;\frac{1}{2})$ h) $(-\frac{1}{3};0)$ i) (3;5)

13

Ergänze so, dass die Zahlenpaare Lösung der Gleichung $y=-4x+3$ sind.

a) (1;□) b) (0;□) c) (−2;□)
d) (□;4) e) (□;−10) f) (1,5;□)

14

Zum Knobeln.
Welche Zahlenpaare erfüllen die Gleichung $x+2y-12=0$, wenn
a) beide Zahlen gleich sind?
b) die erste Zahl doppelt so groß wie die zweite ist?
c) die zweite Zahl um 3 größer ist als die erste Zahl?
d) die erste Zahl um 3 größer ist als die zweite?

15

Stelle eine Gleichung auf und gib mindestens zwei Lösungen an.
a) Der Umfang eines gleichschenkligen Dreiecks beträgt 15 cm.
b) Der Umfang eines Parallelogramms beträgt 28 cm.
c) Der Umfang eines gleichschenkligen Trapezes beträgt 30 cm. Die untere Grundseite ist doppelt so lang wie die obere.
d) Der Umfang eines Drachens beträgt 30 cm.

16

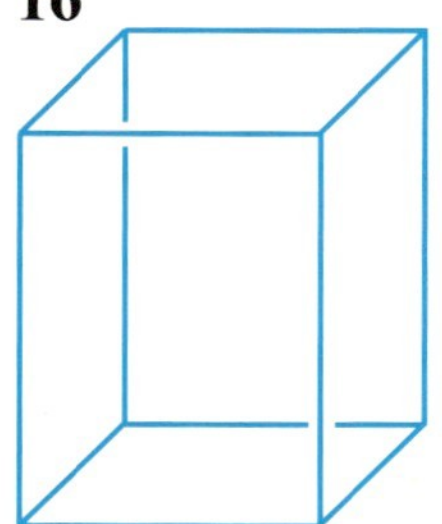
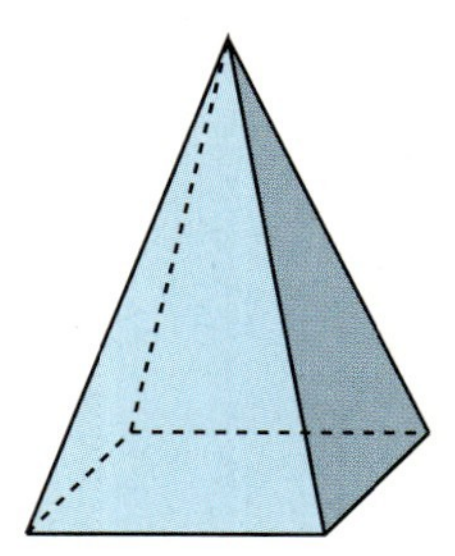

a) Aus einem Draht von 1 m Länge soll das Kantenmodell einer quadratischen Säule hergestellt werden.
Stelle eine Gleichung für die Summe der Kantenlängen auf und gib drei verschiedene Lösungsmöglichkeiten an.
b) Die Summe aller Kantenlängen einer quadratischen Pyramide beträgt 40 cm.
Stelle eine Gleichung auf und gib drei verschiedene Lösungen für die Grund- und Seitenkanten an.
c) Die Kantensumme eines Prismas mit einem gleichseitigen Dreieck als Grundfläche beträgt 60 cm.
Gib drei Möglichkeiten für die Länge der Kanten an.

17

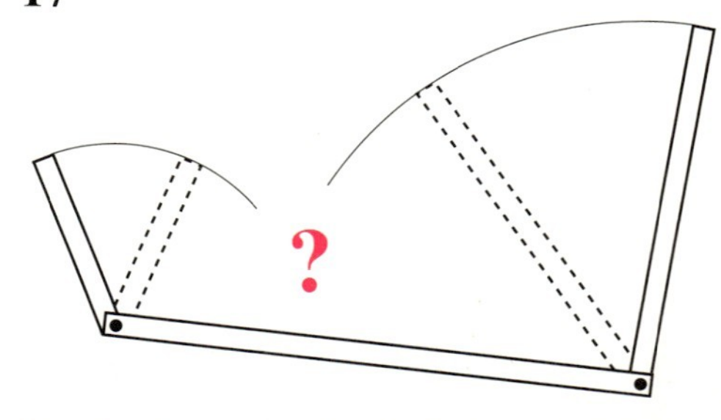

Der Umfang eines Dreiecks beträgt 25 cm. Die erste Seite ist 5 cm länger als die zweite Seite.
a) Zeichne alle Dreiecke dieser Art, bei denen die Maßzahlen der Seitenlängen ganzzahlig sind.
b) Stelle eine Gleichung für den Umfang mit nur zwei Variablen auf.
Denke daran, dass die erste Seite 5 cm länger als die zweite ist.
c) Warum darf die längste Seite nicht 15 cm lang sein?

2 Lineare Gleichungssysteme. Zeichnerische Lösung

1
Die 9 Tiere in einem Stall, und zwar Hasen und Hennen, haben zusammen 24 Füße. Wie viele Hasen und Hennen sind es jeweils? Versuche zunächst, die Lösung durch Probieren mit Tabellen zu finden.

2
Zeichne die Graphen der beiden Gleichungen $y = 2x - 2$ und $y = \frac{1}{2}x + 3$.
Setze den x-Wert und den y-Wert des Schnittpunkts der beiden Geraden in beide Gleichungen ein.

Zwei lineare Gleichungen mit zwei Variablen bilden zusammen ein **lineares Gleichungssystem**. Wenn man die Lösung dieses Gleichungssystems sucht, muss man für die beiden Variablen Zahlen finden, die beide Gleichungen erfüllen.
Beispiel:

$x + y = 6$

x	0	1	2	3	4	5
y	6	5	4	3	2	1

(2) $x - y = 2$

x	0	1	2	3	4	5
y	−2	−1	0	1	2	3

Den Tabellen kann man entnehmen, dass das Zahlenpaar (4;2) beide Gleichungen erfüllt.
Im Schaubild sieht man, dass diese Zahlen die Koordinaten des Schnittpunkts der beiden Geraden sind. Das Zahlenpaar bildet die Lösung des Gleichungssystems.

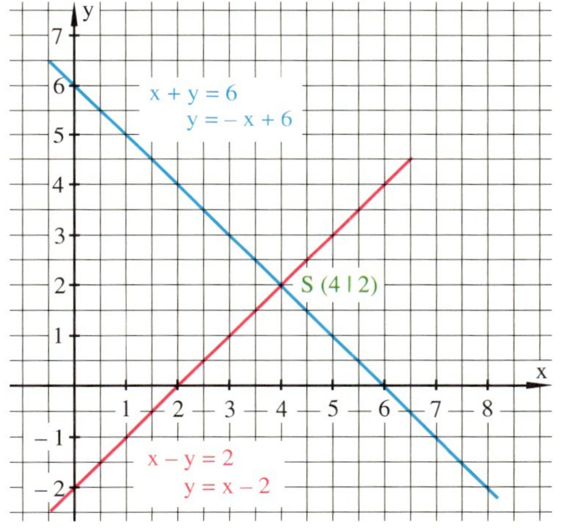

Ein **lineares Gleichungssystem** aus zwei linearen Gleichungen mit zwei Variablen hat dann eine Lösung, wenn sich die beiden Geraden schneiden.
Der x-Wert und der y-Wert des Schnittpunkts erfüllen sowohl die erste als auch die zweite Gleichung.

Beispiel
Die beiden Gleichungen

(1) $y = \frac{3}{2}x + 3$

(2) $y = -\frac{1}{2}x + 1$

bilden ein lineares Gleichungssystem.
Die beiden Geraden schneiden sich im Punkt $S(-1|1{,}5)$.
Das Zahlenpaar $(-1;1{,}5)$ ist die Lösung des Gleichungssystems.

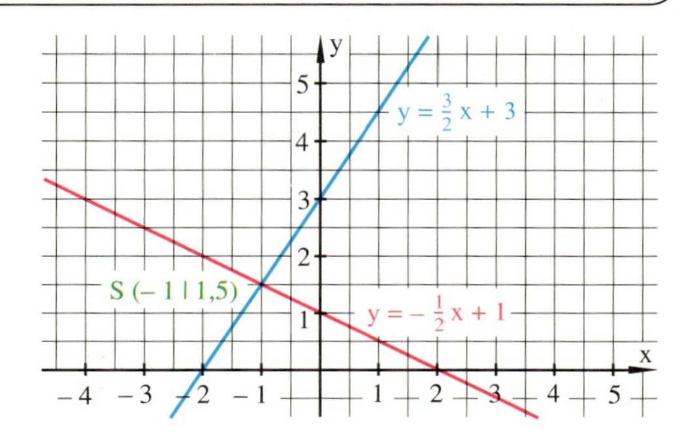

Aufgaben

3

Stelle das Gleichungssystem zeichnerisch dar und gib die Koordinaten des Schnittpunkts der beiden Geraden an.

a) $y = 2x - 3$; $y = -3x + 7$
b) $y = x + 1$; $y = -\frac{1}{2}x + 4$
c) $y = -2x + 1$; $y = 2x + 5$
d) $y = -3x - 2$; $y = x + 6$
e) $y = -\frac{1}{4}x - 2$; $y = -\frac{7}{4}x - 5$
f) $y = \frac{4}{3}x + 3$; $y = \frac{1}{3}x$
g) $y = \frac{1}{2}x + 1$; $y = -x - \frac{1}{2}$
h) $y = 3x - 3$; $y = -3x$

4

Löse das Gleichungssystem zeichnerisch und bestätige die Lösung, indem du die Koordinaten des Schnittpunkts in beide Gleichungen einsetzt.

a) $y = 2x + 1$; $y = -2x + 5$
b) $y = x - 1$; $y = -\frac{1}{3}x + 3$
c) $y = \frac{1}{2}x + 2$; $y = -\frac{3}{2}x - 2$
d) $y = 3x + 6$; $y = \frac{1}{3}x - 2$

5

Stelle beide Gleichungen in die Form $y = mx + b$ um und löse das Gleichungssystem zeichnerisch.

a) $2y - x = 4$; $2y + 3x = 12$
b) $y + 4x = 0$; $y - 2x - 6 = 0$
c) $3x - y = -1$; $x + y = -3$
d) $2x + 24 = 6y$; $2x + 9 = 3y$
e) $3y + x = 3$; $y - x = 5$
f) $4y + 2x = 8$; $6y + 7x = 36$

6

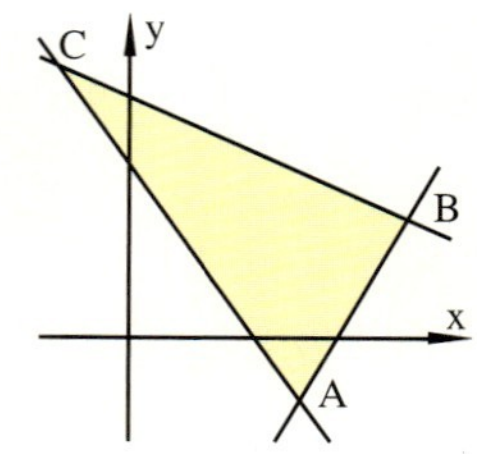

Die drei Geraden schneiden sich in drei Punkten und bilden so ein Dreieck ABC. Bestimme durch Zeichnung die Koordinaten der drei Eckpunkte des Dreiecks.

a) $y = \frac{1}{2}x$; $y = -\frac{1}{2}x + 8$; $y = \frac{5}{2}x - 4$
b) $y = x - 1$; $y = -\frac{1}{2}x + 2$; $y = \frac{1}{2}x + 4$

7

In welchem Quadranten liegt der Schnittpunkt? Gelingt dir die Antwort ohne Zeichnung?

a) $y = x$; $y = -x + 3$
b) $y = x$; $y = -x - 3$
c) $y = -x$; $y = x + 3$
d) $y = -x$; $y = x - 3$
e) $y = 2x$; $y = x + 2$
f) $y = -2x$; $y = -x - 2$
g) $y = 2x$; $y = -x - 2$
h) $y = -2x$; $y = x + 2$

8

Wie heißen die Koordinaten des Schnittpunkts? Versuche, sie ohne Zeichnung zu finden.

a) $y = x$; $y = -x$
b) $y = x$; $y = 4$
c) $y = x + 3$; $y = -x + 3$
d) $y = \frac{1}{2}x + 5$; $y = -\frac{4}{3}x + 5$
e) $y = 2x$; $y = -x + 3$
f) $y = x$; $y = -x + 2$
g) $y = x - 3$; $y = -x + 3$
h) $y = \frac{1}{2}x$; $y = -\frac{1}{2}x + 2$

9

Drei der vier Geraden haben einen gemeinsamen Punkt. Ermittle zeichnerisch die Koordinaten dieses Schnittpunkts und gib die Gerade an, die nicht durch den Punkt geht.

a) $y = x$; $y = \frac{1}{2}x + 2$; $y = -\frac{1}{4}x + 5$; $y = -\frac{2}{3}x + 6$
b) $y = -\frac{2}{3}x$; $y = -\frac{1}{3}x + 1$; $y = \frac{1}{3}x + 2$; $y = \frac{5}{3}x + 7$

10

Bestimme durch Zeichnung die Ursprungsgerade, die durch den Schnittpunkt der beiden Geraden geht. Wie lautet die Gleichung der Geraden?

a) $y = -\frac{1}{3}x + 5$; $y = 2x - 2$
b) $y = -\frac{5}{3}x + 4$; $y = \frac{1}{3}x - 2$

11

Die Koordinaten des Schnittpunkts haben jeweils eine Nachkommaziffer. Zeichne besonders sorgfältig.

a) $y = \frac{1}{3}x + 4$
$y = 2x - 2$

b) $y = \frac{1}{5}x - 4$
$y = -3x + 4$

c) $y = -\frac{1}{2}x + 3$
$y = \frac{1}{3}x + 5$

d) $y = -x - 3$
$y = \frac{3}{2}x + 3$

12

Nicht bei jedem Gleichungssystem kann man die Lösung zeichnerisch exakt bestimmen.
Löse das Gleichungssystem näherungsweise auf eine Stelle nach dem Komma und setze diese zeichnerisch gefundenen Werte in die beiden Gleichungen ein.

a) $y = -\frac{1}{5}x + 3$
$y = 3x - 2$

b) $y = \frac{2}{7}x - 2$
$y = -\frac{3}{2}x + 5$

c) $y = \frac{5}{2}x - 1$
$y = -\frac{1}{3}x - 3$

d) $y = \frac{4}{3}x - 4$
$y = -\frac{5}{2}x + 4$

13

Übertrage das Schaubild ins Heft und bestimme die Koordinaten der Schnittpunkte möglichst genau.

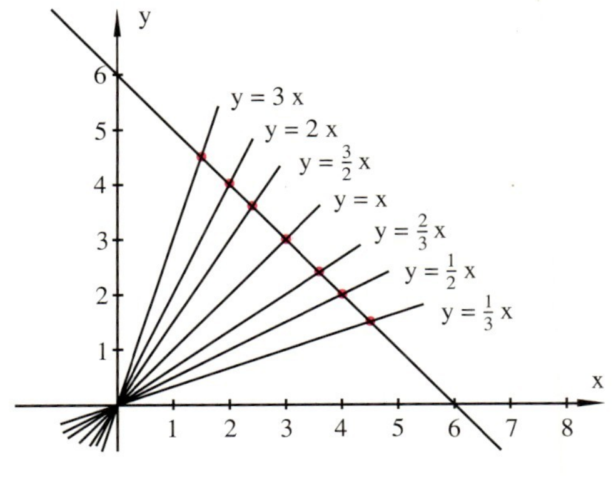

14

Zeichne zwei Parallelen zur Geraden $y = x$ durch die Punkte $P_1(0|3)$ und $P_2(0|-3)$ und bestimme zeichnerisch die Schnittpunkte dieser drei Geraden mit den beiden Geraden $y = -3x + 5$ und $y = -\frac{1}{3}x + 5$.

Kannst du das Gleichungssystem
$1{,}23x + 3{,}21y = 4{,}44$
$3{,}21x + 1{,}23y = 4{,}44$
zeichnerisch lösen oder hast du eine bessere Idee?

Treffpunkte

Bewegungen lassen sich zeichnerisch in einem Koordinatensystem darstellen.
Im Allgemeinen wird auf der x-Achse die benötigte Zeit t und auf der y-Achse der zurückgelegte Weg s abgetragen.

Wenn man die Bewegungen von zwei Autos, Fahrrädern oder Schiffen in ein Koordinatensystem einträgt, kann man ablesen, wann und nach welcher Entfernung die beiden sich treffen.

Beispiel:

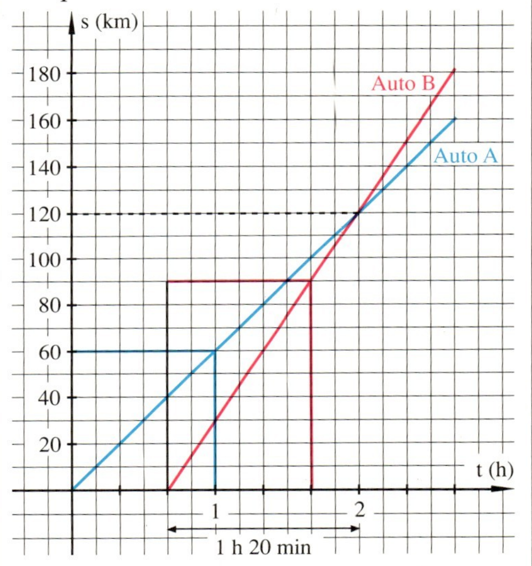

Auto A fährt mit 60 km/h. Auto B fährt 40 min später los, fährt aber mit 90 km/h. Auto B holt Auto A nach 120 km und 1 h 20 min ein.

Ein Schwertransporter fährt mit 40 km/h. Ein Lkw fährt doppelt so schnell.
Wann holt der Lkw den Transporter ein, wenn er 30 min später losfährt?

Zwei Autos fahren gleichzeitig von zwei 50 km entfernten Orten in dieselbe Richtung los.
Wann überholt das weiter vom Ziel entfernte Auto das andere, wenn die Geschwindigkeiten der beiden Autos 50 km/h und 90 km/h betragen?

3 Geometrische Deutung der Lösungsmenge

1

Zwei Autos fahren mit derselben Geschwindigkeit von 60 km/h in die gleiche Richtung. Sie starten mit einem Zeitabstand von 10 Minuten.
Stelle dies in einem Schaubild dar.

2

Die Gleichung $y = 2x + 3$ bildet mit
(1) $y = \frac{1}{2}x + 4$
(2) $y = 2x + 1$
(3) $2y - 4x - 6 = 0$
jeweils ein Gleichungssystem.
Was lässt sich beim Vergleich der Schaubilder feststellen?

Es gibt lineare Gleichungssysteme, die eine, mehr als eine oder keine Lösung haben. Man unterscheidet daher drei Fälle:

1. Fall	2. Fall	3. Fall
(1) $x - 3y + 6 = 0$	(1) $x - 3y + 6 = 0$	(1) $x - 3y + 6 = 0$
(2) $2x - 3y + 3 = 0$	(2) $x - 3y + 9 = 0$	(2) $2x - 6y + 12 = 0$

Zum Zeichnen der Geraden formt man die einzelnen Gleichungen in eine Funktionsgleichung der Form $y = mx + b$ um:

(1′) $y = \frac{1}{3}x + 2$	(1′) $y = \frac{1}{3}x + 2$	(1′) $y = \frac{1}{3}x + 2$
(2′) $y = \frac{2}{3}x + 1$	(2′) $y = \frac{1}{3}x + 3$	(2′) $y = \frac{1}{3}x + 2$

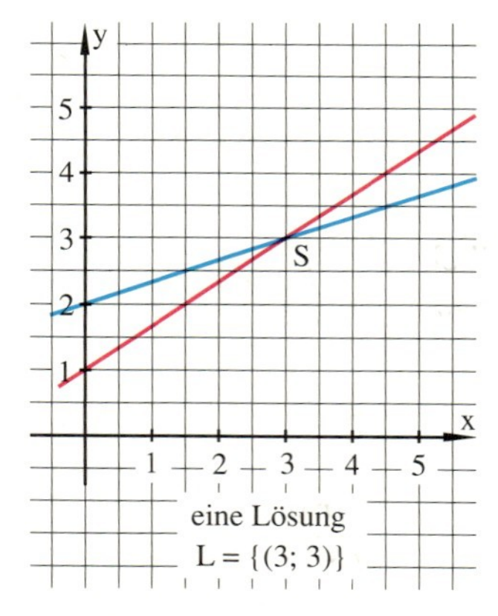

Die Geraden der beiden Gleichungen **schneiden sich in einem Punkt**.
Die Koordinaten dieses Punkts ergeben die Lösung des Gleichungssystems.
Das Gleichungssystem hat **genau eine Lösung**.

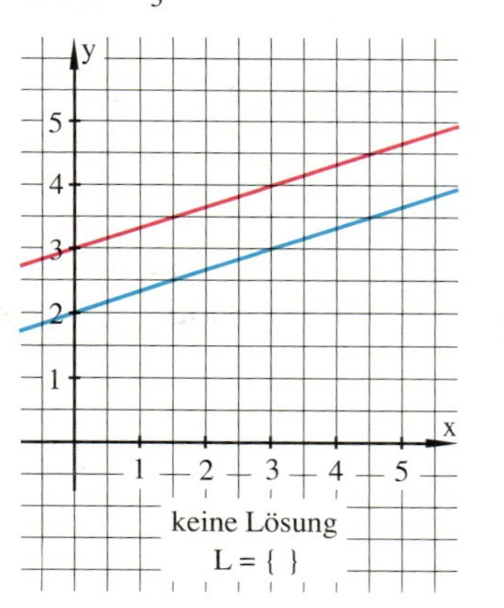

Die Geraden der beiden Gleichungen **verlaufen parallel**, sie haben also keinen gemeinsamen Punkt. Dieses Gleichungssystem hat deshalb **keine Lösung**.

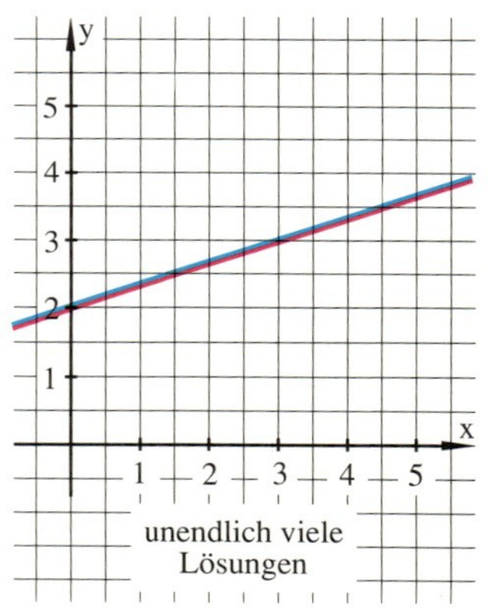

Zu beiden Gleichungen gehört **dieselbe Gerade**. Jedes Zahlenpaar, das die erste Gleichung erfüllt, erfüllt auch die zweite Gleichung. Das Gleichungssystem hat **unendlich viele Lösungen**.

Ein lineares Gleichungssystem mit zwei Variablen hat entweder eine, keine oder unendlich viele Lösungen. Die Lage der zugehörigen Geraden zeigt:
Es gibt **eine Lösung**, wenn die Geraden sich schneiden;
keine Lösung, wenn die Geraden parallel und verschieden sind;
unendlich viele Lösungen, wenn die Geraden aufeinander liegen.

Beispiele

a) Im linearen Gleichungssystem
(1) $y = 3x - 2$
(2) $y = 3x + 7$
sind die Steigungsfaktoren gleich ($m = 3$), die Ordinatenabschnitte verschieden. Die Geraden sind daher parallel und haben keinen gemeinsamen Schnittpunkt. Somit ist die Lösungsmenge leer:
$L = \{\ \}$.

b) Im linearen Gleichungssystem
(1) $3x - y - 2 = 0$ $\quad y = 3x - 2$
(2) $2y - 6x + 4 = 0$ $\quad y = 3x - 2$
sind die Steigungsfaktoren und die Ordinatenabschnitte gleich. Die Geraden sind daher identisch und haben unendlich viele Punkte gemeinsam. Somit besteht die Lösungsmenge aus allen Punkten der Geraden:
$L = \{(x;y) \mid y = 3x - 2\}$

Aufgaben

3
Zeige, dass das Gleichungssystem keine Lösung hat.

a) $y = 2x + 5$
$y = 2x - 1$

b) $y = -\frac{1}{2}x + 4$
$y = -\frac{1}{2}x$

c) $2x + 3y = 6$
$2x + 3y = -6$

d) $x - 2y = 4$
$x - 2y = -2$

e) $3x + y = -2$
$6x + 2y = 4$

f) $12x - 3y = 15$
$8x - 2y = 2$

4
Zeige, dass das Gleichungssystem unendlich viele Lösungen hat und notiere die Lösungsmenge.

a) $y = 2x - 4$
$2x - y = 4$

b) $y = \frac{2}{3}x - 2$
$2x - 3y = 6$

c) $x + y = 5$
$2x + 2y = 10$

d) $x - \frac{1}{2}y - 3 = 0$
$2x - y - 6 = 0$

5
Was muss man für □ einsetzen, damit die beiden Gleichungen ein Gleichungssystem ohne Lösung bilden?

a) $y = \square x + 5$
$y = 2x - 5$

b) $y + \square x = 3$
$y = 2x - 5$

c) $2y = \square x - 3$
$y = 2x - 5$

d) $6x - \square y = 1$
$y = 2x - 5$

6
Überprüfe zeichnerisch, ob das Gleichungssystem eine, keine oder unendlich viele Lösungen hat.

a) $y = \frac{5}{3}x + 1$
$y = \frac{5}{3}x - 1$

b) $y = \frac{5}{3}x + 2$
$y = -\frac{5}{3}x + 2$

c) $y = \frac{5}{3}x + 3$
$y - \frac{5}{3}x = 3$

d) $2x - 3y - 6 = 0$
$3x - 2y - 6 = 0$

e) $x - 2y - 3 = 0$
$y = \frac{1}{2}x - 3$

f) $y = \frac{1}{7}x + 2$
$7y = x + 14$

7
Bilde aus den vorgegebenen Gleichungen jeweils zwei Gleichungssysteme mit einer Lösung, mit keiner Lösung und unendlich vielen Lösungen. Zeichne.

$y = \frac{1}{2}x + 5$ $\quad 4x - 2y - 10 = 0$ $\quad y = \frac{1}{5}x + 3$
$2y = x + 10$ $\quad y = -\frac{1}{2}x + 5$ $\quad 2x - y = 0$
$y = -2x - 5$ $\quad 2x + 4y - 20 = 0$
$5x - 2 = y$ $\quad y = -5x + 2$
$5y - 2 = x$ $\quad x - y - 5 = 0$

4 Gleichsetzungsverfahren

1
Löse das Gleichungssystem
(1) $y = \frac{3}{4}x - 1$
(2) $y = \frac{3}{5}x + 1$ zeichnerisch.
Wie genau kannst du die Lösung ablesen?

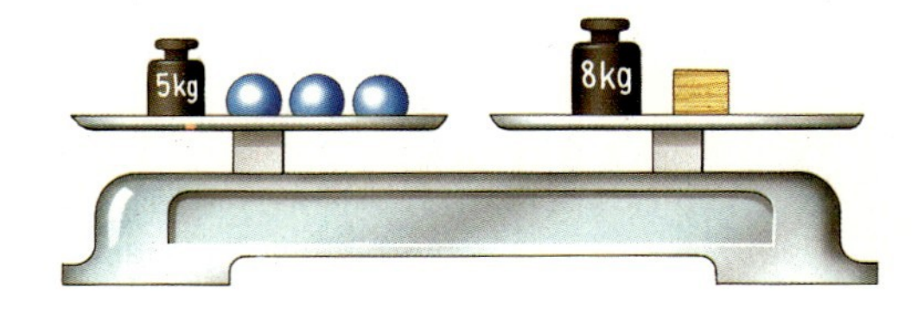

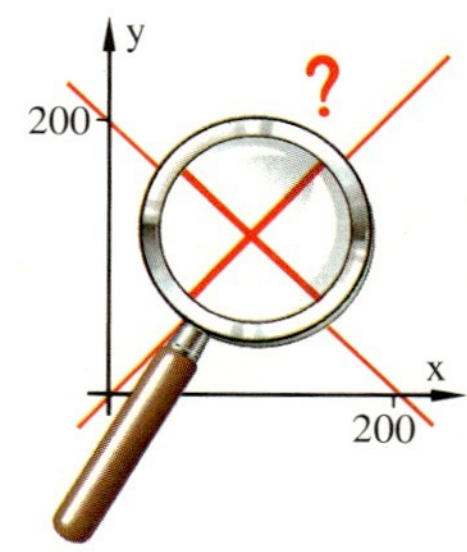

2
Lies aus dem Schaubild die Lösung des Gleichungssystems $y = -x + 201$
$y = x - 1$ ab.
Setze die Werte für x und y ein. Was fällt auf?

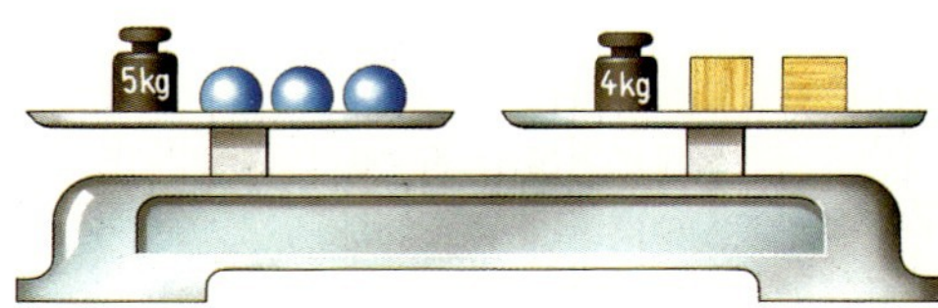

3
Sieh dir die zwei Waagen an und versuche herauszufinden, wie viel kg die kleinen Würfel wiegen.

Nicht alle Gleichungssysteme lassen sich zeichnerisch exakt lösen. Mit **rechnerischen Lösungsverfahren** ist dies aber möglich.
Wenn in einem Gleichungssystem beide Gleichungen nach derselben Variablen aufgelöst sind, kann man auch die Terme, die auf der anderen Seite stehen, **gleichsetzen**.

$3x - 2$	=	y		
		y	=	$2x + 8$
$3x - 2$		=		$2x + 8$

Man erhält so eine Gleichung mit nur einer Variablen. Mit der Lösung dieser Gleichung, $x = 10$, kann man auch die zweite Variable berechnen. Man setzt $x = 10$ in eine der Ausgangsgleichungen ein und erhält $y = 28$.

Gleichsetzungsverfahren: Man löst beide Gleichungen nach derselben Variablen auf. Durch Gleichsetzen erhält man dann eine Gleichung mit nur einer Variablen.

Beispiele

a) Wenn eine Gleichung bereits aufgelöst ist, wird die andere Gleichung nach derselben Variablen aufgelöst.
(1) $y = 4x - 2$
(2) $y - 3x = 5 \quad | + 3x$
(1) $y = 4x - 2$
(2′) $y = 3x + 5$

Gleichsetzen von (1) und (2′):
$4x - 2 = 3x + 5$
$x = 7$
Einsetzen in (1):
$y = 4 \cdot 7 - 2$
$y = 26$
$L = \{(7;26)\}$

b) Bei manchen Gleichungssystemen ist es geschickt, nach dem Vielfachen einer Variablen aufzulösen.
(1) $3x + 4y = 32 \quad | - 4y$
(2) $3x + 7y = 47 \quad | - 7y$
Auflösen:
(1′) $3x = 32 - 4y$
(2′) $3x = 47 - 7y$
Gleichsetzen von (1′) und (2′):
$32 - 4y = 47 - 7y$
$y = 5$
Einsetzen in (1′):
$3x = 32 - 4 \cdot 5$
$x = 4$
$L = \{(4;5)\}$

c) (1) $y = 3x - 2$
(2) $y = 3x + 7$
Gleichsetzen von (1) und (2):
$3x - 2 = 3x + 7 \quad | -3x$
$-2 = 7$
Dies ist unabhängig von den Variablen eine falsche Aussage (die Gleichungen widersprechen sich); also ist das Gleichungssystem nicht lösbar:
$L = \{\ \}$

d) (1) $3x = y + 2$
(2) $y + 2 = 3x$
Gleichsetzen von (1) und (2):
$y + 2 = y + 2 \quad | -y - 2$
$0 = 0$
Dies ist unabhängig von den Variablen eine wahre Aussage (die Gleichungen sind äquivalent); es gibt unendlich viele Lösungen, die beide Gleichungen erfüllen:
$L = \{(x;y) \mid y = 3x - 2\}$

Aufgaben

4

a) $y = 3x - 4$; $y = 2x + 1$
b) $y = x + 9$; $y = 3x - 5$
c) $x = y + 5$; $3 + y = x$
d) $3y - 9 = x$; $2y - 4 = x$
e) $y = 4x + 2$; $5x - 1 = y$
f) $2y = 4 + 5x$; $2y = 6x - 1$
g) $4x = 2y + 10$; $4x = 1 + 5y$
h) $5y = 2x - 1$; $3 + 4x = 5y$

5

Forme die Gleichungen geschickt um und löse mit dem Gleichsetzungsverfahren.

a) $x + 2y = 3$; $x + 3y = 4$
b) $0{,}5x + 4 = 0{,}5y$; $0{,}5y + 2 = 1{,}5x$
c) $-x - 6y = 24$; $x = -24 - 6y$
d) $2x + y = 5$; $5x + y = 11$
e) $12x - y - 15 = 0$; $8x - y + 1 = 0$
f) $2y - 3x = 9$; $3x + y = 18$
g) $2x - 5y = 7$; $3y = 2x + 3$
h) $-1{,}5y = 3x + 4{,}5$; $x = -0{,}5y - 4{,}5$
i) $5x = y + 6$; $5x - 12 = 2y$
k) $5x + 2y = 3$; $3x - 2y = 11$
l) $6x = 25y - 1$; $50y = 2 + 12x$
m) $5x - 3y = -45$; $4x + 3y = -157{,}5$

Wo schneiden sich die beiden Geraden?

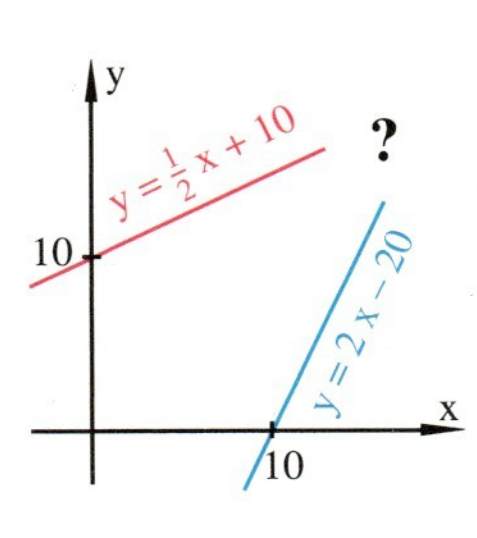

6

Löse die Gleichungssysteme.
Zur Kontrolle: Die Summe aller x-Werte ist gleich der Summe aller y-Werte.

a) $5x = 2y + 7$; $2x + 2y = 14$
b) $6x - 3y = 27$; $6x + 2y = 62$
c) $4x - 2y = 14$; $7y = 4x + 1$
d) $3x + 12y = 30$; $9x - 39 = 15y$
e) $3x - 2y = -12$; $7y = 6x + 51$
f) $5x - 3 = 4y$; $24 - 2y = 6x$

7

Die Variablen können auch anders heißen. Löse das Gleichungssystem rechnerisch.

a) $a = 2b + 4$; $a = b + 5$
b) $21 + 6n = 3m$; $12m - 36 = 6n$
c) $s = 5 + t$; $s = 2t + 1$
d) $5p + 5q = 10$; $3p + 5q = 14$
e) $2g + 2h = 0$; $2g - 27 = 4h$
f) $7z + 5u = 9$; $10u - 5z = -20$

8

Löse das Gleichungssystem rechnerisch. Achte darauf, dass möglichst geschickt umgeformt wird.

a) $x + 5y = 13$; $2x + 6y = 18$
b) $7x + y = 37$; $-74 + 2y = -14x$
c) $2x + 3y = 4$; $4x - 4y = 28$
d) $4x = 6y + 2$; $5y = 2x - 7$
e) $2x + 3y - 4 = 3x + 6y - 5$; $5x + 2y + 7 = 4x - 5y + 12$
f) $2(x + 3) + 4y = 3(x - 2) + 7y$; $5x - 2(y + 3) = 4x + 8(y - 2{,}5)$

9

Bestimme die Koordinaten des Schnittpunkts exakt durch Rechnung und vergleiche mit dem Schaubild. Zeichne selbst.

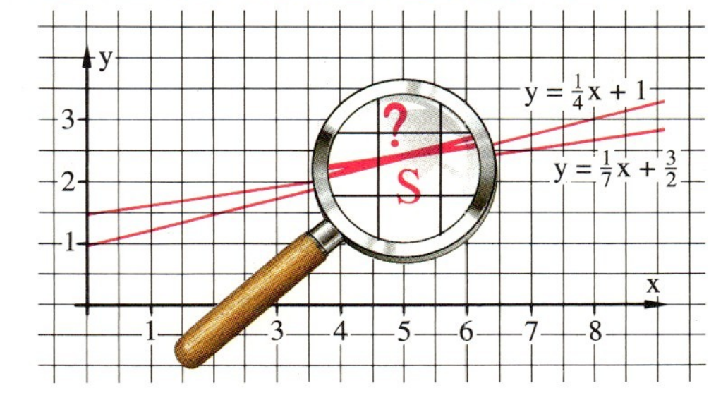

5 Einsetzungsverfahren

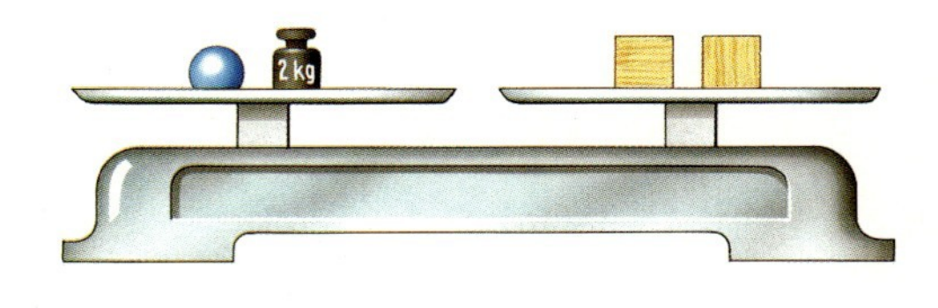

1

Wie kann man das Gleichungssystem

(1) $5x + y - 281x + 5 = 20$

(2) $y = 281x$

geschickt lösen?

2

Die beiden Waagen stehen im Gleichgewicht. Finde heraus, wie viel kg ein Würfel wiegt.

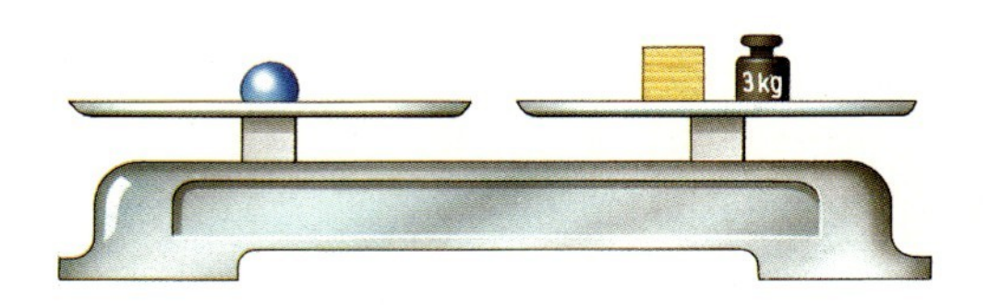

3

Das Vierfache einer Zahl vermehrt um das Dreifache einer zweiten Zahl ergibt 18. Die zweite Zahl ist um 1 kleiner als die erste Zahl. Stelle zunächst zwei Gleichungen auf und versuche, die Zahlen zu finden.

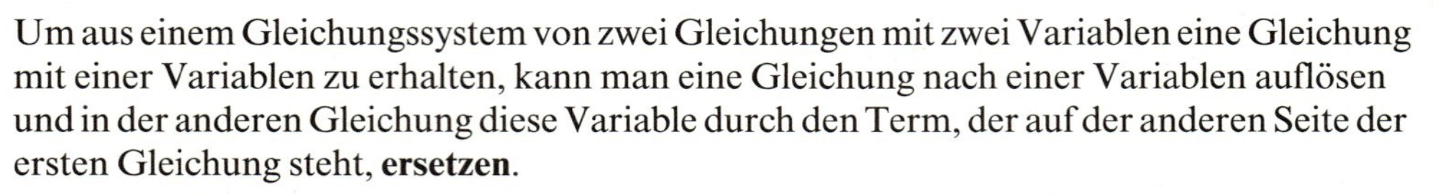

Um aus einem Gleichungssystem von zwei Gleichungen mit zwei Variablen eine Gleichung mit einer Variablen zu erhalten, kann man eine Gleichung nach einer Variablen auflösen und in der anderen Gleichung diese Variable durch den Term, der auf der anderen Seite der ersten Gleichung steht, **ersetzen**.

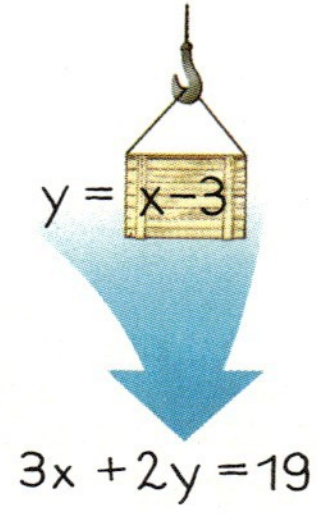

Nachdem die Gleichung (2) nach y aufgelöst ist, wird in Gleichung (1) für y der Term $x - 3$ eingesetzt.
Mit der Lösung $x = 5$ kann man, wie bekannt, y berechnen. Man erhält $y = 2$.

(1) $3x + 2y = 19$

(2) $y = x - 3$

Einsetzen von (2) in (1):

(1′) $3x + 2(x - 3) = 19$

$x = 5$

> **Einsetzungsverfahren:** Man löst eine Gleichung des Gleichungssystems nach einer Variablen auf. Durch Einsetzen in die andere Gleichung erhält man eine Gleichung mit nur einer Variablen.

Beispiele

a) Hier wird die erste Gleichung nach y aufgelöst und in die zweite Gleichung eingesetzt.

(1) $y - x = 1 \quad | +x$

(2) $6x - 3y = 6$

Auflösen:

(1′) $y = x + 1$

(2) $6x - 3y = 6$

Einsetzen von (1′) in (2):

$6x - 3 \cdot (x + 1) = 6$

$6x - 3x - 3 = 6$

$3x = 9 \quad | :3$

$x = 3$

Einsetzen in (1′):

$y = 3 + 1$

$y = 4$

$L = \{(3;4)\}$

b) Bei manchen Aufgaben ist es geschickt, eine Gleichung nach dem Vielfachen einer Variablen aufzulösen.

(1) $6x + 14y = -100 \quad | -14y$

(2) $6x + 42y = -660$

Auflösen:

(1′) $6x = -100 - 14y$

(2) $6x + 42y = -660$

Einsetzen von (1′) in (2):

$-100 - 14y + 42y = -660$

$-100 + 28y = -660 \quad | +100$

$28y = -560 \quad | :28$

$y = -20$

Einsetzen in (1′):

$6x = -100 - 14 \cdot (-20)$

$x = 30$

$L = \{(30; -20)\}$

LEIB
FELS
ORT
INHALT
SPAR

einsetzen

AP ▒▒▒ AFT
TRAN ▒▒▒ ENTE
SP ▒▒▒ ART
B ▒▒▒ EN
BE ▒▒▒ UNG

Aufgaben

4

Löse nach dem Einsetzungsverfahren.

a) $5x+y=8$; $y=3x$ b) $7x-y=-15$; $y=2x$

c) $x+2y=49$; $x=5y$ d) $2x-3y=7$; $2x=5y$

e) $3x+y=11$; $y=x+1$ f) $5x+y=45$; $y=2x-4$

g) $x-2y=7$; $x=5y+4$ h) $3y+x=9$; $x=y-5$

i) $2x+3y=9$; $2x=y+1$ k) $3x+5y=17$; $5y=6x-1$

5

Löse eine Gleichung auf und setze zur Lösung in die andere ein.

a) $5x+y=7$; $2x+y=4$ b) $x+3y=5$; $x-2y=10$

c) $3x-2y=2$; $5x+2y=14$ d) $4x+3y=15$; $4x-2y=10$

e) $2x=3y-3$; $x-3y=-9$ f) $5x-3y=1$; $x+3y=11$

g) $4x-2y=16$; $4y=5x-7$ h) $4x-3y=11$; $6y+28=2x$

6

Löse eine der beiden Gleichungen geschickt auf und setze das Ergebnis in die andere Gleichung ein.

a) $5x+2y=20$; $3x-y=1$ b) $7x+3y=64$; $6y-8x=40$

c) $11x-6y=39$; $2y+17=5x$ d) $40-5x=6y$; $4y+x=8$

e) $5x+28=3y$; $12y-4x=80$ f) $3(x-3y)=27$; $3(y-4)=4(x-3)$

7

Wenn man die Wertepaare der Lösungen als Punkte ins Koordinatensystem einträgt, so stellt man fest, dass alle Punkte auf einer Geraden liegen.

a) $8x-7y=16$; $5x-10=7y$ b) $6x+9=5y$; $10y-3x=-18$

c) $3x+5y=17$; $3x-6y=6$ d) $3x=y+16$; $8x=10y+28$

e) $x-3y=4$; $5x=2y-6$ f) $6y+5x=-6$; $8y=10x-8$

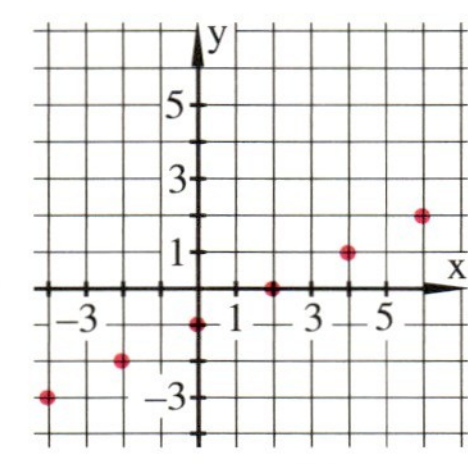

Wie heißt die Gleichung der Geraden?

Noch mehr Variablen

Es gibt auch lineare Gleichungssysteme mit drei Gleichungen und drei Variablen. Manche lassen sich mit dem Einsetzungsverfahren leicht lösen.

Beispiel:

(1) $x+y+z=16$
(2) $x+y=7$
(3) $x=3$

Einsetzen von (3) in (2) und (1):

(1) $3+y+z=16$
(2) $3+y=7 \quad |-3$
$y=4$

Einsetzen in (1).

(1) $3+4+z=16 \quad |-7$
$z=9$
$L=\{(3;4;9)\}$

Dieses Verfahren erinnert an viele aneinander gestellte Dominosteine, die alle umkippen, wenn man den ersten Stein umwirft.

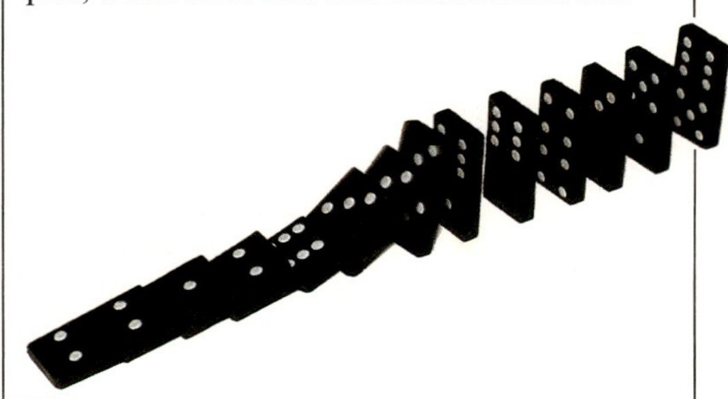

Löse nun selbst einige Gleichungssysteme dieser Art.

$x+y-z=7$
$x-y=2$
$x=5$

$2x+3y+4z=9$
$x+2y=10$
$3x=12$

$x-2y+2z=10$
$2x+4y=28$
$2x=35$

$2x+y-3z=-7$
$3x-4y=4$
$6x=0$

6 Additionsverfahren

1
Wenn man die Gewichte auf den beiden linken Waagschalen und die auf den beiden rechten Waagschalen jeweils auf einer zusammenlegt, ist die Waage wieder im Gleichgewicht.
Wie schwer ist ein Würfel?

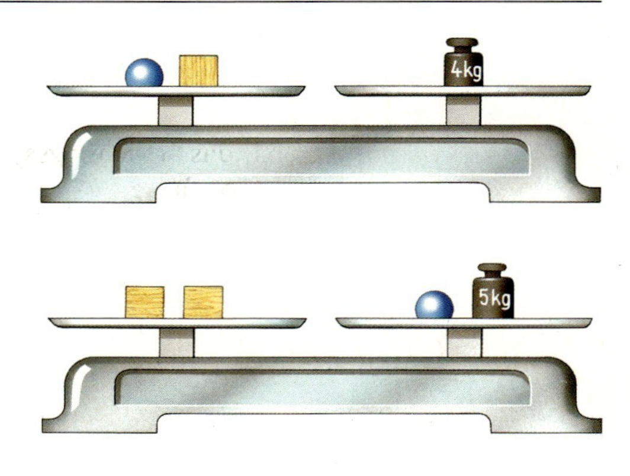

2
Kannst du das Gleichungssystem
(1) $x + y = 25$
(2) $x - y = 1$
geschickt lösen?

Wenn in einem Gleichungssystem in beiden Gleichungen eine Variable oder ein Vielfaches davon mit demselben Betrag, aber unterschiedlichen Vorzeichen vorkommt, kann man die Gleichungen geschickt **addieren**.

Durch diese Addition wird aus zwei Gleichungen mit je zwei Variablen eine Gleichung mit einer Variablen. Die Gleichung hat die Lösung $x = 3$.
Durch Einsetzen in eine der beiden Gleichungen erhält man $y = 1$.

$$\begin{array}{rcrcr} 4x & + & 3y & = & 15 \\ + & & + & & + \\ 3x & - & 3y & = & 6 \\ \hline 7x & & & = & 21 \\ & & x & = & 3 \end{array}$$

Additionsverfahren: Man formt beide Gleichungen so um, dass beim Addieren der Gleichungen eine Variable wegfällt.
Es entsteht eine Gleichung mit nur einer Variablen.

Beispiele

a) Beide Gleichungen werden so umgeformt, dass die Variable x beim Addieren wegfällt.

$$\begin{array}{lrl} (1) & 2x + 3y = 9 & |\cdot 3 \\ (2) & 3x - 4y = 5 & |\cdot(-2) \\ \hline (1') & 6x + 9y = 27 & \\ (2') & -6x + 8y = -10 & \end{array}$$

Gleichungen (1′) und (2′) addieren:

$$\begin{array}{rl} 17y = 17 & |:17 \\ y = 1 & \end{array}$$

Einsetzen in (1):

$$\begin{array}{rl} 2x + 3\cdot 1 = 9 & |-3 \\ 2x = 6 & |:2 \\ x = 3 & \\ L = \{(3;1)\} & \end{array}$$

b) Bei manchen Gleichungssystemen ist es geschickt, wenn man eine Gleichung mit (-1) multipliziert.

$$\begin{array}{lrl} (1) & 15x + 3y = 57 & \\ (2) & 7x + 3y = 33 & |\cdot(-1) \\ \hline (1) & 15x + 3y = 57 & \\ (2') & -7x - 3y = -33 & \end{array}$$

Gleichungen (1) und (2′) addieren:

$$\begin{array}{rl} 8x = 24 & |:8 \\ x = 3 & \end{array}$$

Einsetzen in (1):

$$\begin{array}{rl} 15\cdot 3 + 3y = 57 & |-45 \\ 3y = 12 & |:3 \\ y = 4 & \\ L = \{(3;4)\} & \end{array}$$

Bemerkung: Beim Vervielfachen der beiden Gleichungen des Gleichungssystems sucht man das kleinste gemeinsame Vielfache bei den Zahlfaktoren einer Variablen.

Aufgaben

3

Löse das Gleichungssystem mit dem Additionsverfahren.

a) $3x + y = 18$
$2x - y = 7$

b) $x + y = 19$
$6x - y = 9$

c) $4x + 3y = 2$
$5x - 3y = 16$

d) $12x - 5y = 6$
$2x + 5y = 36$

e) $14x - 7y = 7$
$7y + 3x = 27$

f) $4x + 3y = 14$
$5y - 4x = -30$

g) $3x + 4y = 5$
$14y - 31 = 3x$

h) $-28 - 5x = 6y$
$5x + 3y = -19$

4

Multipliziere eine Gleichung auf beiden Seiten so, dass vorteilhaft mit dem Additionsverfahren gelöst werden kann.

a) $3x + y = 5$
$2x - 2y = 6$

b) $5x - 3y = 16$
$6x + y = 33$

c) $4x + 3y = 35$
$-2x - 5y = -21$

d) $4x - 3y = 1$
$5x + 6y = 50$

e) $3x + y = 12$
$7x - 5y = 6$

f) $2x - 3y = 13$
$9y + 4x = 11$

g) $5y + 7 = 2x$
$6x - 9y = 3$

h) $9x - 35 = 7y$
$105 + 21y = 8x$

5

Wenn beide Gleichungen geschickt umgeformt werden, kann man das Additionsverfahren anwenden.

a) $5x + 2y = 16$
$8x - 3y = 7$

b) $5x + 4y = 29$
$-2x + 15y = 5$

c) $3x - 2y = -22$
$7x + 6y = 2$

d) $11x + 3y = 21$
$2x - 4y = 22$

e) $4x + 3y = 23$
$5y - 6x = 13$

f) $3y - 10x = 22$
$15x - 4y = -31$

g) $6x + 7y = 27$
$78 + 2y = 9x$

h) $15y - 6x = 39$
$3x + 52 = 25y$

6

Die Lösungen ergeben das Lösungswort auf dem Rand.

D(8;3) N(0;-1)
E(-1;5) U(6;-2)
R(5;3) R(3;-3)

a) $4x + 3y = 29$
$3x - 4y = 3$

b) $3x - 7y = 32$
$-5x - 24y = 18$

c) $9x + 2y = 78$
$15y - 6x = -3$

d) $5x - y = -10$
$3y + 4x = 11$

e) $36 + 7y = 5x$
$10x - 42 = 4y$

f) $5y - 8x = -5$
$13 + 13y = 12x$

7

Bei manchen Gleichungssystemen ist es geschickter, die beiden Gleichungen zu subtrahieren.

Beispiel:

(1) $3x + 5y = 11$
(2) $3x - 3y = 3$

Gleichung (2) von (1) subtrahieren:

$$8y = 8 \quad |:8$$
$$y = 1$$

Einsetzen in (1):

$$3x + 5 \cdot 1 = 11$$
$$x = 2$$
$$L = \{(2;1)\}$$

Man nennt dieses Verfahren Subtraktionsverfahren.

Löse die Gleichungssysteme.

a) $6x + 7y = 53$
$4x + 7y = 47$

b) $5x - 3y = 13$
$5x - 2y = 22$

c) $15x + 2y = 7$
$25x + 2y = 17$

d) $3x + 4y = -26$
$4y - 15x = 10$

e) $8y + 3x = 4$
$36 + 8y = 7x$

f) $12x + 15 = -7y$
$-24 + 12x = 6y$

8

Wenn man die Lösungen der Gleichungssysteme addiert, erhält man die Zahl 50.

a) $8x + 3y - 47 = 0$
$4x - 2y - 6 = 0$

b) $14x - 5y + 3 = 2$
$4x + 15y - 26 = 23$

c) $5x - 2y + 36 = 4y$
$3y - 63 + 15x = 10x$

d) $45 - 4x + 6y = 5y$
$4x - 3y + 8 = 3x$

9

Forme die Gleichungen um und löse das Gleichungssystem.

a) $4(x-2) + 3(y+1) = 36$
$2(x-4) + 5(y+3) = 52$

b) $(x-9) \cdot 4 + (10-y) \cdot 3 = 18$
$(x+3) \cdot 3 - (y+1) \cdot 5 = 0$

c) $3(x+1) + 14 - 6x = 5(y+3)$
$4y + 5x - 3(y+4) = 3(x-2)$

d) $4(x+4) + 5(y-3) = 8(x-2) - 2(y-18)$
$7(x-1) - 6(y+3) = 2(x-26) + 3(y+1)$

„Locker einlaufen".
Löse das Gleichungssystem rechnerisch.

a) $y = 2x + 1$
$y = -x + 10$

b) $2x - y = 4$
$3x + y = 1$

c) $y = 3x - 15$
$2y = x + 10$

d) $3y + x = -1$
$y = x + 3$

e) $y + 3x = 7$
$x = y - 3$

f) $2x - 3 = y$
$3x + 2 = 2y$

g) $13x - 2y = 20$
$2x + y = 7$

h) $2x + 1 = 3y$
$4x - 5y = 0$

i) $2x + 3y = 0$
$x - 4y = 11$

k) $3x + 4y = 21$
$2x + 2y = 13$

l) $3x + 5y = -30$
$5x - 3y = 120$

m) $x + 2y = 2$
$9x + 14y = 64$

n) $7x + 6y = 1$
$6x - 7y = 13$

o) $3x - 2y = 59$
$4x - 104 = 9y$

„Langsam steigern".
Forme geschickt um.

a) $x = y + 5$
$\frac{y}{3} = x - 13$

b) $5x - 4y = 8$
$\frac{3}{2}x + y = 9$

c) $\frac{1}{2}x - 2 = \frac{1}{4}y$
$\frac{1}{3}x + 6 = 2y$

d) $\frac{1}{3}x + 3y = 29$
$3x - \frac{1}{5}y = -11$

e) $3y + 5x + 57 - 7x = 3x - 11y - 23$
$4y + 9x - y - 20 = 5x - 11 - 8x$

f) $10 + (4x - 3) + (y + 9) = 2x + (3y - 16) + 19$
$6x + 2 + (2y - 20) = (18x - 3) + (18 - y) - 3$

g) $2(y - 2) = 4(x - 3)$
$3(y + 4) = 4(x + 1)$

h) $9(x - y + 1) = 0$
$10x + y = 4(x + y) + 3$

„Jetzt wird es noch einmal steiler."

a) $3(14 - 5x) - 2y = y + 3$
$2(9 - 2x) - y = y + 4$

b) $2(x + 1) + 3(y - 2) = 9$
$3(3 - x) + 1 - 2y = -2$

c) $34 - 4(x + y) = 10 - x - y$
$41 - 8(y - x) = 5 - y + x$

d) $3(4x - y) - 2(3x - 1) = -13$
$-2(3y - x) - 5(x - 2y) = 10$

e) $(x + 5)(y + 2) = xy + 130$
$(x + 3)(y - 2) = xy + 14$

f) $(2x - 1)(3y - 5) = (2x - 3)(3y - 1)$
$3(5x - 2) = 2(5y - 4) + 2$

g) $(x + 3)(y - 4) + 3 = x(y - 2)$
$(2x + 5)(y - 1) + 10 = 2y(x + 3) - 6$

h) $(3y - 1)^2 - 3xy = (5 + 3y)(3y - x) - 52$
$(2x + 3)^2 - xy = 3x(2x - y) - 2x(x - y) + 11y$

„Nun noch durch die Steinbrüche!"

a) $x + y = 1169$
$\frac{x - 9}{9} = y$

b) $x - y = 18$
$\frac{x}{5} + \frac{y}{3} = 10$

c) $\frac{x}{3} + \frac{y}{5} = 260$
$5x - 3y = 150$

d) $\frac{2x}{7} - \frac{3y}{5} = 5$
$\frac{x}{5} + \frac{2y}{25} = 1$

e) $\frac{3x}{5} + y = -1$
$\frac{x}{5} + y = 1$

f) $\frac{5x}{9} - \frac{2y}{3} = \frac{8}{9}$
$\frac{3x}{2} - 2y = 2$

g) $\frac{8x - 5}{3} + \frac{y + 7}{3} = 13$
$\frac{x + 2}{2} + \frac{y - 11}{6} = 2$

h) $\frac{x + 2}{3} - \frac{5y + 2}{18} = \frac{1}{2}$
$\frac{12x + 22}{15} + \frac{3y + 4}{3} = 1$

7 Lineare Ungleichungen mit zwei Variablen

1
Rüdiger braucht für den Geburtstag seiner Schwester mindestens 50 €. Fürs Rasenmähen bekommt er in der Nachbarschaft 7 €, für das Austragen von Werbeprospekten 15 €.

2
Sibylle überlegt, wie oft sie mit 30 € in der Tasche auf dem Maimarkt Achterbahn und Calypso fahren kann. Außerdem möchte sie sich noch eine Wurst zu 2,50 € kaufen. Eine Achterbahnfahrt kostet 5 €, eine Calypsofahrt 4 €.

Aussageformen wie $x+2y<6$ heißen **lineare Ungleichungen mit zwei Variablen**. Nimmt man als Grundmenge für beide Variablen die Menge der rationalen Zahlen an, gibt es unendlich viele Zahlenpaare, die die Ungleichungen erfüllen z. B. (0;2), (1;1,5), (...).

Die Gleichung $x+2y=6$ beschreibt eine Gerade g mit der Geradengleichung

$$g\colon y=-0{,}5x+3.$$

Diese Gerade zerlegt die Koordinatenebene in zwei **Halbebenen L und L'**.
Die Ungleichung $x+2y<6$ beschreibt die Halbebene L: $y<-0{,}5x+3$.
Alle Punkte der Halbebene L liegen unterhalb der **Randgeraden g** ($y<\ ...$). Die Randgerade gehört in diesem Fall nicht zur Halbebene L.
Soll auch sie zu L gehören, so schreibt man $y\leq -0{,}5x+3$. Dann gehört z. B. auch der Punkt (0|3) zu L.

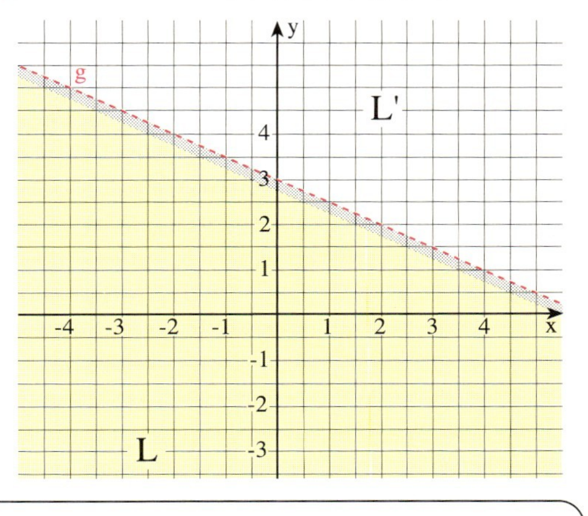

Ungleichungen der Form $ax+by<c$ oder $ax+by\leq c$ heißen **lineare Ungleichungen mit zwei Variablen**. Lösungen einer solchen Ungleichung sind Zahlenpaare (x;y), die die Ungleichung zu einer wahren Aussage werden lassen. Im Koordinatensystem liegen die zugehörigen Punkte in einer von der **Randgeraden** $ax+by=c$ begrenzten **Halbebene**.

Beispiele

a) $3x-4y\leq 8 \quad |-3x$

$-4y\leq -3x+8 \quad |:(-4)$

$y\geq \frac{3}{4}x-2 \longrightarrow g\colon y=\frac{3}{4}x-2$

Der Lösungsbereich liegt über der Randgeraden, die zum Lösungsbereich L gehört.

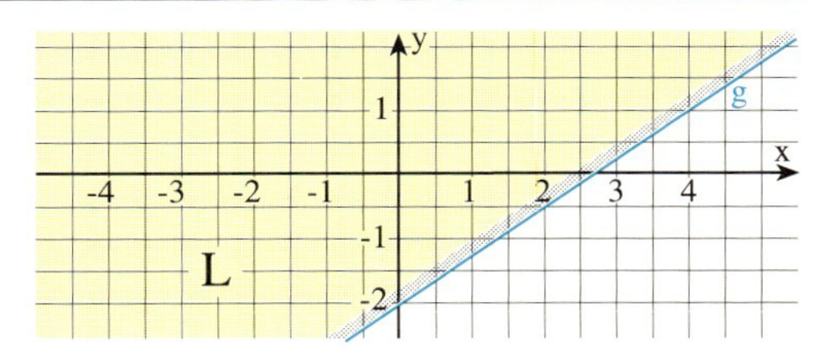

Bemerkung: Multipliziert man eine Ungleichung mit einer negativen Zahl, so ist das Ungleichheitszeichen umzukehren. Gleiches gilt für die Division durch eine negative Zahl.

b) Die Ungleichung $-2x+3y<6$ mit $x \in \mathbb{Z}$ und $y \in \mathbb{Z}$ hat nur Punkte mit ganzzahligen Koordinaten als Lösungen.
Die zugehörige Geradengleichung hat die Form g: $y=\frac{2}{3}x+2$

Die **Punktprobe** mit dem Punkt O(0|0) führt auf die wahre Aussage $-2\cdot 0+3\cdot 0<6$ oder $0<6$. Der Punkt O(0|0) liegt also in der Lösungshalbebene. Der Punkt (0|3) führt bei der Punktprobe auf die falsche Aussage $-2\cdot 0+3\cdot 3<6$ oder $9<6$, er gehört nicht zur Lösungshalbebene. Lösungspunkte sind zum Beispiel auch (2|1) aus dem ersten Quadranten mit $-2\cdot 2+3\cdot 1<6$ oder $-1<6$ und $(-10|-5)$ aus dem dritten Quadranten mit $5<6$.

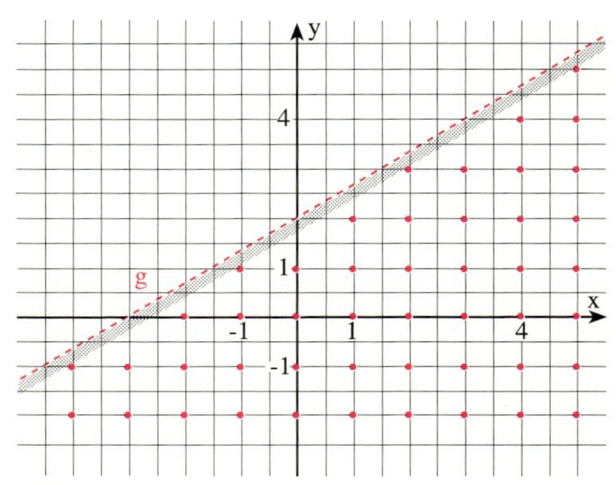

y< y≤	unterhalb von
y> y≥	oberhalb von

Ist die Gerade parallel zur y-Achse:

x< x≤	links von
x> x≥	rechts von

c) Die Lösungshalbebenen L_1, L_2 und L_3 haben die Randgeraden
g_1: $x=-2{,}5$ (der Rand gehört nicht zu L_1)
g_2: $y=-1{,}5$ (der Rand gehört zu L_2)
g_3: $y=\frac{1}{4}x+2{,}5$ (der Rand gehört zu L_3)
Da L_1 links der Randgeraden g_1 liegt und der Rand nicht zum Lösungsgebiet gehört, ergibt sich die Ungleichung $x<-2{,}5$.
L_2 liegt unterhalb der begrenzenden Randgeraden g_2 und der Rand gehört zum Lösungsgebiet. Dies lässt sich mit der Ungleichung $y\leq -1{,}5$ beschreiben.

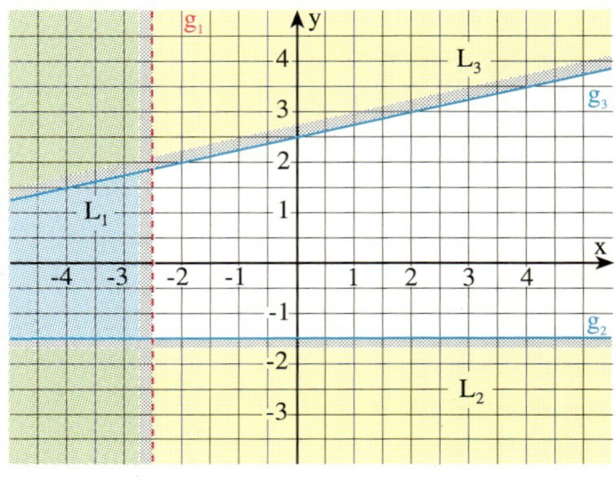

L_3 liegt oberhalb der zugehörigen Randgeraden und lässt sich mit der Ungleichung $y\geq 0{,}25x+2{,}5$ beschreiben. Multipliziert man auf beiden Seiten mit 4 und bringt die Ungleichung auf die allgemeine Form, lautet sie $-x+4y\geq 10$.

Bemerkung: Gleiche Halbebenen können durch verschieden aussehende Ungleichungen beschrieben werden, die sich durch Äquivalenzumformungen ineinander überführen lassen.

Aufgaben

3
Nenne fünf Lösungen mit $x \in \mathbb{N}$ und $y \in \mathbb{N}$.
a) $x+y\leq -2$ b) $x<-2$
c) $y>7$ d) $-3x+y\geq 0$
e) $4x-3y\leq 1$ f) $-0{,}5x-5y>-1$

4
Bestimme durch Einsetzen, welche Punkte Lösungen der Ungleichung $3x+2y<6$ sind.
A(1|1) B(5|5) C(−5|5) D(10|0)
E(0|−3) F(−3|−3) G(2|0) H(−2|2)
I(−3|−4) K(1,5|0,5) L(−2|6) O(0|0)

5
Zeichne die Lösungshalbebenen in ein gemeinsames Koordinatensystem.
a) $x\geq 4$ b) $y<-4{,}5$
c) $x-y>-2$ d) $-3x+5y\geq 15$
e) $3x+10y\leq 50$ f) $x-3y<4{,}5$

6
Bestimme die Gleichung der Randgeraden.
a) $-x+y<1$ b) $2x-3y\geq 4$
c) $-2x-4y\leq 3$ d) $17x+8y>300$
e) $0{,}72x-6y\geq -4{,}8$ f) $-1{,}9x+0{,}5y<0{,}9$

7

Bestimme ohne zu zeichnen, welche der Punkte A(4| − 4), B(3|2), C(2| − 4), D(1| − 1), E(7|0) und F(0| − 3) zur Lösungshalbebene gehören und welche auf der Randgeraden liegen.

a) $x + 3y < 6$ b) $2x + y \geq 0$

8

Zeichne die Lösungshalbebenen in ein gemeinsames Koordinatensystem. Wähle eine geeignete Achseneinteilung.

a) $20x + 40y < 800$
   $50x + 30y < 1\,500$

b) $4x + 3y \leq 1\,200$
   $2x + 3y \leq 600$

c) $x + 9y \leq 225$
   $300x + 400y \leq 16\,000$

9

Beschreibe die dargestellten Halbebenen durch eine Ungleichung. Gestrichelte Randgeraden gehören nicht zum Lösungsgebiet.

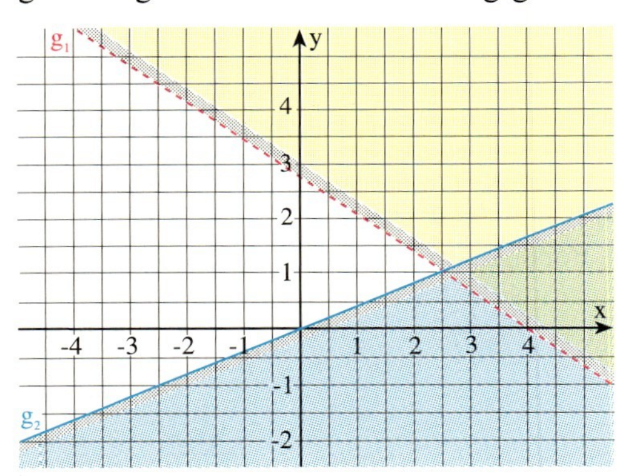

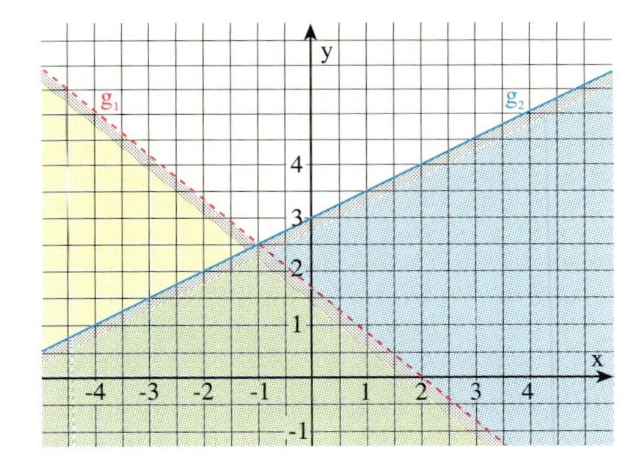

10

Bestimme die Ungleichungen, deren Lösungsmengen die folgenden Schnittmengen haben.

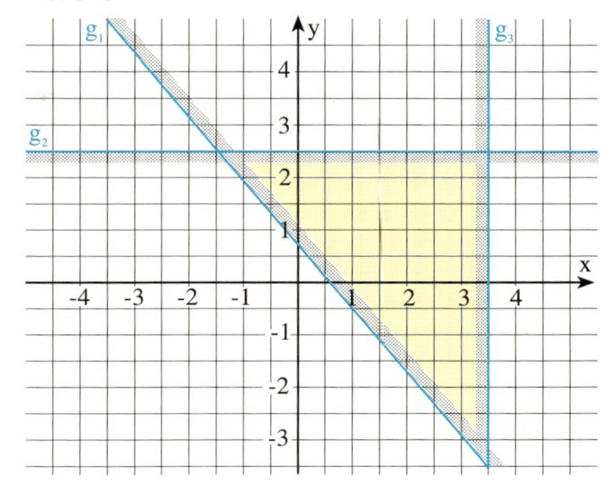

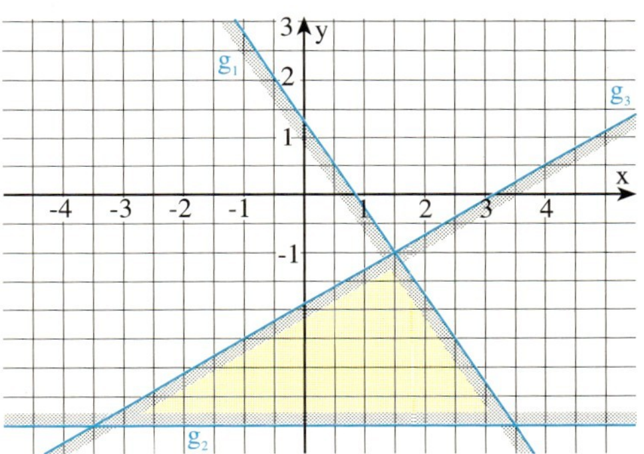

11

Beschreibe die folgenden Bereiche des Koordinatensystems durch Ungleichungen.

a) Erster Quadrant.

b) Halbebene oberhalb der Hauptdiagonale.

c) Nicht der erste und nicht der zweite Quadrant.

d) Alle Punkte, die unterhalb der x-Achse liegen.

e) Halbebene rechts der Nebendiagonale.

12

Beschreibe durch Ungleichungen das Innere der folgenden Vielecke.

a) Dreieck ABC mit A(− 2| − 1), B(2| − 3) und C(6|3)

b) Viereck ABCD mit A(− 2| − 2), B(0|0), C(4|0) und D(0|5)

8 Systeme linearer Ungleichungen. Planungsgebiete

1

Eine Gießerei plant den Versand von Motorteilen, die in Kisten mit den Maßen 1,6 t/2,7 m^3 und 2 t/1,8 m^3 verpackt sind. Die zum Transport vorgesehenen Fahrzeuge haben eine Nutzlast von maximal 16 Tonnen und einen Laderaum von höchstens 18 m^3.

2

Gibt es eine zweistellige natürliche Zahl, deren Quersumme kleiner ist als 11 und die um 36 größer ist als eine andere Zahl mit gleicher Quersumme aber vertauschten Ziffern?

Bei der Planung von Abläufen müssen meist mehrere einschränkende Bedingungen gleichzeitig beachtet werden. Diese Bedingungen führen häufig auf ein System linearer Ungleichungen. Sucht man die Lösung eines Ungleichungssystems mit zwei Variablen, muss man für die beiden Variablen Werte finden, die alle Ungleichungen erfüllen.

Das Ungleichungssystem

(1) $x \geq 5$

(2) $y \geq 8$

(3) $x + 2y \leq 64$

(4) $x + y \leq 40$

hat $x = 10$ und $y = 10$ als mögliche Lösung, während zum Beispiel (10;30) die einschränkende Bedingung (3) nicht erfüllt.

Da ein System linearer Ungleichungen mit zwei Variablen oft mehrere, meist unendlich viele Lösungen hat, sucht man diese Lösungen **grafisch**. Dazu zeichnet man die Randgeraden und die zugehörigen Halbebenen:

(1) $x \geq 5 \rightarrow L_1$

(2) $y \geq 8 \rightarrow L_2$

(3) $y \leq -0{,}5x + 32 \rightarrow L_3$

(4) $y \leq -x + 40 \rightarrow L_4$

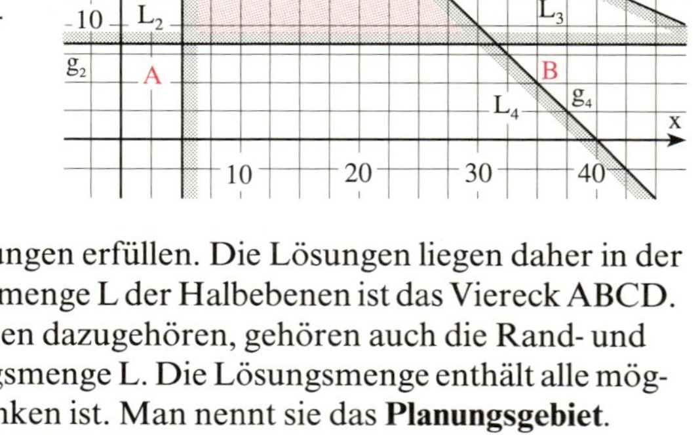

Eine mögliche Lösung muss alle Ungleichungen erfüllen. Die Lösungen liegen daher in der Schnittmenge der Halbebenen. Die Schnittmenge L der Halbebenen ist das Viereck ABCD. Da hier die Randgeraden zu den Halbebenen dazugehören, gehören auch die Rand- und Eckpunkte des Vierecks ABCD zur Lösungsmenge L. Die Lösungsmenge enthält alle möglichen Lösungen, deren Sinn noch zu bedenken ist. Man nennt sie das **Planungsgebiet**.

Das Planungsgebiet hat hier die **Eckpunkte** A(5|8), B(32|8), C(16|24) und D(5|29,5).

> Ein **System linearer Ungleichungen mit zwei Variablen** löst man grafisch. Die einschränkenden Geraden umschließen ein Vieleck, das die Schnittmenge der durch die Randgeraden bestimmten Halbebenen ist. Das Lösungsvieleck nennt man **Planungsgebiet**.
> Je nachdem, ob die Geraden zu den von ihnen begrenzten Halbebenen gehören oder nicht, sind auch die **Rand- und Eckpunkte** des Planungsgebietes mögliche Lösungen oder nicht.

Ungleichungssysteme lassen sich auch mit aufwendigeren Verfahren rechnerisch lösen.

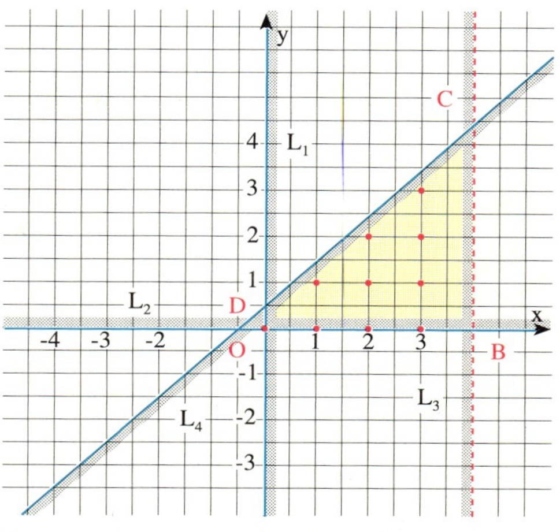

Beispiel

Die Ungleichungen
(1) $x \geq 0$
(2) $y \geq 0$
(3) $x < 4$
(4) $y \leq x + 0{,}5$

haben die Lösungsgebiete L_1, L_2, L_3 und L_4. Lösungen, die alle vier Ungleichungen gleichzeitig erfüllen, liegen in der Schnittmenge der einzelnen Lösungsgebiete. Die Schnittmenge ist hier das Viereck OBCD. Drei Ungleichungen schließen die Ränder des Planungsgebietes mit ein, die Ungleichung (3) schließt die Randpunkte aus. Die Eckpunkte haben die Koordinaten O(0|0), B(4|0), C(4|4,5) und D(0|0,5).

Lassen die Grundmengen für die Lösungsvariablen x und y nur ganzzahlige Lösungen zu, so besteht das Planungsgebiet nur aus den markierten Punkten. Die Randgerade zu Ungleichung (4) lässt keine Lösung zu, bei denen x und y gleichzeitig ganzzahlig sind.

Bemerkung: Beim Zeichnen der Planungsgebiete benutzt man nur die auftretenden Maßzahlen. Bei der Diskussion geeigneter Lösungen aus dem Planungsgebiet sind die Maßeinheiten und Definitionsmengen der jeweiligen Größen x und y zu beachten.

Aufgaben

3

Zeichne das Planungsgebiet und bestimme die Koordinaten der Eckpunkte (Einheit 1 cm).
Wo haben $x \in \mathbb{Z}$ und $y \in \mathbb{Z}$ jeweils ihre größten und kleinsten Werte?

a) $x \leq 3$; $y \geq -2$; $x - y \geq 0$

b) $x > 0$; $x - y \geq 0$; $2x + y \leq 5$

c) $y \leq -2$; $x - y \leq -3$; $x + y \geq 2$

d) $x + y > 1$; $0{,}5x + y > -0{,}5$; $2x - y > -2$

e) $x \geq 0$; $x \leq 4$; $-x + y \leq 3$; $x + y \leq 5$; $0{,}25x - y \leq 1$

f) $x > 0$; $y > 0$; $x \leq 6$; $y \leq 7$; $x + y < 11$

g) $x \leq 4$; $y \leq 3$; $2x + y \geq -3$; $x - y \leq 3$

h) $x > 1$; $x < 5$; $y < 4$; $y > 2$

i) $x \geq 3$; $x + y \leq -1$; $0{,}5x - y > -4$

k) $y < 2$; $0{,}5x + y \leq 2$; $2x - y < -0{,}5$

4

Gib ein Ungleichungssystem an, dessen Planungsgebiet die folgenden Eckpunkte hat. Zeichne das Planungsgebiet und bestimme Lösungen für $x \in \mathbb{Z}$ und $y \in \mathbb{Z}$ mit $x = y$.

a) A(−3|−3), B(2|−1) und O(0|0)

b) A(−3|−2), B(3|−1), C(1|3) und D(−3|3)

c) A(−5|−4), B(−3|−3), C(0|3), D(−1|3) und E(−5|−1)

5

Beschreibe das abgebildete Planungsgebiet durch ein Ungleichungssystem.

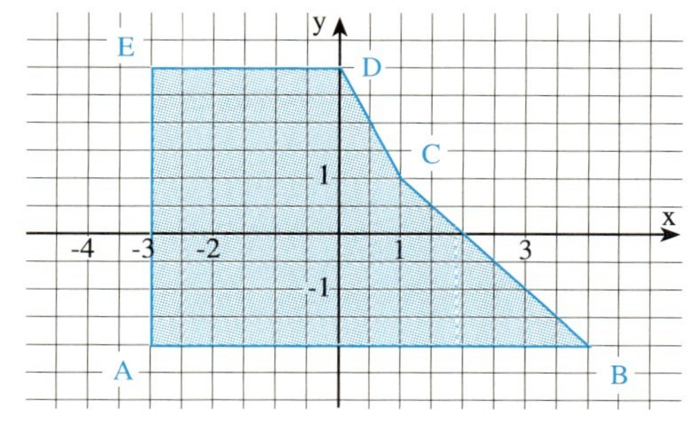

9 Lineares Optimieren

1
Ein Kraftwerk bezieht Kohle von zwei Gruben aus Neunkirchen und Heiligenwald. Aufgrund der Lieferverträge müssen aus Neunkirchen mindestens 500 t und aus Heiligenwald 800 t wöchentlich abgenommen werden. Die Grube in Neunkirchen kann höchstens 4 000 t, die in Heiligenwald höchstens 2 000 t wöchentlich liefern. Das Kraftwerk kann selbst nicht mehr als 5 000 t in der Woche verheizen. Beim Verstromen erzielt man für 1 t Kohle aus Neunkirchen 40 € Gewinn und für 1 t aus Heiligenwald 60 €. Wie hoch ist der Gewinn bei verschiedenen wirtschaftlichen Situationen?

2 €
Zwischen Saarburg und Konz soll eine neue Nahverkehrsverbindung eingerichtet werden. Die täglichen Betriebskosten (Fahrzeugkosten, Treibstoff, Löhne usw.) betragen 300€. Eine Einzelfahrt soll 1,60 € kosten, die Schülerfahrkarte 0,80€. Bei welchen Fahrgastzahlen kann mit Gewinn gerechnet werden, wenn täglich höchstens 400 Personen befördert werden können?

Eine Maschinenfabrik stellt Motormäher und Motorhacken her. In einem Monat können höchstens produziert werden: 600 Motoren für Mäher und Hacken, 500 Mäher ohne Motor und 400 Hacken ohne Motor. Wenn wir die Anzahl der kompletten Mäher mit $x \in \mathbb{N}$ und die Anzahl der kompletten Hacken mit $y \in \mathbb{N}$ bezeichnen, ergibt sich:

(1) $x \geq 0 \quad \rightarrow g_1: x = 0$
(2) $y \geq 0 \quad \rightarrow g_2: y = 0$
(3) $x \leq 500 \quad \rightarrow g_3: x = 500$
(4) $y \leq 400 \quad \rightarrow g_4: y = 400$
(5) $x + y \leq 600 \rightarrow g_5: y = -x + 600$

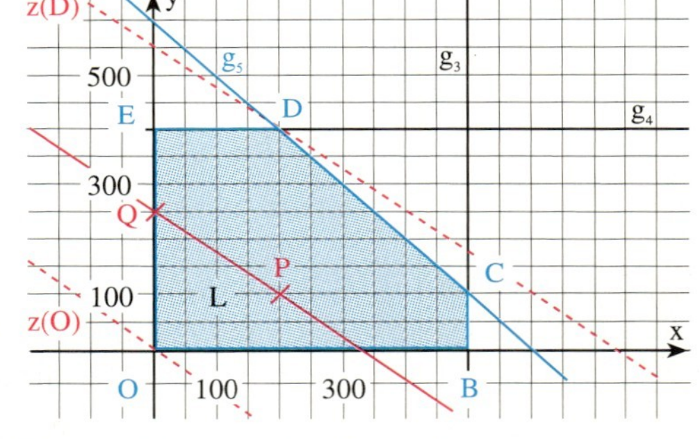

Die entstehenden Randgeraden umschließen das **Planungsgebiet** mit den Eckpunkten O(0|0), B(55|0), C(500|100), D(200|400) und E(0|400).
Erzielt man für einen Motormäher 300 € und für eine Motorhacke 400 € Gewinn, so ergibt sich ein Gesamtgewinn von $z = 300x + 400y$. Man spricht dann von der **Zielfunktion z**.
Produziert und verkauft man zum Beispiel 200 Mäher und 100 Hacken (Punkt P im Planungsgebiet), so errechnet sich ein Gewinn von $z = 300 \cdot 200 + 400 \cdot 100 = 100\,000$ €.
Um die Produktionszahlen für einen möglichst hohen Gewinn zu ermitteln, kann man folgendermaßen vorgehen:
Nimmt man zunächst an, der Gewinn wäre Null, so ergibt sich die Geradengleichung der **Zielgeraden für z = 0**: $0 = 300x + 400y$ oder $y = -\frac{3}{4}x$. Diese Ursprungsgerade wird in das Planungsdiagramm eingezeichnet.
Verschiebt man die Zielgerade parallel, so erhält man weitere Zielgeraden für verschiedene Werte von z. Für die Gerade durch P(200|100) gilt: $z = 100\,000$. Der Wert für z errechnet sich für alle Punkte dieser Zielgeraden, z. B. für Q(0|250): $z = 300 \cdot 0 + 400 \cdot 250 = 100\,000$.

Die möglichen Gewinne kann man für beliebige Punkte des Planungsgebietes ermitteln:

Punkt	B(500 Mäher|0 Hacken)	E(0 M.|400 H.)	C(500|100)	D(200|400)
Gewinn	$300 \cdot 500 + 400 \cdot 0 = 150\,000$ €	160 000 €	190 000 €	220 000 €

Je größer der Ordinatenabschnitt der Zielfunktion ist, desto höher ist der Gewinn. Bei einer Produktion von 200 Mähern und 400 Hacken könnte somit unter den gegebenen Produktionsbedingungen der größte Gewinn erzielt werden.

Beim **linearen Optimieren** sucht man für eine **Zielfunktion** den günstigsten Wert, in der Regel den größten oder den kleinsten. Die günstigsten Werte der Zielfunktion findet man durch Parallelverschiebungen der **Zielgeraden** für $z = 0$. Es sind diejenigen Punkte, die innerhalb des Planungsgebietes auf der Zielgeraden mit dem größten (bzw. kleinsten) Ordinatenabschnitt liegen.

Beispiele

a)

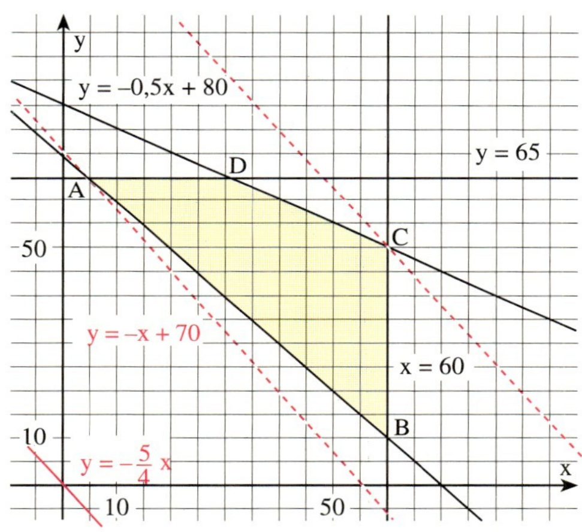

Das vorgegebene Planungsgebiet hat die Eckpunkte A(5|65), B(60|10), C(60|50) und D(30|65).
Mit der Zielfunktion $z = 50x + 40y$ ergibt sich für $z = 0$ die Geradengleichung
$0 = 50x + 40y$ oder $g_z\colon y = -\frac{5}{4}x$.

Verschiebt man den Graphen der Zielfunktion parallel in Richtung Planungsgebiet, so berührt er zuerst den Punkt A. Hier hat die Zielfunktion mit $z = 50 \cdot 5 + 40 \cdot 65 = 2\,850$ den kleinsten Wert im Planungsgebiet. Verschiebt man den Graphen der Zielfunktion weiter, so berührt er zuletzt den Punkt C. Dort hat die Zielfunktion mit $z = 50 \cdot 60 + 40 \cdot 50 = 5\,000$ den größten Wert im Planungsgebiet und gleichzeitig den größten Ordinatenabschnitt.

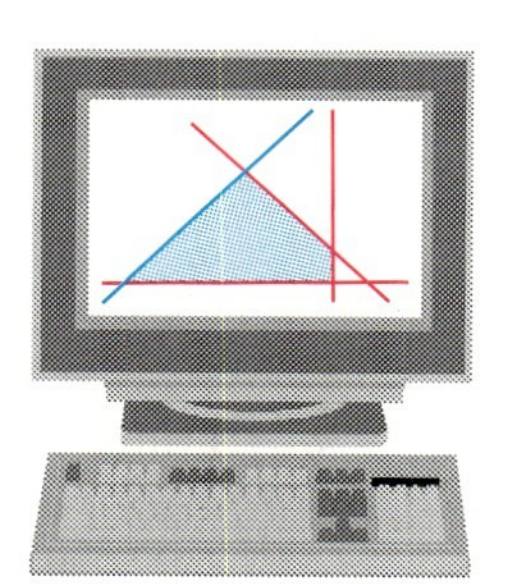

Falls dir ein Computer und entsprechende Programme zur Verfügung stehen, kannst du dir das Umformen der Ungleichungen und Zeichnen der Planungsgebiete erleichtern.

b)

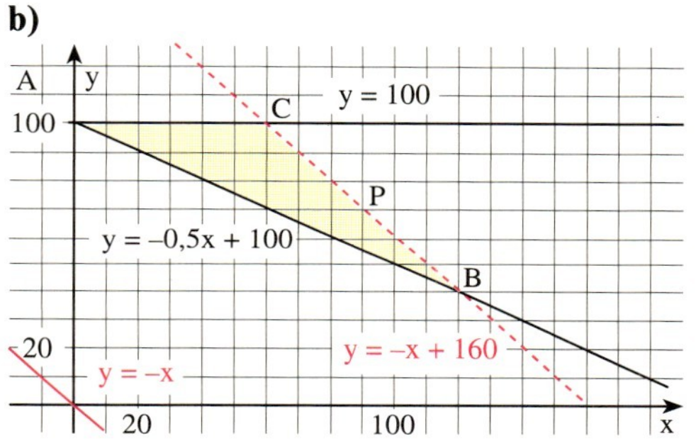

Das vorgegebene Planungsgebiet hat die Eckpunkte A(0|100), B(120|40) und C(60|100).
Für die Zielfunktion $z = 75x + 75y$ ergeben sich in den Eckpunkten folgende Werte:

Eckpunkt	A	B	C
z	7 500	12 000	12 000

Im Eckpunkt A ergibt sich also für die Zielfunktion der kleinste Wert im Planungsgebiet. Den größten Wert hat die Zielfunktion sowohl im Eckpunkt B als auch im Eckpunkt C. Diesen Wert hat die Zielfunktion in allen Randpunkten des Planungsgebietes entlang der Strecke $\overline{BC}$, so zum Beispiel in Punkt P(90|70) mit $z = 75 \cdot 90 + 75 \cdot 70 = 12\,000$. Setzt man den Wert der Zielfunktion zunächst auf Null, so ergibt sich die Geradengleichung $0 = 75x + 75y$ oder $y = -x$. Der Graph der Zielfunktion ist parallel zur Strecke $\overline{BC}$. Verschiebt man ihn in die Eckpunkte B und C der größten Funktionswerte, so liegen alle Punkte der Strecke $\overline{BC}$ auf dem Graphen.

Aufgaben

Beleg	Verlege-kosten	Folge-kosten
Nadel filz	$18\ \frac{€}{m^2}$	$9\ \frac{€}{m^2}$
Kunst-stoff	$30\ \frac{€}{m^2}$	$6\ \frac{€}{m^2}$

3

In der Kurpfalz-Realschule müssen 4200 m² Fußbodenbelag möglichst preiswert erneuert werden. Mindestens 1400 m² sind mit einem Kunststoffbelag auszustatten, der Rest mit einem Nadelfilzbelag. Die Folgekosten, die durch Pflege und Reinigung entstehen, dürfen im Jahr 27000 € nicht übersteigen. Verlege- und jährliche Folgekosten stellen sich wie folgt dar (siehe Rand).

$<$ weniger als

$>$ mehr als

$\leq$ höchstens wie

$\geq$ mindestens wie

4 €

Auf einer Baustelle sollen mindestens 85 Facharbeiter und ungelernte Arbeiter beschäftigt werden. Die Bezahlung eines Facharbeiters beträgt wöchentlich 450 €, eines ungelernten Arbeiters 250 €. Mindestens 30 Beschäftigte müssen Facharbeiter sein. Die Gewerkschaft fordert, dass die Zahl der Facharbeiter mindestens halb so groß wie die der ungelernten Arbeiter ist. Mit welcher Beschäftigtenzahl hat der Bauunternehmer die geringsten Lohnkosten? Was wäre unter den gegebenen Bedingungen die mögliche Höchstzahl von Beschäftigten?

5

Ein Landwirt möchte höchstens 40 ha seines Landes bebauen. Er will Weizen und Zuckerrüben anbauen, das bedeutet 5 Tage bzw. 10 Tage Arbeitsaufwand pro ha. Er hat höchstens 240 Arbeitstage im Jahr und 12000 € Kapital zur Verfügung. Der Anbau von 1 ha Weizen kostet 200 € und der Anbau von 1 ha Zuckerrüben 600 €.
1 ha Weizen bringt 1000 € und 1 ha Zuckerrüben 1200 € Gewinn.

a) Wie viel ha Zuckerrüben können höchstens angebaut werden? Wie viel ha Weizen werden dann angebaut? Wie viel Kapital und Arbeitstage müssen aufgebracht werden?

b) Wo liegen die Punkte im Planungsgebiet, die die Bodenfläche, den Arbeitsaufwand, das Kapital voll ausnutzen?

c) Bei welcher Bebauung ist der Gewinn am größten?

6

Eine Maschinenfabrik stellt elektrische Kreissägen und Tischbohrmaschinen her. In einem Monat können höchstens produziert werden:
600 Elektromotoren für Kreissägen oder Bohrmaschinen, 400 Kreissägen ohne Motor und 500 Bohrmaschinen ohne Motor.
Eine Kreissäge bringt 300 € Gewinn und eine Tischbohrmaschine 200 €. Wie muss produziert werden, damit der Gewinn möglichst hoch ist?

7

Ein Petrochemiker muss dem in seiner Raffinerie produzierten Schmieröl zwei Additive zusetzen, um die Industrienorm zu erfüllen. Unter den folgenden Bedingungen sollen die Kosten minimal gehalten werden:

- Von dem Additiv B-57 müssen mindestens 1 g pro Barrel zugesetzt werden, aber nicht mehr als 10 g.
- Von dem Additiv C-13 müssen mindestens 2 g pro Barrel zugesetzt werden, aber nicht mehr als 8 g.
- In einem Barrel müssen mindestens 8 g Additive enthalten sein.
- B-57 kostet 50 Cent je Gramm, und C-13 kostet 60 Cent je Gramm.

8

Ein Nebenerwerbslandwirt will sich einige Ferkel und junge Ziegen kaufen, die er nach sechs Monaten mit möglichst großem Gewinn wieder verkaufen will. Ein Ferkel kostet 100 €, eine Jungziege 150 €. Er kann höchstens 3000 € aufbringen, und im Stall ist maximal für 25 Tiere Platz. Es sollen mindestens sechs Ferkel und drei Ziegen erworben werden.
Wie viele Tiere jeder Art müssen angeschafft werden, wenn folgende Gewinne zu erwarten sind:

a) 100 € für ein Schwein und 160 € für eine Ziege,

b) 75 € je Schwein und 100 € je Ziege.

10 Vermischte Aufgaben

Lösungen zu 4

(9;5) (−1;10)
(3;2) (3;13)
(4;1) (3;5)
(6;−4) (7;0)
(10;9) (11;5)
(15;9)

vertauschte Reihenfolge

1

Löse das Gleichungssystem mit dem Gleichsetzungsverfahren.

a) $y=x+2$, $y=3x-12$
b) $y=4x-9$, $3x-5=y$
c) $x=5y+2$, $x=3y-2$
d) $2y=6x-30$, $2y=5x-26$
e) $3x=7y-13$, $3x=12y-18$
f) $5x=2y+79$, $19-3y=5x$
g) $y=5x+24$, $y-3x=16$
h) $x=4y-3$, $y-x=12$
i) $5y+3x=44$, $3x=4y+8$
k) $2y+8x=-50$, $2y-5x=2$
l) $3x+4y+29=5x-3y-10$, $5x-2y+17=7x-9y-22$

Lösungen zu 5

(3;5) (4;−3)
(20;28) (5;2)
(8;13) (4;−1)
(−1;2)

vertauschte Reihenfolge

2

Löse das Gleichungssystem mit dem Einsetzungsverfahren.

a) $5x+y=48$, $y=3x$
b) $x+3y=56$, $x=4y$
c) $4x+y=27$, $y=x+2$
d) $x+3y=20$, $x=y-4$
e) $2x+3y=-5$, $2x=y-1$
f) $4x+3y=68$, $3y=x-2$
g) $3x-y=-10$, $y=x+4$
h) $5x-y=6$, $y=2x-3$
i) $2x+5y=105$, $y=2x-3$
k) $3x-2y=19$, $x=2y+1$
l) $5x+y=13$, $3x+2y=40$
m) $4y-x=10$, $5y+3x=-30$

Lösungen zu 6

(−4;8) (13;5)
(1;2) (176;50)
(11;18) (16;54)
(4;2) (126;168)

vertauschte Reihenfolge

3

Löse das Gleichungssystem mit dem Additionsverfahren.

a) $2x+3y=19$, $8x-3y=31$
b) $4x+3y=53$, $-4x-2y=-46$
c) $5x-7y=44$, $3x+7y=4$
d) $6y-3x=39$, $y+3x=-4$
e) $4x+3y+3=0$, $3x-3y+18=0$
f) $2x+y=3$, $y-2x=-13$
g) $6x+13y=31$, $-13y+4x=-1$
h) $5x+3y=60$, $5x-2y=35$
i) $8x+3y=14$, $11x+3y=8$
k) $2x-3y=18$, $5x+2y=7$
l) $6x-4y+3=3x-5y+20$, $5x+2y-3=8x+5y-18$
m) $3(4x+1)+5y=2x+3(y-1)+60$, $4(x+2)+3y=3x+5(y+3)-6$

4

Suche zur rechnerischen Lösung des Gleichungssystems ein geeignetes Verfahren.

a) $5x-19=y$, $3x-11=y$
b) $3x+y=32$, $y=x-4$
c) $3x+2y=10$, $2x-2y=20$
d) $7y+3x=67$, $5y+3x=47$
e) $3x+5y=34$, $2x+19=5y$
f) $4x=7y+28$, $4x=3y+28$
g) $2x=12-3y$, $5x=9+3y$
h) $9x-44=11y$, $y=5x-50$
i) $3x+27y-120=0$, $3x+7y-60=0$
k) $9x-4y=99$, $3x-5y=0$
l) $10x+5y-62=13y-5x+16$, $3x-y-11=2y-2x+12$

5

Forme um und löse das Gleichungssystem.

a) $5(4x+3y)+7=42$, $4(5x+4y)-15=17$
b) $10(x+y)=77-x-y$, $2(5x-1)+y=2(10y+x)$
c) $3(x-2)+y+5=-2$, $4(x+3)+3(y-1)=11$
d) $5(x-2y)+(y+3)=32$, $-(y-5)-(10-x)=0$
e) $4(x+1)-3(y-1)=0$, $3(x-3)-(y+2)=0$
f) $8(y-2)-12(x-1)=0$, $15(y+1)-18(x+2)=0$
g) $(x+4)(y-7)=xy-56$, $7x-5y=0$

6

Jetzt geht's „in die Brüche“.

a) $\frac{x+y}{2}=113$, $x-y=126$
b) $\frac{x}{8}+\frac{y}{9}=8$, $x+y=70$
c) $\frac{x-6}{5}=\frac{y}{7}$, $4x-3y=0$
d) $\frac{3x+3}{4}=\frac{y}{2}$, $2x-y=4$
e) $\frac{x+y}{3}=6$, $\frac{x}{6}-\frac{y}{3}=\frac{1}{2}$
f) $\frac{x}{4}+\frac{y}{6}=\frac{7}{12}$, $\frac{x}{6}-\frac{y}{8}=-\frac{1}{12}$
g) $\frac{x+y}{2}+\frac{x-1}{3}=4$, $\frac{2x-3y}{2}-\frac{5y-x}{3}=-1$
h) $\frac{y+3}{8}-\frac{x+6}{16}=\frac{5}{4}$, $\frac{y+4}{12}+\frac{x+2}{4}=\frac{1}{2}$

7

Löse das Gleichungssystem zeichnerisch.

a) $y = 2x - 4$
$y = -3x + 6$

b) $y = \frac{1}{2}x - 2$
$y = -2x + 3$

c) $y = -\frac{3}{2}x + 3$
$y = \frac{1}{2}x - 5$

d) $y = \frac{1}{2}x - 4$
$y = -\frac{1}{2}x + 2$

e) $y = -\frac{2}{3}x + 4$
$y = \frac{4}{3}x - 2$

f) $y = -\frac{2}{5}x - \frac{4}{5}$
$y = -\frac{5}{2}x + \frac{11}{2}$

8

Forme die Gleichungen um und löse das Gleichungssystem zeichnerisch.

a) $y + 2x + 6 = 0$
$y - x + 3 = 0$

b) $y + \frac{1}{2}x = 5$
$y - x = -1$

c) $2y = \frac{1}{2}x - \frac{11}{2}$
$3y = -2x$

d) $2x - y = 7$
$5x + 2y = 10$

e) $7x + 6y = 1$
$6x - 7y = 13$

f) $3x - 8y = -4$
$7x + 2y = 1$

g) $y - 0{,}5x - 1 = 0$
$2y + 6x - 16 = 0$

9

Stelle durch Zeichnung fest, ob das Gleichungssystem eine, keine oder unendlich viele Lösungen hat.

a) $y = 3x - 4$
$y = 3x + 1$

b) $y = \frac{1}{2}x - 3$
$y = -\frac{1}{2}x + 3$

c) $2x + 3y = 9$
$y = -\frac{2}{3}x + 3$

d) $y = \frac{2}{5}x + 4$
$y = -\frac{2}{5}x + 4$

e) $2y = 3x - 5$
$y = \frac{3}{2}x + 1$

f) $8x - 6y + 12 = 0$
$-3y + 6 + 4x = 0$

g) $2x + 3y - 4 = 3x + 4y - 5$
$2y - 5x - 2 = -2x + 5y - 5$

10

Drei verschiedene Geraden können keinen, einen, zwei oder drei Schnittpunkte haben. Zeichne und stelle fest, welcher der vier Fälle vorliegt.
Bestätige dein Ergebnis durch Rechnung, indem du die drei möglichen Gleichungssysteme untersuchst.

a) $y = 2x - 2$
$y = -x + 4$
$y = \frac{1}{2}x + 1$

b) $y = \frac{1}{2}x + 3$
$y = \frac{1}{2}x - 2$
$y = \frac{1}{2}x$

c) $y = -\frac{2}{3}x + 8$
$y = \frac{3}{5}x + \frac{2}{5}$
$y = \frac{5}{2}x - \frac{3}{2}$

d) $2y = 3x + 4$
$3y = -\frac{3}{2}x + 12$
$4y = 6x - 8$

11

Entnimm die Gleichungen der parallelen Geraden aus der Zeichnung. Übertrage die Zeichnung in dein Heft und ermittle die Koordinaten der Schnittpunkte auf eine Nachkommaziffer genau.

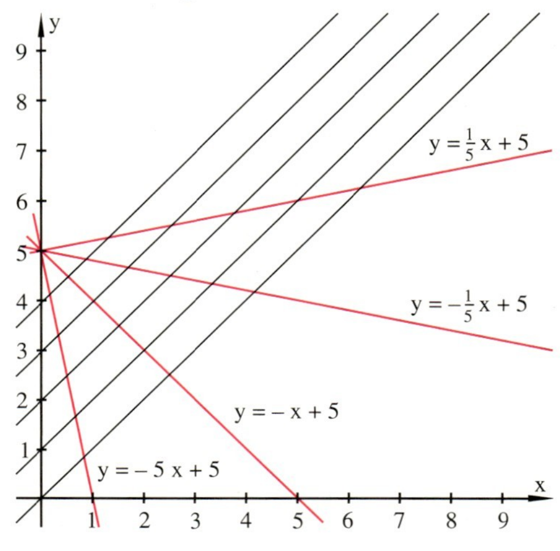

12

Runden kann gefährlich sein!
Das Gleichungssystem

$y = \frac{1}{3}x + 2$
$y = \frac{3}{10}x - 1$

soll zeichnerisch und rechnerisch gelöst werden.

a) Wandle die Brüche in Dezimalbrüche um und runde auf eine Nachkommaziffer. Löse zeichnerisch und rechnerisch.

b) Runde auf zwei Stellen nach dem Komma und löse erneut. Hast du eine Idee für die zeichnerische Lösung?

c) Löse das Gleichungssystem rechnerisch ohne zu runden.

13

Kleine Ursache – große Wirkung!
Löse beide Gleichungssysteme rechnerisch.

A $123x - 124y = 61$
$248x - 250y = 123$

B $123{,}01x - 124y = 61$
$248x - 250y = 123$

Vergleiche die Ergebnisse.
In welchen Quadranten liegen die Schnittpunkte?

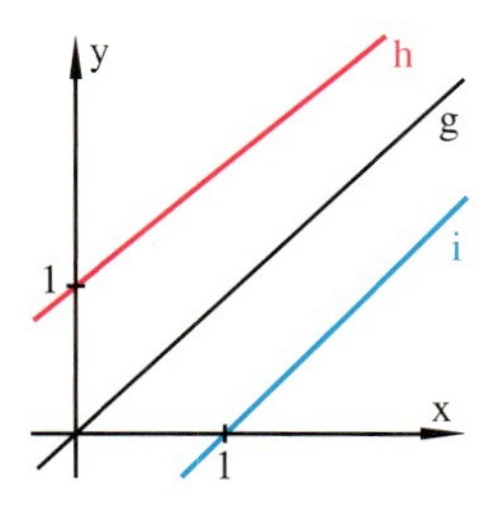

14

Die Geraden g, h und i haben die Gleichungen $y = x$, $y = \frac{98}{99}x + 1$ und $y = \frac{101}{100}x - 1$.
Die Geraden g und h schneiden sich im Punkt A, die Geraden g und i im Punkt B.
Liegt A zwischen O und B oder B zwischen O und A?

15

Wenn man die Koordinaten der Punkte P und Q in die Gleichung $y = mx + b$ einsetzt, erhält man zwei Gleichungen mit den zwei Variablen m und b.
Wenn man das Gleichungssystem löst, kann man die Gleichung der Geraden finden, die durch die Punkte P und Q geht.

Beispiel: P(2|2) und Q(4|3)
P(2|2) ergibt (1) $2 = 2m + b$
Q(4|3) ergibt (2) $3 = 4m + b$
Aus $m = \frac{1}{2}$ und $b = 1$ erhält man die Gleichung $y = \frac{1}{2}x + 1$.

Finde die Gleichung für
a) P(1|2) und Q(5|6)
b) P(3|4) und Q(6|1)
c) P(−1|2) und Q(3|7)
d) P(−5|−3) und Q(1|9).

16

Die Summe aus dem Zweifachen einer Zahl und dem Dreifachen einer anderen Zahl beträgt 18. Das Dreifache der ersten Zahl vermehrt um das Doppelte der zweiten Zahl ergibt 17. Wie heißen die beiden Zahlen?

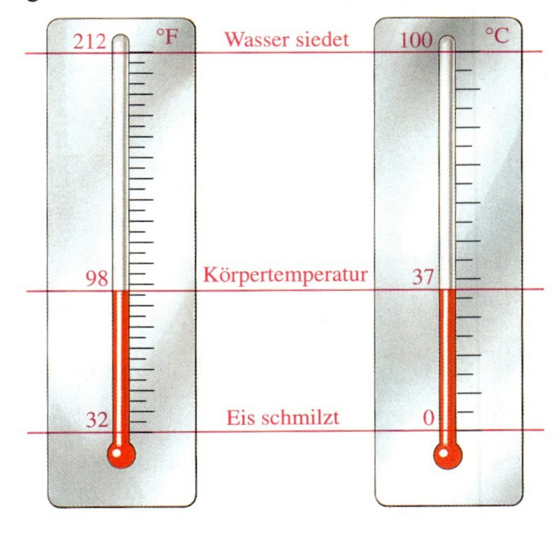

17

Die Zehnerziffer einer zweistelligen Zahl ist das Doppelte der Einerziffer. Vertauscht man die Ziffern, entsteht eine um 27 kleinere Zahl.
Wie heißt die ursprüngliche Zahl?

18

Die Quersumme einer zweistelligen Zahl ist 15, die Differenz der Ziffern ist 3. Welche Zahl kann das sein?
(Hinweis: Es gibt zwei Möglichkeiten.)

19

Der Winkel an der Spitze eines gleichschenkligen Dreiecks ist doppelt so groß wie ein Basiswinkel.
Wie groß ist dieser Winkel?

20

Aus einem 24 cm langen Draht soll ein Rechteck gebogen werden, dessen kurze Seite 2 cm kürzer als die lange Seite ist.
Wie groß ist der Flächeninhalt dieses Rechtecks?

21

In einem allgemeinen Trapez ABCD, wobei $\overline{AB} \parallel \overline{CD}$ ist, sind die Winkel α und β zusammen 120°. Die Winkel α und γ sind zusammen 200°.
Wie groß ist jeder der vier Winkel?

22

Der Flächeninhalt eines Trapezes mit einer Höhe von 8 cm beträgt 96 cm². Die untere Grundseite ist 6 cm länger als die obere Grundseite.
Wie groß sind die beiden Seiten?

23

In den Vereinigten Staaten wird die Temperatur in °Fahrenheit gemessen. Bei der Umrechnung von °Celsius in °Fahrenheit muss zu einem bestimmten Betrag jeweils ein Vielfaches der °Celsius-Zahl addiert werden.
Wie lautet die Umrechnungsformel, wenn 68 °F = 20 °C und 104 °F = 40 °C ist?

Kosten und Kostenvergleiche

Beispiel:
Das Elektrizitätswerk liefert Strom zu verschiedenen Bedingungen.

	Preis in ct/kWh	Grundbetrag (€)
Tarif 1	22,5	81,00
Tarif 2	13,5	175,00

Wenn man die Kosten in Abhängigkeit vom Verbrauch in einem Koordinatensystem darstellt, kann man ablesen, ab wie viel kWh der Tarif 2 günstiger ist.

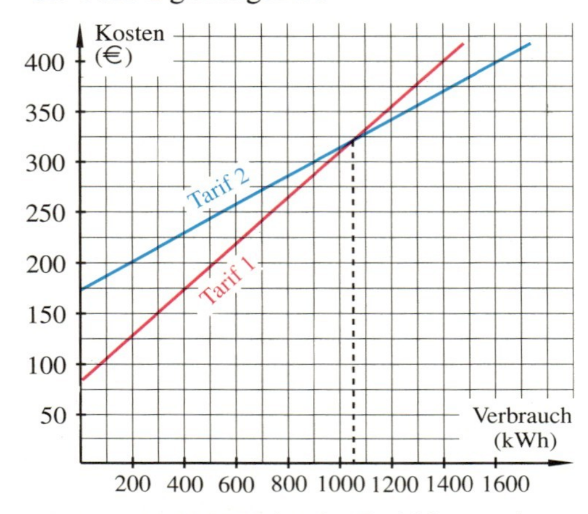

Ab etwa 1050 kWh ist der Tarif 2 günstiger. Zur exakten Bestimmung der kWh-Anzahl muss man das Gleichungssystem

(1) $y_1 = 81 + 0{,}225x$
(2) $y_2 = 175 + 0{,}135x$

rechnerisch lösen.

24

Eine Firma bezieht von zwei Herstellern Mikrochips.
Hersteller A berechnet einen Versandkostenanteil von 10 € pro Lieferung und verlangt für jeweils 10 Chips 10 €.
Hersteller B liefert erst ab einer Bestellung von 40 Chips, verlangt keine Versandkosten. 40 Chips kosten 30 €, je 10 weitere 20 € mehr.
Für welche Bestellmenge ist die jeweilige Herstellerfirma günstiger?
Stelle die Kosten in einem Schaubild dar. (Stückzahl auf der x-Achse mit 1 cm für 10 Stück; Kosten auf der y-Achse mit 1 cm für 10 €).

25

Um den Nutzen einer Produktion festzustellen, muss man die Kosten mit dem Erlös bzw. dem Ertrag vergleichen. Der Punkt, ab dem die Produktion sich lohnt, wird als **Nutzenschwelle** oder **„break even point"** bezeichnet.
Zur Herstellung von Maschinenteilen werden feste Kosten von 300 € berechnet. Pro Teil kommen 1,50 € an Kosten dazu. Beim Verkauf bringt jedes Teil einen Erlös von 3,50 €.

a) Stelle den Sachverhalt in einem Schaubild dar.
(Stückzahl auf der x-Achse mit 1 cm für 25 Stück; Kosten und Erlös auf der y-Achse mit 1 cm für 100 €)

b) Lies aus dem Schaubild ab, bei welcher Stückzahl die Nutzenschwelle liegt.

c) Wie groß ist der Verlust bei 125 verkauften Teilen?

d) Wie groß ist der Gewinn bei 250 verkauften Teilen?

e) Wie müsste man den festen Kostenanteil senken, um schon bei 100 verkauften Teilen die Nutzenschwelle zu erreichen?

f) Wie ändert sich die Nutzenschwelle, wenn die festen Kosten auf 400 € steigen?

g) Stelle den Sachverhalt mit einem Gleichungssystem dar und löse dies rechnerisch.

Geometrie

26
Ein Rechteck hat einen Umfang von 84 cm. Die eine Seite ist um 6 cm länger als die andere Seite.
Wie lang sind die beiden Seiten?

27
Verkürzt man eine Seite eines Rechtecks um 3 cm und verlängert die andere um 5 cm, so wächst der Flächeninhalt um 85 cm².
Verlängert man die erste Seite um 5 cm und verkürzt die andere um 3 cm, so verringert sich der Flächeninhalt um 11 cm².
Wie groß war der Flächeninhalt des ursprünglichen Rechteckes?

28
Schneidet man von einem Rechteck auf die erste Art zwei Streifen ab, gehen 154 cm² verloren.
Schneidet man auf die zweite Art ab, gehen 176 cm² verloren.
Wie groß ist das Rechteck?

1. Art:

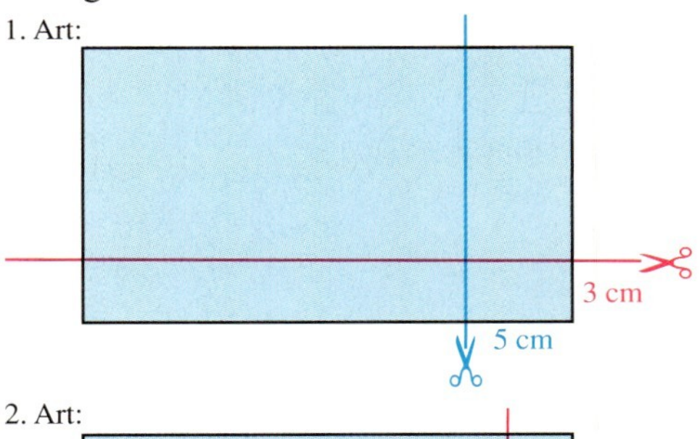

2. Art:

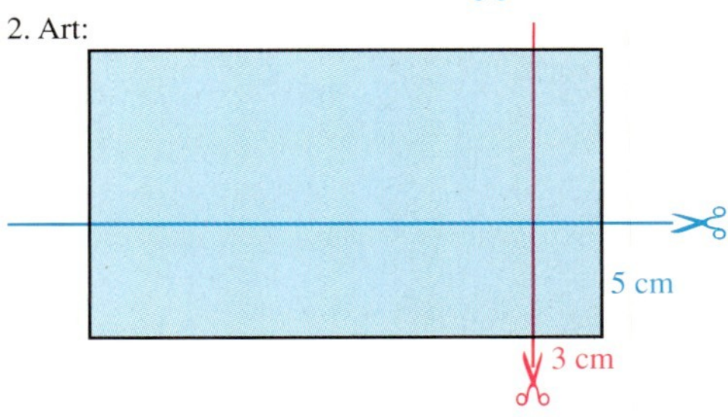

29
Halbiert man in einem rechtwinkligen Dreieck mit $\gamma = 90°$ den Winkel α, so erhält man das Doppelte des Winkels β.
Wie groß sind die beiden Winkel α und β in dem Dreieck?

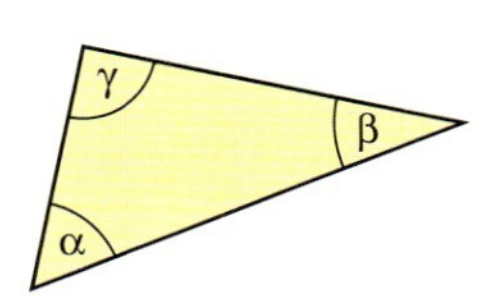

30
Der Umfang eines gleichschenkligen Dreiecks beträgt 32 cm. Die Schenkel sind 4 cm länger als die Basis. Wie lang sind die einzelnen Seiten?

31
Legt man vier gleichschenklige Dreiecke zu einem großen Dreieck zusammen, so hat dies 46 cm Umfang. Legt man sie zu einem Parallelogramm zusammen, ist der Umfang 38 cm. Wie groß sind die Seiten eines Dreiecks?

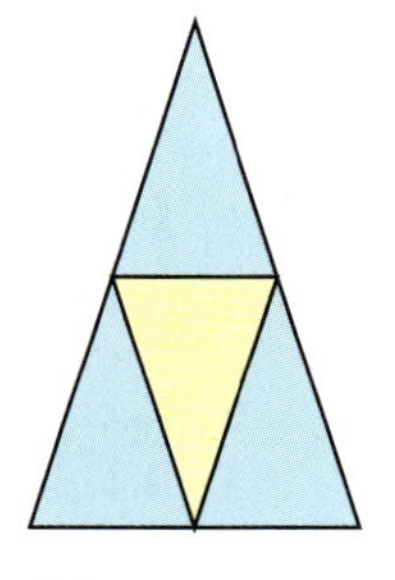

32
Zerschneidet man die aus sechs gleichschenkligen Dreiecken zusammengesetzte Figur längs der roten Linie und legt die beiden Teile zu einem Sechseck zusammen, so hat dieses 58 cm Umfang. Legt man sie zum Parallelogramm zusammen, so hat dieses 54 cm Umfang. Welchen Umfang hat die ursprüngliche Figur?

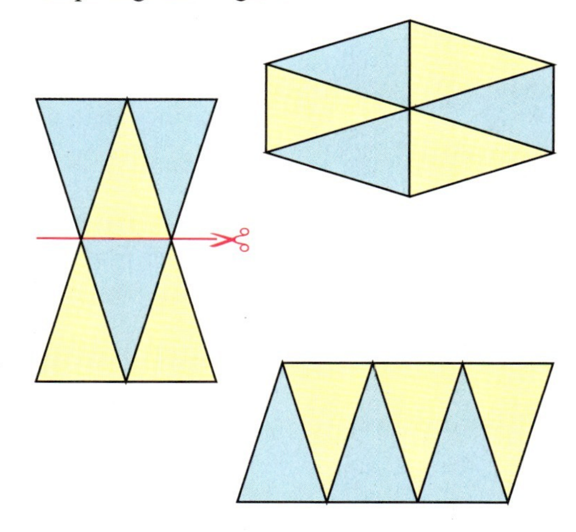

33

Löse die Gleichungssysteme.

a) (1) $x = y + 49$
   (2) $y = z + 4$
   (3) $x + y + z = 3$

b) (1) $5x - 4y - 2z = 0$
   (2) $2x + 5y + z = 12$
   (3) $x + y + z = 6$

Ungleichungen

34

Zeichne das Planungsgebiet. Wähle eine geeignete Einteilung der Achsen.

(1) $-x + y < 1$ (3) $x > 0$
(2) $3x + 2y < 6$ (4) $y > 0$

35

Von einer 60 cm langen und 40 cm breiten Glasscheibe ist an einer Ecke ein rechtwinklig gleichschenkliges Eck mit der Schenkellänge 10 cm abgebrochen. Aus dem Rest soll eine rechteckige Scheibe mit möglichst großem Flächeninhalt geschnitten werden.

36

Untersuche das durch die Ungleichungen
(1) $x \geq -2$
(2) $x - 2y \leq -2$
(3) $2x + 3y \leq 6$
beschriebene Planungsgebiet:

a) Wo hat x den kleinsten/größten Wert?
b) Wo hat y den kleinsten/größten Wert?
c) Wo hat die Summe von x und y den kleinsten/größten Wert?
d) Wo sind x und y gleich groß?

37

Für eine Faschingsparty sollen Getränkedosen beschafft werden. Vom letzten Kuchenbasar sind noch 25 € übrig, für die Coladosen zu 0,75 € das Stück und Limonadedosen zu 0,65 € das Stück gekauft werden sollen. Jeder der 28 Schüler sollte mindestens eine Dose bekommen.
Zeichne das Planungsgebiet und diskutiere die Einkaufsmöglichkeiten.

38

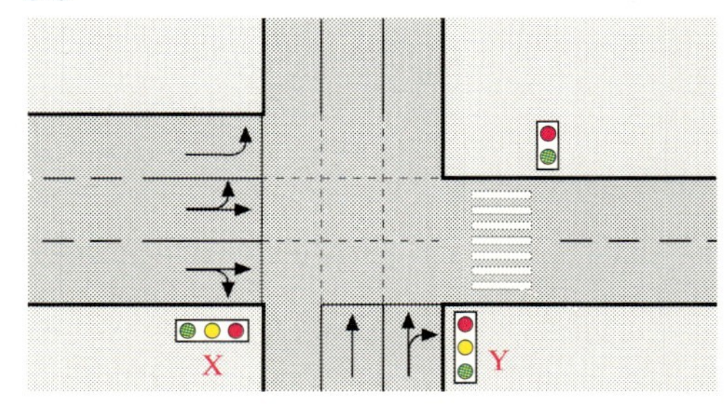

An einer Kreuzung steuert die Ampel X drei Fahrspuren, die Ampel Y zwei Fahrspuren. Durch Verkehrszählungen hat man festgestellt, dass die Ampel X länger grün zeigen soll als die Ampel Y, aber weniger als doppelt so lang. Damit die Wartezeit für die Fußgänger nicht zu lang wird, sollen die Grünphasen der beiden Ampeln zusammen nicht länger als 40 Sekunden dauern. Erfahrungswert zeigen, dass auf jeder Fahrspur im Durchschnitt ein Fahrzeug pro Sekunde die Kreuzung überquert. Der Fahrzeugdurchsatz soll möglichst hoch sein.

39

Auf einer Geflügelfarm können 600 Tiere gehalten werden: Enten, Gänse und Hühner. Aus ökologischen Gründen sollen es mindestens 20 Enten und 20 Gänse, aber nicht mehr als 100 Enten und 80 Gänse, zusammen nicht mehr als 140 sein.
Für ein Huhn sind 3 € Gewinn, für eine Ente 6 € und für eine Gans 10 € Gewinn zu erzielen.

40

Ein Krankenpfleger muss einem Kind Vitamintabletten verabreichen. Die tägliche Mindestgabe an Vitaminen beträgt:

Vitamin	A	B_1	C
	1,5 mg	1 mg	60 mg

Vitamintabletten werden von zwei Firmen in folgender Zusammensetzung geliefert:

Hersteller	Kosten	Vitamingehalt in mg A	B_1	C
Pharmax	9 ct	0,375	0,4	5
Vytan	9 ct	0,25	0,1	40

BILDFAHRPLÄNE

Die Bewegungen der Züge im Schienennetz der Bundesbahn werden in Bildfahrplänen dargestellt.
Im Gegensatz zu der üblichen Darstellung mit horizontaler Zeitachse, sind hier die Strecken waagerecht und die Zeit senkrecht abgetragen. An den Unterbrechungen der Linien erkennt man die Haltestationen der Züge. Die verschiedenen Richtungen der Strecken lassen Rückschlüsse auf die Geschwindigkeit und die Fahrtrichtung der Züge zu.

1

Hier sind Teile aus einem Bildfahrplan herausgezeichnet.

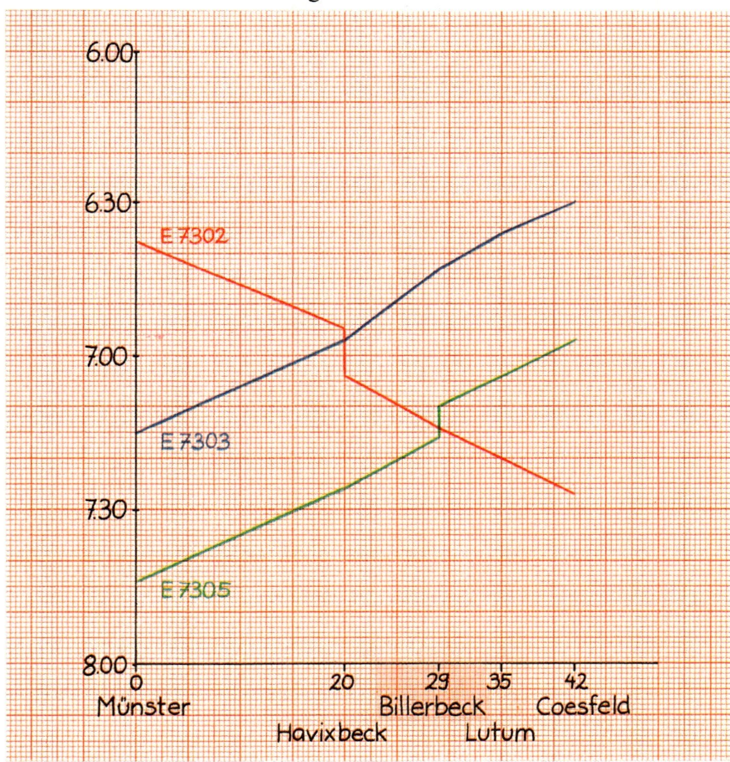

a) Übertrage den Bildfahrplan in dein Heft. Erstelle dann einen Fahrplan für die drei eingezeichneten Züge mit Abfahrts- und Ankunftszeiten.
b) Bestimme die Gesamtfahrzeit zwischen Münster und Coesfeld.
c) Wann und wo treffen sich die Züge?

2

Unten siehst du zwei Fahrplanausschnitte.
a) Erstelle für die gekennzeichneten Züge einen Bildfahrplan. Trage die Zeiten und Strecken auf den beiden Achsen wie im Originalplan ab. (Zeitachse: 1 cm für 10 min, Streckenachse: 1 cm für 5 km)
b) Bestimme die Zeitpunkte und Orte, wann und wo sich die verschiedenen Züge treffen.
c) Wann und wo finden Überholvorgänge statt?

440 Aachen – Düren – Köln

Zug / BD Köln			8025	E 3665 ⑭	⑨⑨	D 319	E 3665 ⑭
Paris Nord G 1						11.48	
Bruxelles Midi G 2						13.00	
Liège (Lüttich)–Guill						13.43	
Aachen Hbf	○						
		①					
Aachen Hbf H 1. 450. 451.		⚒	13.18	**13.46**	:	**13.54**	
Aachen Rothe Erde			13.22	**13.50**	:	von Oostende	
Eilendorf			13.26	│	:	│	
Stolberg (Rheinl.) Hbf			13.30	**13.55**	:	│	
Eschweiler Hbf			13.34	**13.59**	:	│	14.06
Nothberg			13.37	→	:	│	│
Langerwehe			13.42		:	│	14.11
Düren 443. 444. 461	○		13.49		:	**14.13**	14.18
Düren	3		13.51		:	**14.14**	14.19
Buir			13.58		:	│	│
Sindorf			14.04		:	│	│
Horrem 441	4 ○		14.07		:	│	14.30
Horrem	4		14.09		:	│	14.31
Groß Königsdorf			14.14		:	│	│
Lövenich			14.18		:	│	│
Köln-Ehrenfeld	⑧⓪ 3		14.24		:	│	14.40
Köln Hbf	⑧⓪ 8 ○	⚒	14.30		:	14.38	14.46
Köln Hbf 600		Ⓗ	***14.40***		㉒	***14.51***	***14.58***
Köln Hbf	○	Ⓗ	***15.01***		㉒	***15.09***	***15.17***
Köln-Deutz	○	⚒	14.37		:	14.46	14.54

440 Köln – Düren – Aachen

km	Zug / *BD Köln*		E.3020	8020 ⑰	⑨⑨	D.248	8020 ⑰
0	Köln-Deutz		12.40	12.56			
	Bonn Hbf 600		*12.01*	*12.34*	㉓	*12.47*	
	Köln Hbf	○	*12.25*	*12.54*	㉓	*13.07*	
1	Köln Hbf	⑧⓪ 8	12.50	13.05	:	13.20	
5	Köln-Ehrenfeld	⑧⓪ 3	12.54	13.09	:	│	
11	Lövenich		von Dortmund │	13.14	:	│	
15	Groß Königsdorf		│	13.18	:	│	
20	Horrem 441	4 ○	13.02	13.22	:	│	
	Horrem	4	13.03	13.23	:	│	
24	Sindorf		│	13.27	:	│	
31	Buir		│	13.32	:	│	13.40
40	Düren 443. 444. 461	3 ○	13.14	→	:	13.41	13.46
	Düren	3	13.15		:	13.42	13.47
50	Langerwehe		13.21		:	│	13.54
55	Nothberg		│		:	│	13.59
58	Eschweiler Hbf		13.27		:	│	14.02
62	Stolberg (Rheinl.) Hbf		13.31		:	│	14.06
66	Eilendorf		│		:	│	14.11
69	Aachen Rothe Erde		13.37		:	│	14.15
71	Aachen Hbf	○	13.41		:	14.01	14.19
	Aachen Hbf ■					**14.04**	
	Liège (Lüttich)–Guill	○				**14.49**	
	Bruxelles Midi G2	○				**15.56**	
	Paris Nord G1	○				**18.57**	

Rückspiegel

1

Forme die Gleichungen um und löse das Gleichungssystem zeichnerisch.

a) $y + \frac{1}{2}x = 5$
   $y + 1 = x$

b) $y - \frac{1}{2}x - 1 = 0$
   $2y + 6x - 16 = 0$

c) $3y - 9x = 9$
   $x - 2y = 4$

d) $2x + 5y = -4$
   $5x + 2y = 11$

2

Löse das Gleichungssystem mit dem Einsetzungsverfahren.

a) $5x + y = 27$
   $y = x + 3$

b) $3x = y + 8$
   $2y = 3x - 1$

c) $4x - 27 = 3y$
   $2x - 11 = y$

d) $5x - 3y = -7$
   $y = 2x + 2$

3

Löse das Gleichungssystem rechnerisch. Wähle jeweils ein geschicktes Verfahren.

a) $2x + 1 = 6y$
   $x - 2y = 1$

b) $4x + 5y = 31$
   $22 = 4x + 2y$

c) $5x + 8y = 248$
   $8x + 5y = 272$

d) $4(x + 2) = 3(y + 2)$
   $5(x + 5) = 4(y + 5)$

e) $3(x + 7) - 2(y + 7) = 0$
   $4(x + 21) - 3(y + 20) = 0$

4

Stelle das Gleichungssystem grafisch dar und gib an, ob es eine, keine oder unendlich viele Lösungen gibt.

a) $y = \frac{2}{3}x - 3$
   $y = \frac{2}{3}x + 2$

b) $y = \frac{3}{4}x - 1$
   $2y + x = 8$

c) $3x - y = 4$
   $2y + 8 = 6x$

d) $2x + 5y - 5 = 0$
   $5y + 2x + 10 = 0$

5

Bernd fährt an 5 Tagen in der Woche mit dem Bus zur Arbeitsstelle. Eine Monatskarte kostet 70 €, ein Einzelfahrschein 5 € und eine Rückfahrkarte 8 €. Stelle die verschiedenen Möglichkeiten grafisch dar.
Wann macht sich eine Monatskarte bezahlt?

6

Zeichne die Lösungshalbebenen und schraffiere das Gebiet, in dem die Lösungen liegen, die beide Ungleichungen erfüllen.

a) $4x - 2y < -5$ und $x + 2y < 25$

b) $4x - 2y < -5$ und $x + 2y > 25$

7

a) Verkürzt man in einem Rechteck die lange Seite um 2 cm und verlängert die andere um 2 cm, so wächst der Flächeninhalt um 4 cm². Verlängert man beide Seiten um jeweils 3 cm, so wächst der Flächeninhalt um 57 cm². Wie lang sind die ursprünglichen Seiten?

b) Der Umfang eines gleichschenkligen Dreiecks beträgt 37 cm. Die Basis des Dreiecks ist um 5 cm kürzer als die Schenkel. Berechne die drei Seitenlängen des Dreiecks.

8

Gegeben ist das lineare Ungleichungssystem

(1) $x \geq 150$
(2) $y \geq 125$
(3) $x + y \leq 800$
(4) $3x + 15y \leq 9000$

Zeichne das Planungsgebiet und berechne die Koordinaten der Eckpunkte.

9

Bestimme die Koordinaten der Eckpunkte und beschreibe das Planungsgebiet durch ein System linearer Ungleichungen. Die Randgeraden gehören nicht zum Planungsgebiet.

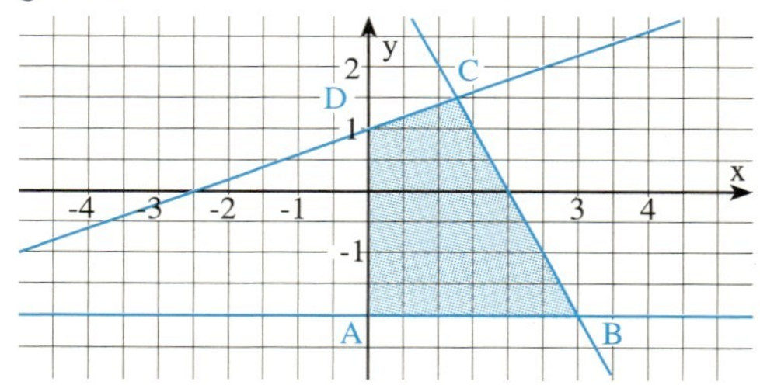

10

Die Firma Compex kann täglich höchstens 1400 Taschenrechner vom Typ 702 und 800 vom Typ 703 herstellen. Insgesamt können aber nicht mehr als 1800 täglich verkauft werden, wobei vom Typ 702 doppelt so viele verlangt werden wie vom Typ 703. Wie viele Taschenrechner müssen von jedem Typ produziert werden, um einen möglichst großen Gewinn zu erzielen, wenn am Typ 702 acht Euro und am Typ 703 zwölf Euro pro Stück verdient werden?

II Quadratwurzeln. Reelle Zahlen

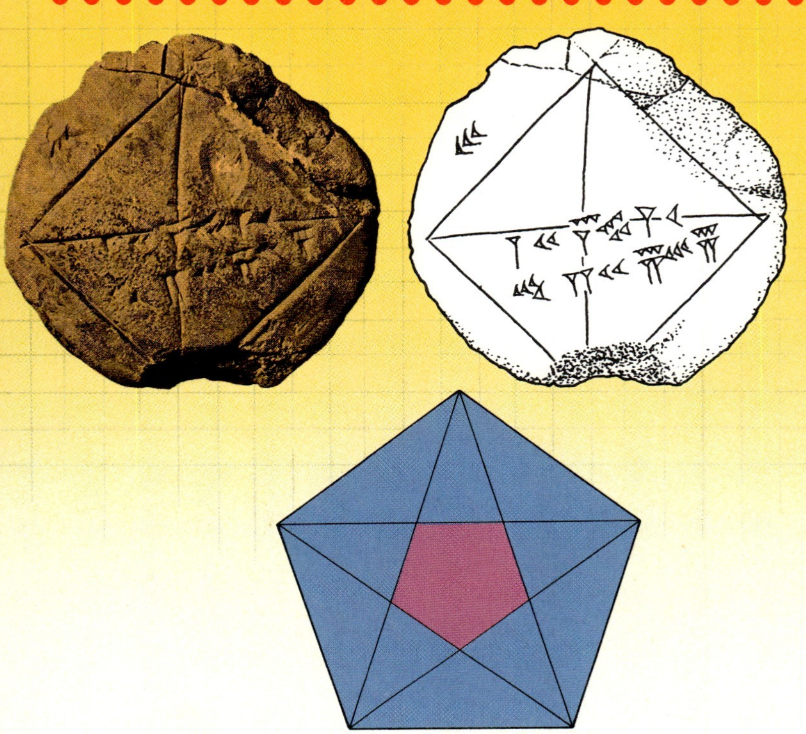

Auf einer altbabylonischen Keilschrifttafel findet man erstmals eine recht gute Annäherung für die Länge einer Quadratdiagonale. Auf der Quadratdiagonale stehen die Zeichen , was im babylonischen Sexagesimalsystem (60er-System) $1 + \frac{24}{60} + \frac{51}{3600} + \frac{10}{216000}$ *bedeutet.*
Im Dezimalsystem entspricht dies ungefähr der Zahl 1,41421296.

Der Geheimbund der Pythagoreer (ca. 500 v. Chr. bis 350 v. Chr.), der sich auf Pythagoras zurückführen lässt, hatte als Bundzeichen das Pentagramm, welches das Weltall, die Vollkommenheit und die Gesundheit symbolisierte. Die Pythagoreer erkannten erstmals, dass das Verhältnis der Seitenlänge des regelmäßigen Fünfecks und der Länge einer Diagonale nicht durch eine rationale Zahl angegeben werden kann.

Bereits vor Christi Geburt verwendeten die Inder das Wort „mula" und die Griechen das Wort „rhiza" für die Quadratwurzel, welches in beiden Fällen die Wurzel im pflanzlichen Sinne bedeutete und im mathematischen Sinn als Ursprung verstanden werden kann.
Boethius (ca. 500 n. Chr.) übersetzte den Begriff mit „radix" wortgetreu ins Lateinische, was mit den Wörtern „radizieren" und „Radikand" bis heute Bestand hat.

Das Wurzelzeichen veränderte sich im Laufe der Jahrhunderte ständig.

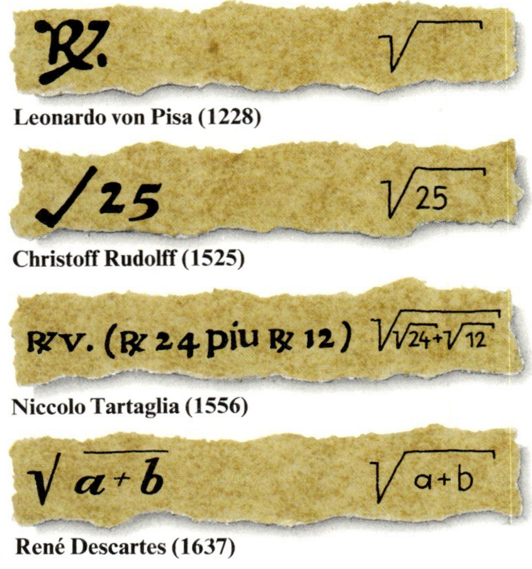

Leonardo von Pisa (1228)

Christoff Rudolff (1525)

Niccolo Tartaglia (1556)

René Descartes (1637)

Mit leistungsfähigen Computern kann man die Nachkommastellen von Wurzeln heutzutage beliebig genau bestimmen.

1 Quadratzahl. Quadratwurzel

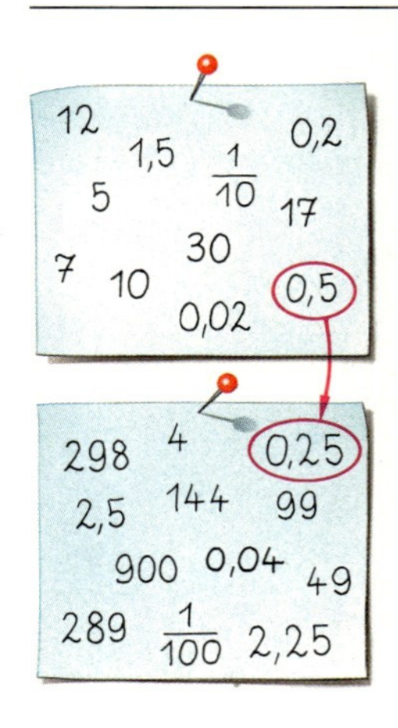

1
Wie lassen sich die Zahlen aus dem oberen und unteren Bereich einander zuordnen? Gibt es auch Zahlen, die keinen „Partner" haben? Suche gegebenenfalls die fehlenden „Zahlenpartner".

2
Das Rechteck besteht aus Quadraten. In den Quadraten steht jeweils die Maßzahl des Flächeninhalts (in mm^2).
Bestimme durch Probieren die Seitenlängen der eingezeichneten Quadrate.

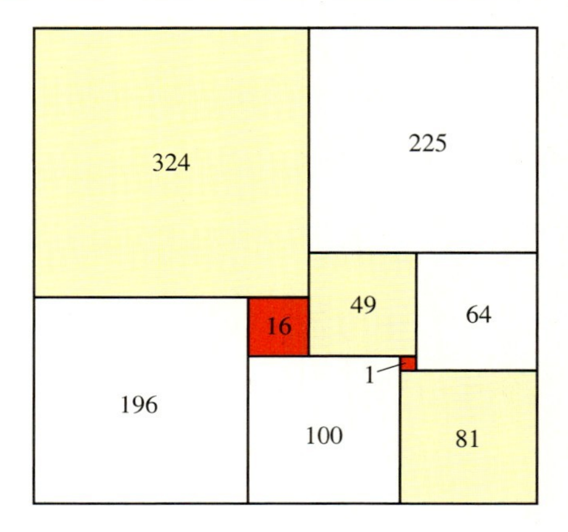

Multipliziert man eine Zahl a mit sich selbst (**Quadrieren**), erhält man das Produkt $a \cdot a = a^2$, also die **Quadratzahl** von a.
Will man zu einer vorgegebenen Quadratzahl die Zahl bestimmen, die mit sich selbst multipliziert wieder die ursprüngliche Zahl ergibt, sucht man die **Quadratwurzel** dieser Zahl.
Für die Zahl 49 erhält man die Zahl 7 als Quadratwurzel, denn $7 \cdot 7 = 49$.

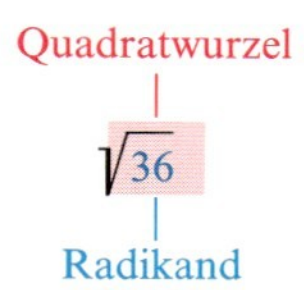

Die **Quadratwurzel** einer positiven Zahl b ist die positive Zahl a, die mit sich selbst multipliziert b ergibt: $\mathbf{a^2 = b}$.
Wir verwenden hierfür die Schreibweise $\mathbf{a = \sqrt{b}}$ und sagen: „a ist die Quadratwurzel von b."
Die Zahl unter dem Wurzelzeichen heißt **Radikand.**

Beispiele

a) $\sqrt{25} = 5$, da $5^2 = 25$ **b)** $\sqrt{0{,}16} = 0{,}4$, da $0{,}4^2 = 0{,}16$ **c)** $\sqrt{\frac{1}{4}} = \frac{1}{2}$, da $\left(\frac{1}{2}\right)^2 = \frac{1}{4}$

d) Für den Radikanden 0 gilt: $\sqrt{0} = 0$, da $0 \cdot 0 = 0$.

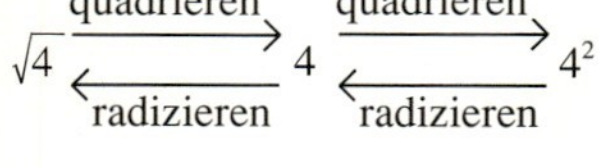

Bemerkung: Für positive Zahlen ist das Wurzelziehen die Umkehrung des Quadrierens und umgekehrt. Statt „Wurzelziehen" sagt man auch „Radizieren".

Für alle Zahlen gilt: $\sqrt{a^2} = |a|$

Für $a > 0$ gilt: $\sqrt{a^2} = a$ und $(\sqrt{a})^2 = a$.
Für $a < 0$ gilt: $\sqrt{a}$ nicht definiert.

Zur Erinnerung
$|-7| = 7$
$|+7| = 7$

Beachte: Die Gleichung $x^2 = a$ kann äquivalent umgeformt werden in $|x| = \sqrt{a}$. Die Gleichung $x^2 = 49$ ist also äquivalent zur Gleichung $|x| = 7$, denn beide Gleichungen haben dieselbe Lösungsmenge mit den Lösungen $x = -7$ und $x = 7$.

Aufgaben

3
Bestimme die zugehörige Quadratzahl im Kopf.

a) 11 b) 12 c) 15 d) 20
e) 40 f) 0,1 g) 0,5 h) 1,5
i) $\frac{1}{2}$ k) $\frac{1}{3}$ l) $\frac{3}{4}$ m) $\frac{5}{9}$

4
Bestimme die Quadratwurzel im Kopf.

a) $\sqrt{16}$ b) $\sqrt{49}$ c) $\sqrt{64}$
d) $\sqrt{81}$ e) $\sqrt{100}$ f) $\sqrt{196}$
g) $\sqrt{225}$ h) $\sqrt{625}$ i) $\sqrt{900}$

Quadratzahltabelle

x	x^2	x	x^2
1	1	11	121
2	4	12	
3	9	13	
4		14	
5		15	
6		16	
7		17	
8		18	
9		19	
10		20	

Palindrome
Bestimme die Quadratzahlen.
Was fällt dir auf?

11^2
121^2
264^2
307^2
26^2
11111^2

5

Berechne mit dem Taschenrechner.

a) 27^2; 107^2; 2690^2
b) $(25{,}35)^2$; $(13{,}15)^2$; $(28{,}75)^2$
c) $(-4{,}8)^2$; $(-0{,}56)^2$; $(-0{,}013)^2$
d) $1{,}3^2$; $0{,}3^2$; $0{,}33^2$
e) $1{,}01^2$; $(-1{,}01)^2$; $0{,}01^2$
f) $12{,}005^2$; $-45{,}111^2$; $-15{,}015^2$

6

a) Nenne Zahlen, bei denen die Quadratzahl kleiner ist als die Zahl selbst.
b) Für welche Zahlen trifft das grundsätzlich zu?

7

Welche Zahlen stimmen mit ihren Quadratzahlen überein?

8

Vergleiche die Anzahl der Stellen einer vorgegebenen Zahl mit der Anzahl der Stellen ihrer Quadratzahl. Was fällt dir auf?

9

Wie lautet die letzte Ziffer der Quadratzahl von 506,324? Antworte, ohne die Quadratzahl ganz auszurechnen.
Überprüfe dann mit dem Taschenrechner. Was stellst du fest? Versuche das Ergebnis zu erklären.

10

Welche Rechnungen müssen falsch sein? Begründe mit der letzten Ziffer oder mit der Anzahl der Stellen.

a) $7{,}934^2 = 62{,}9486$
b) $25{,}63^2 = 656{,}8969$
c) $20{,}563^2 = 422{,}836963$
d) $560^2 = 3136000$
e) $142^2 = 201602$

11

Berechne ohne Taschenrechner.

a) 12^2; $1{,}2^2$; $0{,}12^2$; $0{,}012^2$
b) 25^2; $2{,}5^2$; $0{,}25^2$; $0{,}025^2$
c) $0{,}3^2$; $0{,}03^2$; $0{,}003^2$; $0{,}0003^2$
d) Formuliere eine „Kommaregel".

12

Bestimme die Quadratwurzeln.

a) $\sqrt{121}$ b) $\sqrt{169}$ c) $\sqrt{256}$
d) $\sqrt{289}$ e) $\sqrt{361}$ f) $\sqrt{441}$
g) $\sqrt{324}$ h) $\sqrt{576}$ i) $\sqrt{484}$

13

a) $\sqrt{0{,}04}$ b) $\sqrt{0{,}64}$ c) $\sqrt{0{,}09}$
d) $\sqrt{0{,}01}$ e) $\sqrt{0{,}49}$ f) $\sqrt{0{,}36}$
g) $\sqrt{0{,}81}$ h) $\sqrt{1{,}44}$ i) $\sqrt{2{,}25}$
k) $\sqrt{1{,}21}$ l) $\sqrt{3{,}24}$ m) $\sqrt{2{,}89}$

14

a) $\sqrt{3{,}61}$ b) $\sqrt{6{,}25}$ c) $\sqrt{5{,}76}$
d) $\sqrt{5{,}29}$ e) $\sqrt{0{,}0025}$ f) $\sqrt{0{,}0004}$
g) $\sqrt{0{,}0081}$ h) $\sqrt{0{,}0144}$ i) $\sqrt{0{,}0196}$

Der ausgetrickste Taschenrechner
Auch der Taschenrechner hat seine Grenzen. Das merkt man besonders schnell beim Quadrieren. Die Quadratzahl einer 8-stelligen Zahl benötigt bis zu 16 Stellen. Mit der ersten binomischen Formel und ein paar Notizen auf einem Blatt Papier kannst du aber deinen Taschenrechner austricksen.
Beispiel:
$45{,}6735^2 = (45 + 0{,}6735)^2 =$

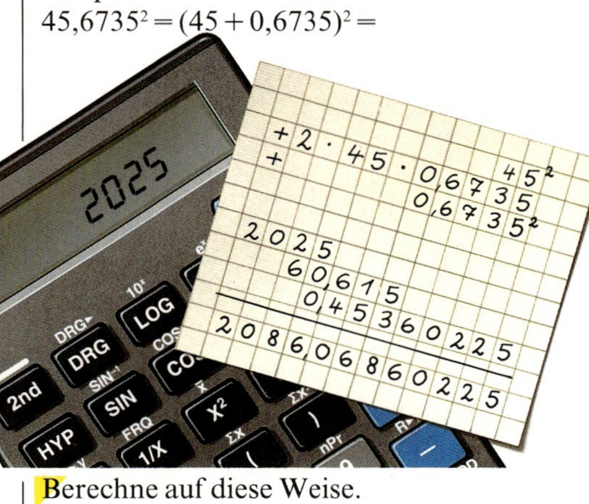

Berechne auf diese Weise.

a) $230{,}982^2$ b) $45{,}89031^2$
c) $3\,765{,}455^2$ d) $455\,689^2$
e) $0{,}453421^2$ f) $0{,}0086211^2$

15
Berechne die Seitenlänge eines Quadrats mit dem Flächeninhalt
a) $64\,m^2$ b) $121\,cm^2$ c) $484\,m^2$
d) $2{,}25\,km^2$ e) 6,76 a f) 12,25 ha.

16
Rechtecke besitzen folgende Länge a und Breite b als Maße. Berechne die Seitenlänge eines dazu flächengleichen Quadrates.
a) $a = 18\,m$; $b = 8\,m$
b) $a = 30\,m$; $b = 7{,}5\,m$
c) $a = 20\,cm$; $b = 3{,}2\,cm$

17
Berechne. Kürze falls nötig.
a) $\sqrt{\frac{1}{4}}$ b) $\sqrt{\frac{1}{9}}$ c) $\sqrt{\frac{1}{25}}$
d) $\sqrt{\frac{4}{9}}$ e) $\sqrt{\frac{16}{25}}$ f) $\sqrt{\frac{36}{49}}$
g) $\sqrt{\frac{64}{121}}$ h) $\sqrt{\frac{36}{169}}$ i) $\sqrt{\frac{81}{100}}$

18
Bestimme die Lösungsmenge
a) $x^2 = 49$ b) $a^2 = 225$
c) $m^2 = 900$ d) $b^2 = 2500$
e) $k^2 = 0$ f) $x^2 - 36 = 0$
g) $a^2 = -121$ h) $3x^2 = 75$

Gleichungen mit „hoch 2“ kannst du so lösen:
$x^2 = 81$
$|x| = 9$
$x = -9$ oder $x = 9$
$L = \{-9; 9\}$

19
Jan rechnet so: $x^2 = 64 \quad |\sqrt{\ }$
$x = 8$
$L = \{8\}$
Findest du den Fehler?

20
Stelle als Quadratwurzel dar.
Beispiel: $7 = \sqrt{7 \cdot 7} = \sqrt{49}$
a) 6 b) 14 c) 17 d) 0,2
e) 0,9 f) 1,5 g) $\frac{1}{3}$ h) $\frac{2}{7}$

?
$\sqrt{1} = 1$
$\sqrt{1+3} = 2$
$\sqrt{1+3+5} = 3$
⋮ ⋮ ⋮
Überprüfe und setze in deinem Heft fort.

21
Die Summe der eingesetzten Ziffern ergibt 41.
a) $\sqrt{\square 4} = 8$ b) $\sqrt{1\square\square} = 13$
c) $\sqrt{2\square 9} = \square 7$ d) $\sqrt{3 + \square\square} = 4$
e) $\sqrt{54 - \square} = 7$ f) $\sqrt{72 \cdot \square} = 12$

22
Bestimme im Kopf.
a) $\sqrt{5^2}$ b) $\sqrt{0{,}5^2}$ c) $\sqrt{2{,}6^2}$
d) $\left(\sqrt{100}\right)^2$ e) $\left(\sqrt{225}\right)^2$ f) $\left(\sqrt{0{,}49}\right)^2$

23
Vereinfache.
a) $\sqrt{x^2}$ b) $\left(\sqrt{y}\right)^2$ c) $\left(\sqrt{2a}\right)^2$
d) $\sqrt{4z^2}$ e) $\sqrt{9a^2b^2}$ f) $\left(\sqrt{5rs}\right)^2$

24
Vereinfache und nenne einen Wert, den man für x nicht einsetzen darf.
a) $\left(\sqrt{3+x}\right)^2$ b) $\left(\sqrt{x-5}\right)^2$ c) $\left(\sqrt{0{,}5-x}\right)^2$

25
Verwandle den Radikanden vor dem Vereinfachen in ein Quadrat.
Beispiel: $\sqrt{x^2 - 6x + 9} = \sqrt{(x-3)^2} = x - 3$
a) $\sqrt{x^2 + 2x + 1}$ b) $\sqrt{a^2 + 10a + 25}$
c) $\sqrt{4y^2 + 20y + 25}$ d) $\sqrt{100 - 20x + x^2}$

Wenn man die Kantenlänge a eines Würfels mit bekanntem Volumen V sucht, so sucht man die Zahl, die mit 3 potenziert die Maßzahl des Volumens ergibt.
Ein Würfel mit dem Volumen $V = 216\,cm^3$ hat die Kantenlänge $a = 6\,cm$, da $6^3 = 216$ ist. Zahlen der Form a^3 heißen **Kubikzahlen,** entsprechend bezeichnet man die positive Zahl, die mit 3 potenziert die Kubikzahl ergibt, als **3. Wurzel** oder **Kubikwurzel.**
Zur Unterscheidung von der Quadratwurzel schreibt man den Exponenten der Wurzel in das Wurzelzeichen.
Beispiele: $\sqrt[3]{64} = 4$, da $4^3 = 64$
$\sqrt[3]{0{,}008} = 0{,}2$, da $0{,}2^3 = 0{,}008$
allgemein: $\sqrt[3]{b} = a$, da $a^3 = b \quad (a, b \geq 0)$
Bestimme die Kubikwurzeln.
a) $\sqrt[3]{8}$ b) $\sqrt[3]{27}$
c) $\sqrt[3]{125}$ d) $\sqrt[3]{1000}$
e) $\sqrt[3]{0{,}001}$ f) $\sqrt[3]{\frac{1}{64}}$

2 Bestimmen von Quadratwurzeln

1
Die quadratische Fläche eines Schwimmbeckens beträgt 240 m². Zwischen welchen beiden natürlichen Zahlen liegt die Maßzahl der Seitenlänge des Quadrats?
Versuche die Seitenlänge auf eine Nachkommastelle genau abzuschätzen.
Prüfe nach.

2
Bestimme die Quadratwurzeln von 4 und 400. Kannst du dann auch die Quadratwurzel der Zahl 40 angeben?

Quadratwurzeln von natürlichen Zahlen, die keine Quadratzahlen sind, wie z. B. $\sqrt{3}$ oder $\sqrt{10}$, sind keine natürlichen Zahlen. Bei der Quadratwurzel der Zahl 2 erkennt man sofort, dass sie zwischen 1 und 2 liegen muss, da für die Quadrate die Eingrenzung $1^2 < 2 < 2^2$ gilt.
Den Bereich der Eingrenzung nennt man **Intervall**.
$\sqrt{2}$ liegt zwischen den natürlichen Zahlen 1 und 2, d. h. $\sqrt{2}$ liegt im Intervall [1;2]. Soll eine größere Genauigkeit erreicht werden, kann man durch Probieren weitere Nachkommastellen bestimmen.
Wegen $1{,}4^2 < 2 < 1{,}5^2$ liegt $\sqrt{2}$ zwischen 1,4 und 1,5, also im Intervall [1,4;1,5].
Wegen $1{,}41^2 < 2 < 1{,}42^2$ liegt $\sqrt{2}$ zwischen 1,41 und 1,42, also im Intervall [1,41;1,42].

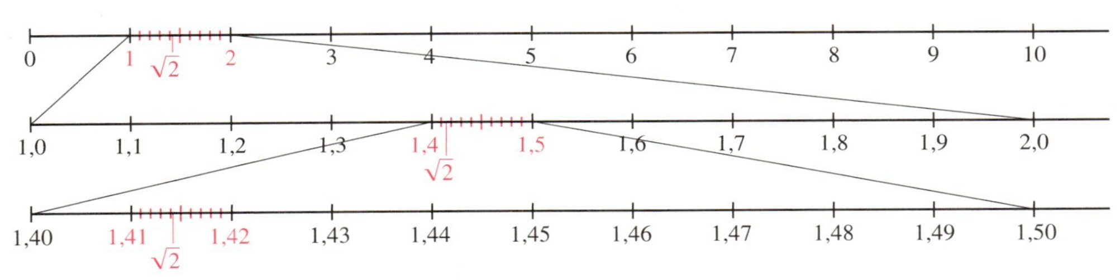

Jedes Intervall ist damit im Vorhergehenden enthalten. Die Intervalle werden auf der Zahlengeraden als Strecken dargestellt, deren Länge bei weiterer Eingrenzung kleiner wird.

Von Quadratwurzeln aus positiven Zahlen, die keine Quadratzahlen sind, lassen sich beliebig viele Nachkommaziffern bestimmen.

Beispiele

a) Näherung für $\sqrt{20}$ auf 1 Dezimale.
$4{,}4 < \sqrt{20} < 4{,}5$ da $4{,}4^2 = 19{,}36$ und $4{,}5^2 = 20{,}25$

b) Näherung für $\sqrt{7}$ auf 2 Dezimalen.
$2{,}64 < \sqrt{7} < 2{,}65$ da $2{,}64^2 = 6{,}9696$ und $2{,}65^2 = 7{,}0225$

Bemerkung: Auch für Dezimalbrüche und Brüche lassen sich Quadratwurzeln näherungsweise angeben.

c) Näherung für $\sqrt{7{,}5}$ auf zwei Dezimalen.
$2{,}73 < \sqrt{7{,}5} < 2{,}74$ da $2{,}73^2 = 7{,}4529$ und $2{,}74^2 = 7{,}5076$

d) Näherung für $\sqrt{\frac{3}{4}}$ auf eine Dezimale.
$0{,}8 < \sqrt{\frac{3}{4}} = \sqrt{0{,}75} < 0{,}9$ da $0{,}8^2 = 0{,}64$ und $0{,}9^2 = 0{,}81$

Bestimmung von $\sqrt{15}$ mit dem Taschenrechner ohne Wurzeltaste

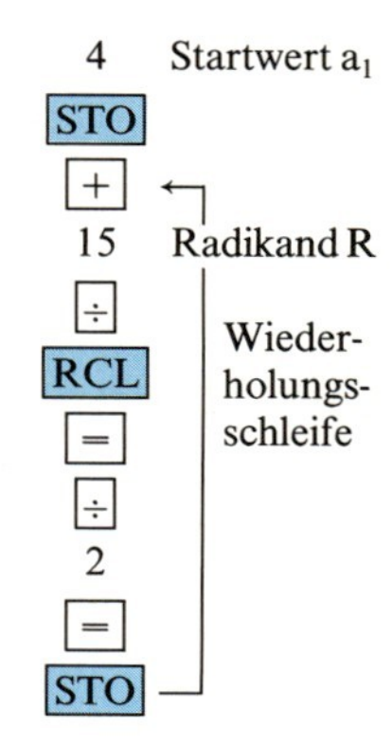

Bei manchen TR steht auf der Speichertaste Min statt STO und MR statt RCL auf der Rückruftaste.

Aufgaben

3

Welche Quadratwurzeln lassen sich genau, welche nur näherungsweise bestimmen?

a) $\sqrt{90}$ b) $\sqrt{121}$ c) $\sqrt{111}$ d) $\sqrt{225}$
e) $\sqrt{4{,}5}$ f) $\sqrt{6{,}25}$ g) $\sqrt{0{,}06}$ h) $\sqrt{0{,}49}$

4

Grenze die Quadratwurzeln zwischen zwei natürliche Zahlen ein.

Beispiel: $7 < \sqrt{55} < 8$, da $7^2 < 55 < 8^2$

a) $\sqrt{20}$ b) $\sqrt{40}$ c) $\sqrt{70}$ d) $\sqrt{120}$
e) $\sqrt{190}$ f) $\sqrt{350}$ g) $\sqrt{500}$ h) $\sqrt{700}$

5

Bestimme die Quadratwurzeln durch Probieren auf eine Dezimale genau.

a) $\sqrt{7}$ b) $\sqrt{10}$ c) $\sqrt{15}$
d) $\sqrt{29}$ e) $\sqrt{71}$ f) $\sqrt{104}$

6

Fülle die Lücken aus. Es sind manchmal auch mehrere Lösungen möglich.

a) $7 < \sqrt{\square 5} < 8$ b) $6 < \sqrt{4\square} < 7$
c) $12 < \sqrt{1\square 8} < 13$ d) $13 < \sqrt{\square\square 7} < 14$

7

Ein rechteckiger Bauplatz mit 25 m Länge und 18 m Breite soll gegen ein gleich großes quadratisches Grundstück getauscht werden. Bestimme die Seitenlänge des Quadrats. Runde sinnvoll.

8

Zur Durchführung physikalischer Experimente wurde in Bremen ein 110 m hoher Fallturm gebaut.
Für die Fallhöhe h gilt folgende Formel: $h = \frac{1}{2}gt^2$, wobei die Zeit t in Sekunden gemessen wird und $g = 9{,}81\ \frac{m}{s^2}$ die Erdbeschleunigung darstellt.

a) Aus welcher Höhe muss ein Gegenstand losgelassen werden, wenn die Fallzeit 4,0 s betragen soll?
b) Bestimme die Fallzeit eines Gegenstandes für die Gesamthöhe h = 110 m.

9

Herr König möchte eine 3,2 m lange und 2,5 m breite Folie für seinen Gartenteich kaufen.
Im Sonderangebot kann er eine quadratische Folie mit 10 m² Flächeninhalt erhalten. Soll er die Folie kaufen?

10

Eine 2,80 m lange und 1,60 m breite Holzplatte soll in quadratische Plättchen zersägt werden, deren Flächeninhalt zwischen 0,1 m² und 0,2 m² liegt.

a) Wähle die Seitenlänge der Plättchen so, dass kein Abfall entsteht.
b) Wie viel Prozent beträgt der Abfall bei einer Plättchengröße von 0,25 m²?

11

Bestimme die Kantenlänge für die vorgegebene Oberfläche.

a) $O = 24\ cm^2$ b) $O = 490\ cm^2$

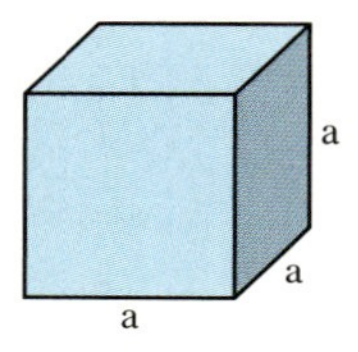

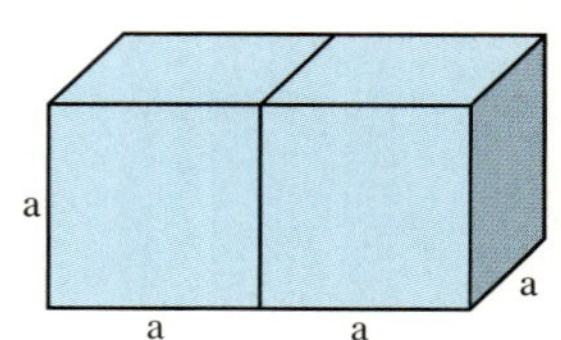

c) $O = 137{,}5\ m^2$

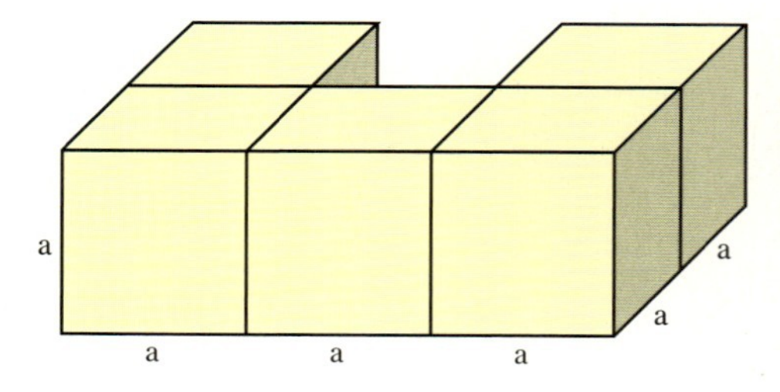

d) $O = 94{,}5\ cm^2$

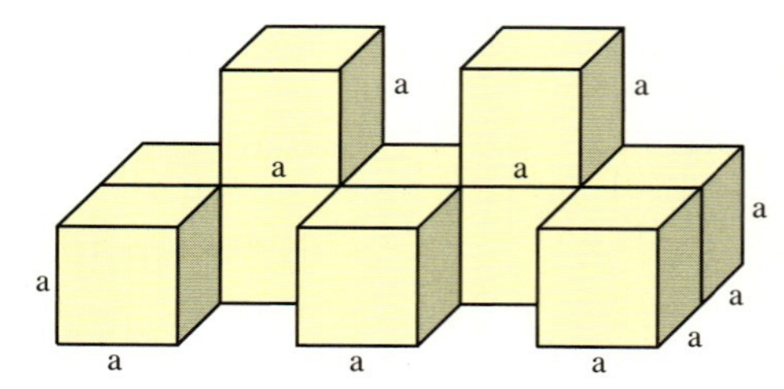

3 Reelle Zahlen

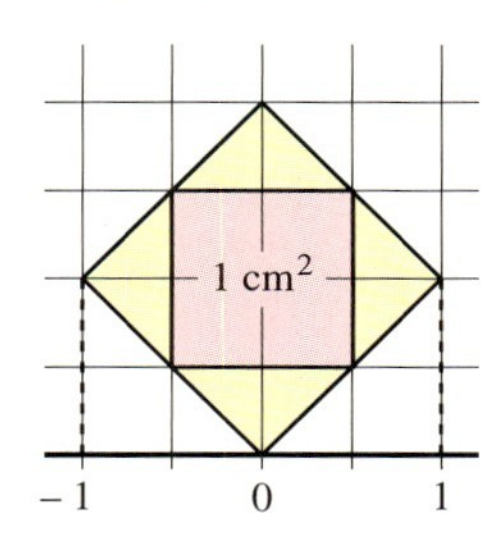

1
Übertrage die Figur und die Zahlengerade ins Heft. Trage anschließend so genau wie möglich die Seitenlänge des äußeren Quadrats mit dem Zirkel auf der Zahlengeraden ab. Welche Zahl wird durch den Punkt auf der Zahlengeraden dargestellt?

2
Corinna behauptet, der Bruch $\frac{665\,857}{470\,832}$ habe den Wert $\sqrt{2}$. Das zeigt nämlich ihr Taschenrechner an. Christian sagt: „Wenn ich den Bruch quadriere, erhalte ich $\frac{665\,857^2}{470\,832^2}$. Der Wert dieses Quotienten ist aber sicher von 2 verschieden.“ Überlege dazu, welche Endziffer der Zähler und der Nenner jeweils nach dem Quadrieren besitzen.

Alle rationalen Zahlen lassen sich als Brüche darstellen. Man unterscheidet zwei Arten: Abbrechende Dezimalbrüche wie z. B. $\frac{9}{20} = 0{,}45$ und periodische Dezimalbrüche wie z. B. $\frac{2}{3} = 0{,}6666666\ldots = 0{,}\overline{6}$.

Für $\sqrt{2}$ zeigt der Taschenrechner 1,414213562 an. Die Berechnung der zugehörigen Quadratzahl verdeutlicht, dass dies nur ein Näherungswert ist, da die letzte Ziffer des Produktwerts keine Null ist. Diese Überlegung gilt für alle Endziffern von 1 bis 9. Somit wissen wir, dass $\sqrt{2}$ nicht durch einen abbrechenden Dezimalbruch dargestellt werden kann.

Wenn $\sqrt{2}$ ein periodischer Dezimalbruch wäre, könnte man $\sqrt{2}$ als vollständig gekürzten, echten Bruch $\frac{p}{q}$ darstellen, wobei p und q natürliche Zahlen wären. Durch Quadrieren entsteht aus $\sqrt{2} = \frac{p}{q}$ die Gleichung $2 = \frac{p^2}{q^2}$ bzw. $2 = \frac{p \cdot p}{q \cdot q}$.
Auch für den Bruch $\frac{p \cdot p}{q \cdot q}$ gilt: Zähler und Nenner besitzen keinen gemeinsamen Teiler. Somit kann man nicht kürzen; der Wert des Quotienten $\frac{p \cdot p}{q \cdot q}$ kann daher nicht die Zahl 2 sein.

Also ist $\sqrt{2}$ weder ein periodischer noch ein abbrechender Dezimalbruch. Man bezeichnet $\sqrt{2}$ als **irrationale Zahl**.
Wir erweitern deshalb die Menge der rationalen Zahlen $\mathbb{Q}$ zur Menge der **reellen Zahlen** $\mathbb{R}$.

Nicht abbrechende Dezimalbrüche, die nicht periodisch sind, heißen **irrationale Zahlen**. Die Menge der rationalen Zahlen $\mathbb{Q}$ bildet zusammen mit den irrationalen Zahlen die **Menge der reellen Zahlen** $\mathbb{R}$.

Beispiele

a) $4\frac{207}{1000} = 4{,}207$ ist ein abbrechender Dezimalbruch und damit rational.

b) $2\frac{1}{3} = 2{,}\overline{3}$ ist ein periodischer Dezimalbruch und somit rational.

c) Der Dezimalbruch 0,1234567891011 ... ist weder periodisch noch abbrechend. Er stellt damit eine irrationale Zahl dar.

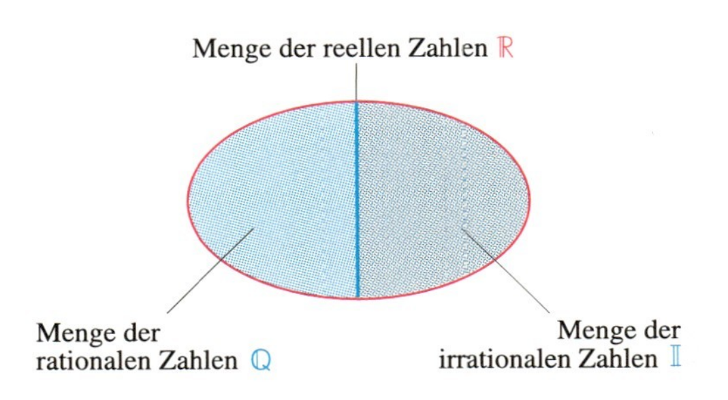

Bemerkung: Jede reelle Zahl lässt sich mit Hilfe einer Intervallschachtelung auf der Zahlengeraden darstellen.

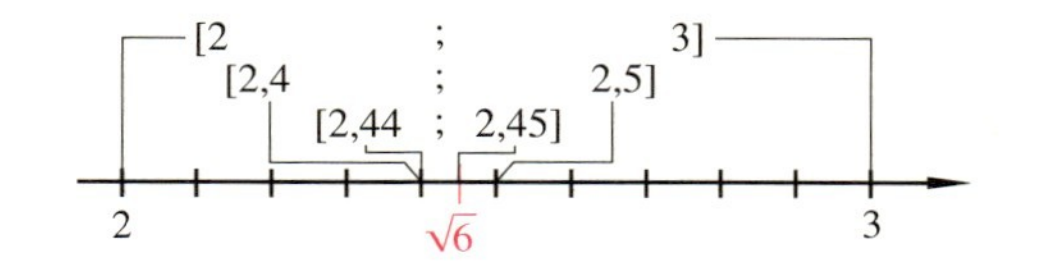

Aufgaben

3

Verwandle in einen Dezimalbruch.

a) $\frac{3}{4}$ b) $\frac{2}{5}$ c) $\frac{21}{40}$
d) $\frac{1}{3}$ e) $\frac{5}{9}$ f) $\frac{4}{7}$

4

Schreibe als gekürzten Bruch.

a) 0,75 b) 0,55 c) 3,2 d) 0,48
e) 1,40 f) 2,24 g) 2,625 h) 0,080

5

Ist der Wert der Quadratwurzel rational oder irrational?

a) $\sqrt{9}$ b) $\sqrt{11}$ c) $\sqrt{20}$ d) $\sqrt{20,25}$
e) $\sqrt{\frac{4}{25}}$ f) $\sqrt{\frac{10}{16}}$ g) $\sqrt{12\frac{1}{4}}$ h) $\sqrt{14\frac{1}{7}}$

6

Welche der Zahlen sind rational, welche irrational? Gib das Bildungsgesetz an.

a) 0,232323 ...
b) 0,122333 ...
c) 1,49162536 ...
d) 0,7142857142857 ...

7

Welche Quadratwurzeln gehören zu den Intervallschachtelungen? Probiere mit dem Taschenrechner.

a) [2;3], [2,4;2,5], [2,44;2,45] ...
b) [6;7], [6,3;6,4], [6,32;6,33] ...
c) [9;10], [9,4;9,5], [9,48;9,49] ...
d) [0;1], [0,7;0,8], [0,70;0,71] ...
e) [0;1], [0,5;0,6], [0,57;0,58] ...

8

Die Skizze zeigt wie $\sqrt{8}$ auf der Zahlengeraden konstruiert werden kann.
Konstruiere in gleicher Weise.

a) $\sqrt{18}$ b) $\sqrt{50}$ c) $\sqrt{72}$

9

Sabine hat im Heft gemessen, dass 23 Kästchendiagonalen zusammen 16,2 cm lang sind. Matthias liest aber 16,3 cm ab. Claudia hingegen behauptet: Es gibt überhaupt keinen völlig genauen Wert. Wer hat Recht?

10

Vergleiche die Quadratwurzel mit den Brüchen.

a) $\sqrt{5}$ mit $\frac{9}{4}; \frac{38}{17}; \frac{161}{72}; \frac{682}{305}$
b) $\sqrt{7}$ mit $\frac{5}{2}; \frac{8}{3}; \frac{37}{14}; \frac{45}{17}$
c) Mit dem Bildungsgesetz $\frac{Z_n}{N_n} = \frac{4 \cdot Z_{n-1} + Z_{n-2}}{4 \cdot N_{n-1} + N_{n-2}}$ kann man für $\sqrt{5}$ weitere Brüche bilden. Erkläre das Gesetz und gib 3 weitere Brüche an.

Zug um Zug

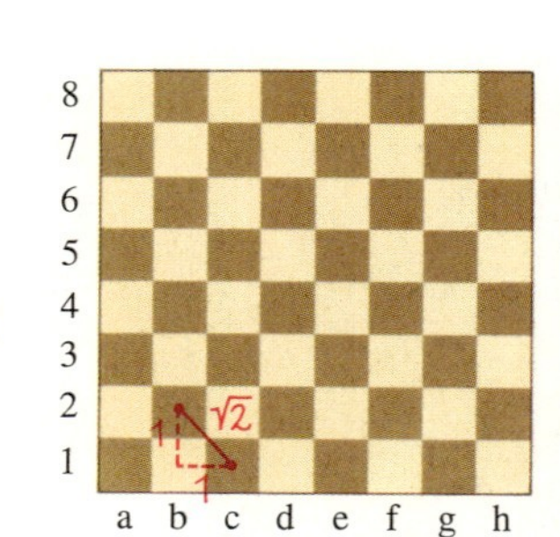

Die Dame darf beim Schachspiel auch diagonal ziehen. Dabei betrachten wir die Züge stets von Feldmitte zu Feldmitte.
Zieht nun die Dame von c1 nach b2, legt sie die Strecke $\sqrt{2}$ Längeneinheiten zurück.
Begründe dies.
Welche Länge besitzt der längste Zug, den die Dame von ihrem Ausgangsfeld d1 diagonal ziehen kann?
Gib die Länge des längstmöglichen Zugs im Schachspiel an.
Ordne alle möglichen Damenzüge nach ihrer Länge.

4 Multiplikation und Division von Quadratwurzeln

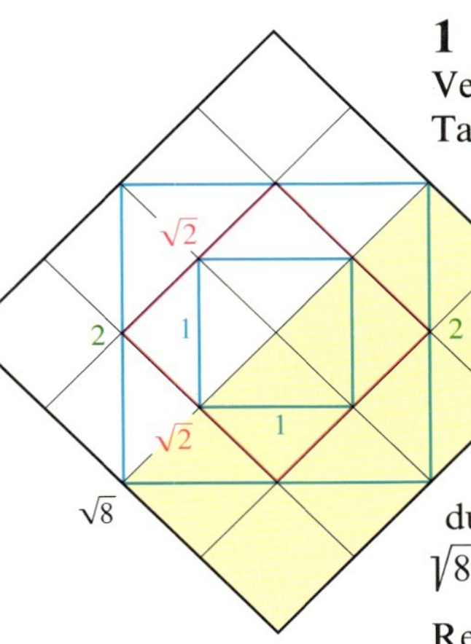

1
Vergleiche die Terme der linken und rechten Tafelhälfte miteinander. Was vermutest du?

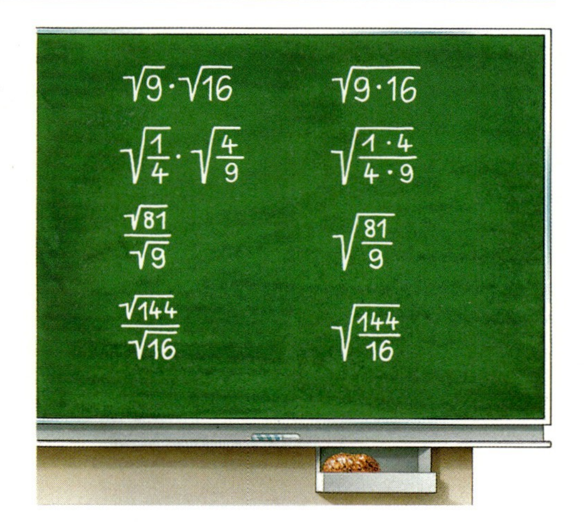

2
Begründe, dass die Maßzahlen der Kantenlängen der Quadrate richtig angegeben sind. Berechne den Flächeninhalt der gelb gefärbten Rechteckfläche mit Hilfe von Teilflächen. Vergleiche hierzu das Produkt der beiden Rechteckseitenlängen $\sqrt{8}\cdot\sqrt{2}$. Wie groß ist der Quotient der Rechteckseitenlängen $\frac{\sqrt{8}}{\sqrt{2}}$?

Sind die Radikanden von Quadratwurzeln, die miteinander multipliziert oder dividiert werden, Quadratzahlen, kann das **Produkt** oder der **Quotient** leicht bestimmt werden:

$\sqrt{49}\cdot\sqrt{36}=7\cdot 6=42$ $\qquad$ $\frac{\sqrt{144}}{\sqrt{9}}=\frac{12}{3}=4$

Multipliziert oder dividiert man zunächst die Radikanden und zieht anschließend die Wurzel, bekommt man:

$\sqrt{49\cdot 36}=\sqrt{1\,764}=42$ $\qquad$ $\sqrt{\frac{144}{9}}=\sqrt{16}=4$

Also gilt: $\sqrt{49}\cdot\sqrt{36}=\sqrt{49\cdot 36}$ $\qquad$ $\frac{\sqrt{144}}{\sqrt{9}}=\sqrt{\frac{144}{9}}$

Bei der Berechnung des Produktes $\sqrt{48}\cdot\sqrt{3}$ ergeben die Näherungen einen ungenauen Wert: $\sqrt{48}\cdot\sqrt{3}\approx 6{,}93\cdot 1{,}73\approx 11{,}99\approx 12.$

Bestimmt man die Quadratwurzel des Produkts $48\cdot 3$, erhält man das exakte Ergebnis: $\sqrt{48\cdot 3}=\sqrt{144}=12.$

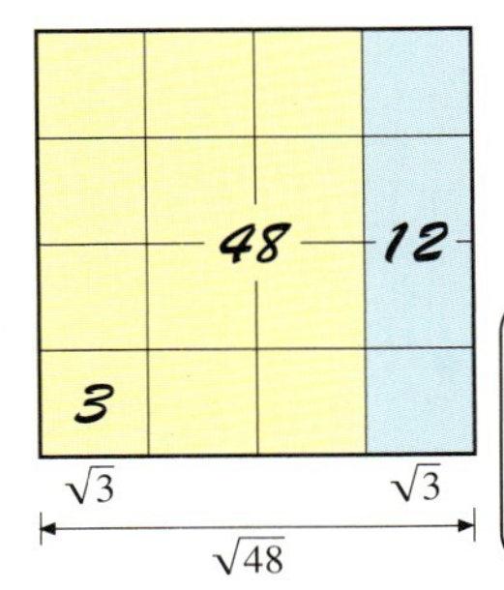

$\sqrt{3}\cdot\sqrt{48}=12$

Man vermutet somit folgende Regel: $\sqrt{a}\cdot\sqrt{b}=\sqrt{a\cdot b}$. Dies läßt sich für positive a und b so begründen: Es gilt $\left(\sqrt{a\cdot b}\right)^2=a\cdot b$, andererseits ist $\left(\sqrt{a}\cdot\sqrt{b}\right)^2=\left(\sqrt{a}\cdot\sqrt{b}\right)\left(\sqrt{a}\cdot\sqrt{b}\right)$
$=\sqrt{a}\cdot\sqrt{a}\cdot\sqrt{b}\cdot\sqrt{b}=a\cdot b.$

Für die Division von Quadratwurzeln gelten die Regeln entsprechend.

Das Produkt von Quadratwurzeln ist gleich der Quadratwurzel aus dem Produkt ihrer Radikanden: $\sqrt{a}\cdot\sqrt{b}=\sqrt{a\cdot b}\quad a,b\geq 0$

Der Quotient von Quadratwurzeln ist gleich der Quadratwurzel aus dem Quotient ihrer Radikanden: $\frac{\sqrt{a}}{\sqrt{b}}=\sqrt{\frac{a}{b}}\quad a\geq 0;\ b>0$

Beispiele

a) $\sqrt{5}\cdot\sqrt{20}=\sqrt{5\cdot 20}=\sqrt{100}=10$

b) $\sqrt{64\cdot 81}=\sqrt{64}\cdot\sqrt{81}=8\cdot 9=72$

c) $\frac{\sqrt{175}}{\sqrt{7}}=\sqrt{\frac{175}{7}}=\sqrt{25}=5$

d) $\sqrt{\frac{9}{121}}=\frac{\sqrt{9}}{\sqrt{121}}=\frac{3}{11}$

Bemerkung: Die Wurzelgesetze kann man auch bei Termen mit mehr als zwei Wurzeln anwenden.

e) $\sqrt{3}\cdot\sqrt{6}\cdot\sqrt{2}=\sqrt{3\cdot 6\cdot 2}$
$=\sqrt{36}$
$=6$

f) $\frac{\sqrt{24}\cdot\sqrt{33}}{\sqrt{88}}=\frac{\sqrt{24\cdot 33}}{\sqrt{88}}$
$=\sqrt{\frac{24\cdot 33}{88}}=\sqrt{9}=3$

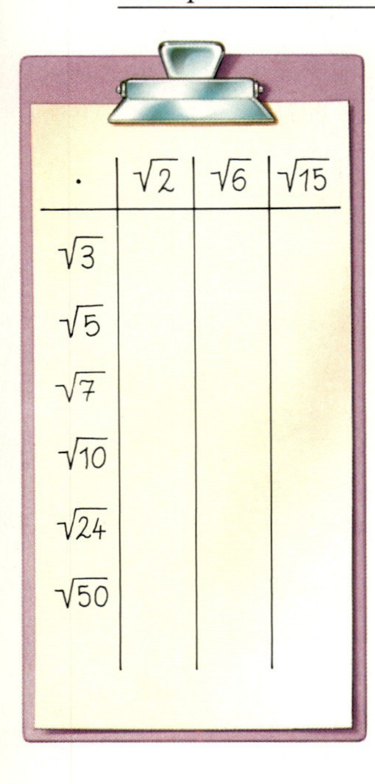

Aufgaben

3
Rechne im Kopf.
a) $\sqrt{3}\cdot\sqrt{12}$ b) $\sqrt{32}\cdot\sqrt{2}$ c) $\sqrt{27}\cdot\sqrt{3}$
d) $\sqrt{2}\cdot\sqrt{72}$ e) $\sqrt{18}\cdot\sqrt{8}$ f) $\sqrt{6}\cdot\sqrt{24}$

4
Schreibe als Produkt zweier Wurzeln und rechne im Kopf.
a) $\sqrt{36\cdot 16}$ b) $\sqrt{64\cdot 25}$ c) $\sqrt{49\cdot 9}$
d) $\sqrt{121\cdot 36}$ e) $\sqrt{100\cdot 144}$ f) $\sqrt{81\cdot 169}$

5
a) $\sqrt{0{,}49\cdot 100}$ b) $\sqrt{10}\cdot\sqrt{3{,}6}$ c) $\sqrt{3{,}2}\cdot\sqrt{5}$
d) $\sqrt{2{,}5}\cdot\sqrt{0{,}9}$ e) $\sqrt{0{,}4}\cdot\sqrt{62{,}5}$ f) $\sqrt{400\cdot 0{,}64}$

6
a) $\sqrt{\frac{1}{2}}\cdot\sqrt{\frac{9}{2}}$ b) $\sqrt{\frac{4}{25}\cdot\frac{49}{9}}$ c) $\sqrt{\frac{5}{2}}\cdot\sqrt{\frac{5}{8}}$
d) $\sqrt{\frac{64}{25}\cdot\frac{81}{4}}$ e) $\sqrt{\frac{2}{27}}\cdot\sqrt{\frac{8}{3}}$ f) $\sqrt{\frac{7}{11}}\cdot\sqrt{\frac{99}{28}}$

7
Berechne ohne Taschenrechner.
a) $\sqrt{0{,}04\cdot 121}$ b) $\sqrt{6}\cdot\sqrt{0{,}24}$ c) $\sqrt{0{,}25\cdot 0{,}09}$
d) $\sqrt{0{,}32}\cdot\sqrt{200}$ e) $\sqrt{\frac{1}{4}\cdot 0{,}01}$ f) $\sqrt{\frac{2}{5}}\cdot\sqrt{\frac{9}{10}}$

8
Rechne auch mit mehr als zwei Faktoren.
a) $\sqrt{7}\cdot\sqrt{21}\cdot\sqrt{3}$ b) $\sqrt{49\cdot 25\cdot 9}$
c) $\sqrt{81\cdot 36\cdot 4}$ d) $\sqrt{2}\cdot\sqrt{6}\cdot\sqrt{12}$
e) $\sqrt{3}\cdot\sqrt{54}\cdot\sqrt{2}$ f) $\sqrt{144\cdot 25}\cdot\sqrt{3}\cdot\sqrt{12}$

9
Berechne ohne Taschenrechner.
a) $\frac{\sqrt{75}}{\sqrt{3}}$ b) $\frac{\sqrt{80}}{\sqrt{5}}$ c) $\frac{\sqrt{72}}{\sqrt{2}}$ d) $\frac{\sqrt{125}}{\sqrt{5}}$
e) $\frac{\sqrt{3}}{\sqrt{27}}$ f) $\frac{\sqrt{7}}{\sqrt{63}}$ g) $\frac{\sqrt{176}}{\sqrt{11}}$ h) $\frac{\sqrt{325}}{\sqrt{13}}$

10
Schreibe zunächst als Quotient zweier Wurzeln.
a) $\sqrt{\frac{9}{16}}$ b) $\sqrt{\frac{36}{81}}$ c) $\sqrt{5\frac{4}{9}}$ d) $\sqrt{9\frac{43}{49}}$

Zu Aufgabe 14

KINO ASTORIA
Erwachsene
Parkett
094551

11
Berechne.
a) $\sqrt{8}:\sqrt{2}$ b) $\sqrt{45}:\sqrt{5}$ c) $\sqrt{108}:\sqrt{3}$
d) $\sqrt{275}:\sqrt{11}$ e) $\sqrt{567}:\sqrt{7}$ f) $\sqrt{432}:\sqrt{12}$

12
Übertrage ins Heft und fülle die Lücken.
a) $\sqrt{5}\cdot\sqrt{\square}=\sqrt{100}$ b) $\sqrt{\square}\cdot\sqrt{27}=\sqrt{81}$
c) $\sqrt{\square}\cdot\sqrt{6}=12$ d) $\sqrt{7}\cdot\sqrt{\square}=14$
e) $\sqrt{0{,}5}\cdot\sqrt{\square}=0{,}5$ f) $\sqrt{1{,}25}\cdot\sqrt{\square}=0{,}5$

13
Setze für Δ und □ die richtigen Ziffern ein, so dass die Gleichung stimmt.
a) $\sqrt{8\Delta}\cdot\sqrt{9}=\square 7$ b) $\sqrt{\square 6}\cdot\sqrt{36}=24$
c) $\sqrt{1\Delta 1}\cdot\sqrt{\square 00}=110$ d) $\sqrt{19\square}:\sqrt{4}=7$
e) $\sqrt{14\Delta}:\sqrt{36}=2$ f) $\sqrt{\Delta 76}:\sqrt{\square 4}=3$

14
Welcher Film läuft im Kino?
a) $\sqrt{14}\cdot\sqrt{126}=\square$ b) $\sqrt{396}:\sqrt{11}=\square$
c) $\sqrt{\square}\cdot\sqrt{289}=34$ d) $\sqrt{675}:\sqrt{\square}=15$
e) $\sqrt{117}\cdot\sqrt{\square}=39$ f) $\sqrt{\square 80}:\sqrt{5}=14$
g) $\sqrt{14\square}\cdot\sqrt{3}=21$ h) $\sqrt{50\square}:\sqrt{3}=13$
i) $\sqrt{92}\cdot\sqrt{\square 3}=46$ k) $\sqrt{396}:\sqrt{\square 4}=3$

15
Ergänze die Wurzelpyramide durch Multiplizieren bzw. Dividieren.

a)
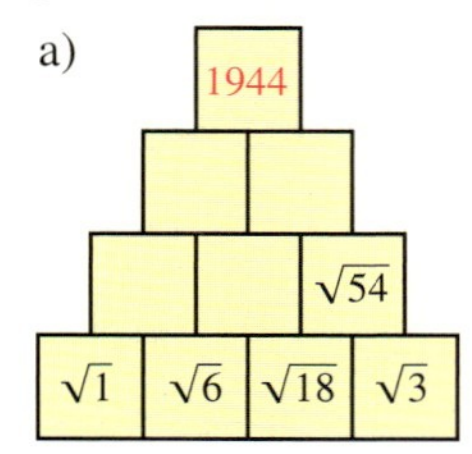

b)
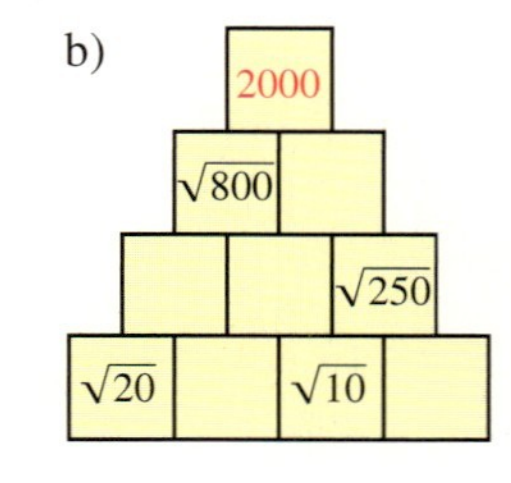

16
Schreibe mit einem einzigen Wurzelzeichen. Kürze gegebenenfalls und berechne.
a) $\frac{\sqrt{3}\cdot\sqrt{28}}{\sqrt{21}}$ b) $\frac{\sqrt{5}}{\sqrt{15}}\cdot\sqrt{75}$ c) $\sqrt{8}\cdot\sqrt{\frac{144}{450}}$
d) $\frac{\sqrt{175}}{\sqrt{3}}:\sqrt{21}$ e) $\frac{\sqrt{0{,}4}}{\sqrt{1{,}2}\cdot\sqrt{3}}$ f) $\sqrt{132}:\frac{\sqrt{66}}{\sqrt{8}}$

5 Addition und Subtraktion von Quadratwurzeln

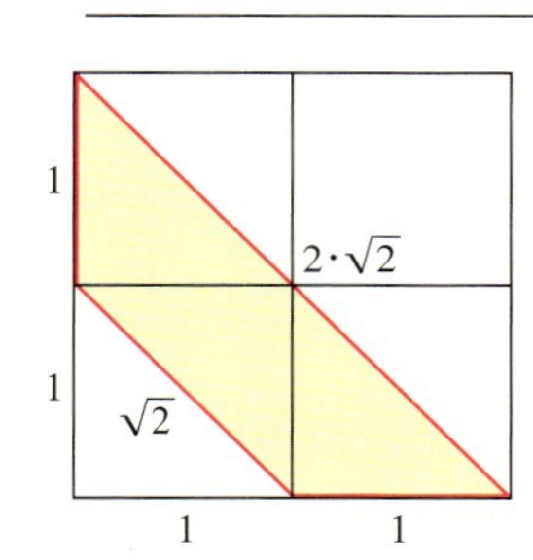

1
Berechne den Umfang des Trapezes.

2
Vergleiche die Terme auf der linken Seite mit denen auf der rechten Seite.
Was stellst du fest?

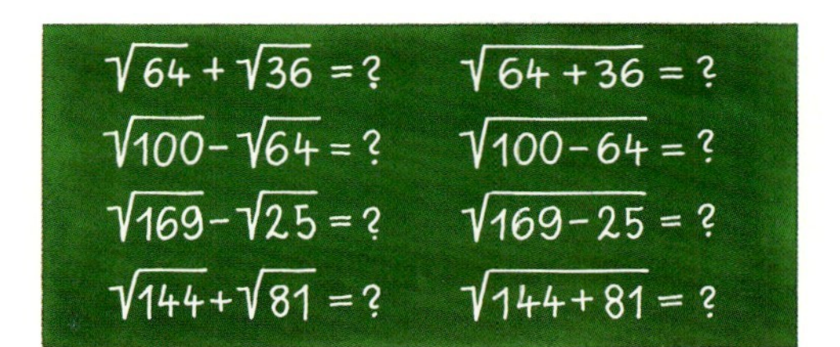

Im Gegensatz zur Multiplikation und Division von Quadratwurzeln erkennt man, dass bei der Addition zweier Quadratwurzeln die Radikanden nicht unter einem Wurzelzeichen zusammengefasst werden können.

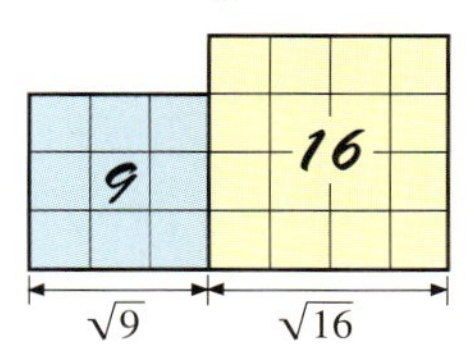

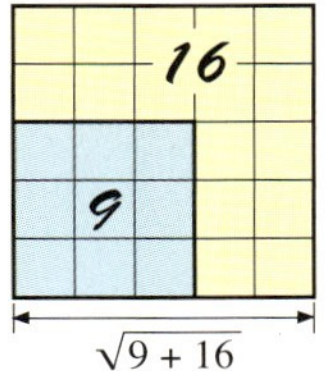

$\sqrt{9}+\sqrt{16}=3+4=7$ $\qquad$ $\sqrt{9+16}=\sqrt{25}=5$

Dies gilt auch für die Subtraktion:

$\sqrt{25}-\sqrt{16}=5-4=1$ $\qquad$ $\sqrt{25-16}=\sqrt{9}=3$

Quadratwurzeln mit gleichen Radikanden lassen sich mit Hilfe des **Distributivgesetzes (Verteilungsgesetzes)** zusammenfassen.

$5\cdot\sqrt{3}+2\cdot\sqrt{3}=(5+2)\cdot\sqrt{3}=7\cdot\sqrt{3}$

oder

$7\cdot\sqrt{3}-2\cdot\sqrt{3}=(7-2)\cdot\sqrt{3}=5\cdot\sqrt{3}$

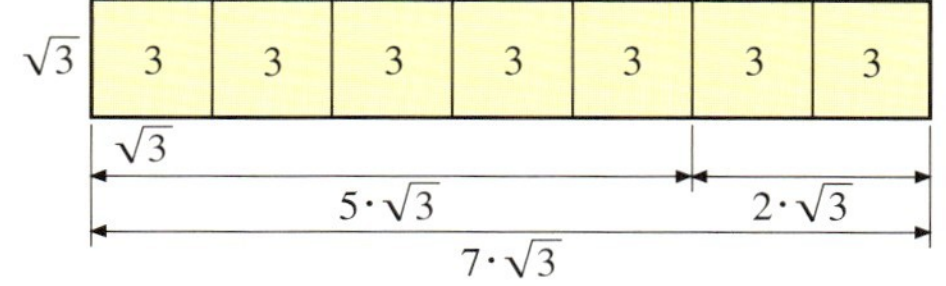

$a\cdot\sqrt{x}+b\cdot\sqrt{x}$

$=(a+b)\cdot\sqrt{x}$

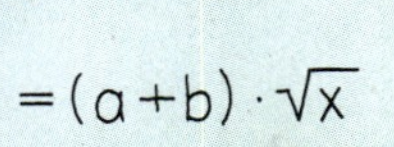

Besitzt eine Summe bzw. Differenz Quadratwurzeln mit gleichen Radikanden, kann durch **Ausklammern** zusammengefasst werden.

Beispiele

a) $2\cdot\sqrt{5}+3\cdot\sqrt{5}=(2+3)\cdot\sqrt{5}$
$=5\cdot\sqrt{5}$

b) $7\cdot\sqrt{2}-3\cdot\sqrt{2}=(7-3)\cdot\sqrt{2}$
$=4\cdot\sqrt{2}$

c) $6\cdot\sqrt{11}+9\cdot\sqrt{7}-5\cdot\sqrt{11}-8\cdot\sqrt{7}=6\cdot\sqrt{11}-5\cdot\sqrt{11}+9\cdot\sqrt{7}-8\cdot\sqrt{7}$
$=\sqrt{11}+\sqrt{7}$

Bemerkung: Verwendet man das Distributivgesetz zum **Ausmultiplizieren** oder die binomischen Formeln, können Rechenvorteile entstehen.

d) $\sqrt{2}(\sqrt{8}+\sqrt{18})=\sqrt{2}\cdot\sqrt{8}+\sqrt{2}\cdot\sqrt{18}$
$=\sqrt{2\cdot 8}+\sqrt{2\cdot 18}$
$=\sqrt{16}+\sqrt{36}$
$=10$

e) $\left(\sqrt{3}-1\right)\left(\sqrt{3}+3\right)=\sqrt{3}\cdot\sqrt{3}+3\cdot\sqrt{3}-1\cdot\sqrt{3}-1\cdot 3$
$=3+3\cdot\sqrt{3}-\sqrt{3}-3$
$=2\cdot\sqrt{3}$

f) $\left(3+\sqrt{5}\right)^2=3^2+2\cdot 3\cdot\sqrt{5}+\left(\sqrt{5}\right)^2$
$=9+6\sqrt{5}+5$
$=14+6\sqrt{5}$

g) $\left(\sqrt{17}-4\right)\left(\sqrt{17}+4\right)=\left(\sqrt{17}\right)^2-4^2$
$=17-16$
$=1$

Aufgaben

3

Fasse im Kopf zusammen.

a) $4\sqrt{2}+3\sqrt{2}$ b) $7\sqrt{3}+2\sqrt{3}$
c) $5\sqrt{3}-4\sqrt{3}$ d) $7\sqrt{6}-3\sqrt{6}$
e) $6\sqrt{5}+\sqrt{5}$ f) $\sqrt{7}+7\sqrt{7}$

4

Fasse zusammen.

a) $9\sqrt{3}-7\sqrt{3}$ b) $5\sqrt{5}-\sqrt{5}$
c) $3\sqrt{11}-4\sqrt{11}$ d) $-2\sqrt{3}+3\sqrt{3}$

5

a) $2\sqrt{3}+3\sqrt{3}+4\sqrt{3}+5\sqrt{3}$
b) $\sqrt{5}+2\sqrt{5}+4\sqrt{5}+8\sqrt{5}$
c) $-\sqrt{2}+2\sqrt{2}-3\sqrt{2}+4\sqrt{2}$
d) $25\sqrt{7}-18\sqrt{7}-9\sqrt{7}+\sqrt{7}$
e) $-\sqrt{3}-2\sqrt{3}-3\sqrt{3}-4\sqrt{3}-5\sqrt{3}$

6

Fasse die Wurzeln mit gleichen Radikanden zusammen.

a) $4\sqrt{5}+3\sqrt{5}+8\sqrt{3}+2\sqrt{3}$
b) $2\sqrt{3}+3\sqrt{2}-2\sqrt{2}+\sqrt{3}$
c) $8\sqrt{7}-5\sqrt{11}-5\sqrt{7}+4\sqrt{11}$
d) $-\sqrt{13}-6\sqrt{17}-6\sqrt{13}+5\sqrt{17}$
e) $-\sqrt{3}-\sqrt{5}-\sqrt{6}-6\sqrt{5}+5\sqrt{6}+6\sqrt{3}$

7

Löse die Klammern auf und vereinfache.

a) $10\sqrt{6}+(3\sqrt{7}-2\sqrt{6})-5\sqrt{7}$
b) $\sqrt{5}-(3\sqrt{8}-4\sqrt{5})+(\sqrt{8}-5\sqrt{5})$
c) $3\sqrt{3}-(3\sqrt{2}-4\sqrt{3})-(6\sqrt{3}-2\sqrt{2})$
d) $9(\sqrt{5}-\sqrt{7})-2(\sqrt{7}+4\sqrt{5})$
e) $\sqrt{2}-2(3\sqrt{3}-2\sqrt{2})-3(2\sqrt{3}-3\sqrt{2})$

8

Vereinfache.

a) $4\sqrt{x}+5\sqrt{x}$ b) $3\sqrt{y}+6\sqrt{y}$
c) $11\sqrt{a}-10\sqrt{a}$ d) $23\sqrt{c}-24\sqrt{c}$
e) $-\sqrt{a}+3\sqrt{a}$ f) $-\sqrt{2x}-2\sqrt{2x}$
g) $2a\sqrt{xy}-a\sqrt{xy}$ h) $-k\sqrt{yz}-2k\sqrt{yz}$

9

Multipliziere und vereinfache. Die Lösungen sind ganzzahlig.

a) $\sqrt{3}\left(\sqrt{27}+\sqrt{3}\right)$ b) $\sqrt{5}\left(\sqrt{125}-2\sqrt{5}\right)$
c) $2\sqrt{3}\left(\sqrt{12}-\sqrt{3}\right)$ d) $2\sqrt{5}\left(4\sqrt{5}-\sqrt{20}+\sqrt{80}\right)$
e) $-3\sqrt{2}\left(4\sqrt{72}-2\sqrt{128}-\sqrt{98}\right)$

10

Übertrage ins Heft und fülle die Lücken.

a) $\square(\sqrt{5}+\sqrt{3})=\sqrt{35}+\sqrt{21}$
b) $\sqrt{7}(\square+\sqrt{2})=\sqrt{21}+\sqrt{14}$
c) $3\sqrt{11}(4-\square)=\triangle-3\sqrt{22}$

11

Vereinfache.

a) $\sqrt{x}\left(\sqrt{9x}+\sqrt{16x}\right)$ b) $\left(\sqrt{81a}-\sqrt{36a}\right)\cdot\sqrt{a}$
c) $\left(\sqrt{18y}+\sqrt{2y}\right)\cdot\sqrt{2y}$ d) $\sqrt{3x}\left(\sqrt{48x}-\sqrt{75x}\right)$
e) $\sqrt{m}\left(\sqrt{m}+\sqrt{n}\right)-\sqrt{mn}$ f) $\sqrt{x^3y}\left(\sqrt{xy}-\sqrt{\frac{x}{y}}\right)$

12

Klammere gemeinsame Faktoren aus.

a) $x\sqrt{2}-y\sqrt{2}+z\sqrt{2}$
b) $3a\sqrt{7}+7b\sqrt{3}-2a\sqrt{7}-6b\sqrt{3}$
c) $-2r\sqrt{3}-3s\sqrt{3}+3r\sqrt{3}+2s\sqrt{3}$

13

Berechne.

a) $(19\sqrt{2}-11\sqrt{2}):4$ b) $(38\sqrt{3}+10\sqrt{3}):3$
c) $(20\sqrt{5}+5\sqrt{5}):\sqrt{5}$ d) $(-2\sqrt{6}+4\sqrt{6}):\sqrt{6}$
e) $(25\sqrt{3}-7\sqrt{3}):6\sqrt{3}$ f) $(7\sqrt{18}-4\sqrt{18}):3\sqrt{2}$

14

Wende die binomischen Formeln an.

a) $(1+\sqrt{2})^2-(1-\sqrt{2})^2$
b) $(3\sqrt{2}-\sqrt{12})^2+(2\sqrt{3}-\sqrt{8})^2$

15

Die Ergebnisse lauten 1; 2; 3 und 4.

a) $\frac{7\sqrt{3}+12\sqrt{5}-10\sqrt{3}+3\sqrt{3}}{4\sqrt{5}}$ b) $\frac{5\sqrt{2}-\sqrt{3}-9\sqrt{2}+5\sqrt{3}}{\sqrt{3}-\sqrt{2}}$
c) $\frac{3(\sqrt{6}-\sqrt{2})-(\sqrt{2}-\sqrt{6})}{2\sqrt{6}-2\sqrt{2}}$ d) $\frac{(2\sqrt{2}-1)(3\sqrt{2}+1)}{11-\sqrt{2}}$

???

Mit der Tastenfolge
2 [$\sqrt{x}$] [+] 2 [=] [$\sqrt{x}$] [+] 2 [=] ...
kann man den Ausdruck
$\sqrt{2+\sqrt{2+\sqrt{2+\sqrt{2\ldots}}}}$
näherungsweise berechnen.
Welche Zahl wird angenähert?
Rechne ebenso.
$\sqrt{6+\sqrt{6+\sqrt{6+\sqrt{6\ldots}}}}$
$\sqrt{12+\sqrt{12+\sqrt{12+\sqrt{12\ldots}}}}$

6 Umformen von Wurzeltermen

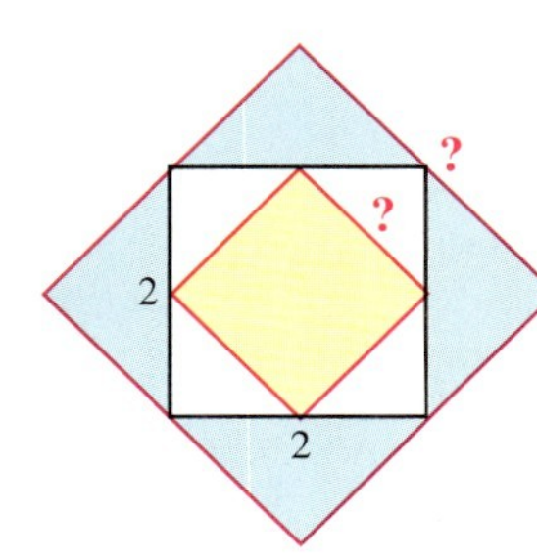

1

Übertrage die Figur ins Heft und bestimme über den Flächeninhalt des inneren und äußeren Quadrats die Maßzahlen der Seitenlängen. Vergleiche die Seitenlängen durch Messen.

2

Berechne die Terme $\frac{4}{\sqrt{2}}$ und $2 \cdot \sqrt{2}$ mit dem Taschenrechner. Was erhältst du?
Werden Näherungswerte verwendet, heißen die Terme $\frac{4}{1{,}414}$ und $2 \cdot 1{,}414$.
Welcher der zwei Terme lässt sich durch eine Überschlagsrechnung leichter bestimmen?

Häufig ist es zweckmäßig, Quadratwurzeln umzuformen. Durch **teilweises Wurzelziehen** können viele Quadratwurzeln so dargestellt werden, dass sich ihr Wert leichter abschätzen lässt. Überschlägt man $\sqrt{3}$ mit 1,732, gilt nach der Regel für die Multiplikation von Quadratwurzeln: $\sqrt{300} = \sqrt{100 \cdot 3} = \sqrt{100} \cdot \sqrt{3} = 10 \cdot \sqrt{3} \approx 17{,}32$.
Der Radikand wird dazu in ein Produkt zerlegt, bei dem mindestens einer der Faktoren eine Quadratzahl ist.

Beim **teilweisen Wurzelziehen** wird der Radikand so in ein Produkt umgewandelt, dass einer der Faktoren eine Quadratzahl ist. $\sqrt{a^2 \cdot b} = a \cdot \sqrt{b} \quad a, b \geq 0$

Beispiele

a) $\sqrt{75} = \sqrt{25 \cdot 3} = \sqrt{25} \cdot \sqrt{3} = 5 \cdot \sqrt{3}$

b) $\sqrt{63} = \sqrt{9 \cdot 7} = \sqrt{9} \cdot \sqrt{7} = 3 \cdot \sqrt{7}$

c) $\sqrt{80} = \sqrt{4} \cdot \sqrt{20} = 2 \cdot \sqrt{20} = 2 \cdot \sqrt{4} \cdot \sqrt{5} = 2 \cdot 2\sqrt{5} = 4\sqrt{5}$ oder $\sqrt{80} = \sqrt{16 \cdot 5} = \sqrt{16} \cdot \sqrt{5} = 4\sqrt{5}$

Nebenrechnung

```
6000 : 1732 = 3,46...
-5196
  8040
 -6928
  11120
 -10392
    7280
      :
```

Bemerkung: Es ist vorteilhaft, den Radikanden so zu zerlegen, dass eine möglichst große Quadratzahl als Faktor vorkommt.
Tritt bei einem Bruch eine Quadratwurzel im Nenner auf, kann die Überschlagsrechnung sehr mühsam sein.
Eine Rechnung mit Näherungswerten verdeutlicht dies: $\frac{6}{\sqrt{3}} \approx 6 : 1{,}732$.
Aus der Nebenrechnung auf dem Rand erkennen wir: $\frac{6}{\sqrt{3}} \approx 3{,}46$.
Durch geschicktes Erweitern des Bruches lässt sich die Division durch eine Quadratwurzel vermeiden, der **Nenner** des Bruchs ist dann **rational**.

$$\frac{6}{\sqrt{3}} = \frac{6 \cdot \sqrt{3}}{\sqrt{3} \cdot \sqrt{3}} = \frac{6 \cdot \sqrt{3}}{(\sqrt{3})^2} = \frac{6 \cdot \sqrt{3}}{3} = 2 \cdot \sqrt{3} \approx 2 \cdot 1{,}732 = 3{,}464$$

Quadratwurzeln im Nenner eines Bruchs können durch Erweitern mit einer Quadratwurzel beseitigt werden. Man nennt dies **Rationalmachen des Nenners**.

Beispiele

d) $\frac{28}{\sqrt{7}} = \frac{28}{\sqrt{7}} \cdot \frac{\sqrt{7}}{\sqrt{7}} = \frac{28 \cdot \sqrt{7}}{(\sqrt{7})^2} = 4\sqrt{7}$

e) $\frac{25}{3 \cdot \sqrt{5}} = \frac{25}{3 \cdot \sqrt{5}} \cdot \frac{\sqrt{5}}{\sqrt{5}} = \frac{25 \cdot \sqrt{5}}{3 \cdot (\sqrt{5})^2} = \frac{5 \cdot \sqrt{5}}{3}$

$\sqrt{10+\sqrt{24}+\sqrt{40}+\sqrt{60}}$
$=\sqrt{2}+\sqrt{3}+\sqrt{5}$

$2\cdot\sqrt{2-\sqrt{3}}$
$=\sqrt{6}-\sqrt{2}$

Überprüfe die Gleichungen, indem du beide Seiten quadrierst. Löse ohne Taschenrechner.

Aufgaben

3
Ziehe teilweise die Wurzel.
a) $\sqrt{50}$ b) $\sqrt{8}$ c) $\sqrt{18}$ d) $\sqrt{32}$
e) $\sqrt{12}$ f) $\sqrt{48}$ g) $\sqrt{20}$ h) $\sqrt{45}$

4
a) $\sqrt{\frac{3}{4}}$ b) $\sqrt{\frac{5}{9}}$ c) $\sqrt{\frac{7}{16}}$ d) $\sqrt{\frac{11}{25}}$
e) $\sqrt{\frac{4}{5}}$ f) $\sqrt{\frac{9}{10}}$ g) $\sqrt{\frac{63}{64}}$ h) $\sqrt{\frac{48}{49}}$

5
a) $\sqrt{0{,}02}$ b) $\sqrt{0{,}08}$ c) $\sqrt{0{,}18}$
d) $\sqrt{0{,}72}$ e) $\sqrt{0{,}98}$ f) $\sqrt{1{,}08}$
g) $\sqrt{2{,}88}$ h) $\sqrt{3{,}63}$ i) $\sqrt{11{,}25}$

6
Schreibe als eine Wurzel.
Beispiel: $5\cdot\sqrt{2}=\sqrt{5^2\cdot 2}$
$=\sqrt{25\cdot 2}=\sqrt{50}$
a) $4\cdot\sqrt{3}$ b) $2\cdot\sqrt{5}$ c) $6\cdot\sqrt{8}$
d) $0{,}3\cdot\sqrt{2}$ e) $5\cdot\sqrt{0{,}03}$ f) $10\cdot\sqrt{0{,}07}$
g) $\frac{1}{2}\cdot\sqrt{10}$ h) $\frac{3}{4}\cdot\sqrt{\frac{16}{27}}$ i) $\frac{5}{7}\cdot\sqrt{\frac{21}{40}}$

7
Bringe den Faktor unter das Wurzelzeichen.
a) $x\sqrt{2}$ b) $a\sqrt{3}$ c) $y\sqrt{z}$
d) $2x\sqrt{3}$ e) $2x\sqrt{4y}$ f) $0{,}1a\sqrt{100b}$

8
Ziehe die Wurzel so weit wie möglich.
a) $\sqrt{9y}$ b) $\sqrt{81z}$ c) $\sqrt{10a^2}$
d) $\sqrt{15y^2}$ e) $\sqrt{18x^2}$ f) $\sqrt{27x^3}$
g) $\sqrt{ab^2}$ h) $\sqrt{4c^2d}$ i) $\sqrt{75a^3b}$

9
a) $\sqrt{\frac{7a^2}{b^2}}$ b) $\sqrt{\frac{a^3}{8b^2}}$ c) $\sqrt{\frac{12x^2}{9y}}$
d) $\sqrt{\frac{20z}{27a^2}}$ e) $\sqrt{\frac{32xy^2}{25y}}$ f) $\sqrt{\frac{98v}{63w^2}}$

10
Welche der Terme haben den gleichen Wert? Rechne ohne Taschenrechner.

$6\cdot\sqrt{2}$, $2\cdot\sqrt{18}$, $4\cdot\sqrt{27}$, $\sqrt{32}$, $12\cdot\sqrt{3}$, $\sqrt{72}$, $4\cdot\sqrt{2}$, $3\cdot\sqrt{8}$, $3\cdot\sqrt{48}$, $2\cdot\sqrt{108}$, $2\cdot\sqrt{8}$, $6\cdot\sqrt{12}$, $\sqrt{432}$

11
Zerlege den Radikanden in ein Produkt, von dem ein Faktor eine Zehnerpotenz ist.
Beispiel: $\sqrt{70\,000}=\sqrt{10\,000}\cdot\sqrt{7}$
$=100\cdot\sqrt{7}$
a) $\sqrt{300}$ b) $\sqrt{500}$ c) $\sqrt{1\,200}$
d) $\sqrt{28\,800}$ e) $\sqrt{8\,000\,000}$ f) $\sqrt{450\,000\,000}$

12
Rechne wie im Beispiel.
$\sqrt{0{,}0003}=\sqrt{0{,}0001}\cdot\sqrt{3}$
$=0{,}01\cdot\sqrt{3}$
a) $\sqrt{0{,}07}$ b) $\sqrt{0{,}11}$ c) $\sqrt{0{,}0002}$
d) $\sqrt{0{,}0014}$ e) $\sqrt{0{,}000005}$ f) $\sqrt{0{,}000018}$

13
Zahlenzauber

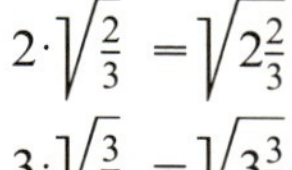

$2\cdot\sqrt{\frac{2}{3}}=\sqrt{2\frac{2}{3}}$
$3\cdot\sqrt{\frac{3}{8}}=\sqrt{3\frac{3}{8}}$
$4\cdot\sqrt{\frac{4}{15}}=\sqrt{4\frac{4}{15}}$
a) Prüfe mit Hilfe des Taschenrechners.
b) Gib eine Regel an und setze fort.

14
Berechne zunächst mit den binomischen Formeln. Ziehe anschließend die Wurzel.
a) $\left(\sqrt{6}+\sqrt{8}\right)^2$ b) $\left(\sqrt{12}-\sqrt{8}\right)^2$
c) $\left(\sqrt{2}+2\sqrt{20}\right)^2$ d) $\left(10\sqrt{2}-2\sqrt{54}\right)^2$

15
Faktorisiere mit Hilfe der binomischen Formeln. Klammere dazu geeignete Faktoren aus. Ziehe die Wurzel teilweise.
a) $\sqrt{3x^2+6x+3}$ b) $\sqrt{5x^2-10x+5}$
c) $\sqrt{18x^2+12x+2}$ d) $\sqrt{45x^2-120xy+80y^2}$

16
Mache den Nenner rational und kürze.
a) $\frac{4}{\sqrt{2}}$ b) $\frac{9}{\sqrt{3}}$ c) $\frac{10}{\sqrt{5}}$ d) $\frac{16}{\sqrt{6}}$
e) $\frac{18}{\sqrt{12}}$ f) $\frac{16}{\sqrt{20}}$ g) $\frac{25}{\sqrt{35}}$ h) $\frac{22}{\sqrt{33}}$

7 Vermischte Aufgaben

Eines der drei Kärtchen passt zur Quadratwurzel. Ordne ohne Verwendung eines Taschenrechners zu.

a) $\sqrt{4356}$

62 | 66 | 68

b) $\sqrt{8649}$

92 | 93 | 94

c) $\sqrt{11449}$

107 | 109 | 111

d) $\sqrt{49284}$

214 | 219 | 222

1

Bestimme die Quadratzahl im Kopf.

a) 13 b) 14 c) 17
d) 19 e) 31 f) 101

2

Bestimme die Quadratwurzeln ohne Taschenrechner.

a) $\sqrt{121}$ b) $\sqrt{196}$ c) $\sqrt{256}$
d) $\sqrt{361}$ e) $\sqrt{0{,}81}$ f) $\sqrt{2{,}25}$
g) $\sqrt{0{,}04}$ h) $\sqrt{12{,}25}$ i) $\sqrt{30{,}25}$
k) $\sqrt{\frac{16}{25}}$ l) $\sqrt{\frac{121}{144}}$ m) $\sqrt{\frac{289}{441}}$

3

Gib die Näherungswerte auf zwei Nachkommastellen genau an.

a) $\sqrt{13}$ b) $\sqrt{44}$ c) $\sqrt{91}$
d) $\sqrt{0{,}9}$ e) $\sqrt{0{,}055}$ f) $\sqrt{0{,}00975}$
g) $\sqrt{\frac{2}{3}}$ h) $\sqrt{\frac{7}{15}}$ i) $\sqrt{\frac{99}{111}}$

4

Setze die fehlenden Ziffern ein und bilde das Lösungswort.
Du musst die Buchstaben zuerst noch in die richtige Reihenfolge bringen.

a) $\sqrt{\square 24} = 3^2 \cdot 2$
b) $\sqrt{2\square 6} = 8\sqrt{4}$
c) $\sqrt{\square 1} \cdot \sqrt{49} = 8^2 - 1$
d) $\sqrt{\square 15} : \sqrt{35} = \sqrt{16} - 1$
e) $\sqrt{484} - \sqrt{28\square} = 2 \cdot \sqrt{4} + 1$
f) $\sqrt{196} - \sqrt{\square 6} \cdot \sqrt{4} = 2$
g) $3\sqrt{\square} \cdot \sqrt{24} = 6^2$
h) $(\sqrt{12} + \sqrt{\square 8})^2 = 108$

A/1, P/3, O/3, T/8, R/4, N/2, S/0, M/6, U/5, C/9, E/3, D/7

5

Löse die angegebene Formel nach der in eckiger Klammer stehenden Variable auf.

a) $A = 4a^2$ [a] b) $O = 6a^2h$ [a]
c) $F = \frac{mv^2}{r}$ [v] d) $h = \frac{v_0^2}{2g}$ [v_0]
e) $A = \frac{3}{4}a^2\sqrt{3}$ [a] f) $x^2 + y^2 = z^2$ [y]
g) $r = \sqrt{t^2 - s^2}$ [s] h) $\frac{T_1^2}{T_2^2} = \frac{a_1^3}{a_2^3}$ [a_2]

Intervalle schätzen

Dein Partner gibt eine dreistellige Zahl vor. Du musst nun, **ohne Verwendung des Taschenrechners**, ein Intervall der Länge 3 angeben, in dem die Quadratwurzel der vorgegebenen Zahl liegt. Prüfe anschließend mit dem Taschenrechner nach.
Beispiel: Die vorgegebene Zahl sei 755.
Das geschätzte Intervall sei [24;27].
Nun gilt: $\sqrt{755} = 27{,}47\ldots$
Du erhältst somit keinen Punkt, dein Partner gibt wiederum eine Zahl vor. Hast du richtig geschätzt, bist du an der Reihe.
Führt dasselbe auch mit Intervallen der Länge 2 durch. Probiert auch mit 4-stelligen Zahlen. Die Intervalllänge wird dann auf 4 erhöht.

Diese Art des Zahlenratens lässt sich auch in umgekehrter Weise durchführen. Ein Partner gibt im Zahlbereich von 1 bis 10 ein Intervall der Länge 0,1 vor, der andere Partner schätzt, ohne den Taschenrechner zu benutzen, die zugehörige Quadratwurzel.
Beispiel: Vorgegebenes Intervall: [5,4;5,5]
Quadratwurzel für das Intervall: $\sqrt{30}$
Da $\sqrt{30} = 5{,}47\ldots$ im Intervall liegt, gibt es hierfür einen Punkt.

6

Trage die Quadratwurzeln $\sqrt{2}, 2\sqrt{2}, \ldots 10\sqrt{2}$ auf dem Zahlenstrahl ab.
Welche Näherungswerte ergeben sich für $5\sqrt{2}$ bzw. $10\sqrt{2}$? Vergleiche mit den Werten des Taschenrechners.

7

Bei dem griechischen Mathematiker Heron findet man $\sqrt{p^2 + q} \approx p + \frac{q}{2p}$ als Näherungslösung für Quadratwurzeln.
Berechne und vergleiche mit dem Wert des Taschenrechners.

a) $\sqrt{5}$ für $p = 2$ und $q = 1$
b) $\sqrt{7}$ für $p = 2$ und $q = 3$
c) $\sqrt{27}$ für $p = 5$ und $q = 2$
d) $\sqrt{110}$ für $p = 10$ und $q = 10$

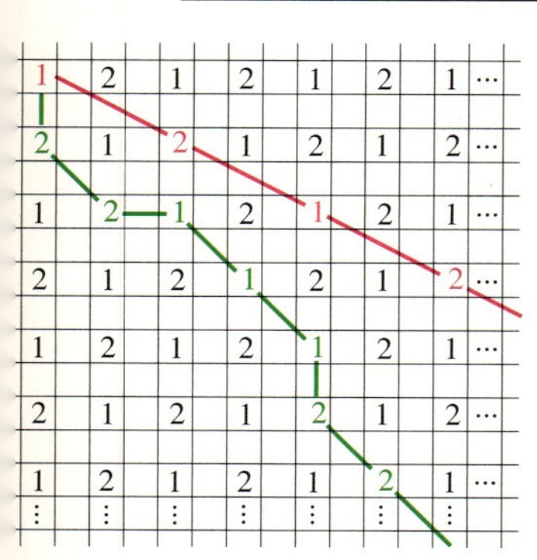

8

Aus den Ziffern im Gitter werden Dezimalbrüche gebildet. Durch die eingezeichnete Gerade ist der Dezimalbruch 1,212121 ... dargestellt.

a) Welche Art von Dezimalbrüchen entsteht auf den links oben beginnenden Geraden?

b) Auf welchen Wegen (vgl. Beispiel) durch das Gitter könnte man wohl nicht periodische Dezimalbrüche bekommen?

9

Bestimme die Lösungsmenge folgender rein-quadratischer Gleichungen:

a) $x^2 - 81 = 0$ b) $a^2 = 144$

c) $c^2 + 36 = 0$ d) $b^2 - 0{,}04 = 0$

e) $7x^2 - 112 = 0$ f) $-5a^2 + 11{,}25 = 0$

10

Stelle zu den angegebenen Lösungsmengen die quadratische Gleichung auf:

a) $L = \{-3; 3\}$ b) $L = \{-0{,}6; 0{,}6\}$

c) $L = \{0\}$ d) $L = \{-\sqrt{7}; \sqrt{7}\}$

11

Bestimme mit dem Taschenrechner. Runde auf drei Nachkommastellen.

a) $8 \cdot \sqrt{3} - 2{,}5 \cdot \sqrt{7} + 3{,}8 \cdot \sqrt{11}$

b) $19 \cdot \sqrt{2{,}5} - 4{,}7 \cdot \sqrt{1{,}5} \cdot \sqrt{7{,}5}$

c) $2 \cdot \sqrt{13} - \left(3{,}1 \cdot \sqrt{3}\right) : \left(4{,}5 \cdot \sqrt{0{,}2}\right) + \sqrt{71{,}8}$

12

Die Hälfte der Summe zweier Zahlen bezeichnet man als **arithmetisches Mittel**.

Beispiel: $\frac{a+b}{2}$: $\frac{3+48}{2} = 25{,}5$

Die Wurzel des Produkts zweier Zahlen heißt **geometrisches Mittel**.

Beispiel: $\sqrt{a \cdot b}$: $\sqrt{3 \cdot 48} = \sqrt{144} = 12$

a) Berechne das geometrische Mittel von 24 und 6; von 22,5 und 2,5; von 1,25 und 1,8.

b) Für welche Zahlen stimmen das arithmetische und das geometrische Mittel überein?

c) Lies das geometrische Mittel mit Hilfe der Skala ab. Wähle dazu geeignete Zahlen und überprüfe dein Ergebnis rechnerisch.

$c = \sqrt{a \cdot b}$

Wurzeln in Serie

$\sqrt{676} = 26$ $\sqrt{2601} = 51$ $\sqrt{5776} = 76$

$\sqrt{576} = 24$ $\sqrt{2401} = 49$ $\sqrt{5476} = 74$

Kannst du eine Gesetzmäßigkeit erkennen? Setze entsprechend fort.

Berechne die Quadratwurzeln. Setze die Reihe der Wurzelterme fort.

a) $\sqrt{1 \cdot 3 + 1}$, $\sqrt{2 \cdot 4 + 1}$, $\sqrt{3 \cdot 5 + 1}$, ...

b) $\sqrt{1 + 4 \cdot 2}$, $\sqrt{4 + 4 \cdot 3}$, $\sqrt{9 + 4 \cdot 4}$, ...

Berechne und setze fort.

a) $\sqrt{1^2 + 1 + 2}$, $\sqrt{2^2 + 2 + 3}$, $\sqrt{3^2 + 3 + 4}$, ...

b) $\sqrt{1 \cdot 5 + 4}$, $\sqrt{2 \cdot 6 + 4}$, $\sqrt{3 \cdot 7 + 4}$, ...

Stelle für den Radikanden einen Term mit Variablen auf und weise nach, dass der Radikand stets eine Quadratzahl ist.

Wie geht's weiter? Berechne.

$\sqrt{1 \cdot 3 \cdot 5 \cdot 7 + 16}$

$\sqrt{2 \cdot 4 \cdot 6 \cdot 8 + 16}$

$\sqrt{3 \cdot 5 \cdot 7 \cdot 9 + 16}$

Für die obige Folge von Quadratwurzeln gilt:

$\sqrt{n(n+2)(n+4)(n+6) + 16} = n(n+6) + 4$

Führe den allgemeinen Nachweis, indem du die rechte Seite quadrierst und mit dem Radikanden vergleichst.

13

Berechne ohne Taschenrechner.

a) $\sqrt{3} \cdot \sqrt{75}$ b) $\sqrt{80} : \sqrt{5}$

c) $\sqrt{2{,}16} \cdot \sqrt{1{,}5}$ d) $\sqrt{1{,}6 \cdot 12 \cdot 0{,}3}$

e) $\frac{\sqrt{845}}{\sqrt{5}}$ f) $\sqrt{\frac{1024}{576}}$

14

a) $\sqrt{2y} \cdot \sqrt{50yz^2}$ b) $\frac{\sqrt{125x}}{\sqrt{5x}}$

c) $\sqrt{7x} \cdot \sqrt{28xy^2}$ d) $\sqrt{2a^2b} \cdot \sqrt{8bc^2}$

e) $\sqrt{\frac{14}{15y}} \cdot \sqrt{\frac{30z^2}{7y}}$ f) $\sqrt{\frac{15a}{6b^2}} : \sqrt{\frac{5}{18a}}$

Wurzeln über Wurzeln

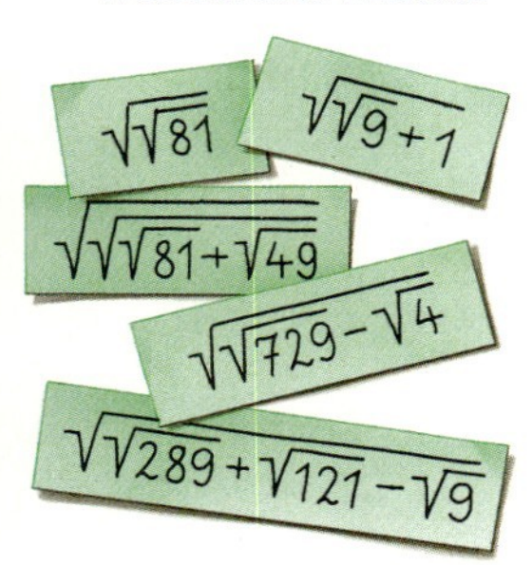

Berechne ohne Taschenrechner.

Ein Mathematik-Professor sagte auf die Frage nach seinem Alter:
„Im Jahre x war ich Wurzel aus x Jahre alt.“
Er starb im Jahre 1971. Wann wurde er geboren?
Wenn du dir die Jahreszahl seines Todes ansiehst, kannst du durch Probieren die Zahl herausfinden.

15

Vereinfache.

a) $\sqrt{45x^2y}\cdot\sqrt{5y}-\sqrt{48xy^2}:\sqrt{3x}$

b) $\sqrt{121x^2}+\sqrt{112x^2y}:\sqrt{7y}-\sqrt{49x^2}$

c) $(\sqrt{24x}+\sqrt{54x}):\sqrt{6x}$

16

Berechne auf 12 Nachkommastellen genau.

Beispiel: $\sqrt{0{,}000003}=\sqrt{0{,}000001}\cdot\sqrt{3}$
$=0{,}001\cdot\sqrt{3}$
$=0{,}001732050808$

a) $\sqrt{0{,}000002}$ b) $\sqrt{0{,}000011}$

c) $\sqrt{0{,}00000005}$ d) $\sqrt{0{,}00000026}$

e) $\sqrt{0{,}0000000007}$ f) $\sqrt{0{,}0000000044}$

17

Fasse gleichartige Terme zusammen.

a) $\sqrt{5}+5\sqrt{5}-10\sqrt{5}+15\sqrt{5}$

b) $2\sqrt{3}-\sqrt{7}+7\sqrt{3}-3\sqrt{7}-\sqrt{3}$

c) $3\sqrt{2x}-2\sqrt{3x}-3\sqrt{3x}+2\sqrt{2x}$

d) $\sqrt{ab}+a\sqrt{b}+2\sqrt{ab}+b\sqrt{a}+4\sqrt{ab}$

18

Ziehe die Wurzel so weit wie möglich.

a) $\sqrt{45}$ b) $\sqrt{160}$ c) $\sqrt{68}$

d) $\sqrt{176}$ e) $\sqrt{396}$ f) $\sqrt{768}$

19

Ziehe zunächst die Wurzeln so weit wie möglich und fasse zusammen.

a) $\sqrt{147}+\sqrt{32}+\sqrt{27}+\sqrt{128}$

b) $\sqrt{500x}-\sqrt{320x}+\sqrt{108x}-\sqrt{27x}$

20

Mache den Nenner rational.

a) $\frac{1}{\sqrt{6}}$ b) $\frac{\sqrt{2}}{\sqrt{3}}$ c) $\frac{10\sqrt{3}}{\sqrt{5}}$

d) $\frac{1+\sqrt{2}}{\sqrt{8}}$ e) $\frac{2\sqrt{3}-2}{2\sqrt{3}}$ f) $\frac{2\sqrt{8}-3\sqrt{2}}{2\sqrt{2}}$

21

Forme so um, dass im Nenner keine Wurzel steht.

a) $\frac{z}{3\sqrt{z}}$ b) $\frac{\sqrt{12x+9x}}{\sqrt{3x}}$ c) $\frac{\sqrt{x^2y}-\sqrt{xy^2}}{\sqrt{xy}}$

22

Schwierige Aufgaben – einfache Ergebnisse.

a) $\left(\sqrt{4}-\sqrt{3}\right)\left(\sqrt{2}-\sqrt{1}\right)-\left(\sqrt{1}-\sqrt{2}\right)\left(\sqrt{3}-\sqrt{4}\right)$

b) $\left(\sqrt{5}-\sqrt{3}\right)^2\cdot\frac{4+\sqrt{15}}{2}$

c) $\frac{(\sqrt{18}+\sqrt{8})^2\cdot(\sqrt{3}-\sqrt{12})^2}{\sqrt{22\,500}}$

23

Wende die binomischen Formeln an.

a) $\sqrt{x^2+12x+36}$ b) $\sqrt{x^3+2x^2+x}$

c) $\sqrt{\frac{4}{9}a^2x+\frac{2}{3}abx+\frac{1}{4}b^2x}$ d) $\sqrt{y^2-2+\frac{1}{y^2}}$

24

Vereinfache so weit wie möglich.

a) $\frac{\sqrt{5x}+\sqrt{x}}{\sqrt{x}}\cdot\left(\sqrt{5}-1\right)+\left(\sqrt{32}-\sqrt{2}\right)^2$

b) $\sqrt{128}+\frac{\sqrt{5a^2}}{\sqrt{5a}}+\frac{4\sqrt{a}-a\sqrt{2}}{\sqrt{2a}}$

c) $\frac{2\sqrt{y}+\sqrt{2y}}{\sqrt{2y}}+\frac{8\sqrt{y}-2\sqrt{2y}}{\sqrt{8y}}$

25

Mit Hilfe der Faustformel $s=(\frac{T}{10})^2$, wobei T die Anzeige des Tachos (km/h) ist, kann man den zurückgelegten Bremsweg s (in m) auf trockener Straße näherungsweise bestimmen.

a) Berechne die Bremswege für $T=50$ km/h und $T=100$ km/h.

b) Welche Geschwindigkeit zeigte das Tachometer für die Bremswege $s=9$ m bzw. $s=100$ m an?

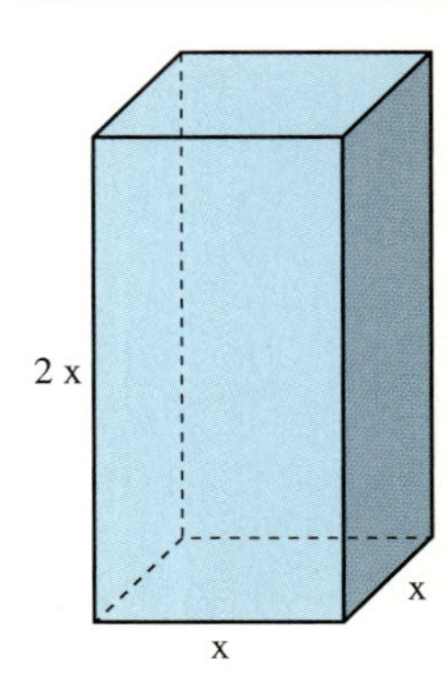

26

a) Ein Würfel besitzt eine Oberfläche von 294 e^2. Berechne die Kantenlänge des Würfels in Abhängigkeit von e.

b) Wie verändert sich die Kantenlänge des Würfels, wenn die Oberfläche doppelt so groß wird?

c) Die Körperhöhe des quadratischen Prismas mit $O = 120\ e^2$ ist doppelt so lang wie die Grundkante. Berechne die Höhe des Prismas in Abhängigkeit von e.

27

a) Für welche Zahlen ist der Radikand gleich seiner Wurzel?

b) Bei welcher Zahl ist der Radikand 10-mal so groß wie der Wert der Quadratwurzel?

c) Für welche Zahl ist der Radikand die Hälfte des Wurzelwerts?

d) Bei welchen Zahlen ist der Wert der Wurzel größer als der Radikand?

e) Bei welcher Zahl ist der Radikand $1\frac{1}{2}$-mal so groß wie die zugehörige Wurzel?

Divisionsverfahren

Wurzeln lassen sich auch „von Hand“ ziehen. Dazu zerlegt man den Radikanden mit Hilfe der 1. binomischen Formel.

Wir wollen uns dies am Beispiel von $\sqrt{2209}$ klarmachen.

Da 2 209 zwischen 1 600 und 2 500 liegt, suchen wir die Quadratwurzel im Bereich zwischen 40 und 50.

Wegen der Endziffer 9 können nur die Einerzahlen 3 oder 7 infrage kommen. Da 2 209 größer ist als das Mittel von 1 600 und 2 500, probieren wir die Endziffer 7.

$$\sqrt{2209} = \sqrt{1600 + 2 \cdot 40 \cdot 7 + 49}$$
$$= \sqrt{(40+7)^2} = 47.$$

Mit Variablen bedeutet dies

$$\sqrt{R} = \sqrt{a^2 + 2ab + b^2} = \sqrt{(a+b)^2} = a + b.$$

In Kurzform kann die Rechnung etwa so geschrieben werden:

$$\sqrt{22|09} = 47$$
$$-16$$
$$609$$
$$-609 \quad 87 \cdot 7 = (2 \cdot 40 + 7) \cdot 7$$
$$0$$

Die Ziffern des Radikanden werden von rechts in Zweierbündeln zusammengefasst.

Berechne auf diese Weise.

a) $\sqrt{1369}$ b) $\sqrt{1764}$ c) $\sqrt{3136}$

d) $\sqrt{5929}$ e) $\sqrt{7744}$ f) $\sqrt{8281}$

Setzt man das Verfahren fort, können auch größere Wurzeln errechnet werden.

a) $\sqrt{15129}$ b) $\sqrt{772641}$

c) $\sqrt{43996689}$ d) $\sqrt{97535376}$

Das Divisionsverfahren lässt sich auch anwenden, wenn die Radikanden keine Quadratzahlen sind.

$\sqrt{19} = \sqrt{19{,}00\ 00}$

$\sqrt{19{,}00\ 00} = 4{,}358\ldots$

```
 16
  3 0|0
  2 4 9          8 3 3
    5 1 0|0
    4 3 2 5      8 6 5 5
      7 7 5 0|0
      6 9 6 6 4  8 7 0 8 8
        7 8 3 6
```

Eine „Rezeptur“ hierzu:

1. Bilde beim Radikanden, vom Komma aus, Zweierpäckchen nach links und rechts.
2. Suche die größte Quadratzahl, die ins erste, linke Päckchen passt.
3. Bilde die Differenz.
4. Ziehe das nächste Päckchen herunter.
5. Schneide die Endziffer ab und prüfe, wie oft das Doppelte des bis dahin bestimmten Quotienten enthalten ist.
6. Schreibe diese Zahl in die Kästchen und berechne das Produkt.
7. Übernimm diese Zahl in den Quotienten.
8. Beginne wieder mit Schritt 4.

a) Berechne auf drei Stellen nach dem Komma.

$\sqrt{27{,}4}$ $\sqrt{40{,}4}$ $\sqrt{558{,}5}$ $\sqrt{7924}$

b) Bestimme mit dem Divisionsverfahren den ganzzahligen Teil der Wurzel.

$\sqrt{1450}$ $\sqrt{746500}$ $\sqrt{12809250}$

HERONVERFAHREN

Auch Computer und Taschenrechner müssen sich jeden Wurzelwert berechnen. Sie machen es mit Hilfe eines Verfahrens, das schon im 4. Jahrhundert v. Chr. von dem griechischen Mathematiker Eudoxos entwickelt und von Heron überliefert wurde.
Eudoxos ging dabei von der Annahme aus, dass jede Wurzel die Seitenlänge eines Quadrats darstellen kann. Man zeichnet zuerst ein Rechteck mit dem gleichen Flächeninhalt, den das Quadrat haben soll. Mit Hilfe des so genannten Heronverfahrens werden die Seitenlängen nun schrittweise der Seitenlänge des gewünschten Quadrats angenähert.

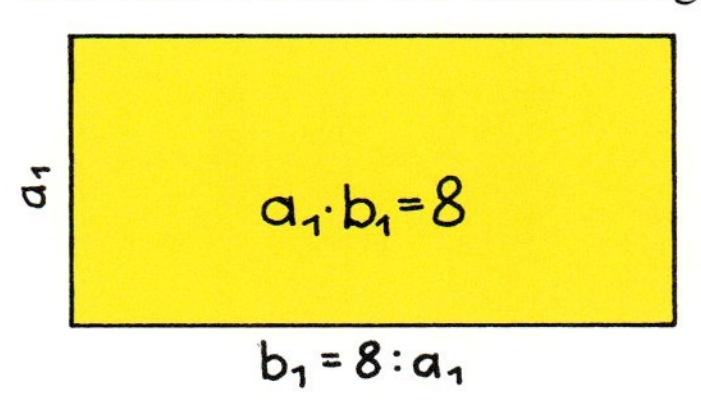

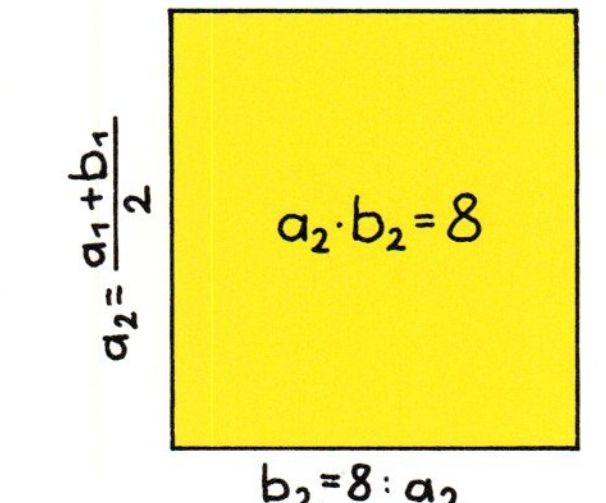

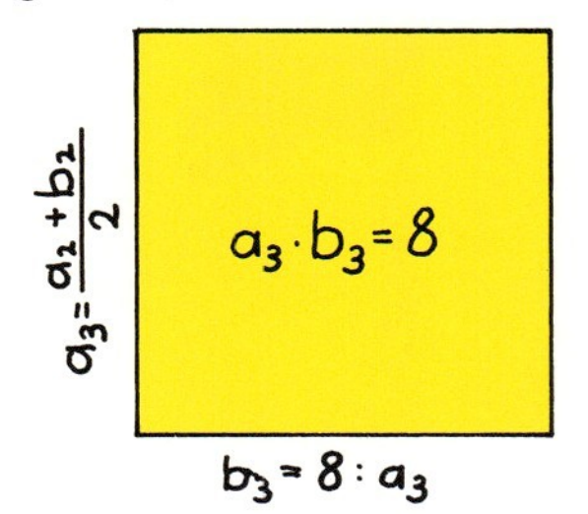

Z: Wert der Zeile
Z(-1): Wert der vorherigen Zeile
S(-2): Wert 2 Spalten davor
S(+1): Wert der nachfolgenden Spalte
Z(-1)S(+1): Wert d. vorherigen Zeile und nachfolgenden Spalte

1
Welcher Wurzelwert wird berechnet? Stelle mit Hilfe der Bildfolge fest, wie die Seiten der Rechtecke berechnet werden. Welcher Wert wird öfters benötigt? Welcher Rechenvorgang wird wiederholt durchgeführt?

2
Zeichne entsprechende Bildfolgen für die Berechnung von $\sqrt{10}$ und $\sqrt{22{,}5}$. Versuche, den Rechenablauf möglichst günstig zu organisieren. Denke dabei an die Speichertaste deines Taschenrechners.

3
Eine weitere Hilfe für die Berechnungen kann auch ein Tabellenkalkulationsprogramm sein. Du kannst dabei sogar noch genauere Wurzelwerte erhalten als mit dem Befehl [SQR].

	S1	S2	S3	S4
	Eingabe (Radikand)	1. Rechteckseite	2. Rechteckseite	Produkt
Z3	Z3S1	Z3S2	ZS(−2)/ZS(−1)	ZS(−2)*ZS(−1)
Z4	Z(−1)S	[Z(−1)S + Z(−1)S(+1)]/2	ZS(−2)/ZS(−1)	ZS(−2)*ZS(−1)
Z5	...	...	...	...

Beispiel für $\sqrt{67}$

	S1	S2	S3	S4
	Eingabe (Radikand)	1. Rechteckseite	2. Rechteckseite	Produkt
Z3	67	8	8,375	67
Z4	67	8,1875	8,1832061	67
Z5	67	8,185353053	8,18535249	67
Z6	67	8,185352772	8,185352772	67

4
Wie viele Stellen der Rechteckseitenlängen stimmen nach jeder Zeile überein?

5
Welchen Wert wird der Computer (oder der Taschenrechner) als 1. Rechteckseite wählen?

Rückspiegel

1
Ziehe die Quadratwurzel.

a) $\sqrt{36}$ b) $\sqrt{484}$ c) $\sqrt{0{,}49}$
d) $\sqrt{1{,}69}$ e) $\sqrt{10{,}24}$ f) $\sqrt{20{,}25}$
g) $\sqrt{\frac{4}{9}}$ h) $\sqrt{\frac{64}{361}}$ i) $\sqrt{\frac{729}{961}}$

2
Bestimme mit dem Taschenrechner auf drei Nachkommastellen genau.

a) $\sqrt{23{,}5}$ b) $\sqrt{57}$ c) $\sqrt{9\,754{,}5}$
d) $\sqrt{3{,}236}$ e) $\sqrt{0{,}06}$ f) $\sqrt{0{,}0089}$

3
Stelle als Quadratwurzel dar.
Beispiel: $7 = \sqrt{7 \cdot 7} = \sqrt{49}$

a) 6 b) 14 c) 17 d) 0,2
e) 0,9 f) 1,5 g) $\frac{1}{3}$ h) $\frac{2}{7}$

4
Berechne ohne Taschenrechner.

a) $\sqrt{6} \cdot \sqrt{24}$ b) $\sqrt{99} \cdot \sqrt{11}$
c) $\sqrt{196 \cdot 121}$ d) $\sqrt{0{,}25 \cdot 1{,}44}$

5

a) $\frac{\sqrt{72}}{\sqrt{8}}$ b) $\sqrt{\frac{625}{900}}$
c) $\frac{\sqrt{153}}{\sqrt{17}}$ d) $\frac{3\sqrt{128}}{8\sqrt{8}}$

6

a) $\sqrt{2x} \cdot \sqrt{8x}$ b) $\sqrt{49x^2 \cdot 225y^2}$
c) $\sqrt{7a} \cdot \sqrt{28ab^2}$ d) $12\sqrt{a} \cdot 3\sqrt{4a}$

7

a) $\frac{\sqrt{175x^3}}{\sqrt{7x}}$ b) $\frac{\sqrt{63a^3b}}{\sqrt{7ab^3}}$
c) $\sqrt{\frac{289y^3z}{400yz}}$ d) $\frac{6 \cdot \sqrt{98x^3}}{\sqrt{2x}}$

8
Vereinfache.

a) $\sqrt{2z} \cdot \frac{\sqrt{56z}}{\sqrt{7}}$ b) $\sqrt{\frac{11a}{41b}} \cdot \frac{\sqrt{164b^3}}{\sqrt{99a}}$
c) $\sqrt{\frac{16x^3}{49y}} : \sqrt{\frac{4x}{196y^3}}$ d) $\sqrt{\frac{162v^2w}{6vw}} : \sqrt{3v}$

9
Fasse zusammen.

a) $\sqrt{5} - 7\sqrt{5} + 12\sqrt{5} - 5\sqrt{5}$
b) $9\sqrt{19} - 9\sqrt{13} + 7\sqrt{19} + 10\sqrt{13}$
c) $3\sqrt{a} - 5\sqrt{b} - 4\sqrt{a} + 6\sqrt{b}$
d) $x\sqrt{yz} - y\sqrt{xz} + 2x\sqrt{yz} + 2y\sqrt{xz}$

10
Ziehe die Wurzel so weit wie möglich.

a) $\sqrt{72}$ b) $\sqrt{96}$ c) $\sqrt{240}$
d) $\sqrt{49y^3}$ e) $\sqrt{112x^2y}$ f) $\sqrt{432x^3yz^2}$

11
Ziehe teilweise die Wurzel und fasse zusammen.

a) $\sqrt{18} + \sqrt{12} - \sqrt{72} + \sqrt{75}$
b) $\sqrt{108} - \sqrt{48} + \sqrt{147} + \sqrt{300}$
c) $\sqrt{8x^2} - \sqrt{98x^2} + \sqrt{128x^2}$
d) $5\sqrt{45y^3} + 15y\sqrt{20y} - 6y\sqrt{125y}$

12
Mache den Nenner rational.

a) $\frac{1}{\sqrt{7}}$ b) $\frac{7}{2\sqrt{21}}$ c) $\frac{\sqrt{2}+1}{2\sqrt{2}}$
d) $\frac{3a}{\sqrt{a}}$ e) $\frac{x+1}{2\sqrt{x}}$ f) $\frac{\sqrt{p}-\sqrt{q}}{p \cdot \sqrt{q}}$

13
Vereinfache den Term so weit wie möglich.

a) $(3\sqrt{2x} + \sqrt{50x})^2$
b) $\left(\frac{15\sqrt{x}}{\sqrt{5x}} - \sqrt{180}\right)^2$
c) $\frac{\sqrt{a^3 + 6a^2 + 9a}}{\sqrt{2a^3 + 12a^2 + 18a}}$
d) $\frac{a\sqrt{12}}{2\sqrt{a}} + \sqrt{48a} - \sqrt{5a} \cdot \sqrt{15}$

14
Ein quadratisches Baugrundstück mit 506,25 m² Flächeninhalt soll an zwei Quadratseiten mit Sträuchern bepflanzt werden. Wie viele Sträucher werden benötigt, wenn man für einen Strauch 2,5 m Platz rechnet?

III Quadratische Funktionen und Gleichungen

Parabeln

Nicht so sehr die geraden Linien, sondern insbesondere auch die Parabelbögen sind die gestaltenden Elemente in Natur und Technik. Bei jedem Springbrunnen sind sie zu sehen; die Wassertropfen bewegen sich auf einer parabelförmigen Bahn. Bei Brücken und Gebäuden übernehmen parabelförmige Bauteile Aufgaben der Statik und Gestaltung.

Radioteleskop Effelsberg

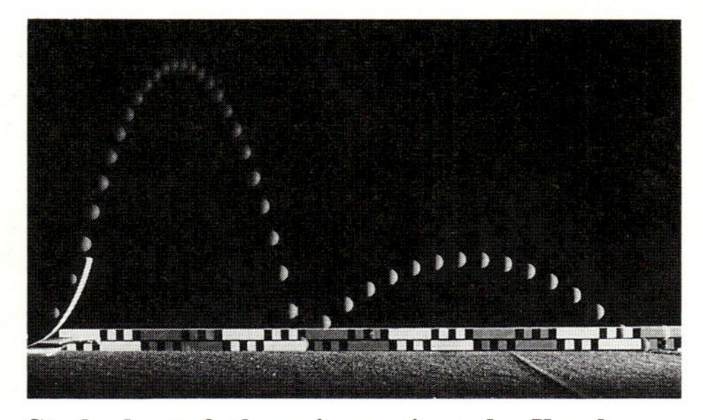

Stroboskopaufnahme einer springenden Kugel

1 Die quadratische Funktion $y = x^2$

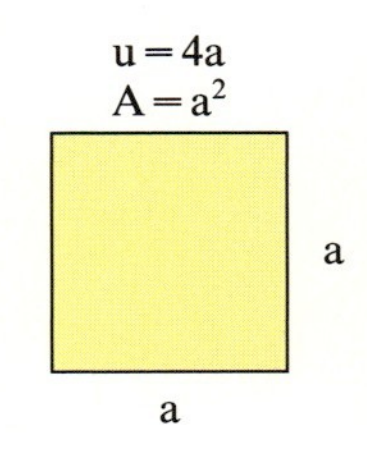

a (cm)	1	2	3	4	5	..
u (cm)	4	8	12	..		
A (cm²)	1	4	...			

1

Berechne jeweils Umfang und Flächeninhalt eines Quadrats für die Seitenlängen 1 cm, 2 cm, 3 cm, ..., 10 cm.
Vergleiche die Werte und stelle die Zusammenhänge in einem geeigneten Koordinatensystem dar.

2

Wenn ein mit Wasser gefülltes Becherglas rotiert, ergibt sich dieses Bild.
Lies die Koordinaten der eingezeichneten Punkte A bis H ab.

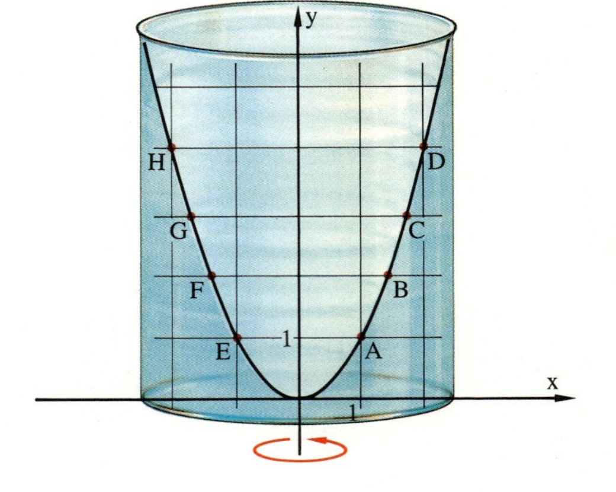

Viele Vorgänge in Natur und Technik, wie zum Beispiel der Verlauf des Wasserstrahls eines Springbrunnens oder die Form einer Hängebrücke, lassen sich nicht mit einer linearen Funktion beschreiben. Hier liegen Funktionen zugrunde, bei denen die Variable im Quadrat vorkommt. Sie werden deshalb als **quadratische Funktionen** bezeichnet. Die Graphen verlaufen an keiner Stelle gerade, sie heißen **Parabeln**.

> Eine Funktion mit der Variablen in quadratischer Form heißt **quadratische Funktion**.
> Die einfachste quadratische Funktion, die Quadratfunktion, hat die Funktionsgleichung $y = x^2$. Ihr Graph heißt **Normalparabel**.

Zum Zeichnen des Graphen von $y = x^2$ wird eine Wertetabelle für $-3 \leq x < 3$ erstellt:

x	−3	−2	−1	0	1	2	3
y	9	4	1	0	1	4	9

Um den Kurvenverlauf genauer zeichnen zu können, sind einige Zwischenwerte hilfreich.

x	−2,5	−1,5	−0,5	0,5	1,5	2,5
y	6,25	2,25	0,25	0,25	2,25	6,25

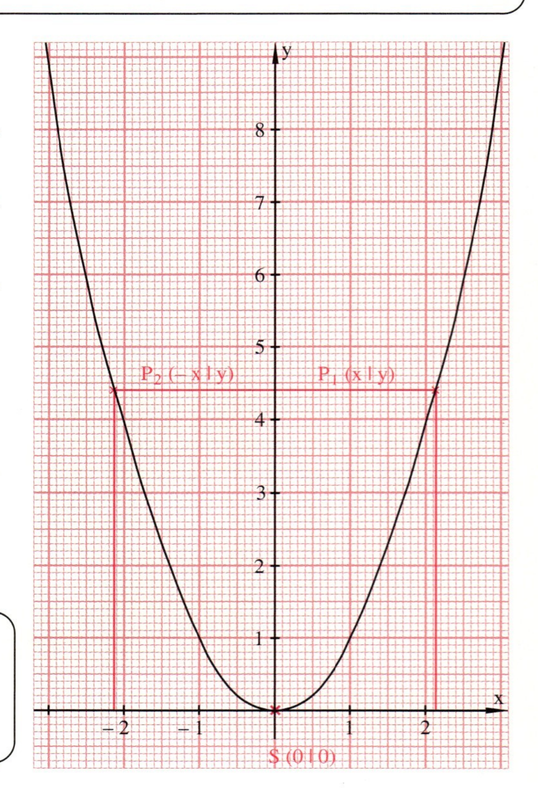

Den tiefsten Punkt der Normalparabel S(0|0) bezeichnet man als **Scheitelpunkt** bzw. Scheitel.
Da das Quadrat einer Zahl stets positiv ist, sind alle y-Werte außer Null positiv. Da die Beziehung $(-x)^2 = x^2$ gilt, liegen die Punkte $P_1(x|y)$ und $P_2(-x|y)$ symmetrisch zur y-Achse.

> Die Normalparabel ist nach oben geöffnet.
> Ihr **Scheitelpunkt** ist der Ursprung (0|0).
> Die y-Achse ist **Symmetrieachse** der Normalparabel.

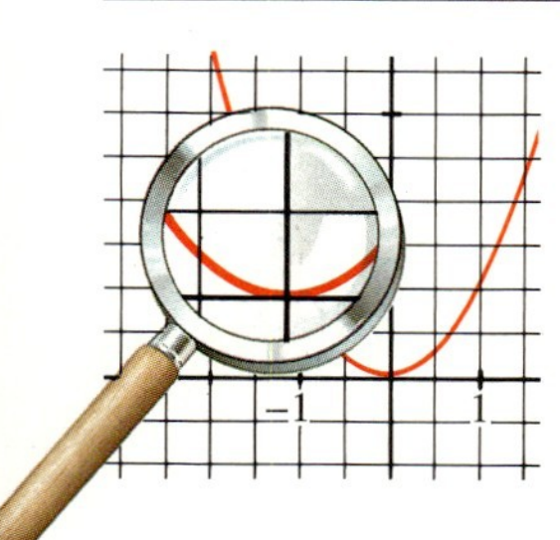

Beispiel

a) Zeichnen der Normalparabel im Intervall $-1 \leq x \leq 1$. Als Einheit der Achsen wird 5 cm gewählt und als Schrittweite 0,1.

x	0,1	0,2	0,3	0,4	0,5	0,6	0,7	0,8	0,9	1
y	0,01	0,04	0,09	0,16	0,25	0,36	0,49	0,64	0,81	1

Wegen der Symmetrieeigenschaft der Funktion erhält man für negative x-Werte dieselben y-Werte. Beim Zeichnen muss sinnvoll gerundet werden.

b) Fehlende Koordinaten von Punkten auf der Normalparabel können (auf Millimeterpapier) näherungsweise abgelesen werden.
$P_1(0,15|0,02)$; $P_2(0,85|0,7)$; $P_3(-0,52|0,3)$

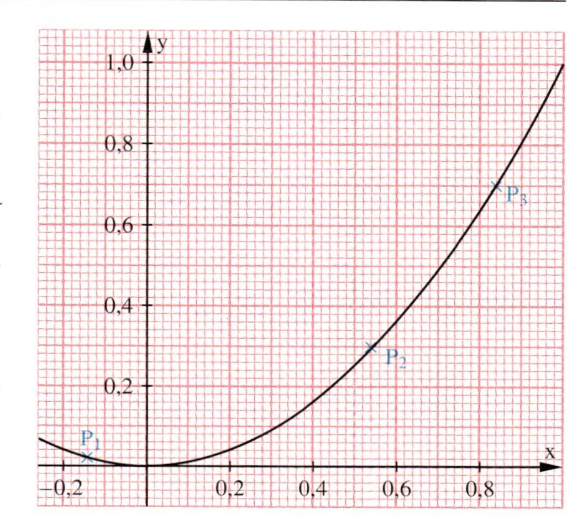

Aufgaben

3

Herstellen einer Zeichenschablone
Zeichne die Normalparabel möglichst genau auf Millimeterpapier. Wähle das Intervall $-3 \leq x \leq 3$ und die Schrittweite 0,2. Klebe die Zeichnung auf Pappe und schneide die Parabel aus.

4

Zeichne den Graphen der Funktion $y = x^2$ mit der Einheit
a) 2 cm b) 0,5 cm c) 10 cm.
Wähle geeignete Schrittweiten.

5

Die Punkte P_1 bis P_9 sind Punkte auf der Normalparabel. Ergänze den fehlenden y-Wert durch Ablesen aus der Zeichnung der nebenstehenden Seite so genau wie möglich.
a) $P_1(2|\square)$ b) $P_4(-1|\square)$ c) $P_7(-1,9|\square)$
$P_2(1,4|\square)$ $P_5(-2,1|\square)$ $P_8(1,8|\square)$
$P_3(0,3|\square)$ $P_6(-0,7|\square)$ $P_9(-2,6|\square)$

6

Die Punkte P_1 bis P_9 sind Punkte auf der Normalparabel. Ermittle den fehlenden x-Wert auf eine Dezimale durch Ablesen aus der Zeichnung der nebenstehenden Seite.
a) $P_1(+\square|1,5)$ b) $P_4(-\square|5)$ c) $P_7(+\square|0,6)$
$P_2(+\square|4,5)$ $P_5(-\square|6)$ $P_8(-\square|5,1)$
$P_3(+\square|6,5)$ $P_6(-\square|7)$ $P_9(-\square|8,3)$

7

Liegt der Punkt P auf der Normalparabel, oberhalb der Kurve oder unterhalb?
Löse zunächst, ohne zu zeichnen, und überprüfe dann dein Ergebnis mit der Zeichnung.
a) $P(2,5|6,25)$ b) $P(-2,4|5,76)$
c) $P(1,4|2,1)$ d) $P(0,9|1,0)$
e) $P(-0,4|0,4)$ f) $P(-1,8|3,1)$

8

Stelle ohne Zeichnung fest, ob der Punkt auf der Normalparabel liegt. Benutze dazu die Taschenrechnertasten $\boxed{x^2}$ oder $\boxed{\sqrt{x}}$.
a) $A(17|289)$ b) $B(-4|-16)$
c) $C(4,5|20)$ d) $D(-3,5|12,25)$
e) $E(1,1|1,2)$ f) $F(0,8|0,6)$
g) $G(-0,5|0,25)$ h) $H(24|580)$

9

Ergänze die Wertetabelle für die quadratische Funktion $y = x^2$ in deinem Heft (Genauigkeit: 1 Dezimale).

x	1,5	$+\square$	4,6	$-\square$	0,7	$+\square$	$-\square$
y	$\square$	5,2	$\square$	3,9	$\square$	11,2	13,5

10

Erstelle eine Wertetabelle für die Funktion $y = -x^2$ und zeichne den Graphen. Vergleiche mit der Normalparabel.

2 Die quadratische Funktion $y = ax^2 + c$

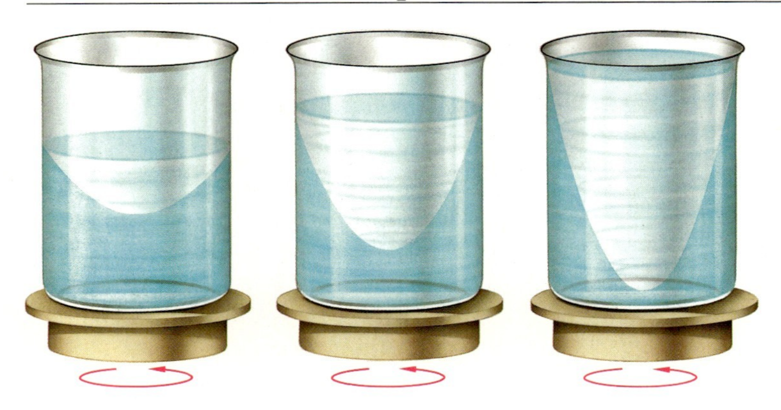

1
Ein Becherglas mit Wasser rotiert mit unterschiedlicher Geschwindigkeit.
Beschreibe die Form der Wasserstände.

2
Zeichne die Graphen der Funktionen und vergleiche.

$y = x^2$	$y = 3x^2$
$y = x^2 + 3$	$y = \frac{1}{3}x^2$
$y = x^2 - 3$	$y = \frac{1}{3}x^2 + 3$

Addiert man zu den y-Werten der Quadratfunktion $y = x^2$ einen Wert c, so verschiebt sich die Normalparabel um c in y-Richtung.

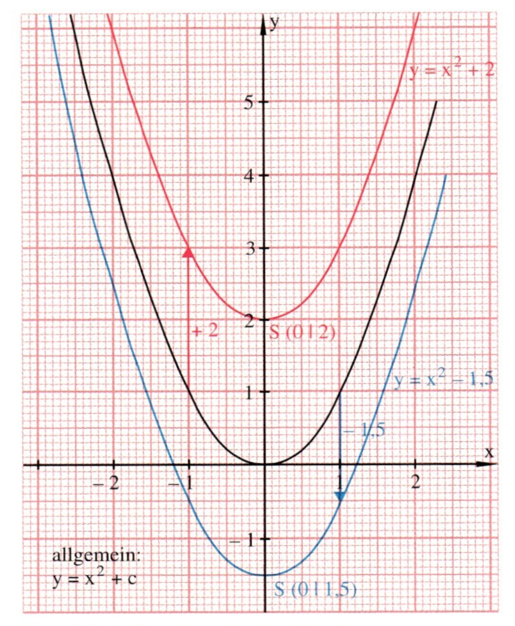

Die Funktionswerte der Funktion $y = x^2 + c$ erhält man, indem man zu den Werten der Quadratfunktion $y = x^2$ den Wert c addiert. Der Summand c bestimmt dabei **Richtung** und **Länge der Verschiebung:**

$c > 0$: Parabel nach oben verschoben
$c < 0$: Parabel nach unten verschoben.

Durch die Verschiebung ändert sich die Lage des Scheitels S. Er liegt auf der y-Achse und hat die Koordinaten $(0|c)$.

Multipliziert man die y-Werte der Quadratfunktion $y = x^2$ mit einem Faktor a, so ändern sich Lage oder Form der Normalparabel.

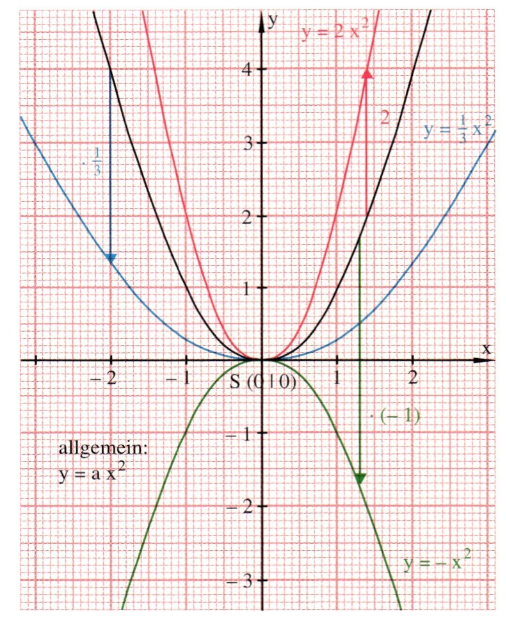

Die Funktionswerte der Funktion $y = ax^2$ erhält man, indem man die Werte der Quadratfunktion $y = x^2$ mit a multipliziert. Der Faktor a bestimmt Form und Öffnung der Parabel.

Die **Form** der Parabel:
$|a| > 1$: Parabel wird schlanker
$|a| < 1$: Parabel wird breiter.

Die **Öffnung** der Parabel:
$a > 0$: Parabel nach oben geöffnet
$a < 0$: Parabel nach unten geöffnet.

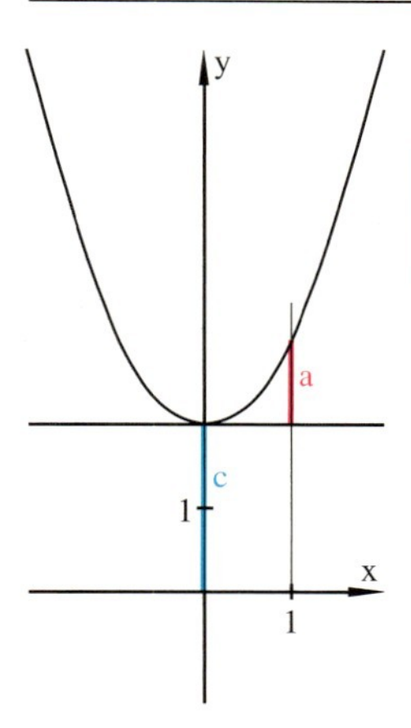

Die Graphen von $y = ax^2 + c$ sind in Lage und Form veränderte Normalparabeln.

Der Graph einer Funktion $y = ax^2 + c$ heißt **Parabel.** Ihr Scheitel ist der Punkt $S(0|c)$.
Der Faktor a bestimmt Form und Öffnung der Parabel.
Der Summand c bestimmt Länge und Richtung der Verschiebung entlang der y-Achse.

Beispiele

a) Den Graphen der Funktion $y = \frac{1}{2}x^2 + \frac{3}{2}$ kann man mit Hilfe einer Wertetabelle zeichnen.

x	−3	−2	−1	0	1	2	3
y	6	3,5	2	1,5	2	3,5	6

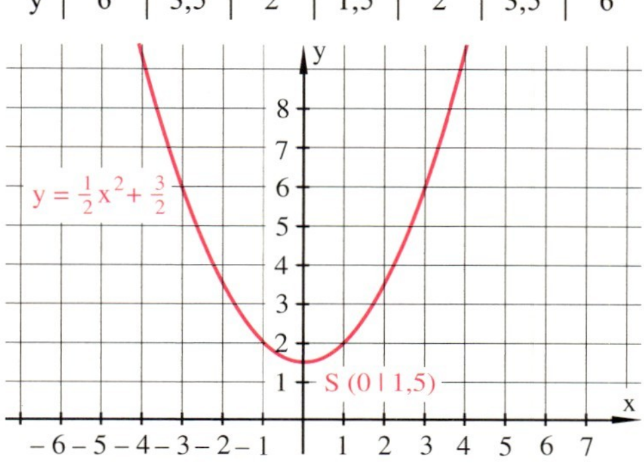

b) Die Graphen der Funktionen $y = -\frac{1}{2}x^2 + 2$ und $y = -\frac{1}{8}x^2 - \frac{1}{2}$ sind nach unten geöffnete Parabeln. Liegt der Scheitel oberhalb der x-Achse, so ergeben sich Schnittpunkte mit der x-Achse.

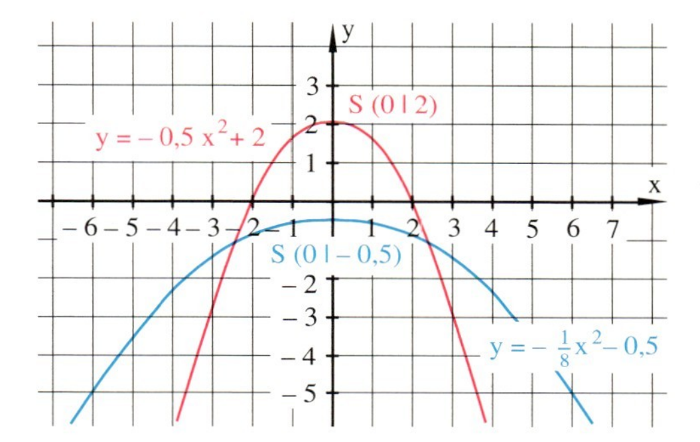

Aufgaben

3

Zeichne mit Hilfe der Normalparabel den Graphen der Funktion.

a) $y = x^2 + 2$ b) $y = x^2 - 3$
c) $y = x^2 + 1,6$ d) $y = x^2 - 2,1$
e) $y = x^2 - \frac{1}{2}$ f) $y = x^2 + \frac{8}{5}$

4

Zeichne den Graphen der Funktion. Multipliziere dazu die y-Werte der Normalparabel mit dem entsprechenden Faktor.

a) $y = 2x^2$ b) $y = \frac{1}{2}x^2$
c) $y = 3x^2$ d) $y = \frac{1}{4}x^2$
e) $y = \frac{5}{2}x^2$ f) $y = -2x^2$

5

Welche Parabeln verlaufen (außer im Scheitel) oberhalb, welche unterhalb der Normalparabel?

a) $y = 5x^2$ b) $y = \frac{1}{5}x^2$ c) $y = 1,5x^2$

6

Zeichne den Graphen der Funktion.

a) $y = 2x^2 + 1$ b) $y = \frac{1}{2}x^2 - 4$
c) $y = 3x^2 - 4$ d) $y = \frac{1}{3}x^2 + 2$
e) $y = \frac{5}{2}x^2 + 2$ f) $y = 1,5x^2 - 3$

7

Zeichne die drei Graphen für jede Teilaufgabe in ein Koordinatensystem und vergleiche die Parabeln.

a) $y = x^2 + 3$; $y = x^2 - 3$; $y = x^2$
b) $y = x^2$; $y = 2x^2$; $y = x^2 + 2$
c) $y = x^2 + 2$; $y = 2x^2 + 2$; $y = \frac{1}{2}x^2 + 2$
d) $y = \frac{1}{2}x^2 + 2$; $y = \frac{1}{3}x^2 + 3$; $y = \frac{1}{4}x^2 + 4$
e) $y = 2x^2 + 3$; $y = 3x^2 + 2$; $y = x^2 + 2,5$
f) $y = -x^2 - 1$; $y = -x^2 + 1$; $y = -x^2$

8

Es sind Funktionsgleichungen und Graphen quadratischer Funktionen gegeben. Welcher Graph gehört zu welcher Funktionsgleichung?

a) $y = 3x^2$ b) $y = 2x^2 - 3$
c) $y = \frac{1}{2}x^2 - 3$ d) $y = \frac{1}{3}x^2$
e) $y = -x^2 + 2$ f) $y = x^2 + 2$
g) $y = -2x^2 + 3$ h) $y = -\frac{1}{3}x^2 + 3$

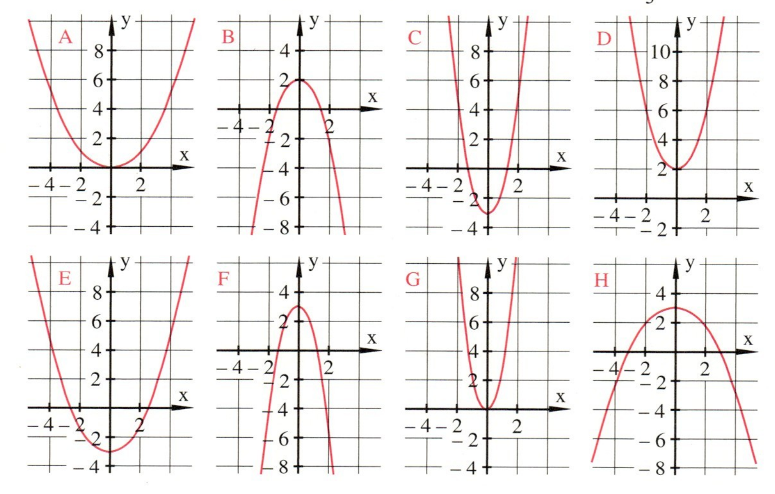

9

Gib die Koordinaten des Scheitels der Parabel ohne zu zeichnen an.

a) $y = x^2 + 1$ b) $y = x^2 - 1$ c) $y = 3x^2 - 3$
$y = x^2 + 3$ $y = x^2 - 2$ $y = 4x^2 - 2$
$y = x^2 + 5$ $y = x^2 - 3$ $y = 3x^2 + 3$

10

Beschreibe den Kurvenverlauf des Graphen der Funktion, ohne zu zeichnen, mit folgenden Merkmalen:

- schlanker/breiter
- nach oben/nach unten verschoben
- nach oben/nach unten offen

Als Vergleich dient die Normalparabel.

a) $y = 2x^2$ b) $y = \frac{1}{2}x^2 - 4$
c) $y = 3x^2 + 2$ d) $y = \frac{1}{3}x^2 + \frac{1}{2}$
e) $y = \frac{5}{2}x^2 - 1$ f) $y = 2{,}5x^2 - 2{,}5$
g) $y = x^2 + \frac{1}{4}$ h) $y = -x^2 - 4$
i) $y = -2x^2 + 1$ k) $y = -\frac{1}{2}x^2 - 7$

11

Lässt man eine Parabel mit der Funktionsgleichung $y = 0{,}05x^2$ um ihre Symmetrieachse rotieren, entsteht die Form einer Parabolantenne. Zeichne die Parabel (1 Einheit = 10 cm) bei einem Antennendurchmesser von 1,2 m und bestimme die Tiefe der Antenne.

12

Beim senkrechten Fall einer Kugel gilt auf unserer Erde für die Maßzahlen annähernd das Weg-Zeit-Gesetz $s = 5\,t^2$ und auf dem Mond $s = 0{,}8\,t^2$.
Berechne den Fallweg für verschiedene Fallzeiten auf der Erde und auf dem Mond. Stelle die Zahlenpaare grafisch dar.

13

Das Foto zeigt eine Bogenbrücke, deren Fahrbahn am Hauptbogen aufgehängt ist.

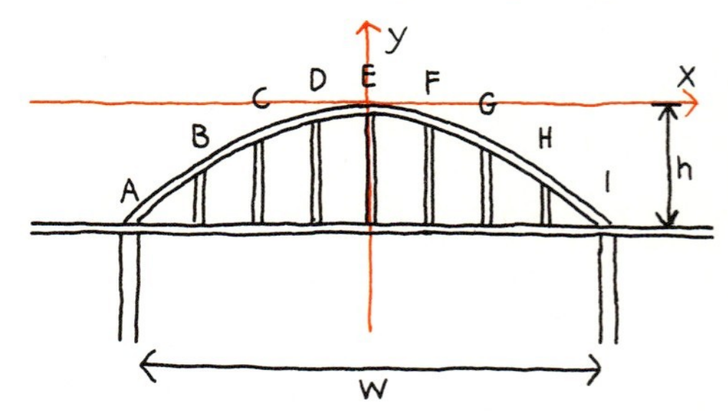

a) Bestimme die Parabelgleichung für eine Spannweite w = 80 m und Höhe h = 20 m.
b) Berechne mit Hilfe der Parabelgleichung die Koordinaten der Punkte A bis I, wenn der Abstand der Träger immer gleich ist. Wie lang sind die einzelnen Träger?

3 Die rein quadratische Gleichung. Grafische Lösung

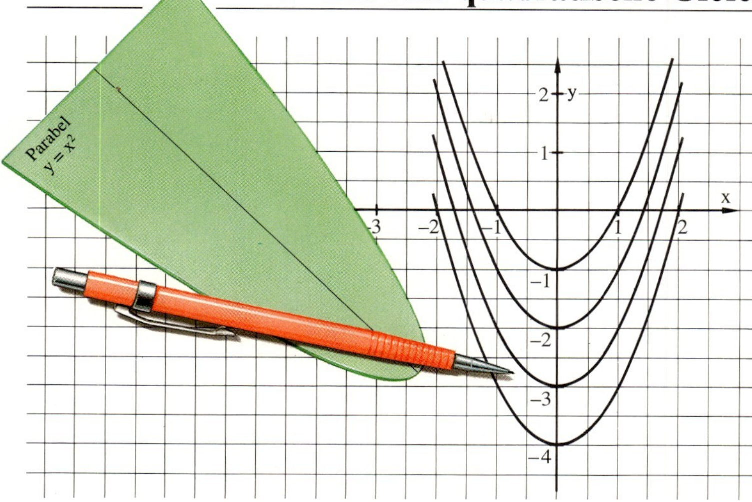

1

Zeichne die verschobenen Normalparabeln $y = x^2 - 1$, $y = x^2 - 2$, $y = x^2 - 3$, $y = x^2 - 4$ und $y = x^2 - 5$. Lies aus der Zeichnung die Koordinaten der Schnittpunkte der Parabeln mit der x-Achse ab.

Gleichungen wie $x^2 - 4 = 0$, $2x^2 - 4{,}5 = 0$ oder $x^2 + 4 = 13$, in denen die Gleichungsvariable nur im Quadrat vorkommt, nennt man **rein quadratische Gleichungen**.

Für die Gleichung $x^2 - 4 = 0$ können die Lösungen durch Probieren ermittelt werden. Da $(+2)^2 = 4$ und $(-2)^2 = 4$ ist, hat diese Gleichung zwei Lösungen: $x_1 = -2$ und $x_2 = 2$.
Der Graph der Funktion $y = x^2 - 4$ schneidet die x-Achse dort, wo y den Wert Null hat. Also stellen die Schnittpunkte dieser Funktion mit der x-Achse die Lösungen der Gleichung $x^2 - 4 = 0$ dar.

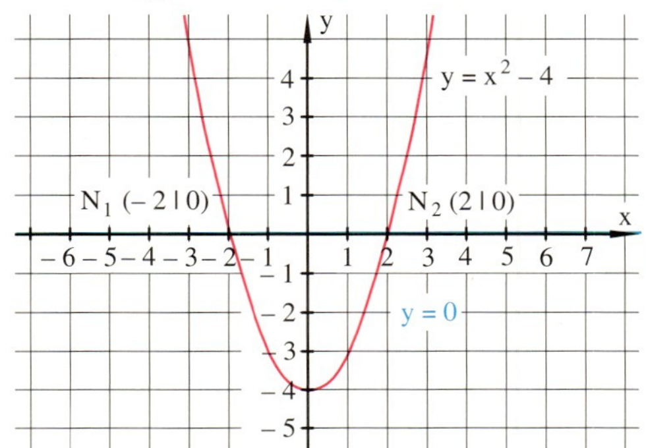

Für die Gleichung $2x^2 - 4{,}5 = 0$ sind die Lösungen nicht unmittelbar erkennbar. Aus dem Graphen der Funktion $y = 2x^2 - 4{,}5$ kann man die x-Werte der Schnittpunkte mit der x-Achse ablesen: $x_1 = -1{,}5$ und $x_2 = 1{,}5$. Diese beiden Werte erfüllen die Gleichung $2x^2 - 4{,}5 = 0$. Sie sind also Lösungen der Gleichung. Setzt man die Werte in die Funktionsgleichung ein, erhält man für y jeweils den Wert Null.

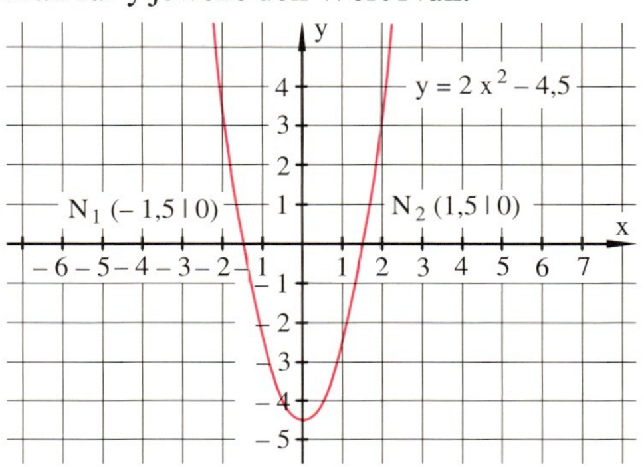

Rein quadratische Gleichungen der Form $\mathbf{ax^2 + c = 0}$ lassen sich grafisch lösen, indem man die Schnittpunkte der Parabel $y = ax^2 + c$ mit der x-Achse ermittelt. Da die y-Werte dieser Schnittpunkte Null sind, heißen die x-Werte auch **Nullstellen.**
Die Nullstellen sind die Lösungen der Gleichung.

Bemerkung: Je nach Lage der Parabel ist die Anzahl der Nullstellen zwei, eins oder null. Dementsprechend viele Lösungen hat die zugehörige Gleichung.

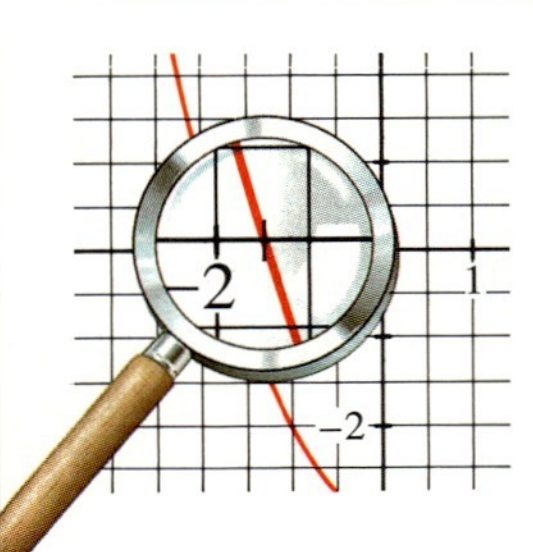

Die x-Werte lassen sich ungefähr auf Millimeter genau ablesen. Bei einer Einheit von 1 cm bedeutet dies eine Genauigkeit von einer Nachkommaziffer.

Beispiele

a) Die Lösungen der Gleichung $x^2-3=0$ ergeben sich näherungsweise aus den Schnittpunkten der verschobenen Normalparabel $y=x^2-3$ mit der x-Achse.

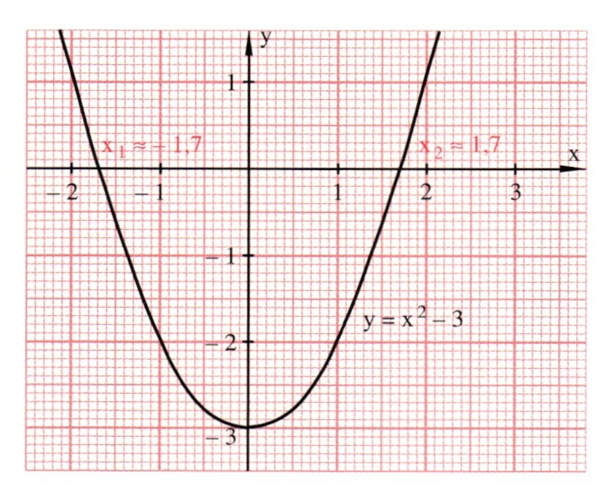

b) Damit zum Lösen der Gleichung $\frac{1}{2}x^2-2=0$ die Normalparabel verwendet werden kann, wird die Gleichung vorher umgeformt: $\frac{1}{2}x^2-2=0 \quad |\cdot 2$

$x^2-4=0$

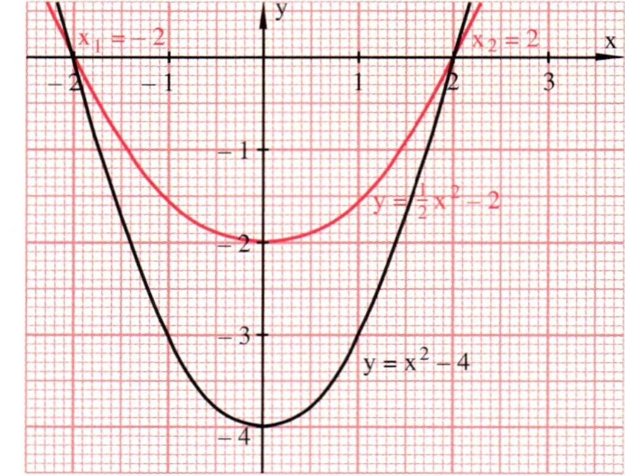

Aufgaben

2

Zeichne den Graphen der Funktion, bestimme die Schnittpunkte mit der x-Achse und gib die Nullstellen an.

a) $y=x^2-1$ b) $y=x^2-2{,}25$
c) $y=x^2-6$ d) $y=x^2-3{,}5$
e) $y=\frac{1}{2}x^2-3$ f) $y=\frac{1}{3}x^2-4$
g) $y=2x^2-5$ h) $y=3x^2-2$

3

Bestimme die Lösungen der Gleichung zeichnerisch.

a) $x^2-9=0$ b) $x^2-6{,}25=0$
c) $x^2-2=0$ d) $x^2-5=0$
e) $2x^2-8=0$ f) $\frac{1}{2}x^2-4{,}5=0$
g) $3x^2-6=0$ h) $\frac{1}{3}x^2-2=0$

4

Forme die Gleichung vor dem grafischen Lösen um.

a) $x^2=4$ b) $x^2=2{,}25$
c) $2x^2=18$ d) $3x^2=15$
e) $\frac{1}{2}x^2=3{,}5$ f) $\frac{1}{3}x^2=1$
g) $4x^2=10$ h) $\frac{1}{4}x^2=0{,}8$

5

Hier sind die zeichnerischen Lösungen von einigen quadratischen Gleichungen abgebildet. Finde heraus, um welche Gleichungen es sich handelt.

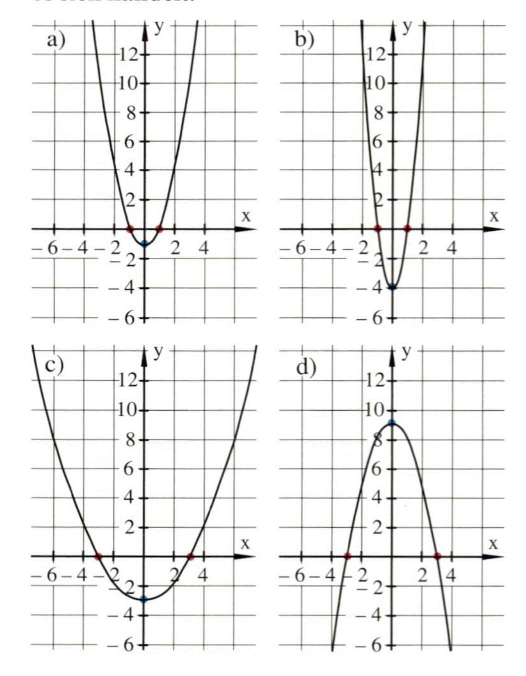

4 Die rein quadratische Gleichung. Rechnerische Lösung

1
Die Terrasse eines Hauses ist mit gleich großen, quadratischen Platten ausgelegt. Die Gesamtfläche beträgt 10,8 m². Welche Seitenlänge hat eine Platte, wenn es insgesamt 30 Platten sind?

2
Wenn man vom Quadrat einer Zahl 16 subtrahiert, erhält man 65. Wie heißt die Zahl? Findest du auch eine negative Zahl, die diese Bedingung erfüllt?

Zeichnerische Lösungen sind oft aufwendig und nicht immer genau ablesbar. Mit rechnerischen Lösungen kommt man oft schneller und genauer zum Ziel.

$5x^2 - 180 = 0$	$\vert :5$	$ax^2 - c = 0$	$\vert :a$
$x^2 - 36 = 0$	$\vert$ 3. bin. Formel	$x^2 - \frac{c}{a} = 0$	$\vert$ 3. bin. Formel
$\left(x + \sqrt{36}\right)\left(x - \sqrt{36}\right) = 0$		$\left(x + \sqrt{\frac{c}{a}}\right)\left(x - \sqrt{\frac{c}{a}}\right) = 0$	

Ein Produkt ist gleich Null, wenn ein Faktor Null ist.

1. Fall: $x_1 + \sqrt{36} = 0$, $x_1 = -6$ 2. Fall: $x_2 - \sqrt{36} = 0$, $x_2 = 6$

$L = \{-6;\ 6\}$

1. Fall: $x_1 + \sqrt{\frac{c}{a}} = 0$, $x_1 = -\sqrt{\frac{c}{a}}$ 2. Fall: $x_2 - \sqrt{\frac{c}{a}} = 0$, $x_2 = \sqrt{\frac{c}{a}}$

$L = \left\{-\sqrt{\frac{c}{a}};\ \sqrt{\frac{c}{a}}\right\}$

Rein quadratische Gleichungen der Form $ax^2 + c = 0$ kann man immer so umformen, dass die Gleichungsvariable ohne Faktor steht. Mit Hilfe der 3. binomischen Formel lässt sich die Differenz in ein Produkt zerlegen. Die Variablen der Faktoren sind dann nicht mehr quadratisch, sondern linear. Solche Faktoren heißen daher **Linearfaktoren**.

> Rein quadratische Gleichungen löst man rechnerisch durch Zerlegen in Linearfaktoren mit der 3. binomischen Formel. Falls vor x^2 ein Faktor steht, muss zuvor durch diesen dividiert werden.

Bemerkung: Für die Lösungen $x_1 = -\sqrt{d}$ und $x_2 = \sqrt{d}$ wird kurz geschrieben $x_{1,2} = \pm\sqrt{d}$.

Beispiele

a) Lösung der quadratischen Gleichung:

$3x^2 + 4 = 19 \quad | -19$
$3x^2 - 15 = 0 \quad | :3$
$x^2 - 5 = 0 \quad |$ 3. bin. Formel
$\left(x + \sqrt{5}\right)\left(x - \sqrt{5}\right) = 0$
$x_1 = -\sqrt{5}$ und $x_2 = \sqrt{5}$.

Auf zwei Nachkommastellen gerundet:
$L = \{-2{,}24;\ 2{,}24\}$.

b) Lösung einer quadratischen Gleichung in **Kurzschreibweise**:

$5x^2 - 7 = 73 \quad | +7$
$5x^2 = 80 \quad | :5$
$x^2 = 16$
$x_{1,2} = \pm\sqrt{16}$ ist die Kurzschreibweise für
$x_1 = -4$ und $x_2 = 4$
$L = \{-4;\ 4\}$.

$4x^2 - 76 = 24$
$L = \{-5; 5\}$

Probe durch Einsetzen in die Gleichung:
$4 \cdot (-5)^2 - 76 = 24$
$100 - 76 = 24$ (w)
$4 \cdot 5^2 - 76 = 24$
$100 - 76 = 24$ (w)

Aufgaben

3
Löse die Gleichung im Kopf.

a) $x^2 = 25$ b) $x^2 = 196$
c) $x^2 = 1{,}44$ d) $x^2 = 0{,}36$
e) $x^2 - 16 = 0$ f) $x^2 - 49 = 0$
g) $x^2 - 1{,}69 = 0$ h) $x^2 - 6{,}25 = 0$
i) $x^2 = \frac{4}{9}$ k) $x^2 = \frac{16}{25}$

4
Gib die Lösungen auf zwei Stellen nach dem Komma an.

a) $x^2 = 10$ b) $x^2 = 112$
c) $x^2 = 1{,}8$ d) $x^2 = 0{,}9$
e) $x^2 = \frac{1}{3}$ f) $x^2 = \frac{16}{7}$
g) $x^2 - 7 = 0$ h) $x^2 - 4{,}5 = 0$

5
Löse die Gleichung.

a) $5x^2 = 200$ b) $7x^2 = 91$
c) $\frac{1}{2}x^2 = 45$ d) $\frac{2}{3}x^2 = 21$
e) $2x^2 - 48 = 0$ f) $3x^2 - 100 = 0$
g) $6x^2 - 17 = 28$ h) $1{,}5x^2 - 0{,}16 = 0{,}09$

6
a) $15x^2 - 2 = 6x^2 - 1$
b) $39x^2 + 3 = 3x^2 + 4$
c) $10x^2 - 8 = -6x^2 + 1$
d) $8x^2 - 21 = -x^2 - 5$

7
a) $4x^2 - 13 + x^2 = 4(3 - x^2)$
b) $(4x + 1)(2x + 2) = 10x + 20$
c) $(8x - 8)(5x + 5) = 40 - 85x^2$
d) $34x^2 - 14 = (7x + 3)(14x - 6)$

8
a) $(10x + 6)^2 = 120x + 40$
b) $(5x + 1)^2 = 10x + 5$
c) $(4x - 6)^2 = 45 - 48x$
d) $(7x - 2)^2 = -28x + 8$

9
a) $(3x + 1)(3x - 1) = 15$
b) $(x - 1)(x + 1) = 199 - 287x^2$
c) $(4x - 5)(4x + 5) = -184x^2 + 47$

10
Hier kommen Brüche vor.

a) $\frac{x^2}{3} = 12$ b) $\frac{1}{4}x^2 = 25$
c) $\frac{2x^2}{5} = 10$ d) $\frac{2x^2}{3} = 6$
e) $\frac{x^2}{5} + 3 = 8$ f) $\frac{x^2}{4} - 3 = 1$
g) $\frac{x^2 + 5}{6} = 5$ h) $\frac{x^2 - 1}{5} = 16$

11
Für zwei gleich große quadratische Zimmer und einen dritten Raum mit dem Flächeninhalt 12 m² wurden zusammen 57,5 m² Teppichboden benötigt. Bestimme die Seitenlänge der beiden Zimmer.

12
a) Wenn man vom Quadrat einer Zahl 17 subtrahiert, erhält man 127. Wie heißt die Zahl?
b) Multipliziert man das Quadrat einer Zahl mit 5, so erhält man 45. Welche natürliche Zahl ist das?
c) Die Summe aus dem Quadrat einer Zahl und 32 ist genauso groß wie das Dreifache ihres Quadrats. Wie heißt die Zahl?

13
Ein quadratisches Grundstück wird auf einer Seite um 8 m verlängert und auf der anderen Seite um 8 m verkürzt. Das neue rechteckige Grundstück hat einen Flächeninhalt von 512 m². Welche Seitenlänge hatte das quadratische Grundstück?

14
a) Breite und Länge eines Rechtecks stehen im Verhältnis 4:5. Der Flächeninhalt beträgt 180 cm². Bestimme die Länge und Breite des Rechtecks.
b) Der Flächeninhalt eines Quadrats ist um 8 cm² kleiner als der Flächeninhalt eines Rechtecks, dessen Länge dreimal so groß wie die Quadratseite und dessen Breite halb so groß wie die Quadratseite ist. Berechne die Seitenlängen.

5 Die quadratische Funktion $y = ax^2 + bx + c$

1
Achim möchte an einer Mauer ein möglichst großes rechteckiges Zaungehege für sein Kaninchen abgrenzen. Er hat noch ein Stück Maschendraht von 7 m Länge. Wie lang muss er die Seiten des Geheges wählen? Stelle grafisch dar.

2
Vervollständige die Tabelle in deinem Heft und zeichne die Graphen.
Beschreibe die Lage der Scheitelpunkte.
Erstelle für die Funktion $y = (x-1)^2 + 2$ ebenfalls eine Wertetabelle und zeichne den Graphen. Was fällt dir auf?

x	−3	−2	−1	0	1	2	3
$y = x^2 + 2$	11						
$y = (x-1)^2$	16						
$y = (x^2 - 2x + 3)$	18						

Quadratische Funktionen der Form $y = ax^2 + bx + c$ kann man mit Hilfe einer binomischen Formel so umformen, dass die Koordinaten des Scheitelpunkts direkt abgelesen werden können. Um diese Umformung zu ermöglichen, muss häufig noch ein Summand ergänzt werden. So kann nach der 1. binomischen Formel der Term $x^2 + 6x + 9$ direkt in $(x+3)^2$ umgeformt werden. Bei dem Term $x^2 + 6x + 17$ dagegen ist dies nicht möglich, weil 17 nicht die Quadratzahl von $\frac{6}{2}$, also von 3 ist. Hier wird der passende Summand 9 addiert und direkt wieder subtrahiert, damit der Wert des Terms unverändert bleibt. Nun kann faktorisiert werden.

$$x^2 + 6x \qquad + 17$$
$$x^2 + 6x + \mathbf{9} + 17 - \mathbf{9}$$
$$(x+3)^2 + 8$$

Den zu ergänzenden Summanden findet man, indem man den Zahlfaktor des linearen Summanden halbiert und dann quadriert. Man nennt ihn daher quadratische Ergänzung.

> Der Summand, mit dem man einen Term oder eine Gleichung ergänzt, um dann mit Hilfe einer binomischen Formel faktorisieren zu können, heißt **quadratische Ergänzung**.

Mit Hilfe dieser Umformung kann nun bei allgemeinen quadratischen Gleichungen die Lage des Scheitelpunktes bestimmt werden:

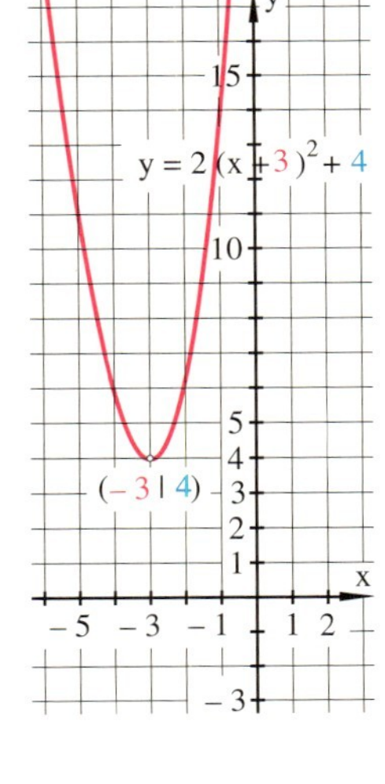

$y = 2x^2 + 22x + 22$	Faktor vor x^2 ausklammern	$y = ax^2 + bx + c$
$y = 2(x^2 + 6x + 11)$	Quadratische Ergänzung	$y = a(x^2 + \frac{b}{a}x + \frac{c}{a})$
$y = 2(x^2 + 6x + 9 + 11 - 9)$	1. binomische Formel	$y = a[x^2 + \frac{b}{a}x + (\frac{b}{2a})^2 + \frac{c}{a} - (\frac{b}{2a})^2]$
$y = 2[(x+3)^2 + 2]$	Distributivgesetz	$y = a[(x + \frac{b}{2a})^2 + (\frac{c}{a} - (\frac{b}{2a})^2)]$
$y = 2(x+3)^2 + 4$		$y = a(x+d)^2 + e$

Der Scheitel hat die Koordinaten $(-3 \mid 4)$ bzw. $(-d \mid e)$. In der allgemeinen Form wurden die unübersichtlichen Terme durch die neuen Variablen d und e ersetzt. Die Parabel $y = 2x^2 + 12x + 22$ ist gegenüber der Normalparabel um den Faktor 2 gestreckt und um 3 nach links sowie um 4 nach oben verschoben. Die zuletzt erhaltene Form lässt den Scheitel direkt ablesen und heißt daher Scheitelform der Gleichung.

> Quadratische Funktionen der Form $y = ax^2 + bx + c$ lassen sich durch quadratisches Ergänzen in die **Scheitelform** $y = a(x+d)^2 + e$ bringen, an der sich die Koordinaten des Scheitelpunktes ablesen lassen. Der Scheitelpunkt hat die Koordinaten $\mathbf{S(-d \mid e)}$.

Beispiele

a) Bestimmung des Scheitelpunkts der quadratischen Funktion $y = x^2 - 2x + 4$.

$y = x^2 - 2x + 4$ | Quadratische Ergänzung
$y = x^2 - 2x + 1 + 4 - 1$ | 2. binomische Formel
$y = (x - 1)^2 + 3$

Die Normalparabel ist nach oben geöffnet und hat den Scheitelpunkt S(1|3).

b) Bestimmung des Scheitelpunkts der quadratischen Funktion $y = -2x^2 - 8x - 7$.

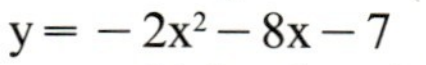

$y = -2x^2 - 8x - 7$ | Ausklammern
$y = -2(x^2 + 4x + 3{,}5)$ | Quadratische Ergänzung
$y = -2(x^2 + 4x + 4 + 3{,}5 - 4)$ | 1. binomische Formel
$y = -2[(x + 2)^2 - 0{,}5]$ | Distributivgesetz
$y = -2(x + 2)^2 + 1$

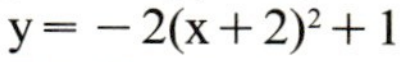

Die Parabel ist nach unten geöffnet, mit dem Faktor 2 gestreckt und hat den Scheitelpunkt S(−2|1).

c) Bestimmung des Scheitelpunkts der quadratischen Funktion $y = 0{,}5x^2 - 3x + 3{,}5$.

$y = 0{,}5x^2 - 3x + 3{,}5$ | Ausklammern
$y = 0{,}5(x^2 - 6x + 7)$ | Quadratische Ergänzung
$y = 0{,}5(x^2 - 6x + 9 + 7 - 9)$ | 2. binomische Formel
$y = 0{,}5[(x - 3)^2 - 2]$ | Distributivgesetz
$y = 0{,}5(x - 3)^2 - 1$

Die Parabel ist nach oben geöffnet, mit dem Faktor 0,5 gestreckt und hat den Scheitelpunkt S(3|−1).

d) Kennt man den Scheitelpunkt und einen Parabelpunkt, so kann man die Funktionsgleichung finden, indem man die Koordinaten in die Scheitelform einsetzt.

Aus S(2|9) und P(0|3) lässt sich ablesen: $d = -2$; $e = 9$; $x = 0$; $y = 3$

Einsetzen in die Scheitelform: $3 = a(0 - 2)^2 + 9$ | Ausmultiplizieren, Zusammenfassen

$a = -1{,}5$

Die Funktionsgleichung lautet somit: $y = -1{,}5(x - 2)^2 + 9$
oder umgeformt: $y = -1{,}5x^2 + 6x + 3$.

Beachte:
Für $e < 0$ ist die Parabel um $|e|$ nach unten, für $e > 0$ nach oben verschoben.
Für $d < 0$ ist die Parabel um $|d|$ nach rechts, für $d > 0$ nach links verschoben.

Aufgaben

3

Faktorisiere mit Hilfe einer geeigneten binomischen Formel.

a) $x^2 + 14x + 49$ b) $a^2 - 16x + 64$
c) $c^2 + 3c + 2{,}25$ d) $4y^2 + 12yz + 9z^2$
e) $m^2 - 7m + \frac{49}{4}$ f) $b^2 + 0{,}2b + 0{,}01$
g) $z^2 - 1{,}2z + 0{,}36$ h) $\square^2 + 2\square\bigcirc + \bigcirc^2$

4

Ergänze quadratisch, so dass du mit einer binomischen Formel faktorisieren kannst.

a) $x^2 + 6x$ b) $a^2 - 14a$
c) $m^2 + 9m$ d) $b^2 + b$
e) $z^2 - 3{,}2z$ f) $k^2 + \frac{1}{2}k$
g) $s^2 + 0{,}4s$ h) $9x^2 + 24x$

5

Führe eine quadratische Ergänzung durch und faktorisiere.

a) $x^2 + 6x + \square = 72 + \square$
b) $b^2 + 4b + \square = 21 + \square$
c) $m^2 + 7m + \square = 25{,}75 + \square$
d) $a^2 + 0{,}2a + \square = 4{,}99 + \square$

6

Gib den Scheitelpunkt an und mache eine Aussage über Form und Verlauf der Parabel.

a) $y = (x+2)^2 + 1$ b) $y = (x-3)^2 + 3$
c) $y = (x+3)^2 - 2$ d) $y = (x-1)^2 - 2$
e) $y = 2(x-1)^2 - 1$ f) $y = 2(x+3)^2 - 2$
g) $y = 0{,}5(x+1{,}5)^2 - 4$

Funktionsgleichung	Scheitelpunkt
$y = x^2 - 10x + 32$	$S(-3 \mid -10)$
$y = x^2 + 16x + 57$	$S(9 \mid -6)$
$y = x^2 - 18x + 75$	$S(5 \mid 7)$
$y = x^2 + 6x - 1$	$S(-8 \mid -7)$

7

Die Kärtchen sind durcheinander geraten. Ordne sie.

8

Forme mit Hilfe der quadratischen Ergänzung in die Scheitelform um. Erstelle eine Wertetabelle und zeichne den Graphen.

a) $y = x^2 + 2x - 5$ b) $y = x^2 - 4x + 7$
c) $y = x^2 - 5x + 2{,}25$ d) $y = 2x^2 - 4x - 2$
e) $y = 3x^2 + 6x - 3$ f) $y = 5x^2 + 10x + 5$

9

Ordne die Graphen den Funktionsgleichungen zu.

a) $y = x^2 + 4x + 7$ b) $y = x^2 + 6x + 4$
c) $y = x^2 - 2x - 1$ d) $y = x^2 - 8x + 17$
e) $y = x^2 - 3x + 4{,}25$ f) $y = x^2 + x - 3{,}75$

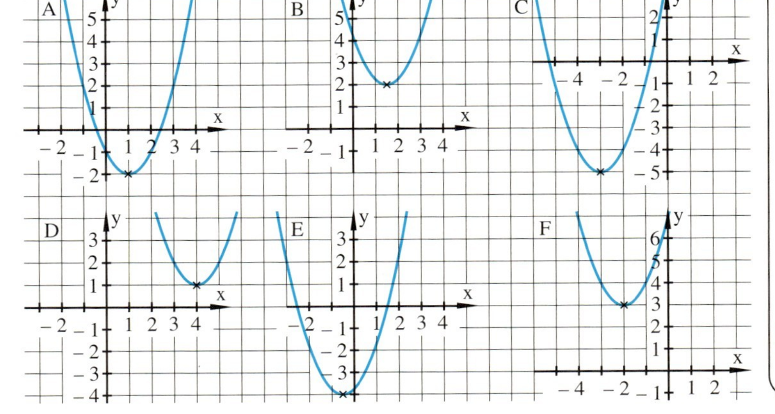

10

Die Parabel verläuft durch den Scheitelpunkt S und einen zweiten Punkt P. Bestimme die Funktionsgleichung in Scheitelform und in allgemeiner Form.

a) $S(2 \mid -5)$, $P(4 \mid -1)$ b) $S(7 \mid 17)$, $P(5 \mid 15)$
c) $S(1 \mid 4)$, $P(3 \mid 0)$ d) $S(10 \mid -1)$, $P(9 \mid 2)$
e) $S(-1 \mid -5)$, $P(3 \mid 11)$ f) $S(-2 \mid 1)$, $P(-1 \mid -1)$

Eine Schar von Parabeln

Mit dem Computer und einem mathematischen Programm, das Funktionen darstellt (Funktionsplotter), kann man sehr schnell eine ganze Schar von Parabeln zeichnen.

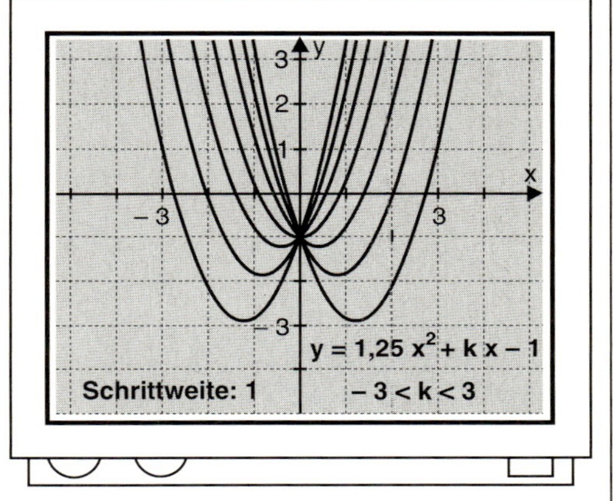

Du musst dazu mit einer weiteren Variablen, dem so genannten Parameter, arbeiten. Der Parameter wird z. B. mit k bezeichnet. Für k setzt das Programm dann ausgewählte Werte ein.

Gib folgende Gleichungen in den Computer ein:

$y = 0{,}5(x-2)^2 + k$, $-4 < k < 4$; Schrittweite 1
$y = k(x-2)^2$, $1 < k < 10$; Schrittweite 1
$y = 2(x-k)^2 - 2$, $-5 < k < 5$; Schrittweite 0,5
$y = kx^2 - 3x + 2$, variiere selbst
$y = 4x^2 + kx - 3$

Überlege dir weitere Möglichkeiten, wo der Parameter eingesetzt werden könnte.

11

Berechne die Koordinaten des Schnittpunkts der beiden Parabeln.

a) $y = (x+3)^2 + 2$
$y = (x-1)^2 + 2$

b) $y = (x+1)^2 - 2$
$y = (x-2)^2 + 2$

c) $y = 2(x+3)^2$
$y = 2(x-1)^2 + 5$

d) $y = 3x^2 - 2x + 4$
$y = 3x^2 + x - 2$

12

Bestimme die Koordinaten der Scheitel und zeichne sie in ein Koordinatensystem. Verbinde die Punkte in der vorgegebenen Reihenfolge. Welche Figur erhältst du?

a) $y_1 = x^2 - 2x + 2$
$y_2 = x^2 + 2x + 2$
$y_3 = x^2 + 2x$
$y_4 = x^2 - 2x$

b) $y_1 = x^2 + 2x + 1$
$y_2 = x^2 - 6x + 12$
$y_3 = x^2 - 14x + 49$
$y_4 = x^2 - 6x$

13

Der Temperaturverlauf eines Tages von 6.00 bis 18.00 Uhr kann annähernd einer Parabel entsprechen. Es wurden einige Werte gemessen.

Zeit	10.00	11.00	12.00	13.00	14.00	15.00 Uhr
Temperatur	4,7°	5,6°	5,9°	5,9°	5,6°	4,7°

a) Übertrage die Punkte in ein Koordinatensystem und lege eine Parabel durch sie.
b) Wann war es am wärmsten?
c) Welche Höchsttemperatur wurde erreicht?
d) Wann wurde der Gefrierpunkt erreicht?
e) Wie lautet die Funktionsgleichung?

14

Zur Bestimmung des kleinsten Produkts zweier Zahlen, deren Differenz 10 beträgt, verfährt man so:
Das Produkt der Zahlen erhält man mit dem Term $x(x-10)$. Die zugehörige Parabel hat den Scheitel $S(5|-25)$ und somit für $x = 5$ den kleinsten Wert. Die beiden Zahlen heißen also 5 und -5.
a) Für welche zwei Zahlen, deren Differenz 2 beträgt, wird das Produkt am kleinsten?
b) Für welche Zahl wird das Produkt aus der um 5 vergrößerten und der um 2 verkleinerten Zahl am kleinsten?

15

Zeichne den Graphen der quadratischen Funktion mit der Gleichung $y = (x-3)^2 + 2$. Spiegle die Kurve an der y-Achse. Wie heißt die Gleichung der entstehenden Parabel?

16

Nach dem Abstoß einer Kugel durch den Kugelstoßer beschreibt die Flugbahn eine Parabel.
a) Wie lautet die Funktionsgleichung dieser Parabel, wenn die Kugel im Punkt $P(0|2)$ (1 Einheit für 1 m Länge bzw. Höhe) abgestoßen wird und im Punkt $S(4|3)$ ihren Höhepunkt erreicht?
b) Zeichne die Parabel und lies in der Zeichnung ab, wie weit die Kugel fliegt.
c) Beim zweiten Stoß liegt der Scheitel der Parabel im Punkt $Z(4|3{,}5)$ bei gleicher Abstoßhöhe. Vergleiche die beiden Flugbahnen miteinander.

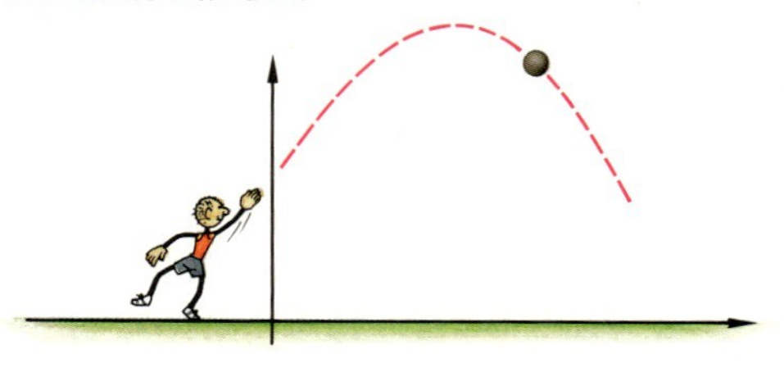

17

Ein Springbrunnen besitzt zwei entgegengesetzt gerichtete Wasserdüsen. Die Flugbahn des Wassers stellt eine Parabel dar. Die Wasserdüsen sind 50 cm über dem Wasser angebracht. Der Höhepunkt der Wasserflugbahn liegt 1,40 m hoch und 60 cm von der Brunnenmitte entfernt.
a) Stelle die Funktionsgleichung auf.
b) Erstelle eine Wertetabelle und zeichne den Graphen.

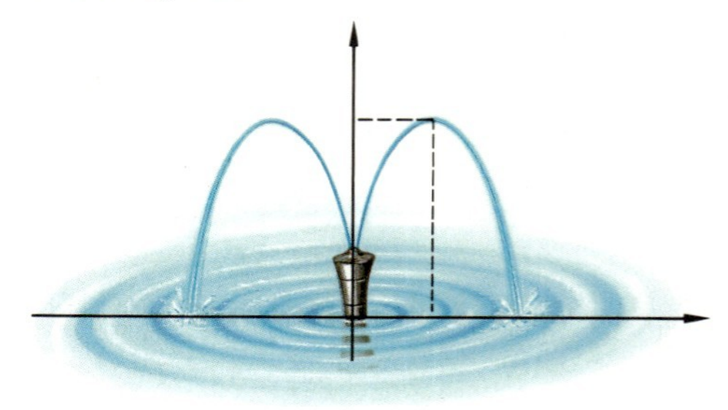

6 Gemischt quadratische Gleichung. Grafische Lösung

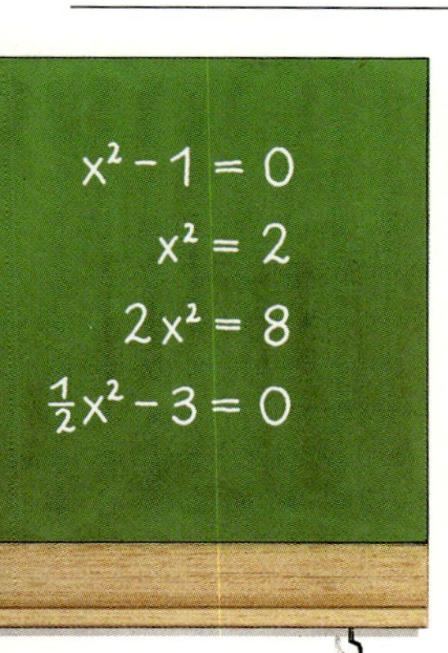

1
Welche der auf der Tafel stehenden rein quadratischen Gleichungen werden in der Abbildung grafisch gelöst? Wo sind die Lösungen ablesbar?

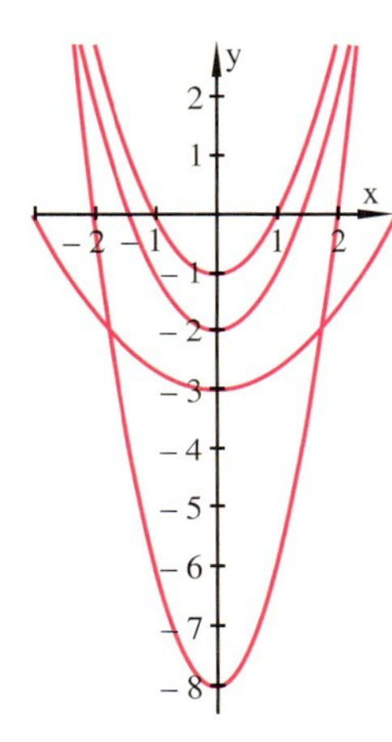

2
Zeichne die Graphen der quadratischen Funktionen $y = (x-2)^2$, $y = (x-2)^2 - 1$, $y = (x-2)^2 - 4$ und $y = (x-2)^2 - 9$ in ein Koordinatensystem. Lies jeweils die x-Werte der Schnittpunkte mit der x-Achse ab. Setze die so ermittelten Werte in die jeweilige Funktionsgleichung ein. Was erhältst du?

Neben rein quadratischen Gleichungen gibt es auch Gleichungen wie $x^2 - 4x = 3$ oder $3x^2 - 15x = 0$, in denen die Variable x sowohl quadratisch als auch linear auftritt. Sie heißen gemischt quadratische Gleichungen und erfüllen allgemein die Form $\mathbf{ax^2 + bx + c = 0}$ $(a \neq 0)$. Je nachdem, ob der Summand c auftritt, unterscheidet man weiter zwischen gemischt quadratischen Gleichungen mit oder ohne konstantem Glied.
Zur Vereinfachung der Gleichung dividiert man durch den Faktor a und erhält die neue Gleichung $x^2 + \frac{b}{a}x + \frac{c}{a} = 0$, bei der man dann die Brüche durch die Variablen p und q ersetzt. Die nun erhaltene vereinfachte Form $x^2 + px + q = 0$ heißt Normalform der quadratischen Gleichung und ist Ausgangsform für die wichtigsten Lösungsverfahren.

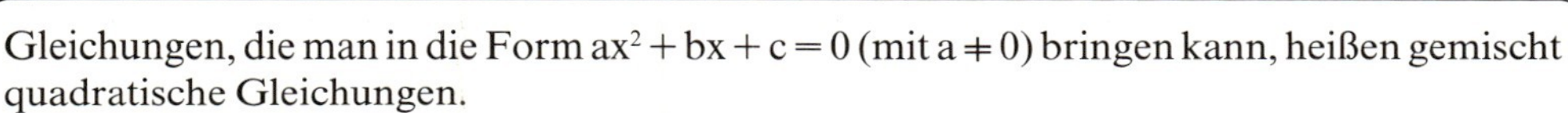

Gleichungen, die man in die Form $ax^2 + bx + c = 0$ (mit $a \neq 0$) bringen kann, heißen gemischt quadratische Gleichungen.
Die Darstellung $\mathbf{x^2 + px + q = 0}$ einer quadratischen Gleichung heißt **Normalform**.

Die gemischt quadratische Gleichung $3x^2 - 6x - 9 = 0$ überführt man zunächst in die Normalform $x^2 - 2x - 3 = 0$.
Zu dieser Gleichung erstellt man die Funktionsgleichung $y = x^2 - 2x - 3$. Nach Überführen in die Scheitelform $y = (x-1)^2 - 4$ kann der Graph leicht gezeichnet werden.
Die Nullstellen $x_1 = -1$ und $x_2 = 3$ sind Lösungen der Gleichung.

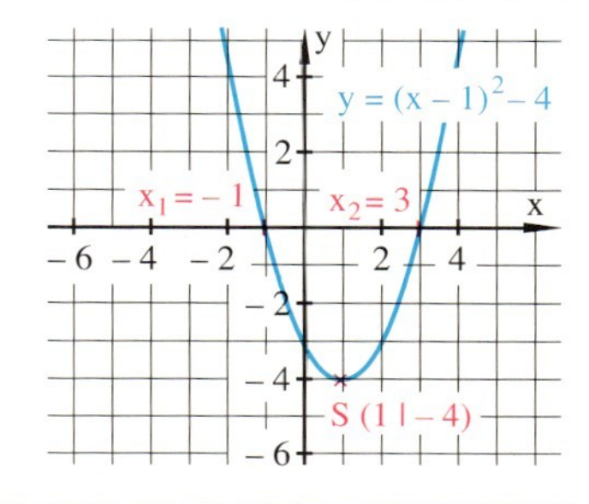

Gemischt quadratische Gleichungen lassen sich grafisch lösen, indem man sie zunächst in die Normalform überführt und dazu eine Funktionsgleichung aufstellt.
Nach Überführen in die Scheitelform wird der Graph gezeichnet.
Die Nullstellen sind die Lösungen der Gleichung.

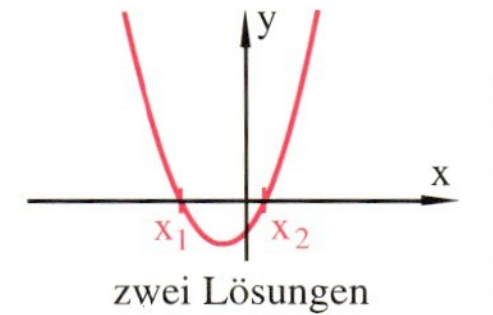
zwei Lösungen

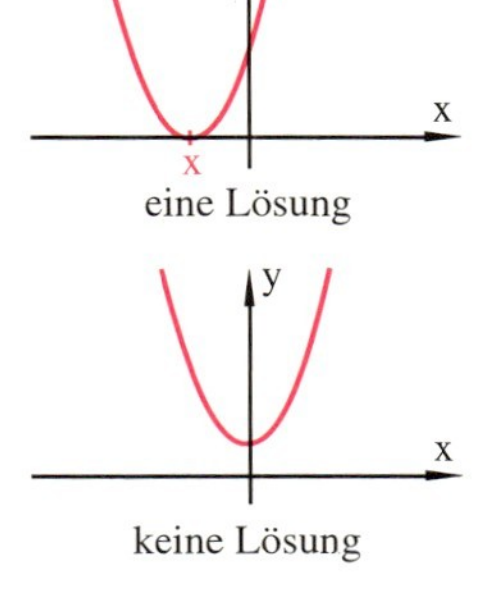
eine Lösung

keine Lösung

Beispiele

a) Grafische Lösung der Gleichung $2x^2 + 12x + 16 = 0$

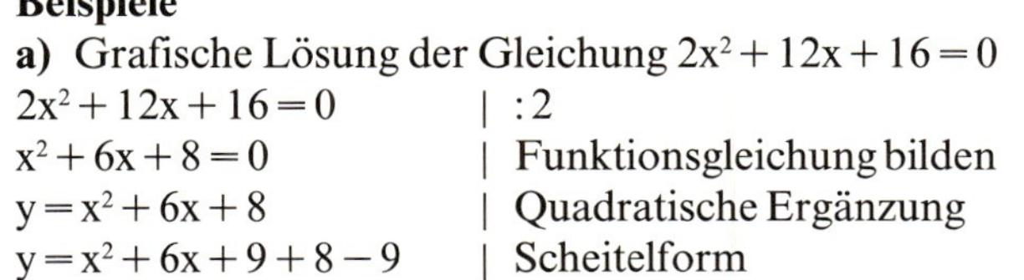

$2x^2 + 12x + 16 = 0$	$\mid :2$
$x^2 + 6x + 8 = 0$	$\mid$ Funktionsgleichung bilden
$y = x^2 + 6x + 8$	$\mid$ Quadratische Ergänzung
$y = x^2 + 6x + 9 + 8 - 9$	$\mid$ Scheitelform
$y = (x+3)^2 - 1$	

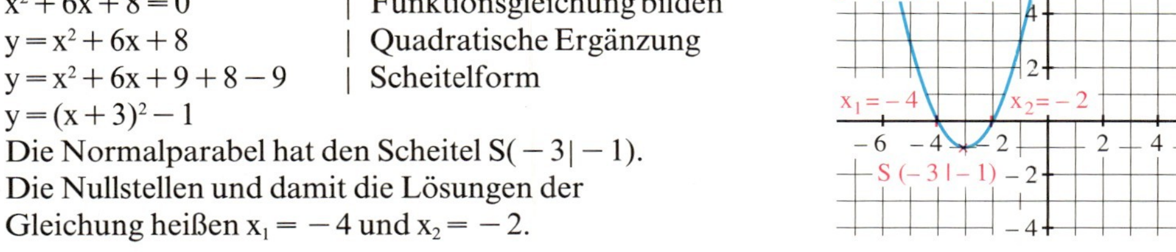

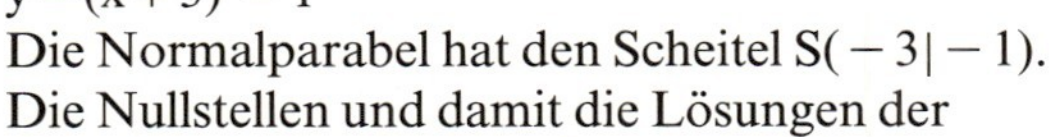

Die Normalparabel hat den Scheitel $S(-3 \mid -1)$.
Die Nullstellen und damit die Lösungen der Gleichung heißen $x_1 = -4$ und $x_2 = -2$.

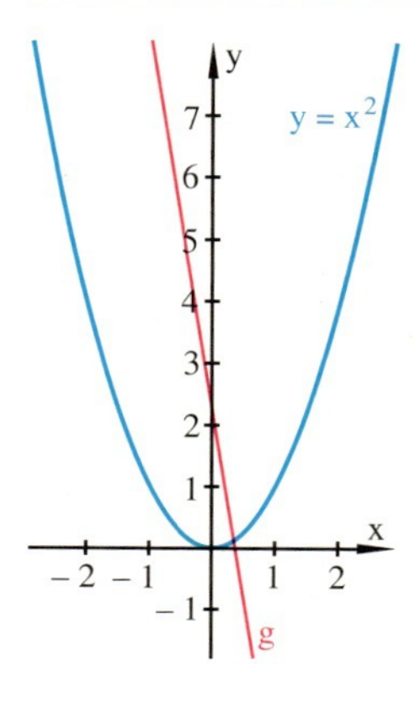

Eine Lösung oder zwei Lösungen?

b) Bei manchen Gleichungen ist das Lösen mit Normalparabel und Geraden vorteilhafter. Die gemischt quadratische Gleichung $x^2 - \frac{1}{2}x - 3 = 0$ lässt sich in $x^2 = \frac{1}{2}x + 3$ umformen, woraus sich die Funktionsgleichungen $y = x^2$ und $y = \frac{1}{2}x + 3$ ergeben. Die Graphen von Normalparabel und Geraden haben zwei Schnittpunkte, deren x-Werte die Lösungen der gemischt quadratischen Gleichung sind.

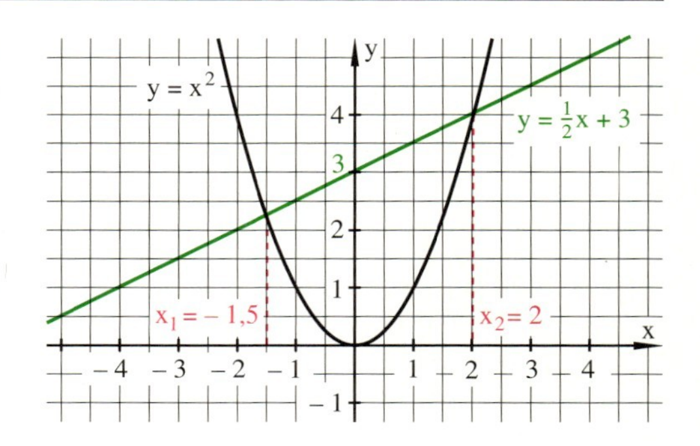

Aufgaben

3

Zeichne den Graphen der Funktion und bestimme die Schnittpunkte mit der x-Achse.

a) $y = (x-3)^2 - 1$ b) $y = (x+2{,}5)^2 - 4$
c) $y = (x-1{,}5)^2 - 9$ d) $y = (x+3{,}5)^2 - 1$
e) $y = x^2 - 2{,}25$ f) $y = (x-0{,}5)^2 - 6{,}25$

4

Bestimme die Lösungen der Gleichung zeichnerisch.

a) $(x+2)^2 - 9 = 0$ b) $(x-4)^2 = 0$
c) $(x+1{,}5)^2 = 4$ d) $(x-4{,}5)^2 = 6{,}25$
e) $(x+2{,}5)^2 = 0$ f) $(x-5)^2 = 0$

5

Bringe die Gleichung zunächst auf die Form $(x+d)^2 + e = 0$ und löse sie grafisch.

a) $x^2 + 2x - 3 = 0$ b) $x^2 + 2x - 8 = 0$
c) $6x - 1 = 4 + x^2$ d) $4x + 1 = x^2 + 1$
e) $x^2 - 3x + 1{,}25 = 0$ f) $x^2 = 2 - x$

6

Löse grafisch. Bringe die Gleichung zunächst auf die Form $x^2 + px + q = 0$.

a) $2x^2 + 12x + 16 = 0$ b) $3x^2 + 18x + 15 = 0$
c) $4x^2 + 5 = 12x$ d) $7x^2 + 7x = 14$
e) $\frac{1}{2}x^2 - \frac{7}{2}x + 3 = 0$ f) $x = \frac{7}{12} - \frac{1}{3}x^2$

7

Löse grafisch mit Normalparabel und Geraden.

a) $x^2 = x + 2$ b) $x^2 = 3x - 2$
c) $x^2 + 1{,}5x - 1 = 0$ d) $3 - x^2 = 2x$
e) $x^2 + \frac{1}{2}x - \frac{1}{2} = 0$ f) $-\frac{1}{4}x = \frac{3}{4} - x^2$

8

Bestimme die Lösungen zeichnerisch so genau wie möglich. Setze zur Kontrolle die ermittelten Werte in die Gleichungen ein.

a) $x^2 - 5{,}2x + 4{,}8 = 0$ b) $x^2 + 1{,}7x + 0{,}3 = 0$
c) $x^2 + \frac{1}{4}x - \frac{3}{8} = 0$ d) $x^2 = \frac{1}{2} - \frac{7}{4}x$

9

Entnimm der Zeichnung die Lösungen der zugehörigen Gleichungen. Ermittle die Gleichung und mache für die Lösungen die Probe.

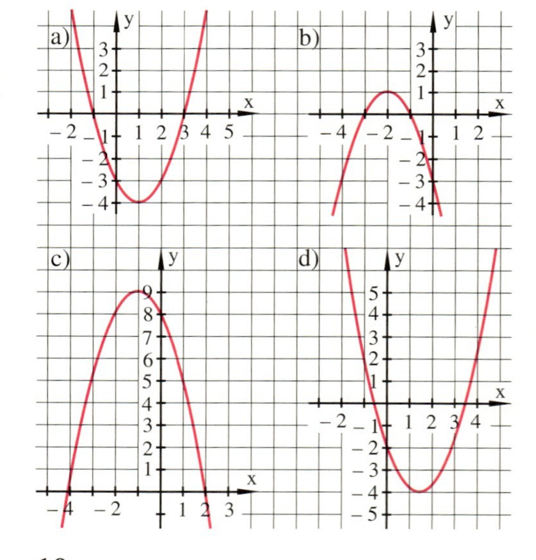

10

Vergleiche das arithmetische Mittel der Lösungen einer gemischt quadratischen Gleichung mit dem x-Wert des Scheitels.

7 Gemischt quadratische Gleichung. Rechnerische Lösung

1

Von einem 60 m langen und 45 m breiten rechteckigen Schulhof soll außen ein stets gleich breiter Grünstreifen so abgegrenzt werden, dass der verbleibende Schulhof einen Flächeninhalt von 2200 m² hat. Wie breit muss der umlaufende Streifen sein?

Normalform:

$x^2 + px + q = 0$

Gemischt quadratische Gleichungen ohne konstantes Glied der Form $x^2 + px = 0$ lassen sich durch Faktorisieren lösen. Bei der Gleichung $x^2 + 7x = 0$ wird x ausgeklammert und man erhält die Gleichung $x(x+7) = 0$. Durch Betrachten der Linearfaktoren erhalten wir die beiden Lösungen $x_1 = 0$ und $x_2 = -7$.

Um Gleichungen wie $x^2 + 14x + 24 = 0$ rechnerisch lösen zu können, ergänzt man quadratisch und löst die Gleichung nach dem beschriebenen Verfahren. Ersetzt man die Koeffizienten 14 und 24 durch die Variablen p und q, erhält man die Gleichung $x^2 + px + q = 0$.

$x^2 + 14x + 24 = 0 \quad \mid -24$		$x^2 + px + q = 0 \quad \mid -q$
$x^2 + 14x = -24 \quad \mid +\left(\frac{14}{2}\right)^2$	Quadratische Ergänzung	$x^2 + px = -q \quad \mid +\left(\frac{p}{2}\right)^2$
$x^2 + 14x + \left(\frac{14}{2}\right)^2 = \left(\frac{14}{2}\right)^2 - 24$	Binomische Formel	$x^2 + px + \left(\frac{p}{2}\right)^2 = \left(\frac{p}{2}\right)^2 - q$
$(x+7)^2 = 7^2 - 24$	anwenden	$\left(x + \frac{p}{2}\right)^2 = \left(\frac{p}{2}\right)^2 - q$
$x + 7 = \pm\sqrt{7^2 - 24}$		$x + \frac{p}{2} = \pm\sqrt{\left(\frac{p}{2}\right)^2 - q}$
$x_1 = -7 + \sqrt{25}$		$x_1 = -\frac{p}{2} + \sqrt{\left(\frac{p}{2}\right)^2 - q}$
$x_2 = -7 - \sqrt{25}$		$x_2 = -\frac{p}{2} - \sqrt{\left(\frac{p}{2}\right)^2 - q}$

$x_1 = -7 + 5$
$x_2 = -7 - 5$
$x_1 = -2$
$x_2 = -12$
Damit gilt: $L = \{-12; -2\}$

p,q - Formel

$x_{1,2} = -\frac{p}{2} \pm \sqrt{\left(\frac{p}{2}\right)^2 - q}$

Um die Lösungen x_1 und x_2 zu erhalten, können p und q direkt in die

Lösungsformel $x_{1,2} = -\frac{p}{2} \pm \sqrt{\left(\frac{p}{2}\right)^2 - q}$

eingesetzt werden.

Mit $p = 14$ und $q = 24$ erhält man:

$x_{1,2} = -\frac{14}{2} \pm \sqrt{\left(\frac{14}{2}\right)^2 - 24}$
$x_{1,2} = -7 \pm \sqrt{25}$
$x_{1,2} = -7 \pm 5$
$x_1 = -12$ und $x_2 = -2$

> Zur Lösung einer gemischt quadratischen Gleichung $\mathbf{x^2 + px + q = 0}$ in der Normalform bestimmt man die Koeffizienten p und q und setzt diese in die Lösungsformel
> $\mathbf{x_{1,2} = -\frac{p}{2} \pm \sqrt{\left(\frac{p}{2}\right)^2 - q}}$ ein.

Bemerkung: Auch die gemischt quadratischen Gleichungen ohne konstantes Glied (also Gleichungen mit $q = 0$) können mit der Lösungsformel gelöst werden, das Faktorisieren ist jedoch der einfachere Weg.

Probe nicht vergessen!

Beispiele

a) Die Gleichung $x^2 - 18x + 17 = 0$ besitzt die Koeffizienten $p = -18$ und $q = 17$. Sie werden in die Lösungsformel eingesetzt:

$x_{1,2} = -\frac{(-18)}{2} \pm \sqrt{\left(\frac{-18}{2}\right)^2 - 17}$

$x_{1,2} = 9 \pm \sqrt{81 - 17}$

$x_1 = 9 - \sqrt{64} = 1$

$x_2 = 9 + \sqrt{64} = 17$

$L = \{1, 17\}$

b) Die Gleichung $x^2 - 4x - 1 = 0$ hat Lösungen mit irrationalen Werten.

$x_{1,2} = \frac{(-4)}{2} \pm \sqrt{\left(\frac{-4}{2}\right)^2 + 1}$

$x_{1,2} = 2 \pm \sqrt{4 + 1}$

$x_1 = 2 - \sqrt{5}$

$x_2 = 2 + \sqrt{5}$

$L = \{2 - \sqrt{5}; 2 + \sqrt{5}\}$

Wird auf 2 Nachkommastellen gerundet, ergeben sich $x_1 = -0{,}24$ und $x_2 = 4{,}24$.

c) Die Gleichung $3x^2 = -42 - 12x$ wird in die Normalform $x^2 + 4x + 14 = 0$ gebracht. Einsetzen von $p = 4$ und $q = 14$ ergibt

$x_{1,2} = -\frac{4}{2} \pm \sqrt{\left(\frac{4}{2}\right)^2 - 14}$

$= -2 \pm \sqrt{4 - 14}$

$= -2 \pm \sqrt{-10}$

Der Radikand ist negativ, die Lösungsmenge ist somit leer.

$L = \{\ \}$

d) Die Gleichung $5x^2 - 15x = 0$ wird in die Normalform $x^2 - 3x = 0$ überführt. Sie ist eine Gleichung ohne konstantes Glied und kann sofort durch Faktorisieren gelöst werden: $x(x - 3) = 0$

$x_1 = 0$ oder $x_2 = 3$

$L = \{0; 3\}$

Das Lösen durch Einsetzen der Koeffizienten $p = -3$ und $q = 0$ in die Lösungsformel ist in diesem Fall wesentlich aufwendiger.

discriminare (lat.) heißt unterscheiden bzw. den Unterschied verdeutlichen.

Der Radikand $\left(\frac{p}{2}\right)^2 - q$ aus der Lösungsformel kann positiv, null oder negativ sein. Dementsprechend hat die zugehörige Gleichung zwei Lösungen, eine oder keine Lösung. Man bezeichnet den Radikanden als **Diskriminante D**.

Für $\mathbf{D > 0}$ gilt:

$x_1 = -\frac{p}{2} - \sqrt{D}$; $x_2 = -\frac{p}{2} + \sqrt{D}$

$L = \{-\frac{p}{2} - \sqrt{D}; -\frac{p}{2} + \sqrt{D}\}$

Für $\mathbf{D = 0}$ gilt:

$x = -\frac{p}{2} \pm 0$

$L = \{-\frac{p}{2}\}$

Für $\mathbf{D < 0}$ gilt:

Der Radikand ist negativ.

$L = \{\ \}$

Aufgaben

2

Löse die Gleichung.

a) $(x - 3)^2 = 16$ b) $(x + 4)^2 = 9$
c) $(x + 7)^2 = 81$ d) $(x - 9)^2 = 144$
e) $(x - 0{,}5)^2 = 2{,}25$ f) $(x + 1{,}8)^2 = 0{,}64$
g) $(x + \frac{1}{4})^2 = \frac{1}{16}$ h) $(x - \frac{3}{8})^2 = \frac{25}{64}$

3

Forme eine Seite der Gleichung in ein Binom um und bestimme die Lösungen.

a) $x^2 + 4x + 4 = 25$ b) $x^2 + 10x + 25 = 4$
c) $x^2 - 18x + 81 = 64$ d) $x^2 - 20x + 100 = 1$
e) $9 = x^2 + 3x + 2{,}25$ f) $x^2 - x + 0{,}25 = 0{,}36$
g) $x^2 + 2x + 1 = 0{,}04$ h) $x^2 - 0{,}2x + 0{,}01 = 1$
i) $x^2 + 7x + \frac{49}{4} = \frac{9}{4}$ k) $\frac{121}{16} = x^2 - \frac{3}{4}x + \frac{9}{64}$

4

Bestimme nur die Koeffizienten p und q.

a) $x^2 + 6x + 10 = 0$ b) $x^2 - 5x + 7 = 0$
c) $x^2 + 3x - 8 = 0$ d) $x^2 - 2x - 10 = 0$

5

Rechne mit der Lösungsformel. Achte auf die Vorzeichen von p und q.

a) $x^2 + 8x + 7 = 0$ b) $x^2 + 7x + 10 = 0$
c) $x^2 + 2x - 3 = 0$ d) $x^2 - 5x - 24 = 0$
e) $x^2 - 10x - 11 = 0$ f) $x^2 - 22x + 72 = 0$

6

a) $x^2 + 11x + 30 = 0$ b) $x^2 - 17x - 18 = 0$
c) $x^2 + 2{,}5x + 1 = 0$ d) $x^2 - 5{,}2x + 1 = 0$
e) $x^2 + x + 0{,}24 = 0$ f) $x^2 - 0{,}1x - 0{,}02 = 0$

7
Bringe zunächst auf Normalform.

a) $2x^2 + 12x + 10 = 0$
b) $3x^2 + 9x - 84 = 0$
c) $5x^2 - 25x - 120 = 0$
d) $\frac{1}{2}x^2 - x - 4 = 0$
e) $\frac{1}{10}x^2 - \frac{1}{5}x - 8 = 0$

8
Vereinfache zuerst.

a) $7x^2 - 14x - 23 = 6x^2 - 23x + 29$
b) $5x^2 + 14 + 4x = 6x^2 + 3x - 6$
c) $9 - 2x - 2x^2 = 8x - 3x^2 - 12$
d) $9x^2 - 14x - 3 = 7x^2 - 13x + 7$
e) $\frac{1}{2}x^2 - x - 19 = \frac{1}{2}x - 16$

9
Das Lösungswort steht auf dem Rand.

a) $5(2x - 3) = x(8 - x)$
b) $(x - 3)(x - 1) - 48 = 0$
c) $(x + 2)(x - 3) = 3x - 1$
d) $1 - 4(2x + 1) = x^2 + 4$
e) $2x(x + 3) = (x + 1)(x - 2) - 10$
f) $9 + 4x(x - 3) - x(x - 1) - x = 0$

10
Cora hat ein Computerprogramm, das bei Eingabe von p und q quadratische Gleichungen lösen kann. Bei manchen Eingaben erscheint eine Fehlermeldung. Finde heraus, bei welchen Aufgaben ihr Computer „streikt".

a) $p = 12,\ q = 25$
b) $p = -8,\ q = 16$
c) $p = 22,\ q = 125$
d) $p = 5,\ q = 7$
e) $p = -0{,}6,\ q = -0{,}6$
f) $p = 0{,}5,\ q = -1$
g) $p = 11{,}25,\ q = 40$
h) $p = 9{,}5,\ q = 18$

$x^2 - 2\,000\,000x - 1 = 0$

$x^2 - 2\,000\,000x + 1 = 0$

Diese Gleichungen sind auch mit dem Taschenrechner nicht exakt lösbar. Versuche selbst!

11
a) $x^2 + 6{,}4x - 3{,}7 = 0$
b) $x^2 - 18{,}9x + 71{,}3 = 0$
c) $\frac{2}{3}x^2 + \frac{3}{4}x + \frac{1}{5} = 0$
d) $2x^2 - 13{,}5x - 8{,}35 = 0$

12
Gib die Lösungen ohne Verwendung gerundeter Werte an.

a) $x^2 - 2x - 1 = 0$
b) $(1 - 3x)(5x + 2) = 0$
c) $9x(2x - 1) = -1$
d) $x^2 - \sqrt{12}x - 9 = 0$

13
Welches Lösungspaar gehört zu welcher Gleichung?

a) $(x - 5)(x + 3) = 9$	$x_1 = 7;\ x_2 = 1$
b) $(x - 5)(x - 3) = 8$	$x_1 = 1;\ x_2 = -9$
c) $(x + 5)(x - 3) = -7$	$x_1 = 6;\ x_2 = -4$
d) $(x + 5)(x + 3) = 24$	$x_1 = 2;\ x_2 = -4$

14
Achte besonders auf die Minusklammern.

a) $2x(x - 3) = 5 - (x^2 - 4)$
b) $3x(x - 1) - (x^2 - 5x + 9) = x^2 + 6$
c) $\frac{x+3}{2} - x(x + 1) = -3x$
d) $(x - 9)(2x + 2) - 2(1 - x^2) = 0$
e) $5(x^2 - 7) - 3x(2 + x) - x(x - 8) = 0$

15
Wende zunächst binomische Formeln an.

a) $(x - 7)^2 = 4(x + 8)$
b) $(x - 4)^2 - 3(x - 1) = 1$
c) $(2 + x)^2 - (x - 7)^2 = x^2$
d) $(5x - 3)^2 - (3x - 4)^2 = 13x^2 + 17$
e) $(x + 7)(2x - 4) - (x - 3)^2 - 20 = 0$
f) $(2x + 5)^2 + (3x + 6)^2 + (x - 2)^2 = (1 - 2x)^2$

16
Die Lösungen sind ganze Zahlen zwischen -10 und 10.

a) $(x + 2)^2 - (x - 3)(2x + 1) = -3$
b) $\frac{x(x-3)}{2} + \frac{3}{2}x = 6 - \frac{x}{2}$
c) $25x - 3(x - 2)^2 = -14(3 - 2x)$
d) $(2x - 1)^2 - 2(x - 3)^2 - x(x + 6) + 2 = 0$

17
Löse durch Faktorisieren.

Beispiel: $x^2 + 8x = 0$
$x(x + 8) = 0$

Dies gilt für $x = 0$ oder $x + 8 = 0$.
Die Lösungen lauten $x_1 = 0;\ x_2 = -8$.

a) $x^2 - 3x = 0$
b) $2x^2 - 6x = 0$
c) $5x^2 + x = 4x^2 + 6x$
d) $3x - 2x^2 = 2x$
e) $(4x - 2)(x + 4) = -8$
f) $x^3 - 4x = 0$

18
Komplizierte Aufgaben – einfache Lösungen.

$\frac{1}{5}((3x - 7)^2 - 5(x + 5)^2 + (4x + 9)^2) = 3x^2 - 5x + 3$

$(x - \frac{1}{2})^2 - \frac{1}{2}(x - \frac{3}{4})^2 + (x + \frac{3}{2})(\frac{1}{2}x - \frac{1}{2}) = \frac{7}{32}$

Bumerangeffekt

Welche quadratische Gleichung
$x^2 + px + q = 0$
hat die Lösungen
$x_1 = p$ und $x_2 = q$?

19
Die Summe aus einer natürlichen Zahl und ihrer Quadratzahl beträgt 650.
Wie heißt die Zahl?

20
Das Produkt zweier aufeinander folgender ganzer Zahlen ist 240.
Wie lauten die beiden Zahlen?

21
Verringert man eine Zahl um 5 und multipliziert das Ergebnis mit der um 2 vergrößerten Zahl, erhält man 408.

22
Die Summe der Quadrate zweier Zahlen, von denen eine um 12 größer als die andere ist, beträgt 794.
Wie lauten die Zahlen?

Strahlensatz mit x

a)

b)

23
Berechne die Teilstrecken der nebenstehenden Strahlensatzfiguren. (Maße in cm.)

24
Ein Dreieck besitzt einen Flächeninhalt von 36 cm². Die Grundseite ist um 1 cm länger als die zugehörige Höhe. Berechne die Höhe.

25
Eine Seite eines Rechtecks ist um 6 cm länger als eine andere. Das Rechteck besitzt einen Flächeninhalt von 1216 cm². Wie lang sind die Rechtecksseiten?

26
Der Umfang eines Rechtecks beträgt 134 cm, der Flächeninhalt 1050 cm².
Wie lang sind die Rechtecksseiten?

27
Die Seiten eines Rechtecks unterscheiden sich um 18 cm.
Der Flächeninhalt des Rechtecks ist genauso groß wie der eines Quadrats mit der Seitenlänge 12 cm.
Berechne den Umfang des Rechtecks.

28
Berechne die fehlenden Stücke a bzw. $\frac{a}{2}$.

a)

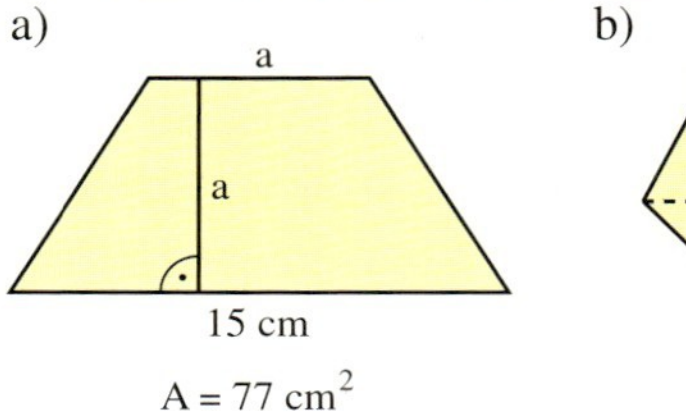

b)

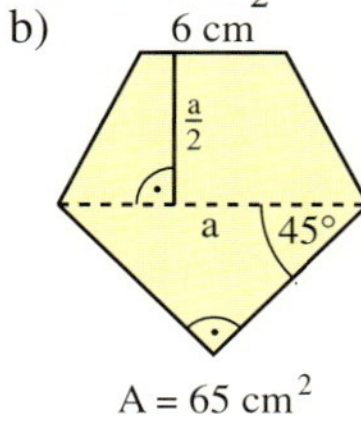

29
Lässt man einen Gegenstand senkrecht fallen, gilt für die Maßzahl annähernd das Weg-Zeit-Gesetz $s = 5t^2$. Wird er mit einer Anfangsgeschwindigkeit v_0 nach unten geworfen, gilt das Gesetz $s = 5t^2 + v_0t$. Berechne die Fallzeit, wenn jeweils von der Spitze der abgebildeten Gebäude ein Fallversuch, einmal ohne und einmal mit Anfangsgeschwindigkeit $v_0 = 8\,\frac{m}{s}$ durchgeführt wird.

Fernsehturm Toronto Höhe 555 m | Eiffelturm Paris Höhe 300 m | Messeturm Frankfurt/M Höhe 256 m | Kölner Dom Höhe 155 m

30
Christian wirft im Sportunterricht seinen Ball aus 1,3 m Höhe senkrecht nach oben. Mit der Gleichung $h = -5t^2 + 9t + 1,3$ kann er näherungsweise die Maßzahl der Höhe berechnen, die der Ball nach einer bestimmten Zeit (in Sekunden) erreicht hat.

a) Wie hoch fliegt Christians Ball?

b) Wie viel Zeit bleibt ihm, um den Ball in 1 m Höhe wieder aufzufangen?

c) Sein Freund Alexander wirft seinen Ball in 1,5 m Höhe ab. Für ihn gilt die Gleichung $h = -5t^2 + 10t + 1,5$. Wann trifft Alexanders Ball auf dem Boden auf?

Fallunterscheidung

Eine quadratische Gleichung kann zwei Lösungen, eine oder keine Lösung haben. Dies zeigen auch die grafischen Lösungsverfahren.

1 a) Grafische Lösung durch Schnitt von Normalparabel und Geraden:

$x^2 - x - 2 = 0$

$y = x^2$ und $y = x + 2$

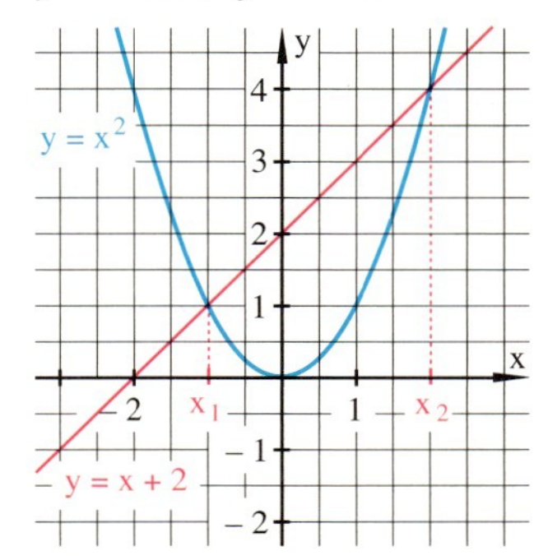

Die Schnittpunkte von Normalparabel und Geraden haben die x-Werte -1 und 2.

$L = \{-1; 2\}$

$x^2 - 2x + 1 = 0$

$y = x^2$ und $y = 2x - 1$

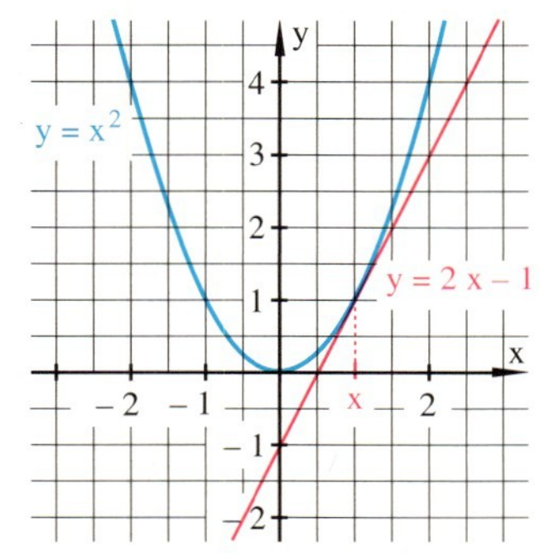

Der gemeinsame Punkt von Normalparabel und Geraden hat den x-Wert 1.

$L = \{1\}$

$x^2 - 2x + 2 = 0$

$y = x^2$ und $y = 2x - 2$

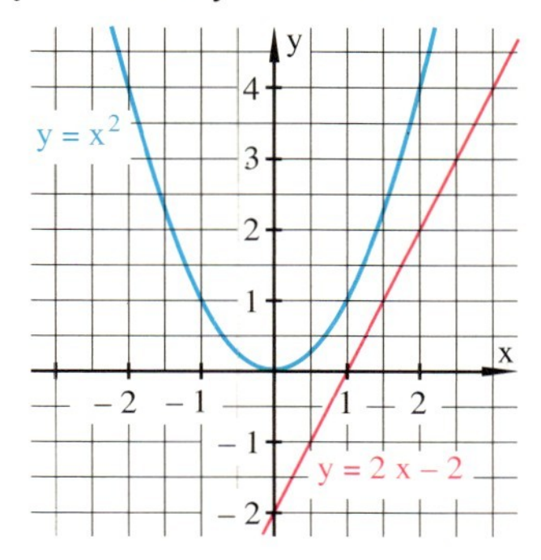

Normalparabel und Gerade haben keinen gemeinsamen Punkt.

$L = \{\ \}$

1 b) Grafische Lösung durch verschobene Normalparabel:

$x^2 - x - 2 = 0$

$y = (x - 0{,}5)^2 - 2{,}25$

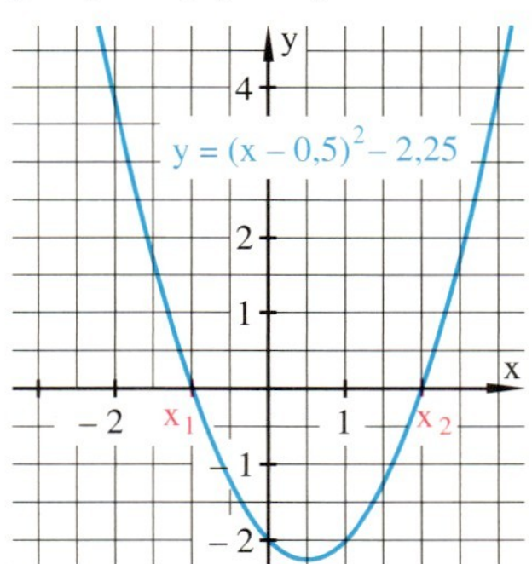

Die verschobene Normalparabel schneidet die x-Achse bei $x_1 = -1$ und $x_2 = 2$.

$L = \{-1; 2\}$

$x^2 - 2x + 1 = 0$

$y = (x - 1)^2$

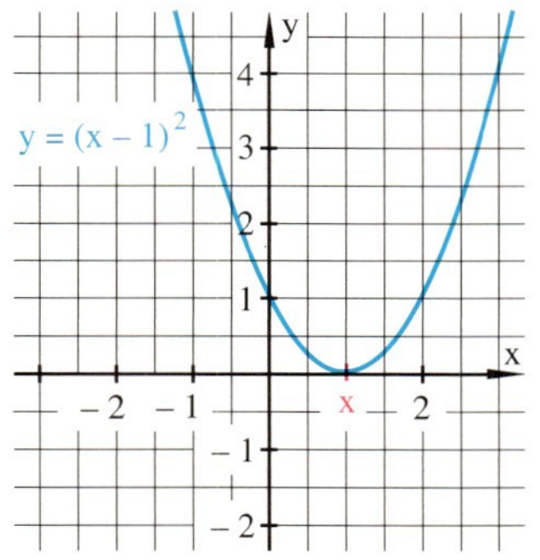

Die verschobene Normalparabel berührt die x-Achse an der Stelle $x = 1$.

$L = \{1\}$

$x^2 - 2x + 2 = 0$

$y = (x - 1)^2 + 1$

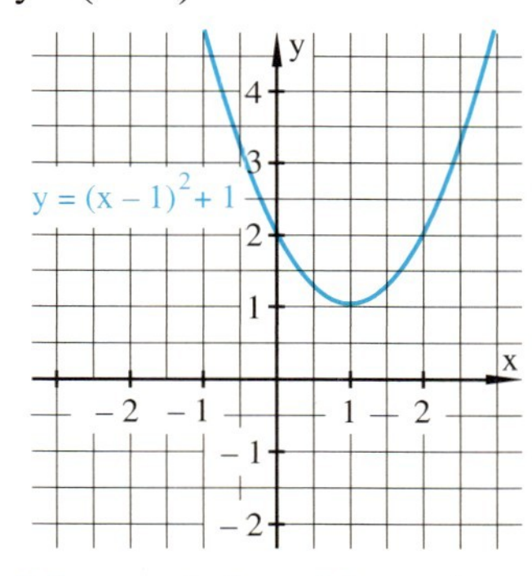

Die verschobene Normalparabel hat keinen Punkt mit der x-Achse gemeinsam.

$L = \{\ \}$

2) Rechnerische Lösung und Betrachtung der Diskriminante:

$x^2 - x - 2 = 0;$

$p = -1, q = -2$

$x_{1,2} = 0{,}5 \pm \sqrt{0{,}5^2 + 2}$

$x_1 = -1; x_2 = 2$

$L = \{-1; 2\}$

$x^2 - 2x + 1 = 0;$

$p = -2, q = 1$

$x_{1,2} = 1 \pm \sqrt{1^2 - 1}$

$x = 1$

$L = \{1\}$

$x^2 - 2x + 2 = 0;$

$p = -2, q = 2$

$x_{1,2} = 1 \pm \sqrt{1^2 - 2}$

Die Diskriminante ist negativ

$L = \{\ \}$

8 Der Satz von Vieta

Gleichung	p	q	x_1	x_2
$x^2 + 10x + 24 = 0$	10	24	−6	−4
$x^2 - 7x + 10 = 0$	−7	10	2	5
$x^2 - 10x + 21 = 0$	−10	21	3	7
$x^2 - x - 72 = 0$	−1	−72	−8	9
$x^2 - 8x + 16 = 0$	−8	16	4	

1
An der Tafel stehen die Gleichungen der letzten Hausaufgaben in Normalform mit Koeffizienten und Lösungen. Betrachte die Lösungen x_1 und x_2 und ebenso die daneben stehenden Koeffizienten p und q. Erkennst du einen Zusammenhang?

2
Findest du zu den beiden Lösungen $x_1 = 3$ und $x_2 = 6$ die zugehörige quadratische Gleichung?

Zu den beiden Lösungen x_1 und x_2 lässt sich unmittelbar die zugehörige quadratische Gleichung in der Produktform aufstellen. Sie heißt $(x - x_1)(x - x_2) = 0$. Zum Beispiel gehören die Lösungen aus $L = \{4; 5\}$ zu der Gleichung $(x - 4)(x - 5) = 0$. Das Einsetzen einer der beiden Lösungen lässt den Wert einer Klammer und damit den Wert des Klammerprodukts Null werden. Diese Produktform lässt sich in die Normalform überführen.

$L = \{4; 5\}$		$L = \{x_1, x_2\}$
$(x - 4)(x - 5) = 0$	Ausmultiplizieren	$(x - x_1)(x - x_2) = 0$
$x^2 - 4x - 5x + 4 \cdot 5 = 0$	Ausklammern	$x^2 - x_1x - x_2x + x_1 \cdot x_2 = 0$
$x^2 - (4 + 5)x + 20 = 0$		$x^2 - (x_1 + x_2)x + x_1 \cdot x_2 = 0$
$x^2 - 9x + 20 = 0$		$p = -(x_1 + x_2)$
$p = -9; q = 20$		$q = x_1 \cdot x_2$

Der **Satz von Vieta** besagt: Sind x_1 und x_2 Lösungen einer quadratischen Gleichung $x^2 + px + q = 0$, so gilt $-(x_1 + x_2) = p$ und $x_1 \cdot x_2 = q$.

Bemerkung: Mit dem Satz von Vieta kann man auf einfache Weise Proben durchführen.

Beispiele

a) Bestimmung der Lösungen von $x^2 - 7x + 10 = 0$ durch Probieren.

$p = -7 = -(x_1 + x_2) = -(2 + 5)$ $\qquad$ $q = 10 = x_1 \cdot x_2 = 2 \cdot 5$

Durch die Werte 2 und 5 kann sowohl p als auch q ausgedrückt werden. Die Lösungen lauten somit: $x_1 = 2$ und $x_2 = 5$.

b) Mit Hilfe des Satzes von Vieta lässt sich überprüfen, ob die Gleichung $x^2 - x + 12 = 0$ die Lösungen $x_1 = -3$ und $x_2 = 4$ hat.

$p = -1; q = 12$

$-(x_1 + x_2) = -(-3 + 4) = -1 = \mathbf{p}$

$x_1 \cdot x_2 = (-3) \cdot 4 = -12 \neq \mathbf{q}$

Die Gleichung hat nicht die angegebenen Lösungen.

Aufgaben

3
Bestimme die Lösungen durch Probieren mit Hilfe des Satzes von Vieta.

a) $x^2 - 4x + 3 = 0$ b) $x^2 + 4x + 3 = 0$
c) $x^2 + 10x + 16 = 0$ d) $x^2 - 21x + 20 = 0$
e) $x^2 - 20x + 100 = 0$ f) $x^2 + 7x - 120 = 0$

4
Mache die Probe mit Hilfe des Satzes von Vieta.

a) $x^2 - 2x - 35 = 0$ $\quad x_1 = 7; x_2 = -5$
b) $x^2 - 36 = 0$ $\quad x_1 = 6; x_2 = -6$
c) $x^2 + 2x - 80 = 0$ $\quad x_1 = 8; x_2 = 10$

François Viète (lat. Form: Vieta)
Einer der bedeutendsten Mathematiker war der Franzose François Viète. Er war einer der Mitbegründer der heutigen Algebra. So lässt sich das Rechnen mit Buchstaben zur Bezeichnung vorhandener und gesuchter Zahlen hauptsächlich auf ihn zurückführen. Dabei war er nicht nur Mathematiker, sondern unter anderem auch Rechtsberater zweier französischer Könige.

5

Überprüfe mit Hilfe des Satzes von Vieta, ob die Lösungen richtig sind.

a) $x^2+7x+12=0$ $\quad L=\{3;4\}$
b) $x^2-5x-24=0$ $\quad L=\{3;8\}$
c) $3x^2-27=0$ $\quad L=\{3;-3\}$
d) $x^2-2x+\frac{3}{4}=0$ $\quad L=\{\frac{1}{2};\frac{3}{2}\}$
e) $x^2+ax-2a=0$ $\quad L=\{a;-2a\}$
f) $x^2-4b=0$ $\quad L=\{2b\}$
g) $x^2-2ax-3a=0$ $\quad L=\{-a;3a\}$

6

Welche quadratische Gleichung hat die angegebenen Lösungen? Schreibe zuerst in Produktform und dann in Normalform.

a) $x_1=7;\ x_2=-9$ b) $x_1=-2;\ x_2=7$
c) $x_1=-3;\ x_2=-5$ d) $x_1=8;\ x_2=9$
e) $x_1=0;\ x_2=-3$ f) $x_1=7;\ x_2=0$
g) $x_1=\frac{2}{3};\ x_2=\frac{1}{5}$ h) $x_1=\frac{1}{9};\ x_2=\frac{1}{3}$

7

Bestimme die quadratische Gleichung mit den Lösungen x_1 und x_2.

a) $x_1=\sqrt{5};\ x_2=-\sqrt{5}$ b) $x_1=\frac{1}{3};\ x_2=\frac{1}{4}$
c) $x_1=0{,}1;\ x_2=0{,}4$ d) $x=5$
e) $x_1=1+\sqrt{5};\ x_2=1-\sqrt{5}$

8

Bestimme die fehlenden Werte p, q, x_1 oder x_2.

a) $x^2+px+3=0$ $\quad x_1=-1$
b) $x^2+12x+q=0$ $\quad x_2=-6$
c) $x^2+px+15=0$ $\quad x_1=3$
d) $x^2-12x+q=0$ $\quad x_2=8$
e) $x^2-px-12=0$ $\quad x_1=-6$
f) $x^2-6x+q=0$ $\quad x_2=-3$

9

Schreibe die Gleichungen in Produktform und bestimme dann ihre Lösungen. Überprüfe mit Hilfe des Satzes von Vieta.

a) $x^2-16=0$ b) $x^2+6x+8=0$
c) $x^2-10x+24=0$ d) $x^2-3x-18=0$
e) $x^2+7x+12=0$ f) $x^2+11x+28=0$
g) $x^2+4x+3=0$ h) $x^2+5x-14=0$

10

Bestimme die Lösung mit Hilfe der Lösungsformel. Mache die Probe mit dem Satz von Vieta.

a) $x^2-12x=-32$ b) $2x^2-8x=10$
c) $0{,}5x^2+4{,}5x=-7$ d) $12x^2+25x+12=0$
e) $\frac{8}{5}+\frac{8}{5}x=-2x^2$ f) $x^2-\frac{2}{3}x+\frac{1}{9}=0$
g) $x-\frac{1}{9}=x^2$ h) $9x^2-42x-15=0$

11

a) Bestimme zwei Zahlen, deren Summe 3 und deren Produkt -180 ist.
b) Bestimme zwei Zahlen, deren Summe -5 und deren Produkt -36 ist.
c) Das Produkt zweier Zahlen ist 76 und ihre Summe 40.
d) Die Summe zweier Zahlen ist 33 und ihr Produkt 62.

12

Welche Seitenlänge besitzt das Quadrat, wenn das gefärbte Rechteck den angegebenen Flächeninhalt hat?

a) 42 cm²

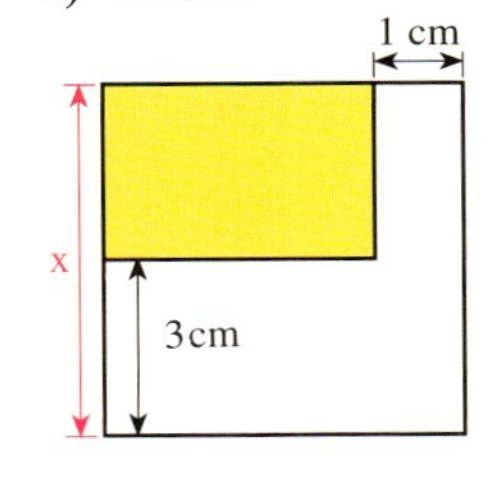

b) 12 cm²

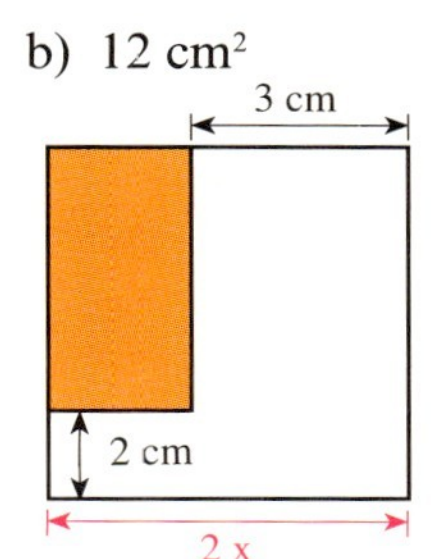

13

Für welche natürlichen Zahlen k hat die Gleichung $x^2+12x+k=0$ ganzzahlige Lösungen?

9 Vermischte Aufgaben

1
Zeichne die Normalparabel $y = x^2$ mit der Einheit 1 cm. Die Punkte P_1 bis P_9 liegen auf der Parabel. Lies die fehlenden Koordinaten auf eine Dezimale genau ab.

a) $P_1(3|\square)$ $P_2(1{,}5|\square)$ $P_3(-2|\square)$
b) $P_4(+\square|5)$ $P_5(-\square|3)$ $P_6(+\square|4{,}5)$
c) $P_7(-2{,}8|\square)$ $P_8(-\square|3{,}9)$ $P_9(+\square|6{,}2)$

2
Prüfe durch Rechnung, welche Punkte auf der Normalparabel liegen.
$A(6|36)$; $B(-25|620)$; $C(21|441)$; $D(3|-9)$

3
Ermittle die Koordinaten des Scheitels, ohne zu zeichnen.

a) $y = x^2 - 9$ $y = x^2 + 9$ $y = 2x^2 - 9$
b) $y = x^2 + 2$ $y = 2x^2 + 4$ $y = 3x^2 + 6$
c) $y = -x^2 + 3$ $y = -x^2 - 3$ $y = -2x^2 + 3$

4
Ermittle aus der Zeichnung die Koordinaten der Schnittpunkte mit der x-Achse.

a) $y = x^2 - 6$ b) $y = x^2 - 4{,}8$
c) $y = 2x^2 - 2$ d) $y = -x^2 + 4$
e) $y = 2x^2 - 5$ f) $y = -x^2 + 6{,}5$

5
Beschreibe den Kurvenverlauf des Graphen ohne zu zeichnen.

a) $y = 10x^2$ b) $y = x^2 - 100$
c) $y = \frac{1}{10}x^2 + 10$ d) $y = 100x^2 - 100$
e) $y = -x^2 + 100$ f) $y = -0{,}01x^2 + 10$
g) $y = -10x^2 + 10$ h) $y = -\frac{1}{10}x^2 - 10$

6
In welchen Punkten schneidet die Parabel die x-Achse? Rechne.

a) $y = x^2 - 6{,}25$ b) $y = x^2 - 900$
c) $y = 2x^2 - 8$ d) $y = \frac{1}{2}x^2 - 8$
e) $y = -\frac{1}{3}x^2 + 3$ f) $y = -x^2 + 25$

7
Der Punkt P liegt auf der Parabel $y = ax^2$. Bestimme die Parabelgleichung.

a) $P(2|4)$ b) $P(-1|4)$ c) $P(-3|-4)$

Parabeln zeichnen – einmal anders

Zeichne am unteren Ende eines DIN-A4-Blattes eine Gerade g und in der Mitte den Punkt A etwa 10 mm von g entfernt. Nun wird das Geodreieck so angelegt, dass der rechte Winkel die Gerade g berührt und eine der kurzen Seiten durch den Punkt A geht. An der anderen kurzen Seite wird nun eine Gerade gezeichnet. Dies wird einige Male auf beiden Seiten von A wiederholt. Auf diese Weise entsteht eine **Hüllkurve** der Parabel. Wie verändert sich die Zeichnung, wenn der Abstand von A zu g variiert wird?

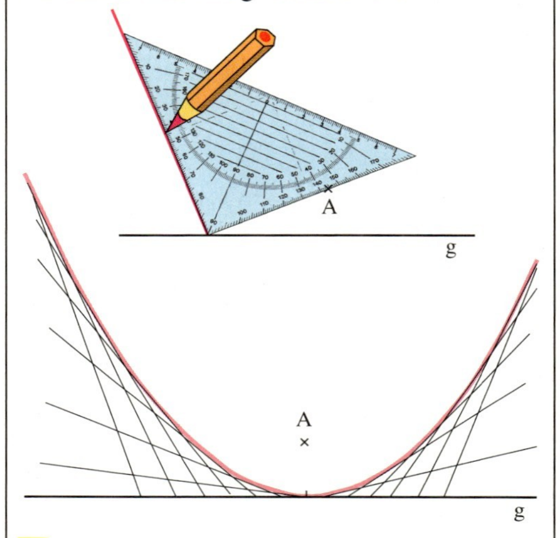

Ein anderer Weg zur Parabel führt über zwei gleich lange Strecken (z.B. 10 cm), die in einem Winkel aufeinander treffen. Nun werden die Strecken in jeweils 10 gleiche Abschnitte unterteilt und Punkt 10 der einen Geraden mit Punkt 1 der anderen Geraden verbunden; und weiter 9 mit 2, 8 mit 3, 7 mit 4, ...

Probiere mit verschiedenen Winkeln, in denen die Geraden aufeinander treffen.

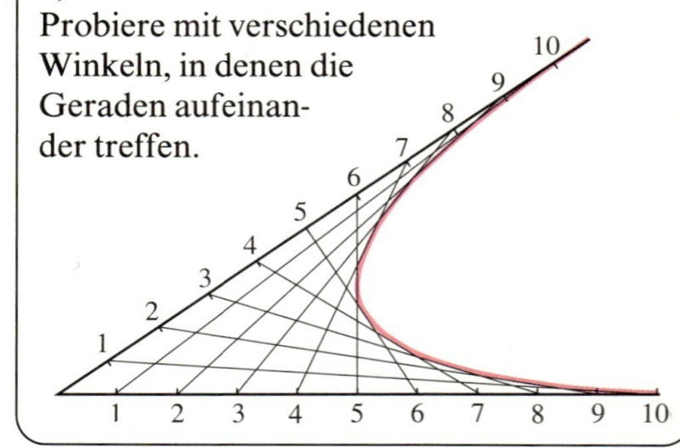

Markiere einen Punkt P einen Zentimeter vom Blattrand entfernt.

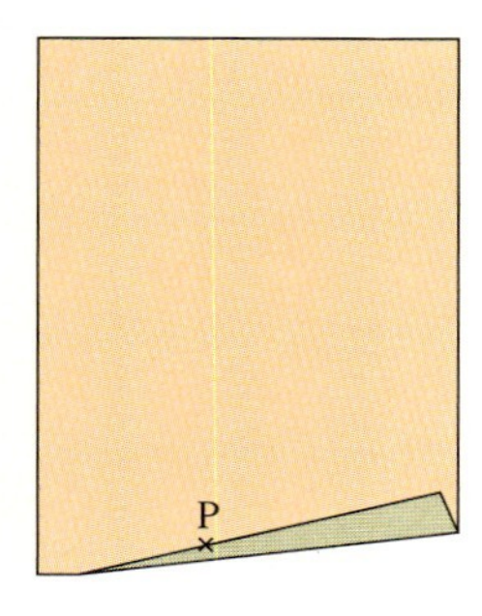

Falte das Blatt so, dass der untere Rand immer auf P zu liegen kommt. Wiederhole diese Art zu falten mehrere Male. Du erhältst eine bekannte Figur.

8

Die Gerade schneidet die Parabel in zwei Punkten. Zeichne Parabel und Gerade in ein Koordinatensystem und lies die Koordinaten der Schnittpunkte aus der Zeichnung ab.

a) $y = x^2 + 1$, $y = x + 1$ b) $y = x^2 - 4$, $y = x - 2$
c) $y = x^2 - 2$, $y = -x$ d) $y = -x^2 + 5$, $y = 2x + 5$

9

Bestimme die Lösungen zeichnerisch.

a) $x^2 - 5 = 0$ b) $x^2 = 7{,}5$
c) $3 - x^2 = 0$ d) $2x^2 - 12 = 0$
e) $\frac{1}{2}x^2 - 3{,}5 = 0$ f) $-x^2 + 9 = 0$

10

Löse die Gleichung rechnerisch.

a) $x^2 - 75 = 0$ b) $3x^2 = 102$
c) $2x^2 - 30 = 0$ d) $\frac{1}{2}x^2 - \frac{7}{4} = 0$

11

a) $6x^2 + 3 = 5x^2 + 19$
b) $12x + 10{,}5 - 16x - 2x^2 = 8x^2 - 4x - 12$
c) $2(2x^2 - 5) + 12 = 3x^2 + 5$
d) $x^2 + 10x + 7(x + 10) = 10x^2 + 17x - 20$

12

a) $6x^2 + 10x + 4 = (x + 1)(7x + 3)$
b) $(16x - 4)(8x + 2) = 3(x^2 + 4)$
c) $(12x + 3)^2 = 72x + 13$
d) $(8x + 3)(8x - 3) = 32x^2 + 9$
e) $250 - (x + 5)^2 = (x - 5)^2$
f) $(5x + 3)^2 + (5x - 3)^2 = 218$

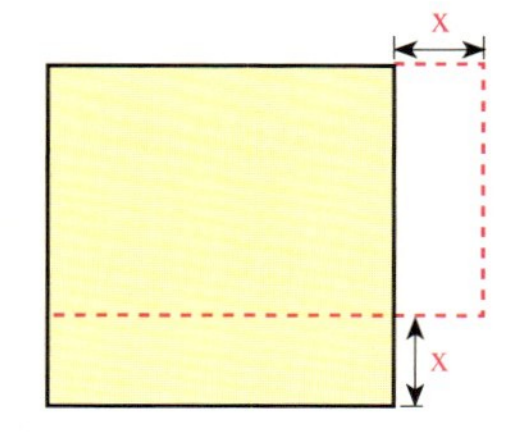

13

Eine quadratische Tischplatte mit der Seitenlänge 1 m soll an einer Seite um so viel gekürzt werden, wie sie auf der anderen Seite verlängert wird. (Bezeichne diese Strecke mit x.)

a) Für welchen Wert von x wird der Flächeninhalt der entstehenden rechteckigen Platte 0,96 m² bzw. 0,75 m² groß?

b) Warum ist der Flächeninhalt des Rechtecks immer kleiner als der des Quadrats?

14

Die Parabel verläuft durch den Scheitelpunkt S und einen zweiten Punkt P. Bestimme die Funktionsgleichung zuerst in Scheitelform und dann in der allgemeinen Form.

a) $S(3|-5)$, $P(4|1)$ b) $S(1|5)$, $P(-3|-11)$
c) $S(2|4)$, $P(4|0)$ d) $S(-10|1)$, $P(-9|2)$
e) $S(7|17)$, $P(8|-18)$ f) $S(-2|1)$, $P(1|-2)$
g) $S(0{,}5|-1)$, $P(3|2)$ h) $S(-6|2)$, $P(-4|3)$

15

Forme in die Scheitelform um und zeichne den Graphen mit Hilfe einer Wertetabelle.

a) $y = x^2 - 6x + 15$ b) $y = -2x^2 - 10x - 16{,}5$
c) $y = 3x^2 - 24x + 40$ d) $y = -x^2 + 9x - 20{,}25$
e) $y = 6x^2 + 6x + 4{,}5$ f) $y = \frac{1}{2}x^2 + 2x + 1$
g) $y = -\frac{1}{3}x^2 + 2x + 4$ h) $y = \frac{2}{7}x^2 + 4x + 7$

16

a) Zeichne die Graphen der Parabelpaare und bestimme ihre Schnittpunkte.

$y = (x - 1)^2$ und $y = (x + 1)^2$
$y = (x - 2)^2$ und $y = (x + 2)^2$
$y = (x - 3)^2$ und $y = (x + 3)^2$

b) Zeichne die Graphen der Parabelpaare, markiere ihre Schnittpunkte und verbinde sie miteinander.
Beschreibe den Verlauf der dadurch entstehenden Kurve. Wo liegt ihr tiefster Punkt?

$y = x^2 + 5$ und $y = (x + 5)^2$
$y = x^2 + 3$ und $y = (x + 3)^2$
$y = x^2 + 1$ und $y = (x + 1)^2$
$y = x^2 - 1$ und $y = (x - 1)^2$
$y = x^2 - 3$ und $y = (x - 3)^2$
$y = x^2 - 5$ und $y = (x - 5)^2$

17

Der Punkt P liegt auf der Parabel mit $y = x^2 + px + q$.
Bestimme die vollständige Funktionsgleichung.

a) $y = x^2 + 6x + q$ $P(1|17)$
b) $y = x^2 - 4x + q$ $P(2|2)$
c) $y = x^2 - px - 4$ $P(3|-1)$
d) $y = x^2 + px + 18{,}25$ $P(-2{,}5|2)$
e) $y = x^2 - px + q$ $P(-1|3)$; $P(2|4)$

18

Wohin fliegt der Parabelschwarm?

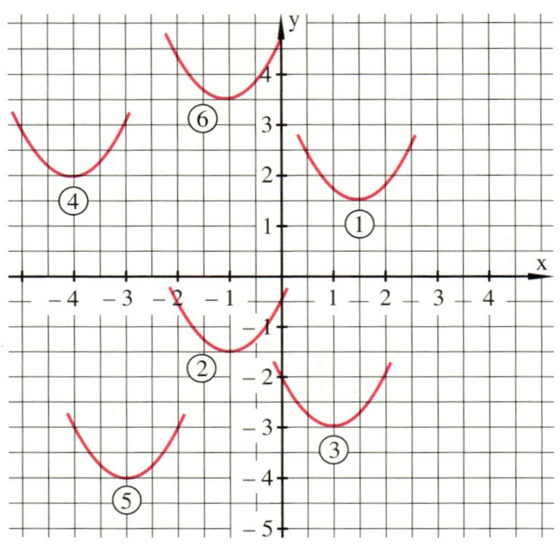

19

Berechne die Nullstellen der Parabel.

a) $y=(x-7)^2-9$ b) $y=(x+5)^2-4$
c) $y=x^2-7x+12$ d) $y=x^2-x-56$
e) $y=7x^2-4x-3$ f) $y=4x^2+9{,}6x-1$

20

Bestimme die Lösungen der Gleichung.

a) $x(x+3)=0$ b) $(x+3{,}5)^2=1{,}44$
c) $x^2-17x+60=0$ d) $x^2+\frac{x}{7}=50$
e) $3x^2-21x=-36$ f) $(3x-1)(2x+5)=0$

21

Welche quadratische Gleichung hat die angegebenen Lösungen? Schreibe zuerst in Produktform und dann in Normalform.

a) $x_1=-6;\ x_2=5$ b) $x_1=-3;\ x_2=7$
c) $x_1=-6;\ x_2=-3$ d) $x_1=-2;\ x_2=0$
e) $x_1=\frac{2}{7};\ x_2=\frac{1}{3}$ f) $x_1=\frac{1}{6};\ x_2=\frac{1}{3}$

22

Bestimme die Diskriminante und die Lösungsmenge mit der Lösungsformel. Mache die Probe mit dem Satz des Vieta.

a) $x^2+3x=10$ b) $2x^2+4x=-3$
c) $x^2-\frac{2}{3}x+\frac{1}{9}=0$ d) $x^2+25x+12=10x+15$
e) $\frac{8}{5}+\frac{8}{5}x=-2x^2$ f) $0{,}5x^2-4x=-5{,}5$
g) $x-\frac{1}{9}=x^2$ h) $9x^2-42x-15=0$

23

Bestimme die Lösungsmenge und mache die Probe durch Einsetzen.

a) $\frac{1}{3}x^2-4x=0$ b) $\frac{2}{3}a^2+\frac{8}{15}a=0$
c) $4z-1=4(z^2-1)$ d) $5x^2+10x-15=0$
e) $(4b+3)(4b-3)=9(b-1)$

Hochgradige Gleichungen

Die Gleichung $\mathbf{ax^4+bx^2+c}$ ist eine Gleichung vierten Grades. Sie kann wie eine quadratische Gleichung gelöst werden und wird deshalb auch **biquadratisch** genannt.

Beispiel: $x^4-29x^2+100=0$

Man ersetzt (substituiert) x^2 durch z und erhält dann die Gleichung

$$z^2-29z+100=0$$
$$(z-4)(z-25)=0$$
$$z_1=4;\ z_2=25$$

Da $z=x^2$ folgt $4=x^2$ oder $25=x^2$

$$L=\{-5;-2;2;5\}$$

Löse die Gleichungen.

a) $x^4-7x^2-18=0$ b) $x^4-11x^2+18=0$
c) $4x^4+5x^2-125=0$ d) $10x^4+12x^2=-4$
e) $(x^2-3)^2-7(x^2-3)=-6$

Auch diese Aufgaben kannst du lösen.

f) $x^3-9x^2+8x=0$ g) $-2x^3-6x^2+20x=0$

24

a) Die Differenz zweier Zahlen ist 7. Ihr Produktwert beträgt 198. Wie heißen die beiden Zahlen?
b) In welche Faktoren lässt sich die Zahl 144 zerlegen, so dass deren Differenz 18 beträgt?

25

Zwei natürliche Zahlen haben denselben Differenzbetrag zur Zahl 100. Ihr Produkt ist das 375fache ihrer Differenz.
Wie heißen die beiden Zahlen?

26

Eine Parabolantenne hat einen Durchmesser von 0,85 m und eine Tiefe von 0,21 m. Bestimme die Funktionsgleichung der Parabel und zeichne sie (1 Einheit 10 cm).

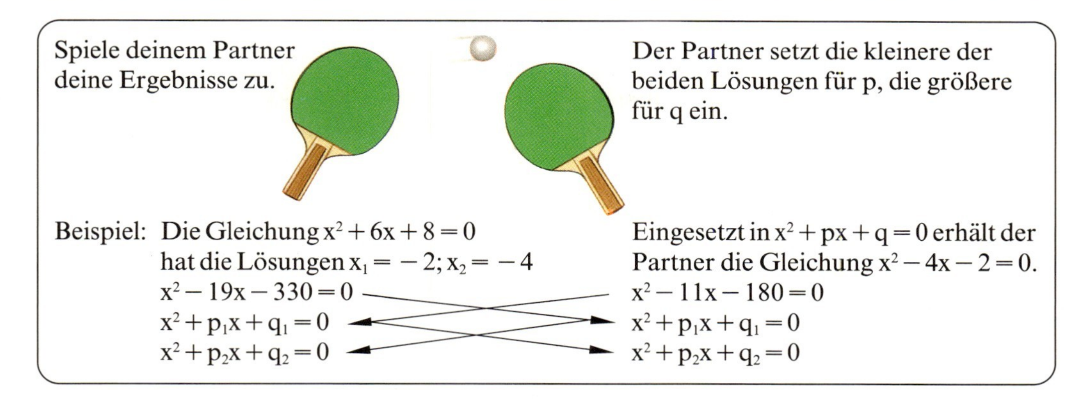

Spiele deinem Partner deine Ergebnisse zu.

Der Partner setzt die kleinere der beiden Lösungen für p, die größere für q ein.

Beispiel: Die Gleichung $x^2 + 6x + 8 = 0$ hat die Lösungen $x_1 = -2$; $x_2 = -4$

Eingesetzt in $x^2 + px + q = 0$ erhält der Partner die Gleichung $x^2 - 4x - 2 = 0$.

$x^2 - 19x - 330 = 0$

$x^2 + p_1x + q_1 = 0$

$x^2 + p_2x + q_2 = 0$

$x^2 - 11x - 180 = 0$

$x^2 + p_1x + q_1 = 0$

$x^2 + p_2x + q_2 = 0$

27

a) Verlängert man die Seite eines Quadrats um 3 m und verkürzt die andere Seite um 1 m, entsteht ein Rechteck mit einem Flächeninhalt von 21 m². Welche Seitenlänge besitzt das Quadrat?

b) Verlängert man alle Kanten eines Würfels um 1 cm, so erhöht sich das Volumen um 127 cm³. Welche Länge besitzt die ursprüngliche Kante?

c) Das Volumen des Quaders beträgt 720 cm³. Berechne die Länge und Breite der Grundfläche.

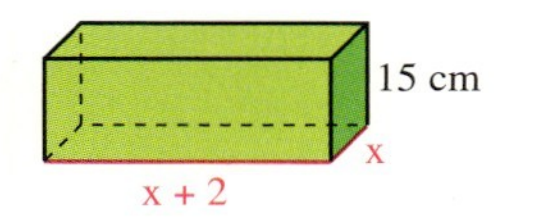

28

Familie Fuchs plant einen Wintergartenanbau am Wohnhaus. Die Gesamtlänge der Fensterfront beträgt 12 m.

a) Berechne die Grundfläche des Wintergartens für $x = 1$ m, $x = 2$ m und $x = 3$ m.

b) Für welche Länge von x wird der Flächeninhalt der Grundfläche maximal?

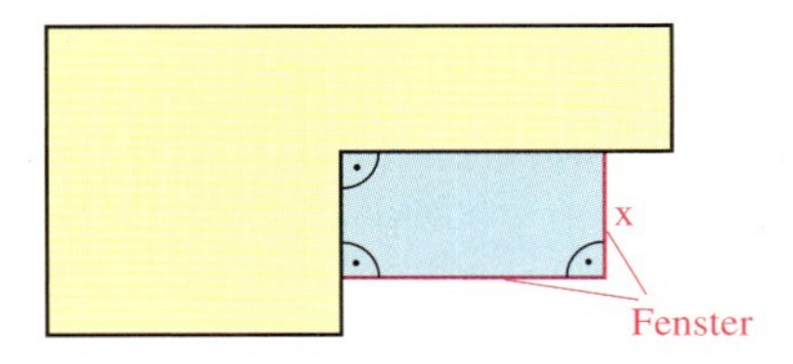

29

Für eine elektrische Schaltung sollen zwei Widerstände R_1 und R_2 in Parallelschaltung einen Gesamtwiderstand R von 20 Ohm und in Reihenschaltung 100 Ohm haben. Wie groß sind die Einzelwiderstände?

30

Bei den Bundesjugendspielen wirft Klaus seinen Ball in der Form einer Parabel. Diese kann beschrieben werden mit der Funktionsgleichung $y = -0{,}02x^2 + 0{,}6x + 1{,}5$.

a) Wie weit fliegt der Ball?

b) In welcher Entfernung hat er den höchsten Punkt erreicht?

c) In welcher Höhe hat er den Ball abgeworfen?

31

Aus China (2. Jahrhundert v. Chr.):
In der Mitte jeder Seite einer Stadt mit quadratischem Grundriss ist ein Tor. In einer Entfernung von 20 bu nach Norden vom nördlichen Tor steht ein Mast. Geht man vom südlichen Tor um 14 bu nach Süden und dann um 1775 bu nach Westen, so wird der Mast gerade sichtbar. Wie groß ist die Länge der Quadratseite?

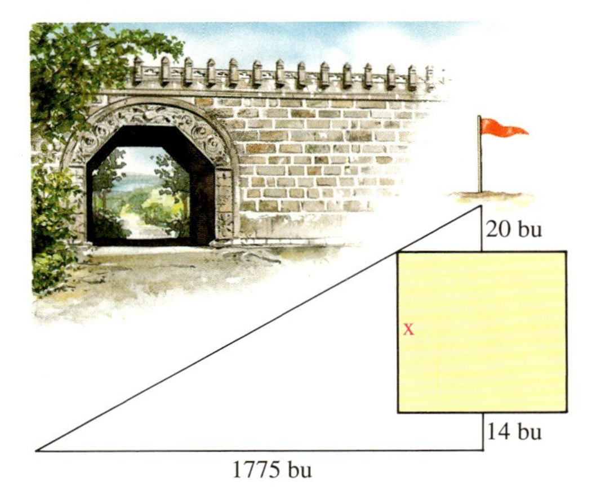

32

Ein Behälter kann durch zwei Röhren in 12 Minuten gefüllt werden. Würde er durch nur eine der Röhren gefüllt, so bräuchte die zweite 7 Minuten länger als die erste.

	Füllzeit	Füllleistung pro min
1. u. 2. Röhre	12 min	$\frac{1}{12}$ des Behälters
1. Röhre	x min	$\frac{1}{x}$ des Behälters
2. Röhre	(x + 7) min	$\frac{1}{x+7}$ des Behälters

Hieraus erhält man die Gleichung
$\frac{1}{x} + \frac{1}{x+7} = \frac{1}{12}$.
Löse und erkläre die Lösung. Gib einen Antwortsatz an.

33

Zwei Pumpen füllen einen Wasserbehälter in 6 Stunden. Eine Pumpe hätte alleine 5 Stunden länger gebraucht als die andere. Wie lange benötigt jede Pumpe alleine?

34

Drei Pumpen füllen ein Schwimmbad gemeinsam in 15 Stunden. Wie lange braucht jede einzelne, wenn die zweite Pumpe 7 Stunden länger braucht als die erste und die dritte doppelt so lang wie die erste?

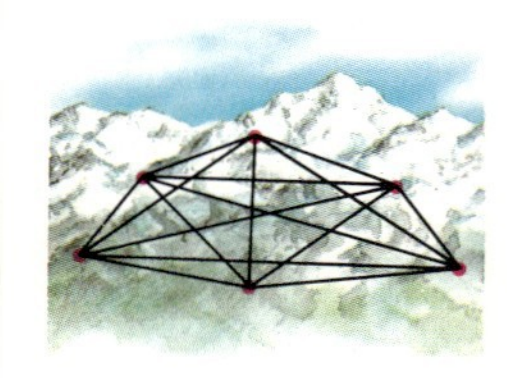

35

Sämtliche Gruppen einer Himalayaexpedition haben untereinander Sprechfunkkontakt. Wie viele Gruppen sind an der Expedition beteiligt, wenn insgesamt 28 Verbindungen zustande kommen können?
Hinweis: Die Gesamtzahl aller Verbindungen lässt sich mit dem Term $\frac{1}{2}n(n-1)$ bestimmen.

Dreieckszahlen

n=1 n=2 n=3 n=4

36

Mit dem Term $\frac{n(n+1)}{2}$ kann die Summe der Dreieckszahlen berechnet werden.

a) Berechne die Summe für n = 10 und n = 25.

b) Die Summe aller Zahlen beträgt 5 050. Berechne die Anzahl n.

37

Für die 292 km lange Strecke von Hamburg nach Münster benötigt der Eurocityzug 25 Minuten länger als der ICE, wobei der ICE um 30 km/h schneller fährt.

	ICE	Eurocity
Zeit	$\frac{292}{x}$	$\frac{292}{x-30}$

Somit ergibt sich die Gleichung
$\frac{292}{x} = \frac{292}{x-30} - \frac{25}{60}$.
Löse und erkläre die Lösung. Gib einen Antwortsatz an.

38

Der ICE braucht für die 500 km lange Strecke von Karlsruhe nach Hannover 2,5 Stunden weniger als der Interregio, der eine um 60 km/h geringere Durchschnittsgeschwindigkeit hat. Mit welcher Durchschnittsgeschwindigkeit fährt der ICE?

39

Corinna benötigt mit dem Rad für eine 90 km lange Strecke 90 Minuten weniger als Julia. Julia legt dabei pro Stunde durchschnittlich 3 km weniger als Corinna zurück. Mit welcher Durchschnittsgeschwindigkeit sind beide unterwegs?

40

Ein Eishockeyspiel besuchten 1 520 Zuschauer. Die Erwachsenen bezahlten 14 400 €, die Jugendlichen 1 600 €. Die Erwachseneneintrittskarte war um 7 € teurer als die für Jugendliche. Berechne die Eintrittspreise.

BRÜCKEN

Wenn man die Form der Bogenbrücken mit einer Funktionsgleichung beschreiben will, so erhält man $y = ax^2 (a < 0)$, wobei der Scheitel des Bogens im Ursprung des Koordinatensystems liegt.

1

Das Foto zeigt die Müngstener Brücke der Bahnstrecke zwischen Solingen und Remscheid.
Die Parabel, mit der sich der Bogen beschreiben lässt, hat die Gleichung $y = -\frac{1}{90}x^2$.
Berechne die Spannweite für eine Bogenhöhe von 69 m.
(Siehe Grafik in Aufgabe 4.)

2

Von einer Hängebrücke ist die Gleichung des parabelförmigen Bogens mit $y = \frac{1}{120}x^2$ bekannt.
Berechne die Spannweite der Brücke, wenn die Höhe 90 m beträgt.
Wie ändert sich die Spannweite bei einer Bogenhöhe von 45 m?

3

Für einige Brücken sind die Werte für h und w gegeben.
Brooklyn-Bridge: w = 486 m; h = 88 m
Golden Gate Bridge: w = 1 280 m; h = 144 m
Verrazano-Narrows-Bridge: w = 1 298 m; h = 122 m

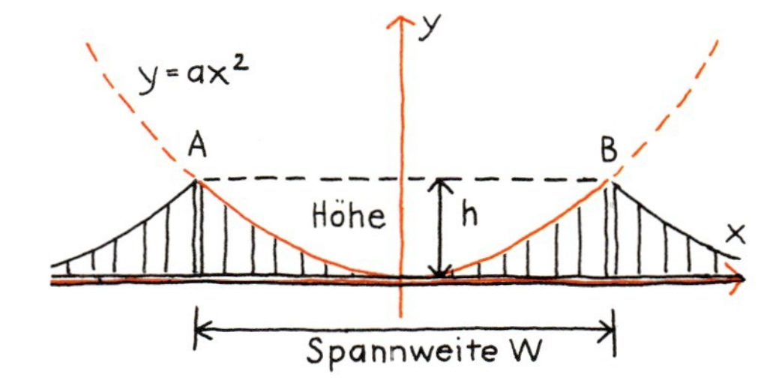

Ermittle die Koordinaten der Punkte A und B und bestimme die Gleichung der Parabel, indem du die Koordinaten eines Punktes in die Gleichung $y = ax^2$ einsetzt.

4

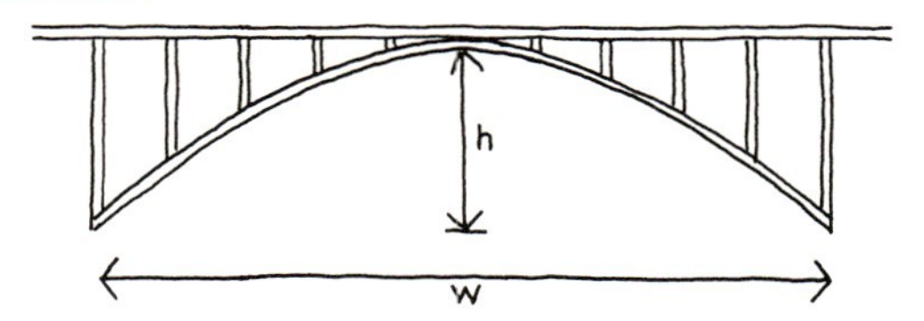

Bestimme die Parabelgleichung für h = 25 m und w = 100 m und berechne die Länge der Stützen, wenn der Abstand 10 m beträgt.

5

In der Konstruktionszeichnung links ist der Hauptbogen einer Eisenbahnbrücke dargestellt.

a) Bestimme mit den angegebenen Maßen die Parabelgleichung $y = ax^2$.

b) Rechne mit der gefundenen Gleichung und den übrigen Angaben nach, ob die Punkte auf der Parabel liegen.

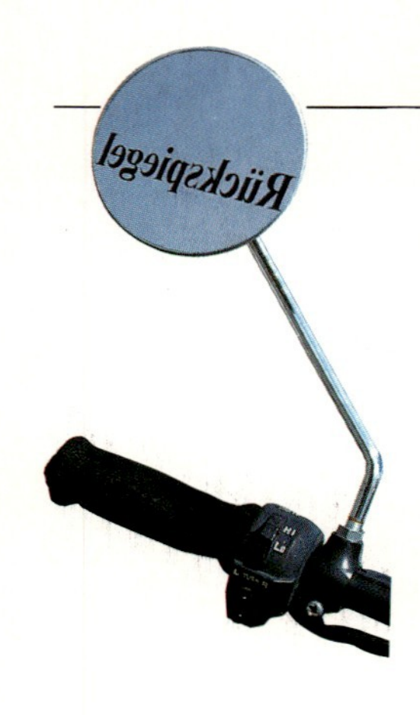

Rückspiegel

1

Bestimme den Scheitelpunkt der Parabel.

a) $y = x^2 + 6x + 5$ b) $y = x^2 + 14x + 45$
c) $y = 2x^2 - 4x - 6$ d) $y = 3x^2 - 3x - 18$
e) $y = x^2 - \frac{1}{2}x - \frac{3}{16}$ f) $y = x^2 - \frac{2}{5}x - \frac{8}{25}$

2

Zeichne den Graphen.

a) $y = x^2 + 8x$ b) $y = x^2 - 2x - 8$
c) $y = -\frac{1}{4}x^2 + 10$ d) $y = 0{,}5x^2 - 5x + 12$

3

Bestimme die Nullstellen zeichnerisch und rechnerisch.

a) $y = x^2 + 2x + 0{,}75$ b) $y = -x^2 + 5x - 4$
c) $y = 0{,}5x^2 - 2$ d) $y = -(x+3)^2 - 2$

4

Löse zeichnerisch.

a) $x^2 - 2{,}25 = 0$ b) $x^2 = x + 1$
c) $x^2 + 2x - 3 = 0$ d) $0 = x^2 - 11x + 28$

5

Löse mit Hilfe der Lösungsformel.

a) $x^2 + 15x + 50 = 0$
b) $x^2 + \frac{3}{4}x - \frac{7}{64} = 0$
c) $3x^2 - 12{,}9x + 3{,}6 = 0$
d) $5x^2 = 7x - 20$
e) $9x^2 - 40{,}5x - 22{,}5 = 0$
f) $(3x-5)^2 - (2x+3)^2 + 48 = 0$
g) $2(x+16)^2 - 2(32+x) = (x+12)^2 + 87$

6

Gib die zu den Lösungen gehörende Gleichung in allgemeiner Form an.

a) $x_1 = 2; x_2 = 5$ b) $x_1 = -8; x_2 = -3$
c) $x_1 = 0; x_2 = 7$ d) $x = 35$
e) $x_1 = -2; x_2 = 24$ f) $x_1 = -1{,}1; x_2 = 1{,}1$

7

Löse die Gleichung mit der Lösungsformel und überprüfe mit dem Satz von Vieta.

a) $(x+4)(x+5) = 30$
b) $3x^2 - 9x + 6 = 0$
c) $4x + 4x^2 - 9 = 3x^2 + 3$
d) $6x^2 + 2x - 1\,104 = 46x + 2x^2$
e) $11x^2 - 180x = 2x^2 - 864$
f) $(2x-6)(2x+4) = 0$

8

Wird die eine Seite eines Quadrats auf ein Drittel verkürzt und die andere um 8 cm verlängert, so nimmt der Flächeninhalt um 8 cm^2 ab. Wie lang ist die Quadratseite?

9

Multipliziert man eine natürliche Zahl mit ihrem Nachfolger, erhält man 342.
Wie heißt die Zahl?

10

Wird eine Kugel aus einer Höhe von 2,2 m und mit einer Anfangsgeschwindigkeit von 90 m/s senkrecht nach oben geschossen, kann die Maßzahl der erreichten Höhe der Kugel nach t Sekunden mit der Gleichung $h = 90\,t + 2{,}2 - 5t^2$ annähernd berechnet werden.

a) Welche Höhe hat die Kugel nach 10 Sekunden erreicht?
b) Wie hoch fliegt die Kugel und wann hat sie die maximale Höhe erreicht?
c) Wann schlägt die Kugel wieder auf dem Boden auf?

11

Silke wirft einen Stein in einen angeblich 50 m tiefen Brunnen. Nach 2,5 Sekunden hört sie den Aufschlag des Steins. Wie tief ist der Brunnen wirklich?

12

Beim Weitsprung beschreibt die Flugbahn eine Parabel.

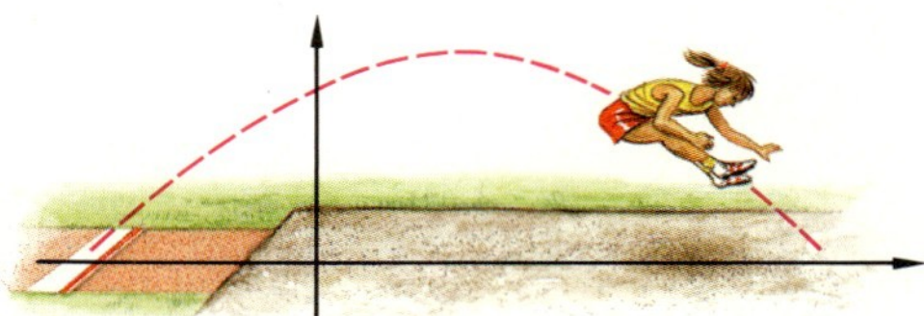

a) Wie weit springt eine Sportlerin (in Metern), wenn ihre Sprungparabel mit der Gleichung $y = -0{,}1x^2 + 0{,}4x + 0{,}5$ beschrieben werden kann?
Berechne dazu die Nullstellen.
b) Wie weit springt sie, wenn ihre Flugbahn beim nächsten Sprung etwas steiler ist und die Gleichung $y = -0{,}2x^2 + 0{,}4x + 1{,}4$ hat?

IV Zentrische Streckung. Strahlensätze

Überall dort, wo ähnliche Figuren erzeugt werden, begegnen uns Strahlen. Ob es ein Schattenbild oder eine geometrische Konstruktion ist, ob es sich um eine perspektivische Darstellung in der Malerei oder um den regelmäßigen Aufbau des Radnetzes einer Kreuzspinne handelt.
Strahlen sind in der Geometrie ein wichtiges Hilfsmittel, um ähnliche Figuren zu konstruieren.

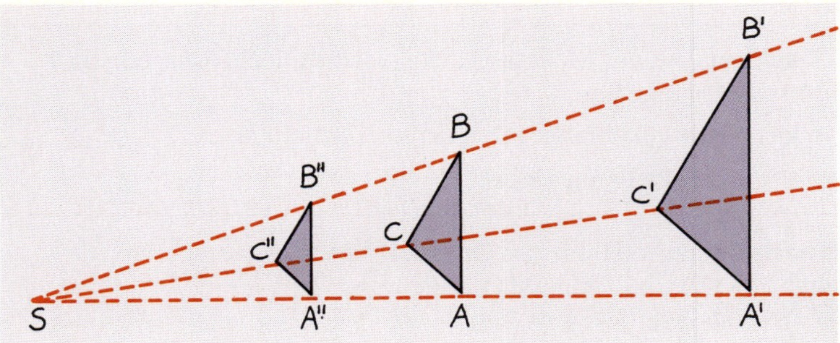

1 Streckenverhältnisse. Maßstäbliche Abbildungen

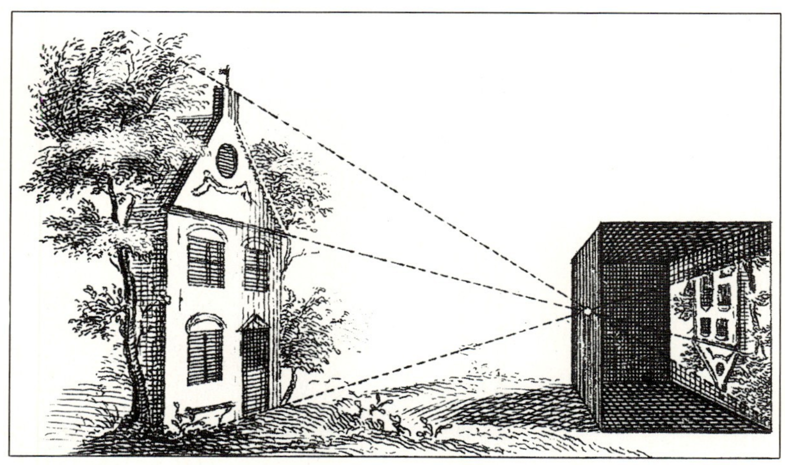

1
Mit Hilfe einer so genannten Lochkamera wurden seit dem 16. Jahrhundert Landschaftsbilder maßstäblich gezeichnet. Eine weitere Möglichkeit, Gegenstände abzubilden, ist die Schattenprojektion.
Vergleiche die Originale mit ihren Bildern. Was passiert, wenn man die Positionen verändert? Was muss beachtet werden, damit das Bild nicht verzerrt ist?

2
Das Bild zu Aufgabe 1 soll verkleinert werden. In welchen Rahmen passt es ohne beschnitten zu werden?

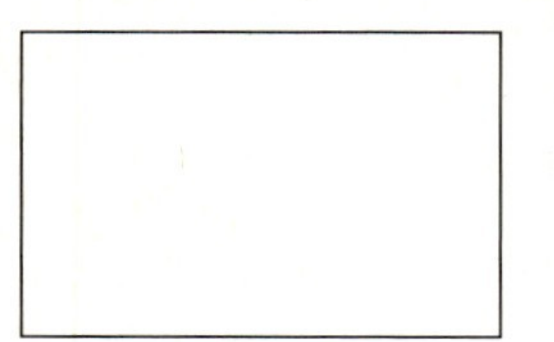

Bei maßstäblichen Abbildungen und Konstruktionen spielen Strahlen und Parallelität (von Gegenstands- und Bildebene) eine wichtige Rolle.
Für die maßstäbliche Abbildung müssen zwei Voraussetzungen erfüllt sein:
Alle Originalstrecken müssen mit demselben Faktor, dem Maßstab, vergrößert oder verkleinert werden. Außerdem müssen alle Winkelgrößen gleich bleiben.

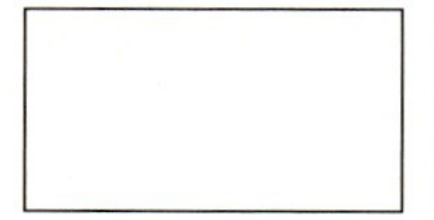

Bei einer **maßstäblichen Abbildung** legt der Maßstab k fest, welches Verhältnis jede Bildstreckenlänge zur Originalstreckenlänge hat.
$k = \frac{\text{Bildstreckenlänge}}{\text{Originalstreckenlänge}}$ bzw. $k = \text{Bildstreckenlänge} : \text{Originalstreckenlänge}$
Alle Bildwinkel sind so groß wie ihre Originalwinkel.

Bemerkung: Ist $\mathbf{k > 1}$, so ist das Bild größer als das Original (Vergrößerung).
Ist $\mathbf{0 < k < 1}$, so ist das Bild kleiner als das Original (Verkleinerung).
Original und Bild sind gleich groß, wenn $\mathbf{k = 1}$ ist.

Beispiele

a) Ein Haus mit einer 12 m × 7,50 m großen rechteckigen Grundfläche ist auf der „Flurkarte" 4,8 cm × 3 cm groß. Welchen Maßstab hat die Flurkarte? Es genügt, die Berechnung mit einem Streckenpaar durchzuführen:
$k = \frac{4,8\text{ cm}}{12\text{ m}} = \frac{4,8\text{ cm}}{1200\text{ cm}} = \frac{1}{250}$. Die Flurkarte hat also den Maßstab 1 : 250

Bemerkung: Es ist üblich, den Verhältnisbruch so weit wie möglich zu kürzen.

b) In einem Straßenatlas mit dem Maßstab 1 : 300 000 beträgt die Entfernung (Luftlinie) von Kaiserslautern nach Mainz 24 cm.
$k = \frac{1}{300\,000} = \frac{s'}{s}$, also $s = s' \cdot 300\,000 = 24\text{ cm} \cdot 300\,000 = 7\,200\,000\text{ cm} = 72\text{ km}$
Die Entfernung Kaiserslautern – Mainz beträgt also 72 km.

c) Ein Negativ im Format 24 × 36 mm soll auf ein Format von 7 × 13 cm vergrößert werden. Die Vergrößerungsfaktoren $k_1 = \frac{7\text{ cm}}{24\text{ mm}} = \frac{70\text{ mm}}{24\text{ mm}} \approx 2,92$ und $k_2 = \frac{13\text{ cm}}{36\text{ mm}} = \frac{130\text{ mm}}{36\text{ mm}} \approx 3,61$ sind aber verschieden, also müsste das Bild beschnitten werden.

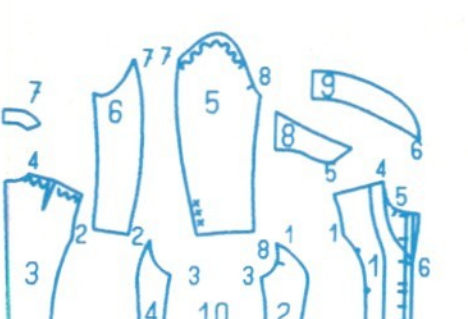
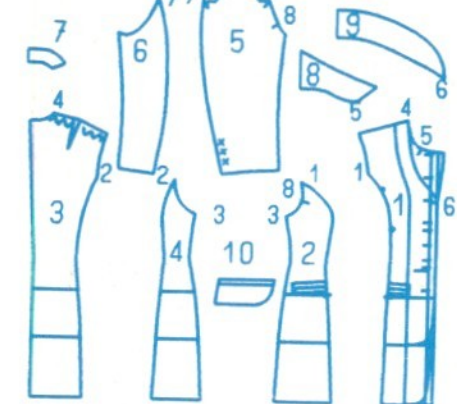

In einem Schnittmusterbogen sind die Stoffteile im Verhältnis 1 : 1, also in ihrer wahren Größe aufgezeichnet. Sie können zum Schneiden direkt auf den Stoff übertragen werden.

Aufgaben

…, DIN A5, DIN A4, DIN A3, …
Maßstab $1:\sqrt{2}$

3
Die Größe von Briefpapier oder Schulheften ist genormt. Miss das Format DIN A4 und stelle für die anderen Formate eine Tabelle der Seitenlängen auf.

In einem Elektronikkatalog finden sich folgende Angaben für das IC U 6047 B:

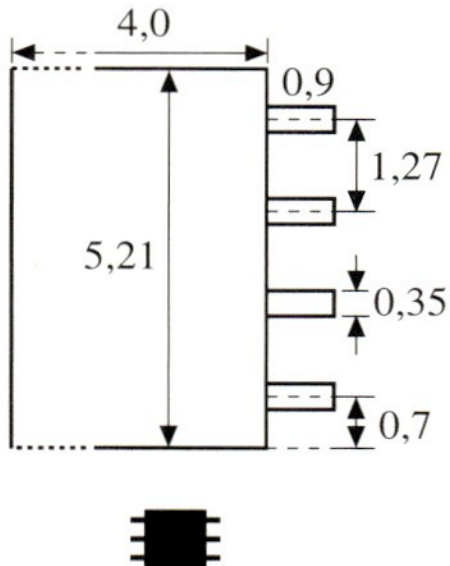

Originalgröße

4
In der Elektronik gibt es sehr kleine Bauteile. Das Gehäuse eines Zeitschalter-ICs ist nur 5,21 mm lang und 4 mm breit. Die Skizze zeigt ein solches IC in der Draufsicht (alle Maße in mm). Zeichne das IC im Maßstab 10:1.

5
Übertrage die Tabelle in dein Heft und ergänze.

Maßstab	1 : 8	1 : 20	15 : 1	1 : 50 000		
Bildlänge		45 cm		1,3 mm	2 cm	3 cm
Originall.	12 m		2 mm		4 km	0,5 mm

6
Die Spurweite der Bundesbahn beträgt 1 435 mm. Welche Spurweite hat eine H0-Modellbahn (1 : 87) und eine N-Modellbahn (1 : 160)?

7
Die abgebildeten Strecken sollen die Länge des Rheins (1320 km) und der Oder (903 km) darstellen.
Wie kann dies überprüft werden?

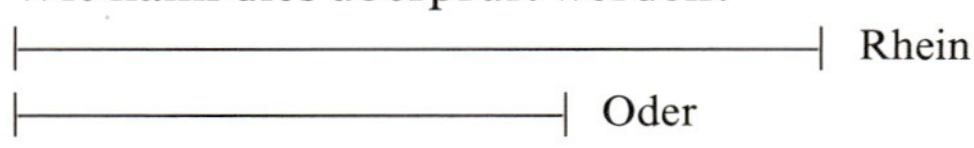

8
Zwei Vierecke ABCD und A′B′C′D′ haben die Seitenlängen $a_1 = 5{,}8$ cm, $b_1 = 3$ cm, $c_1 = 4{,}2$ cm, $d_1 = 3{,}6$ cm bzw. $a_2 = 14{,}5$ cm, $b_2 = 7{,}5$ cm, $c_2 = 10{,}5$ cm und $d_2 = 9$ cm.
a) Sind die beiden Vierecke maßstäblich? Begründe deine Entscheidung!
b) Die Diagonalen der beiden Vierecke seien $\overline{AC} = 6$ cm bzw. $\overline{A'C'} = 15$ cm lang. Sind diese beiden Vierecke maßstäblich? Begründe!

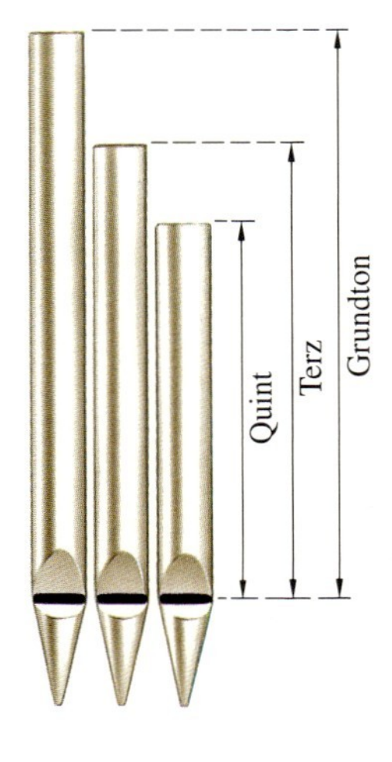

9
Trage zusammen, in welchen Berufen und in welchen Bereichen des täglichen Lebens maßstäbliche Abbildungen eine Rolle spielen.

10
Bei Orgelpfeifen (siehe Rand unten) beträgt die Länge der Terzflöte vier Fünftel und die Länge der Quinte zwei Drittel der Grundtonlänge. Wie lang sind Terz- und Quintflöte bei einer Länge der Grundtonflöte von 84 cm?

11
Mit einem Fotokopierer können Zeichnungen vergrößert bzw. verkleinert werden. Dabei ist anzugeben, wie viel Prozent der Originallänge die Bildlänge auf der Fotokopie haben soll.
a) Auf wie viel Prozent ist der Kopierer einzustellen, wenn das Original im Maßstab 1 : 4 verkleinert werden soll?
b) Ein Brief ist in Perlschrift (1,88 mm hoch) geschrieben. Er wird mit 120 % kopiert. Welche Höhe hat die Schrift in der Kopie? In welchem Maßstab wurde die Schrift vergrößert?
c) Ein Rechteck der Größe 6 cm × 9 cm wird mit 75 % kopiert. Wie groß ist das Rechteck auf der Kopie?
Bestimme den Maßstab.
Wie viel Prozent der Originalfläche hat die Bildfläche?

12
Ein 3,0 m × 4,2 m großes Kinderzimmer wird im Maßstab 1 : 25 auf einem Bauplan dargestellt.
a) Welchen Flächeninhalt hat das Kinderzimmer in der Bauzeichnung?
b) In welchem Verhältnis stehen Original- und Bildflächengrößen?
Was stellst du fest?
c) Auf dem Bauplan ist das Wohnzimmer 512 cm² groß. Wie groß ist es in Wirklichkeit?

2 Zentrische Streckung. Konstruktion

Bausatz

20 cm

10 cm

Führungsstift

Zeichenansicht

Befestigungsstift

1
Mit einem selbst gefertigten „Storchenschnabel“ kann man Zeichnungen vergrößern. Der Befestigungsstift hält das Gerät auf der Unterlage fest, mit dem Führungsstift wird die Zeichnung abgefahren, und der Zeichenstift liefert das Bild. Vergleiche Längen und Flächeninhalte in Original und Bild.

Die Vergrößerung oder Verkleinerung von einem festen Punkt Z aus heißt **zentrische Streckung**. Den Bildpunkt P′ von P erhält man durch Multiplikation der Strecke $\overline{ZP}$ mit dem Streckfaktor k.

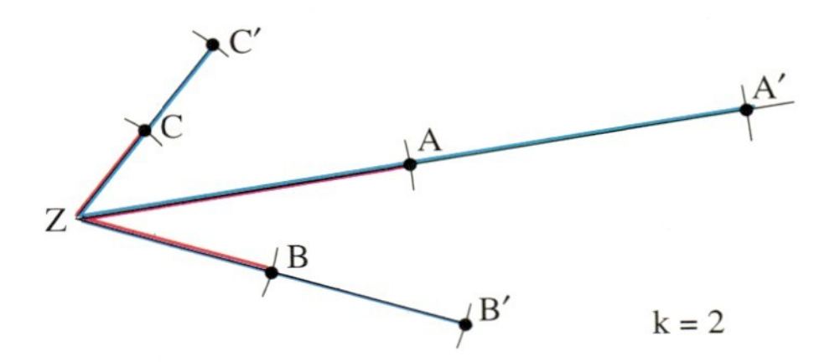

Für eine zentrische Streckung braucht man einen Punkt Z als **Streckzentrum** und einen **Streckfaktor** $k \neq 0$. Für den Bildpunkt P′ eines Punktes P gilt als **Abbildungsvorschrift der zentrischen Streckung S(Z;k)**

1. P′ liegt auf ZP
2. $\overline{ZP'} = |k| \cdot \overline{ZP}$

Ist $k > 0$, so haben die Halbgeraden ZP und ZP′ dieselbe Richtung, bei $k < 0$ liegen sie entgegengesetzt (Z liegt zwischen P und P′).
Das Streckzentrum Z ist Fixpunkt.

Bemerkung: Alle Bildpunkte der Punkte einer Geraden liegen wiederum auf einer Geraden, die zentrische Streckung ist also geradentreu.
(Diese Eigenschaft wird im Folgenden schon zur Konstruktion benutzt, den Beweis findest du in der nächsten Lerneinheit.)

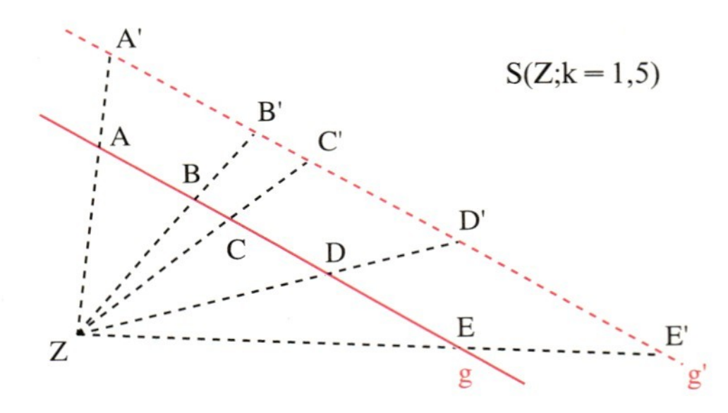

Beispiele

a) Das Dreieck ABC wird vom Streckzentrum Z aus mit dem Faktor 2 gestreckt.

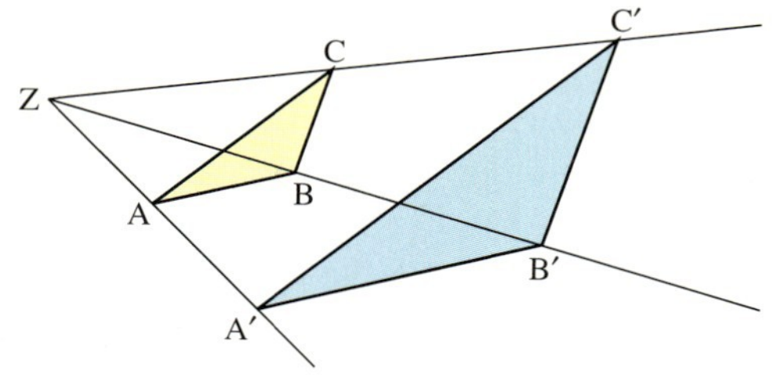

b) Das Dreieck ABC wird vom Streckzentrum Z = A aus mit dem Faktor $\frac{2}{3}$ gestreckt.

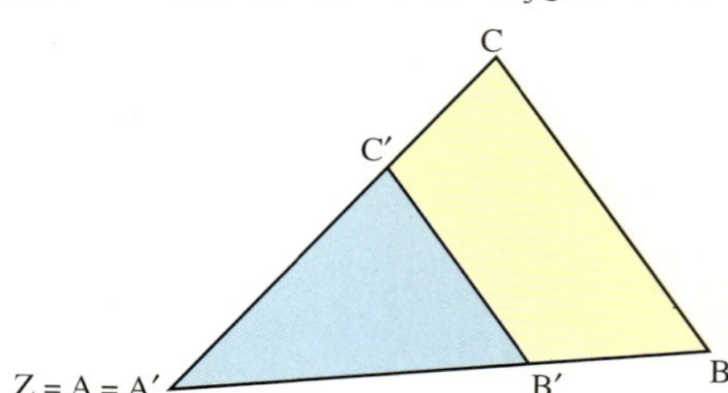

c) Das Dreieck ABC wird mit dem **negativen Streckfaktor** k = − 2 gestreckt.

Das Streckzentrum liegt außerhalb des Dreiecks.

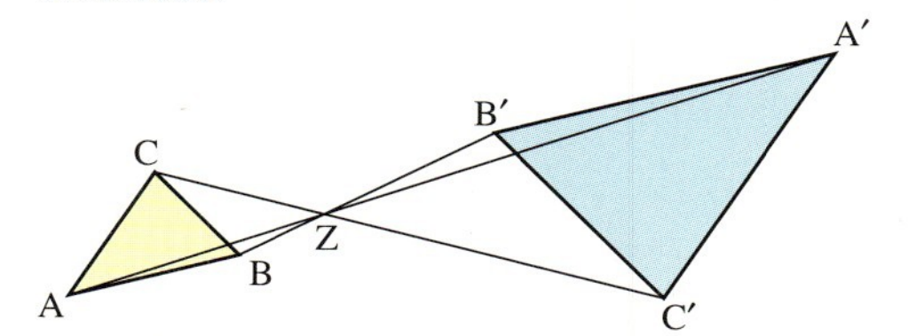

Das Streckzentrum ist ein Eckpunkt des Dreiecks.

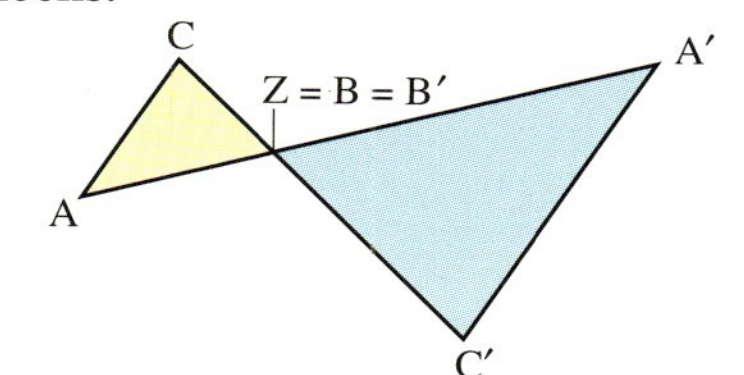

Aufgaben

2

Strecke das Dreieck von Z aus mit dem Streckfaktor 2.

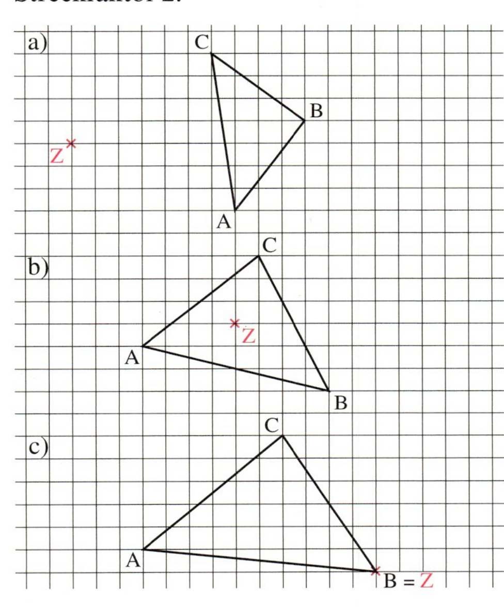

3

Strecke das Dreieck ABC von Z aus mit k.

	Z	k	A	B	C
a)	(2|3)	3	(4|2)	(5|3)	(3|4)
b)	(1|8)	2,5	(2|6)	(5|6)	(4|7)
c)	(9|1)	$\frac{5}{3}$	(6|1)	(7,5|4)	(9|4)
d)	(6|6)	1,5	(5|3)	(8|8)	(3|7)
e)	(4|1)	2,5	(4|1)	(7|2)	(3|3)
f)	(5|7)	1,8	(3,5|5)	(8,5|6)	(4|9)

4

Was kannst du über die Streckungen S(Z;k = 1) und S(Z;k = − 1) sagen?

5

Hier ist der Streckfaktor zwischen 0 und 1.

	Z	k	A	B	C
a)	(3|3)	$\frac{1}{2}$	(11|6)	(11|10)	(4|11)
b)	(10|3)	$\frac{2}{3}$	(1|6)	(11,5|7,5)	(7|9)
c)	(6,5|4,5)	$\frac{1}{3}$	(2|3)	(11|1,5)	(5|10,5)
d)	(1|1)	$\frac{3}{4}$	(1|1)	(11|3)	(3|7)

6

Strecke das Viereck.

	Z	k	A	B	C	D
a)	(6|1)	2	(4|4)	(8|4)	(7|6)	(5|6)
b)	(6|6)	$\frac{1}{4}$	(6|1)	(9|8)	(6|4)	(3|8)
c)	(9|6)	1,6	(4|5)	(11|3)	(11|6)	(6|9)
d)	(8|6)	2,5	(6|4)	(10,5|5)	(10,5|7)	(5|7,5)
e)	(6|3,5)	$\frac{1}{3}$	(3|2)	(12|2)	(10,5|6,5)	(6|6,5)

7

Die Bildfigur kann sich auch mit der Originalfigur überschneiden.

	Z	k	A	B	C	D
a)	(3|3)	2	(4|4)	(7|4)	(4|7)	–
b)	(6|2)	$\frac{2}{3}$	(3|2)	(5|6)	(1|4)	–
c)	(8|8)	$\frac{3}{5}$	(2|2)	(7|1)	(9|4)	(3|7)

8

Strecke mit negativem Streckfaktor.

	Z	k	A	B	C	D
a)	(5|4)	− 2	(2|2)	(4|1)	(2|4)	–
b)	(7|5)	$-\frac{3}{2}$	(10|4)	(9|9)	(6|8)	–
c)	(8|3)	$-\frac{1}{2}$	(5|1)	(7|6)	(4|9)	–
d)	(3|3)	− 3	(0,5|1)	(2|1)	(3|2)	(1|3)
e)	(5|4,5)	− 1	(2,5|1)	(4|2,5)	(2|5)	(0,5|1,5)

9

Die Punkte A′ und B′ sind durch eine zentrische Streckung aus den Eckpunkten A und B des Dreiecks ABC entstanden.
Konstruiere das fehlende Zentrum und das Bild des Dreiecks. Bestimme k.

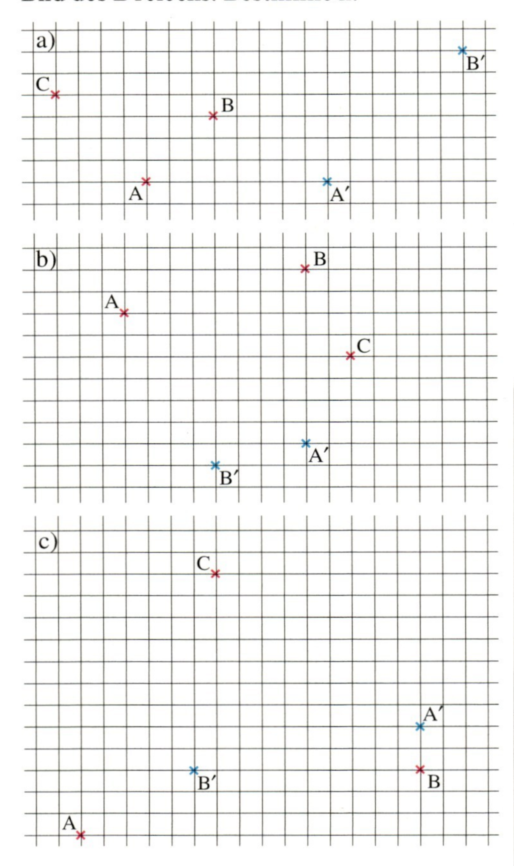

10

Strecke in einer einzigen Figur das Dreieck ABC mit A(3|4), B(6|5), C(5|8)
mit Zentrum A und Streckfaktor $k = -1$,
mit Zentrum B und Streckfaktor $k = -\frac{1}{2}$,
mit Zentrum C und Streckfaktor $k = -2$.

11

Strecke in einer einzigen Figur das Quadrat ABCD mit
A(2|2), B(4|2), C(4|4), D(2|4)
vom Zentrum Z(0|0) aus mit den Streckfaktoren $\frac{1}{3}$, $\frac{1}{2}$, $\frac{5}{6}$, 2, 3.

12

Zeichne ein beliebiges Parallelogramm ABCD und wähle einen Punkt P. Konstruiere das Bild von P bei den Streckungen mit Zentren A, B, C und D mit demselben beliebigen Streckfaktor. Was fällt auf?

13

Strecke das Dreieck ABC mit A(4|5,5), B(6,5|5,5) und C(3,5|7) am Zentrum $Z_1(3|4{,}5)$ mit dem Streckfaktor $k_1 = 3$.
Strecke das Bilddreieck an $Z_2(12|0)$ mit $k_2 = \frac{2}{3}$. Strecke das zweite Bilddreieck an $Z_3(0|6)$ mit $k_3 = \frac{1}{2}$.
Was stellst du fest? Welcher besondere Zusammenhang besteht zwischen den Streckfaktoren?

Eine Streckung der anderen Art

Du hast schon Streckungen der Normalparabel kennen gelernt. Der y-Wert eines jeden Punktes wurde mit einem Faktor multipliziert. Es wurde nicht an einem Punkt, sondern an einer Geraden (der x-Achse) gestreckt.

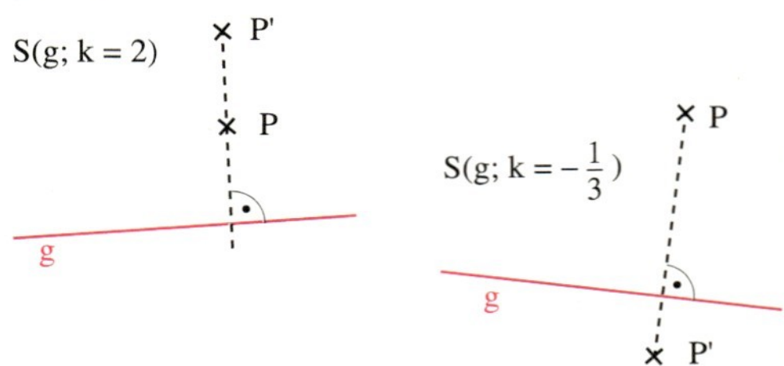

Den Bildpunkt P′ von P erhält man, indem man den Abstand von g mit einem Faktor $k \neq 0$ multipliziert.

Überlege, welche Eigenschaften diese „Streckung an einer Geraden“ hat.

Vergleiche Strecken mit ihren Bildstrecken. Es gibt drei Sorten.

Strecke einen Kreis mit $k = \frac{1}{2}$ an einem Durchmesser. Welche Bildfigur erhält man?

An welche Abbildung erinnert die „Streckung an einer Geraden“? Vergleiche.

3 Zentrische Streckung. Eigenschaften

1
In welchen Fällen ist die gelb gefärbte Figur nicht durch zentrische Streckung aus der blau gefärbten entstanden? Begründe deine Antwort.

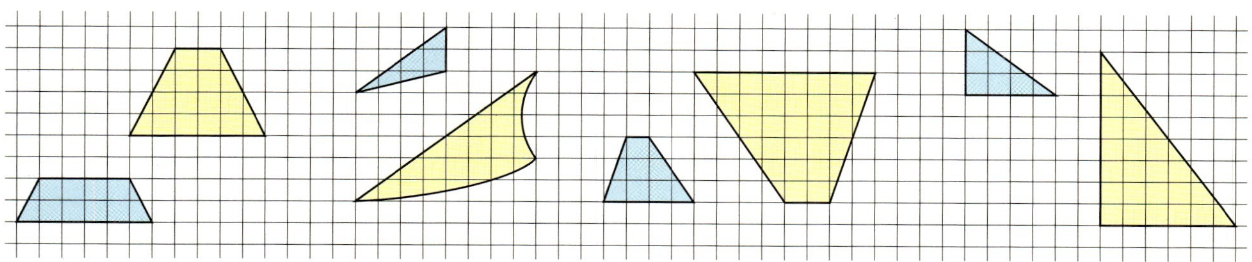

2
Die Strecken $\overline{AB}$ und $\overline{BC}$ sind gleich lang. Wie muss man die Gerade h um den Punkt P drehen, damit auch auf ihr zwei gleich lange Strecken ausgeschnitten werden?

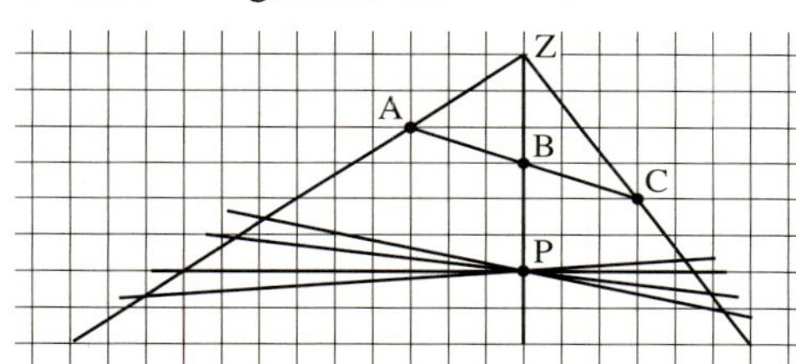

3
Auf den fünf Strahlen wird mit unterschiedlichen Faktoren gestreckt.
Zeichne die Bilder der Punkte A, B, C, D, E.

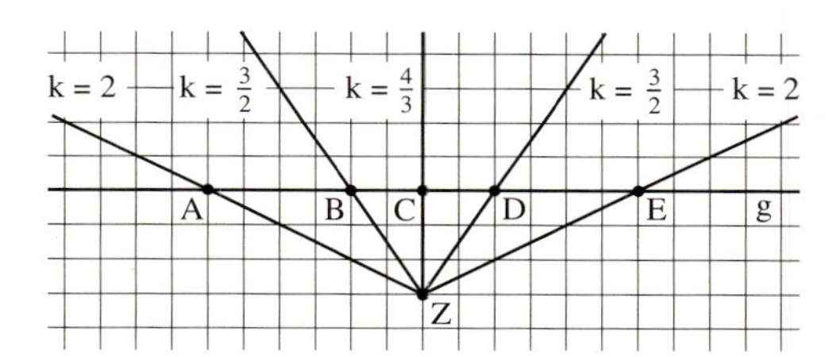

Die zentrische Streckung hat viele wichtige Eigenschaften. Sie lassen sich besonders leicht begründen, wenn man k ganzzahlig wählt.
In der Figur wurden A und B mit $k = 2$ an Z gestreckt. Weil $\overline{ZA} = \overline{AA'}$ und $\overline{ZB} = \overline{BB'}$ ist, sind die drei Parallelogramme kongruent. Deshalb ist auch $\overline{ZD} = 2 \cdot \overline{ZM}$, D ist also das Bild von M. Außerdem liegt D auf $\overline{A'B'}$, und $\overline{A'B'}$ ist parallel zu $\overline{AB}$ und doppelt so lang wie $\overline{AB}$.
Für andere Werte von k muss nur ein jeweils geeignetes Parallelogrammgitter gewählt werden.

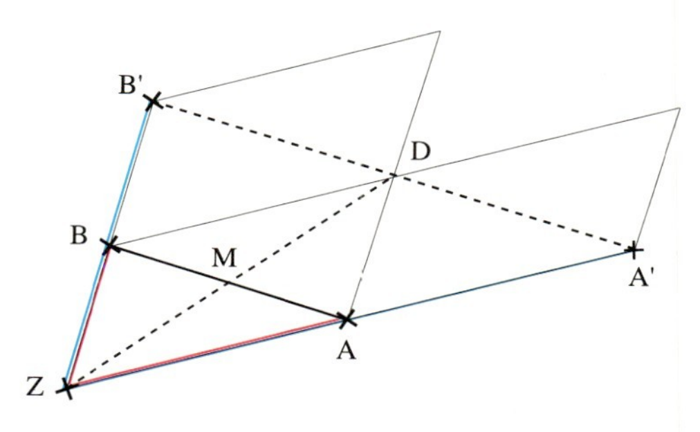

Die zentrische Streckung mit dem Streckfaktor k hat folgende Eigenschaften:
- Das Bild einer Geraden ist wieder eine Gerade.
- Eine Gerade und ihre Bildgerade sind parallel, deshalb ist die Abbildung auch winkeltreu.
- Jede Bildstrecke ist $|k|$-mal so lang wie die Originalstrecke (deshalb hat auch jede Bildfigur den $|k|$-fachen Umfang der Originalfigur).

Bemerkung: Weil jede Bildstrecke $|k|$-mal so lang ist wie die Originalstrecke, werden die Flächeninhalte als Produkte aus zwei Längen ver-k^2-facht; z. B. gilt für den Flächeninhalt A' eines Bilddreiecks $A' = \frac{1}{2} \cdot g' \cdot h' = \frac{1}{2} \cdot |k| \cdot g \cdot |k| \cdot h_g = k^2 \cdot \frac{1}{2} \cdot g \cdot h = k^2 \cdot A$

Die Strecke $\overline{AB}$ wird durch den Punkt T geteilt. Das **Streckenverhältnis** ist hier $\overline{AT}:\overline{TB} = 4\text{ cm}:3\text{ cm} = 4:3$.
Durch die zentrische Streckung $S(Z; \frac{3}{2})$ erhält man
$\overline{A'T'} = \frac{3}{2}\overline{AT} = \frac{3}{2}\cdot 4\text{ cm} = 6\text{ cm}$ und
$\overline{T'B'} = \frac{3}{2}\overline{TB} = \frac{3}{2}\cdot 3\text{ cm} = 4{,}5\text{ cm}$.
Das Streckenverhältnis der Bildstrecken ist $\overline{A'T'}:\overline{T'B'} = 6\text{ cm}:4{,}5\text{ cm} = 12:9 = 4:3$.
Das Streckenverhältnis bleibt also gleich.

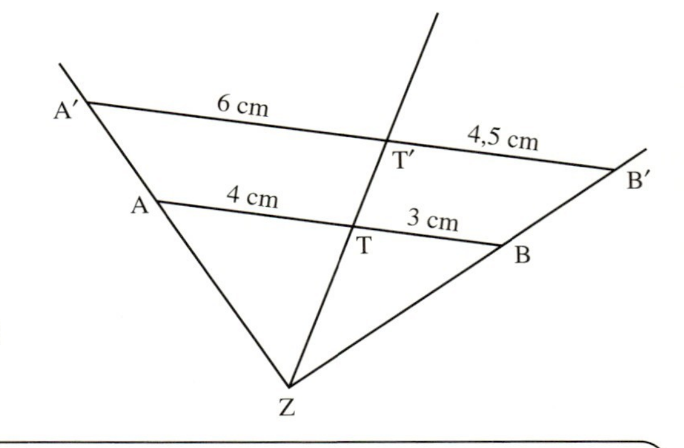

Jeder Teilpunkt T teilt die Strecke $\overline{AB}$ im selben Verhältnis wie der Bildpunkt T' die Bildstrecke $\overline{A'B'}$. Die zentrische Streckung ist verhältnistreu.

Beispiele

a) Das Viereck ABCD wird durch $S(Z; \frac{4}{3})$ abgebildet.
Der Punkt A' wird als Streckbild von A konstruiert: $\overline{ZA'} = \frac{4}{3}\overline{ZA} = \frac{4}{3}\cdot 3\text{ cm} = 4\text{ cm}$.
Da die Seiten des Bildvierecks parallel zu den Seiten des Originalvierecks sind, kann man die Bildpunkte B', C' und D' durch Parallelenkonstruktion erhalten. Damit erspart man sich das Abmessen und Vervielfachen der Strecken $\overline{ZB}$, $\overline{ZC}$ und $\overline{ZD}$.

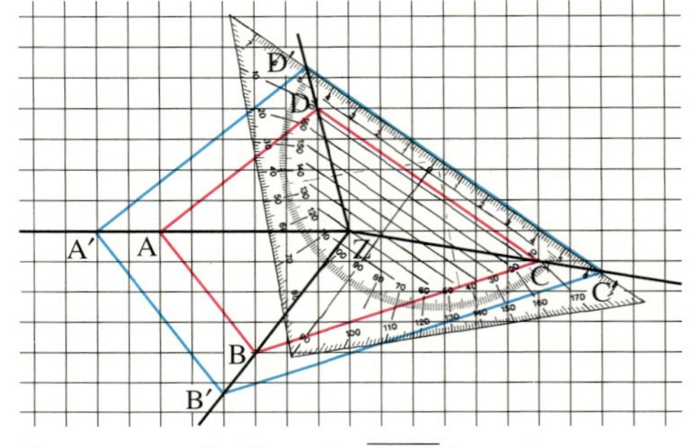

b) Aus $\overline{AC} = 9$ cm, $\overline{BC} = 6$ cm und $\overline{B'C'} = 5$ cm kann man die Strecke $\overline{A'C'}$ berechnen:
$|k| = \frac{\overline{B'C'}}{\overline{BC}} = \frac{5\text{ cm}}{6\text{ cm}} = \frac{5}{6}$; $\overline{A'C'} = \frac{5}{6}\cdot\overline{AC} = \frac{5}{6}\cdot 9\text{ cm} = 7{,}5\text{ cm}$

Aufgaben

4

Konstruiere das Bild des Vierecks oder Dreiecks wie in Beispiel a) jeweils mit Streckzentrum Z(5|5).

	k	A	B	C	D
a)	2	(3|5)	(7|3)	(8|6)	(4|7)
b)	$\frac{3}{2}$	(3|5)	(5,5|3,5)	(8,5|7,5)	(4,5|7,5)
c)	$\frac{4}{3}$	(5|2)	(7|5)	(3|7,5)	–
d)	$\frac{1}{2}$	(5|0)	(8,5|4)	(5|2,5)	(1,5|4)
e)	$\frac{4}{3}$	(6,5|3,5)	(9|5,5)	(5|6,5)	–
f)	$\frac{4}{5}$	(0|0)	(7|1)	(7|7)	(0|6)
g)	0,6	(0,5|8)	(10,5|6)	(9,5|10)	(6|10)
h)	$\frac{5}{7}$	(1,5|1,5)	(7|1)	(9|5,5)	(3,5|6)
i)	$-\frac{5}{7}$	(1,5|1,5)	(7|1)	(9|5,5)	(3,5|6)

5

Die Strecken $\overline{AB}$ und $\overline{CD}$ gehen durch zentrische Streckung in $\overline{A'B'}$ und $\overline{C'D'}$ über. Übertrage die Tabelle ins Heft und fülle sie aus (Längen in cm).

	$\overline{AB}$	$\overline{CD}$	$\overline{A'B'}$	$\overline{C'D'}$
a)	8	4		6
b)	6,3	2,1		4
c)	2,5	4,5		3,6
d)	3	6	7	
e)	4,8	1,2	5,2	
f)	5,5	7,5	4,4	
g)		9	6	7,5
h)	8,4		5,2	3,9

6

Benachbarte Punkte auf der Geraden sind jeweils gleich weit voneinander entfernt. Jeder Punkt kann Zentrum, Originalpunkt oder Bildpunkt einer zentrischen Streckung sein. Fülle die Tabelle im Heft aus.

A B C D E F G H I K L M N O

Zentrum	A	E	H	G	D	B	B	D					
Streckfaktor	2	3	$\frac{1}{2}$	-2	$\frac{1}{2}$	1,5			2	-3	$\frac{1}{3}$	$\frac{5}{2}$	$\frac{3}{2}$
Originalpunkt	B	F	D	K			C	F	E	L	B	C	H
Bildpunkt					F	L	F	G	G	C	H	F	K

7

Konstruiere das Streckbild des Vierecks ABCD mit A(2|2), B(9|3), C(7|9), D(3|7) und den Bildpunkten B′(11|2), C′(8|11).

8

Welche der folgenden Rechtecke können nicht durch Streckung eines Rechtecks mit den Seiten 8 cm und 5 cm entstehen?

1. Seite in cm	7	7,2	4,4	13	21,20
2. Seite in cm	4	4,5	2,75	8	13,25

9

Strecke das Vieleck durch Parallelenkonstruktion a) mit $k = \frac{5}{3}$ b) mit $k = -\frac{5}{3}$.

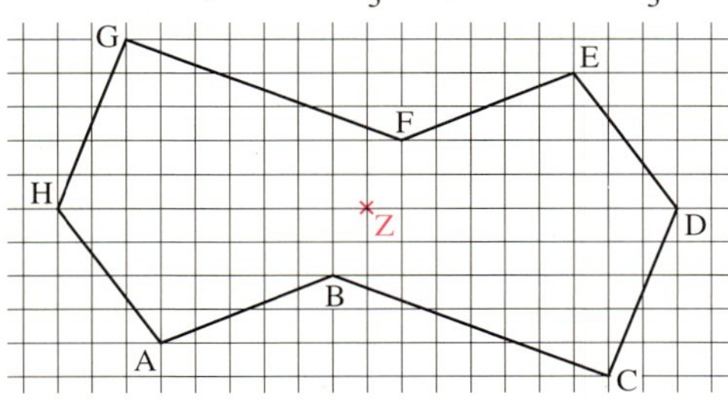

10

a) Konstruiere ein Quadrat PQRS, dessen Ecken auf den Seiten eines Dreiecks ABC mit a = 7 cm, b = 9 cm, c = 10 cm liegen.
b) Konstruiere ein Rechteck PQRS mit dem Seitenverhältnis 2 : 1, dessen Eckpunkte auf den Seiten des Dreiecks aus a) liegen.
c) Lässt sich auch in das Dreieck ABC mit a = 8 cm, b = 16 cm, c = 10 cm ein Quadrat wie in a) einbeschreiben?

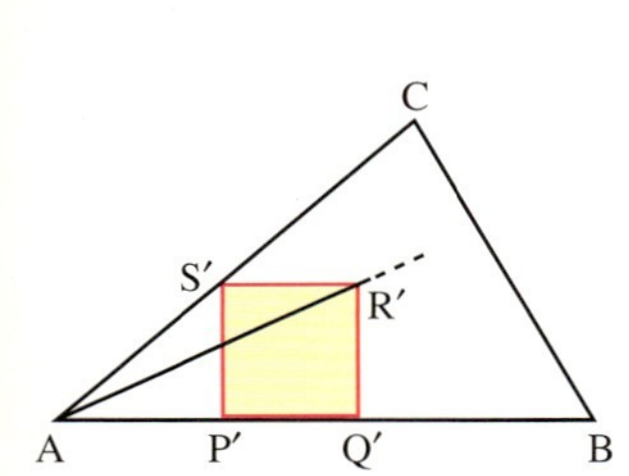

11

Du hast jetzt schon viele Figuren gestreckt. Vergleiche die Orientierung der Bildfigur mit der Orientierung der Originalfigur. Was stellst du fest?

12

Begründe, weshalb jede Gerade durch das Streckzentrum Z auf sich selbst abgebildet wird.

13

Begründe, weshalb das Streckbild eines Kreises wieder ein Kreis sein muss.

14

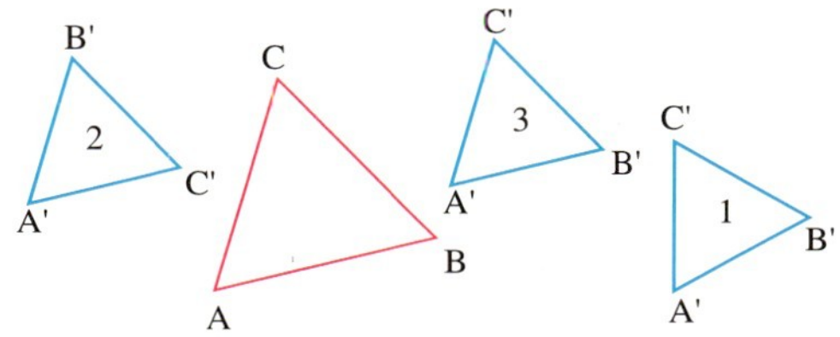

Welche der Dreiecke A′B′C′ sind ein Streckbild des gleichseitigen Dreiecks ABC? Begründe ggf., weshalb kein Streckbild vorliegt.

15

Bei einer zentrischen Streckung werden alle Seiten eines Vielecks um 40 % verlängert. Um wie viel Prozent vergrößert sich dabei der Flächeninhalt?

16

Welchen Streckfaktor musst du wählen, um den Flächeninhalt eines Dreiecks
a) zu verdoppeln
b) auf 25 % zu verkleinern?

17

Konstruiere ein Dreieck, bei dem die Seite b doppelt so lang ist wie die Seite a und die Seite c doppelt so lang ist wie b (dafür schreibt man auch a : b : c = 1 : 2 : 4 und liest „a zu b zu c wie 1 zu 2 zu 4“). Der Umfang soll 12 cm betragen. (Hinweis: Beginne mit einem einfachen Dreieck und strecke es mit einem geeigneten Streckfaktor.)

4 Strahlensätze

	Sonne	Mond
Entfernung von der Erde	150 Mill. km	384 000 km
Durchmesser	1,4 Mill. km	3 400 km

1
Sonne und Mond erscheinen von der Erde aus etwa gleich groß. Ermittle aus der Tabelle zwei etwa gleich große Streckenverhältnisse.

In der Figur schneiden die zwei Parallelen g und h ein Geradenkreuz mit dem Schnittpunkt Z. Diese Figur kann als zentrische Streckung an Z aufgefasst werden, wobei z.B. (mit $k > 1$) B auf D und A auf C abgebildet wird (oder umgekehrt mit $0 < k < 1$). Weil bei der zentrischen Streckung die Quotienten (oder „Verhältnisse") aus den Längen von Bildstrecke und Originalstrecke alle gleich $|k|$ sind, gilt: $\frac{\overline{ZC}}{\overline{ZA}} = \frac{\overline{ZD}}{\overline{ZB}} = \frac{\overline{DC}}{\overline{AB}}$.
Die Streckenlängen werden auch als „Abschnitte" bezeichnet.

Dieser Zusammenhang wird in den so genannten **Strahlensätzen** ausgedrückt, die Figur nennt man auch Strahlensatzfigur.

Wird ein Geradenkreuz mit dem Schnittpunkt Z von zwei Parallelen (nicht durch Z) geschnitten, so

verhalten sich die Abschnitte auf der ersten Geraden (des Geradenkreuzes) wie die entsprechenden Abschnitte auf der zweiten Geraden. (**1. Strahlensatz**)

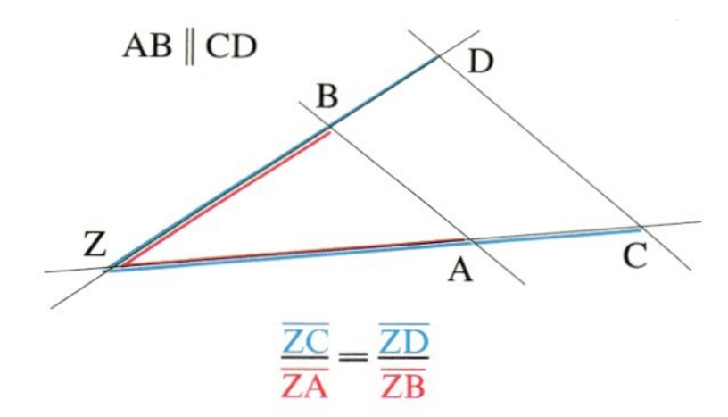

$$\frac{\overline{ZC}}{\overline{ZA}} = \frac{\overline{ZD}}{\overline{ZB}}$$

verhalten sich die Abschnitte auf einer Geraden (des Geradenkreuzes) wie die entsprechenden Abschnitte auf den beiden Parallelen. (**2. Strahlensatz**)

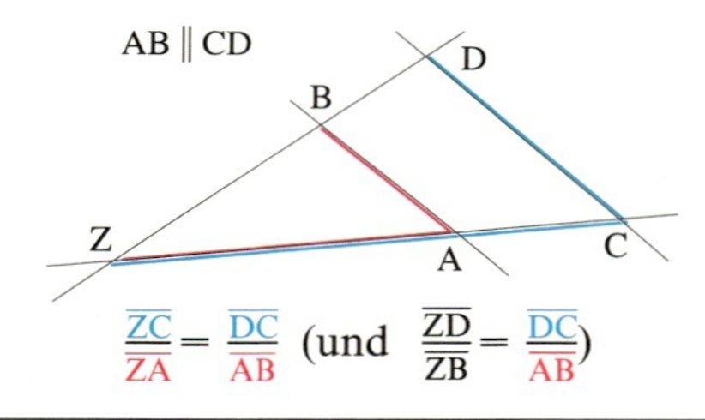

$$\frac{\overline{ZC}}{\overline{ZA}} = \frac{\overline{DC}}{\overline{AB}} \quad \left(\text{und } \frac{\overline{ZD}}{\overline{ZB}} = \frac{\overline{DC}}{\overline{AB}}\right)$$

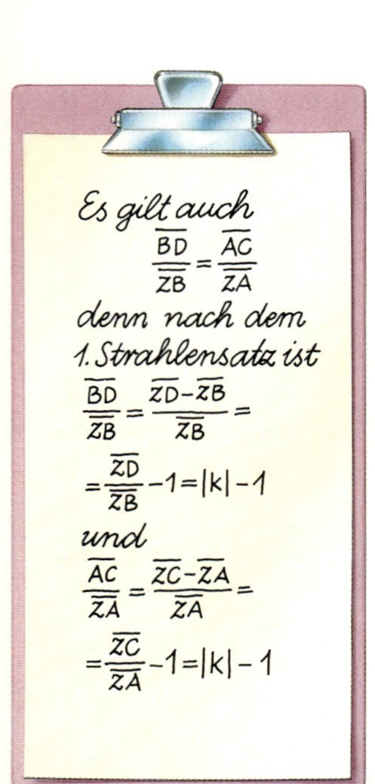

Bemerkung: Die Strahlensätze gelten auch dann, wenn der Punkt Z zwischen den Geraden g und h liegt.

Beispiele

a) Die Strecke $\overline{ZD}$ lässt sich nach dem 1. Strahlensatz aus den Strecken $\overline{ZA}$, $\overline{ZC}$ und $\overline{ZB}$ berechnen:

$\frac{\overline{ZD}}{\overline{ZB}} = \frac{\overline{ZC}}{\overline{ZA}}$ $\qquad \overline{ZD} = \frac{9\text{ cm}}{5\text{ cm}} \cdot 6\text{ cm}$

$\overline{ZD} = \frac{\overline{ZC}}{\overline{ZA}} \cdot \overline{ZB}$ $\qquad \overline{ZD} = 10{,}8\text{ cm}$

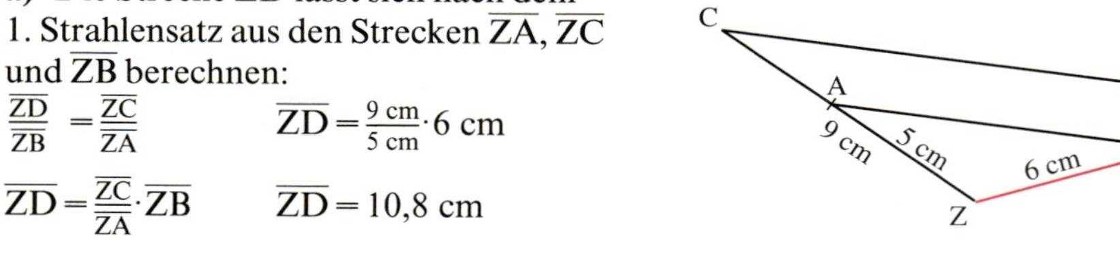

b) Die Strecke x wird nach dem 2. Strahlensatz berechnet:

$\frac{x}{4{,}8\text{ cm}} = \frac{4{,}5\text{ cm}}{2{,}7\text{ cm}}$

$x = 4{,}8 \cdot \frac{4{,}5}{2{,}7}\text{ cm}$

$x = 8{,}0\text{ cm}$

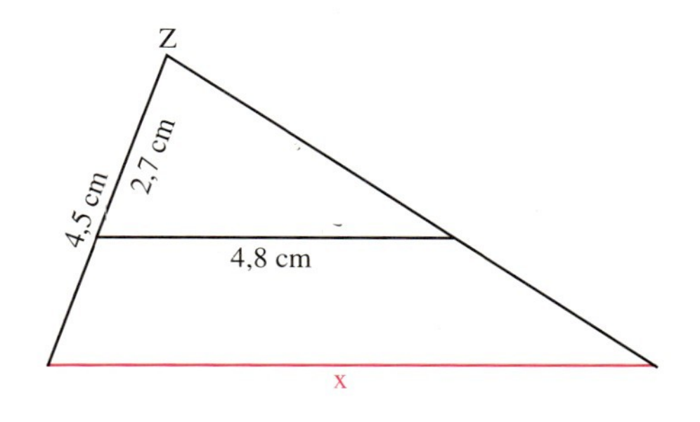

c) In der Figur hat die Strecke c nicht den Endpunkt Z. Im 2. Strahlensatz ist deshalb x + c statt c einzusetzen:

$\frac{x+c}{x} = \frac{b}{a} \quad | \cdot ax$

$a(x+c) = bx$

$ax + ac = bx \quad | -ax$

$ac = bx - ax$

$ac = (b-a)x$

$x = \frac{ac}{b-a}$

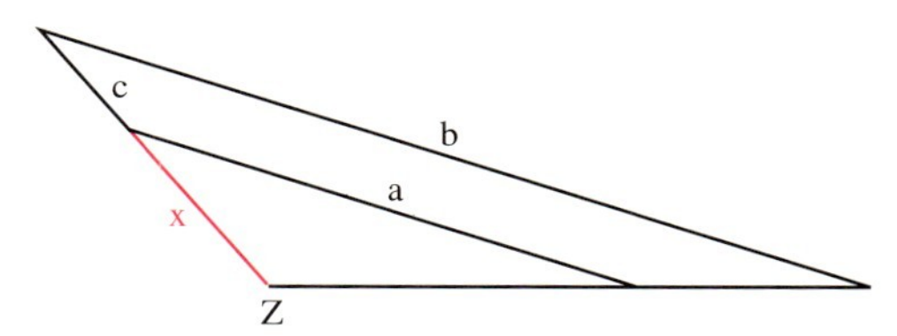

Aufgaben

GESUCHT!
Umformungen von
$\frac{a}{b} = \frac{c}{d}$
aber Vorsicht!
$\frac{a}{c} = \frac{□}{□}$
$\frac{b}{□} = \frac{□}{c}$
$\frac{d}{b} = \frac{□}{□}$
$\frac{c}{□} = \frac{d}{□}$
$\frac{□}{c} = \frac{□}{a}$
$\frac{b}{d} = \frac{□}{□}$
$\frac{□}{□} = \frac{b}{c}$

2

Schreibe Gleichungen zwischen Streckenverhältnissen auf, die nach dem 1. und 2. Strahlensatz gelten.

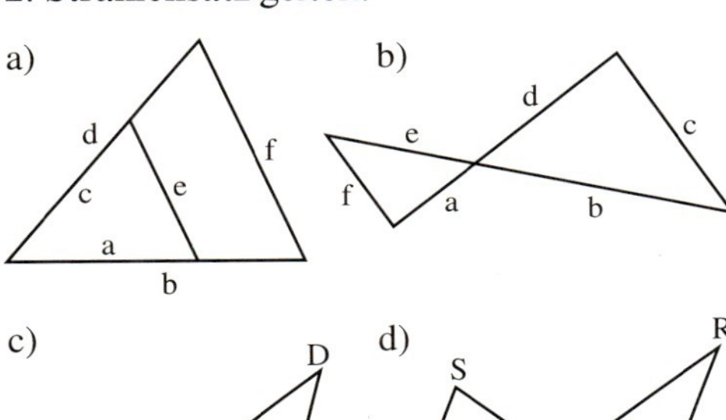
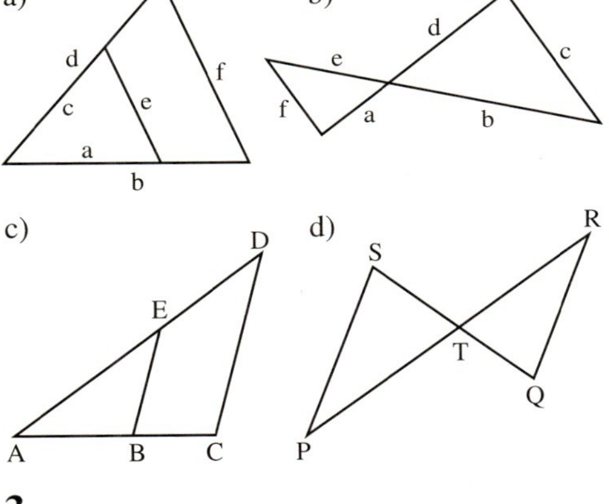

3

Suche in der Figur gleiche Streckenverhältnisse. Es gilt $g_1 \| g_4$ und $g_2 \| g_3 \| g_5$.

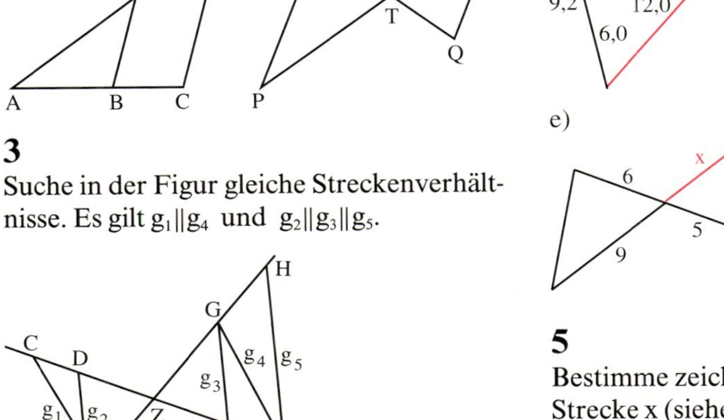

4

Berechne die Strecke x.
(Alle Maße bedeuten cm. Runde, wenn nötig, auf mm.)

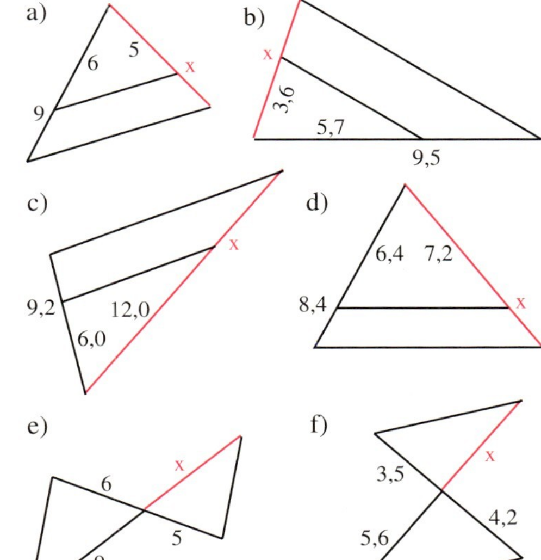

5

Bestimme zeichnerisch die Länge der Strecke x (siehe Rand).

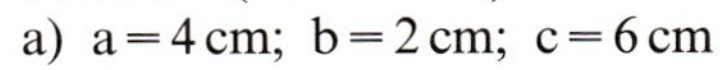

a) a = 4 cm; b = 2 cm; c = 6 cm

b) a = 5,5 cm; b = 3,5 cm; c = 7,5 cm

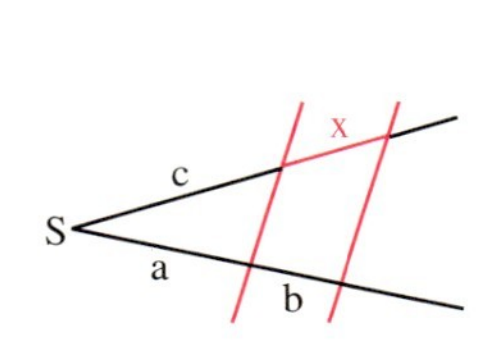

$\frac{3x + 4}{7x - 3} = \frac{10}{11}$

$\frac{7 - 6x}{8x + 3} = \frac{11}{10}$

$\frac{7x - 3}{3x + 5} = \frac{13}{37}$

$\frac{6 + 5x}{14 - 3x} = \frac{37}{13}$

Das Produkt der Lösungen ergibt eine wirklich einfache Zahl!

6

Berechne die Strecke x.
(Alle Maße bedeuten cm. Runde, wenn nötig, auf mm.)

a)
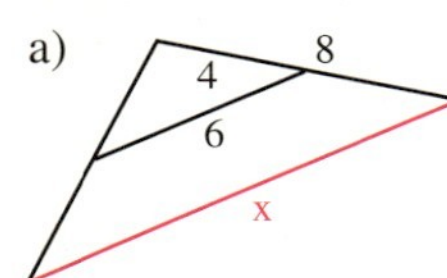

b)
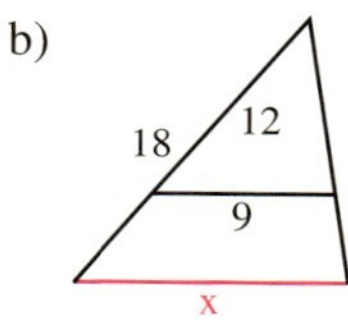

c)
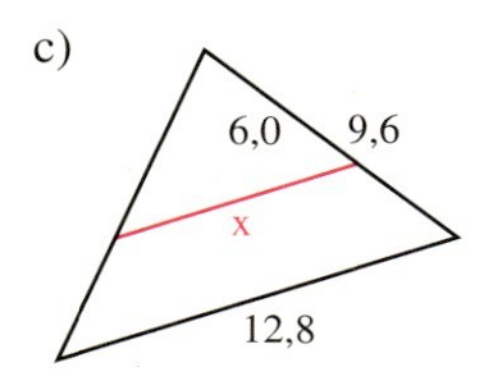

d)
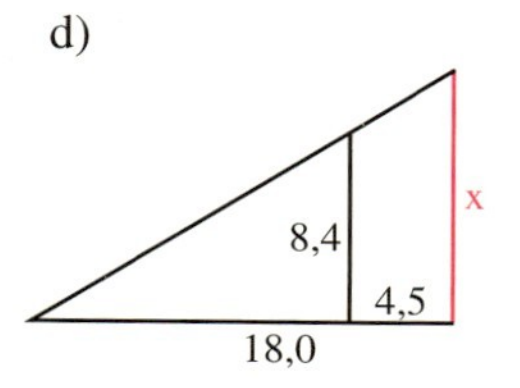

e)
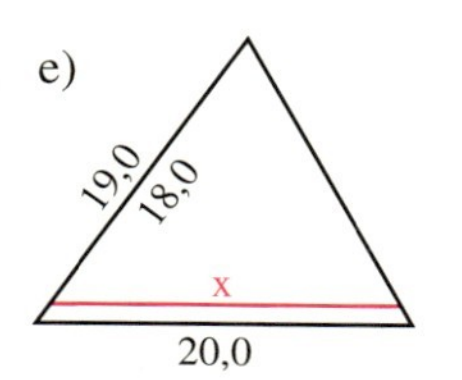

f)
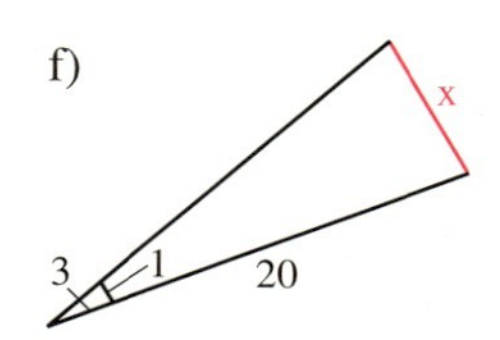

g)
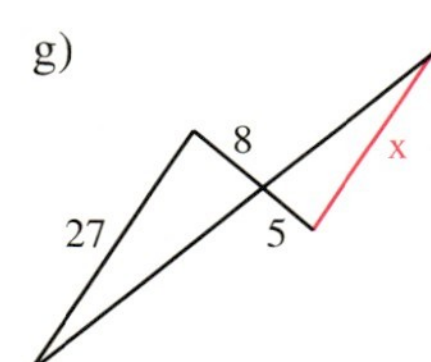

h)
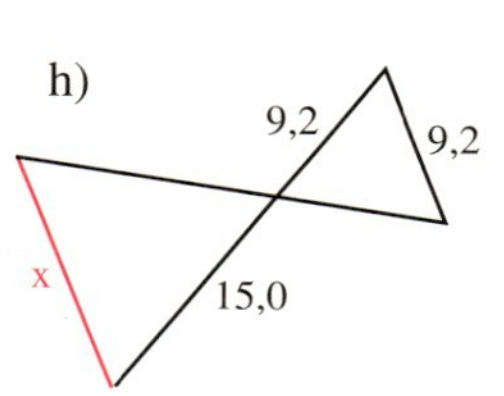

7

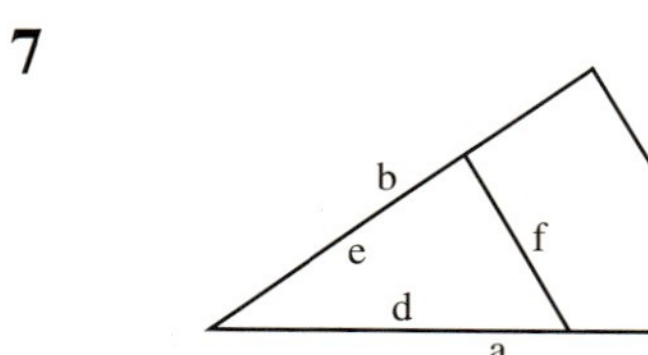

Übertrage die Tabelle mit den in cm angegebenen Streckenlängen ins Heft und fülle sie aus.

	a	b	c	d	e	f
a)	5	8		4		6
b)	4	8	6		5	
c)	7			6	8	8
d)		10		4	7	9
e)	4,6	13,2		2,5		6,0
f)	6,5		8,2		5,1	4,8
g)		5,2	5,2	2,5		2,5

8

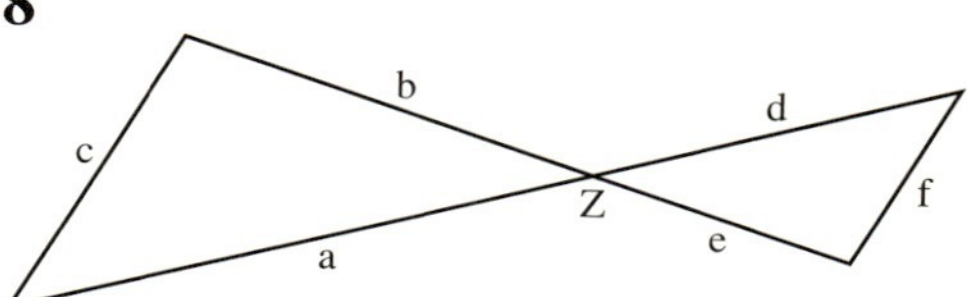

Übertrage die Tabelle ins Heft und fülle sie aus. (Alle Maße in cm.)

	a	b	c	d	e	f
a)	9	6	12	8		
b)	8	4		6		5
c)	6		11	4,8	6,4	
d)	5,1	7,2			4,3	2,9
e)		9,8	12,1	5,9	3,9	
f)	6,3		6,3		4,1	4,1

9

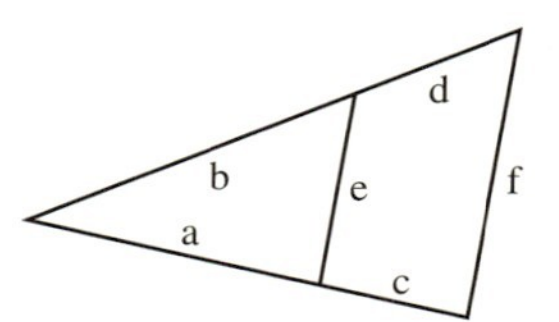

Fülle die Tabelle im Heft aus. (Alle Maße in cm.)

	a	b	c	d	e	f
a)	6	10	3		8	
b)	3	4		8		15
c)	6	5	4,8			18
d)	3,5	5,6			7	10
e)			10	14	120	130

10

Berechne die Strecke x. Beachte Beispiel c).

a)
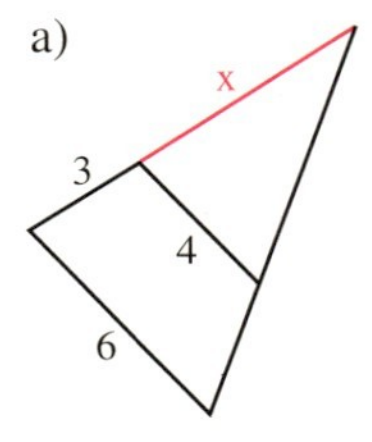

b)
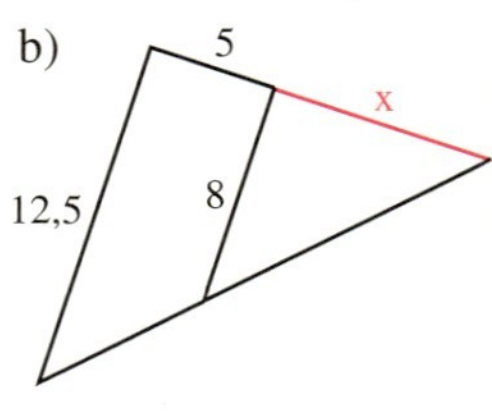

c)
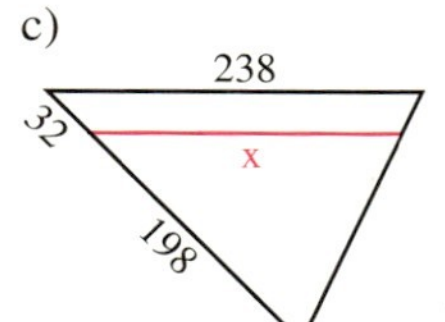

d)
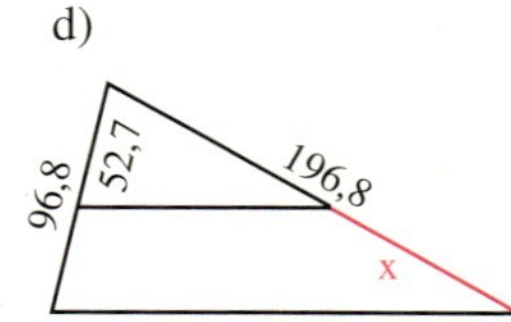

11

Mit Hilfe des 1. Strahlensatzes kann man eine gegebene Strecke $\overline{AB}$ in eine bestimmte Anzahl gleich großer Teile teilen.

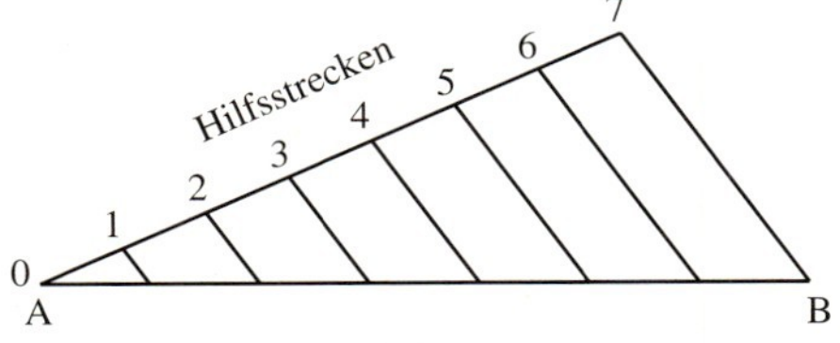

Teile wie im Beispiel:

	a)	b)	c)	d)	e)	f)
$\overline{AB}$ in cm	7	9	8,7	10	10	3,1
Anzahl der Teile	3	5	4	9	11	8

12

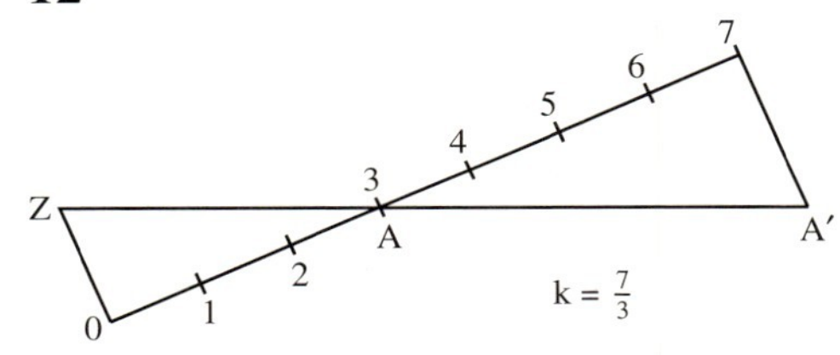

Die Figur zeigt, wie man das Zentrum einer zentrischen Streckung konstruieren kann, wenn die Verbindungsstrecke $\overline{AA'}$ eines Punktes mit seinem Bildpunkt und der Streckfaktor k gegeben sind. Konstruiere Z.

	a)	b)	c)	d)	e)
$\overline{AA'}$ in cm	5	8	4,5	12	3,8
k	$\frac{5}{3}$	$\frac{4}{5}$	$\frac{8}{5}$	$\frac{1}{6}$	$\frac{5}{2}$

13

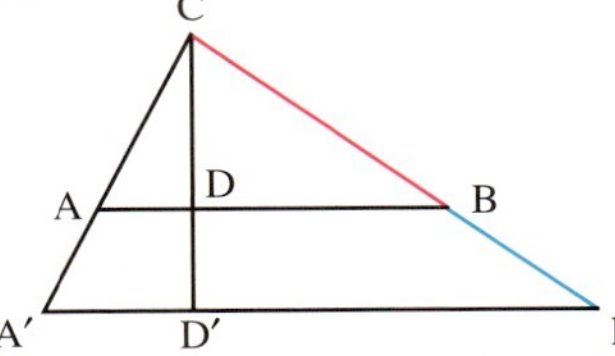

a) Es gilt: $\frac{\overline{CD'}}{\overline{CD}} = \frac{\overline{A'B'}}{\overline{AB}}$.

Berechne die fehlende Strecke.

$\overline{AB}$	$\overline{A'B'}$	$\overline{CD}$	$\overline{CD'}$
7,9 cm	6,1 cm	8,4 cm	
14,2 cm	9,4 cm		7,5 cm

b) Begründe die Formel in a).

14

Bestimme x und y. (Maße in cm.)

a)

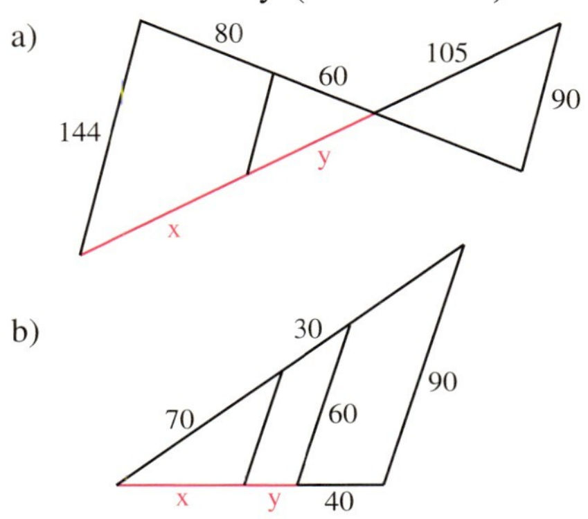

b)

15

Wenn man eine Seite des Trapezes in geeigneter Weise verschiebt, kann man die Strecke x berechnen. (Maße in cm.)

a)

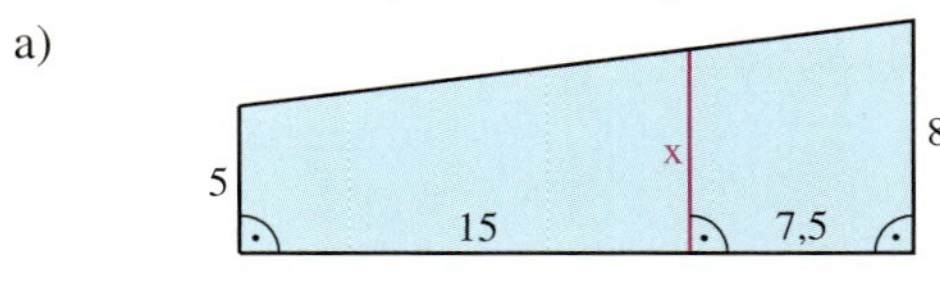

b)

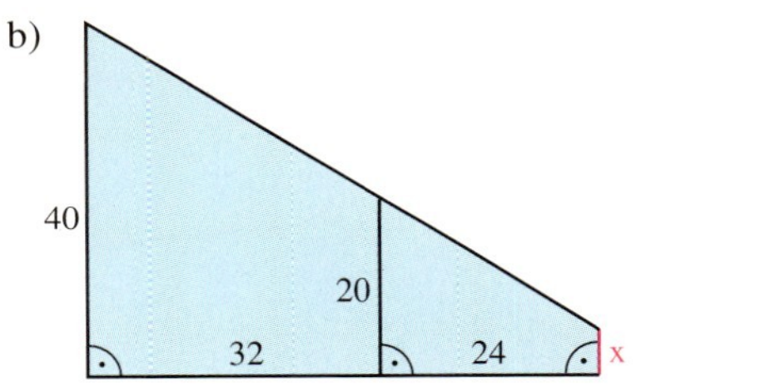

16

In das rechtwinklige Dreieck bzw. in das Trapez ist ein Quadrat einbeschrieben. Berechne seine Seitenlänge. (Maße in cm.)

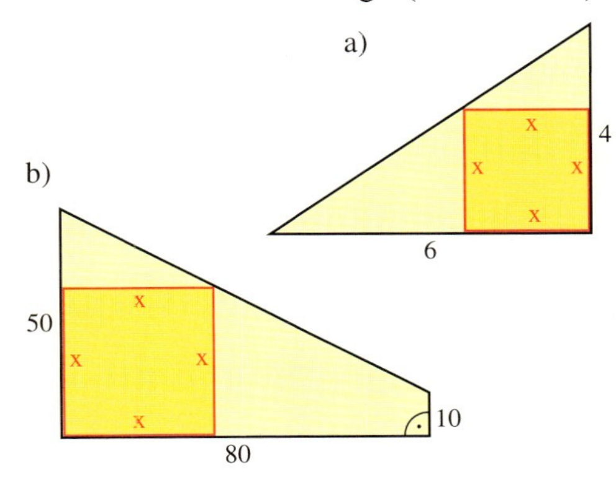

Unzugängliche Entfernungen

17

Bestimme die Breite des Flusses aus $\overline{ZA} = 100$ m, $\overline{ZC} = 25$ m, $\overline{CD} = 20$ m.
Beschreibe auch das Messverfahren.

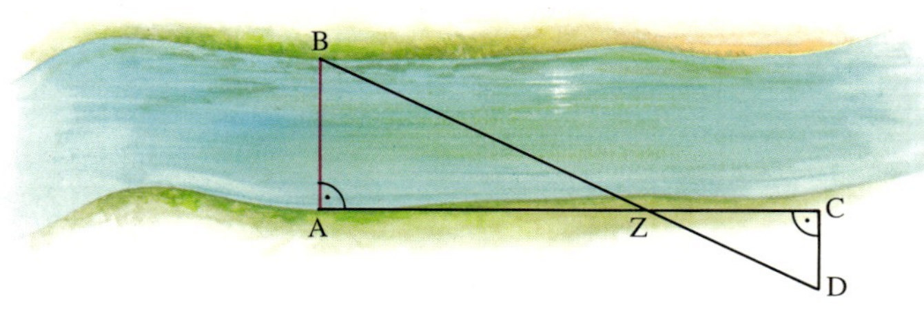

18

Berechne die Strecke über den See.

a)

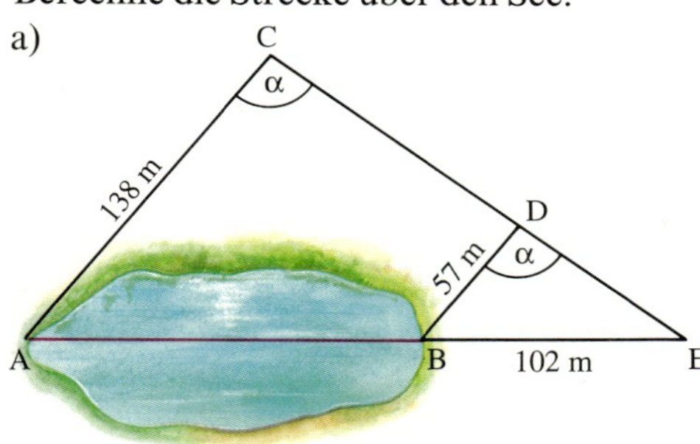

b)

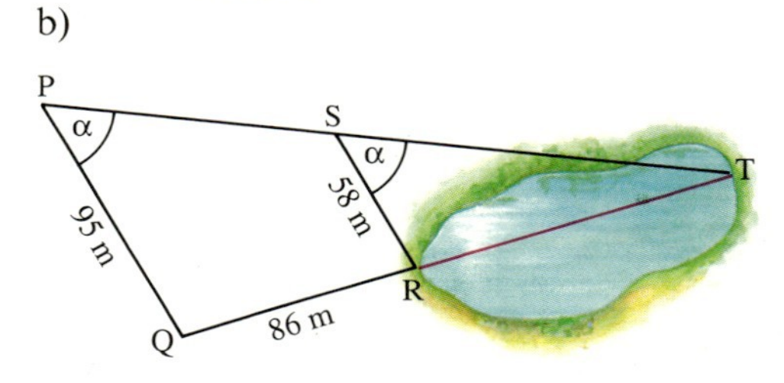

19

Wie hoch muss eine unmittelbar hinter der Mauer stehende Stange mindestens sein, wenn ihr oberes Ende vom Punkt A aus gerade noch sichtbar sein soll?

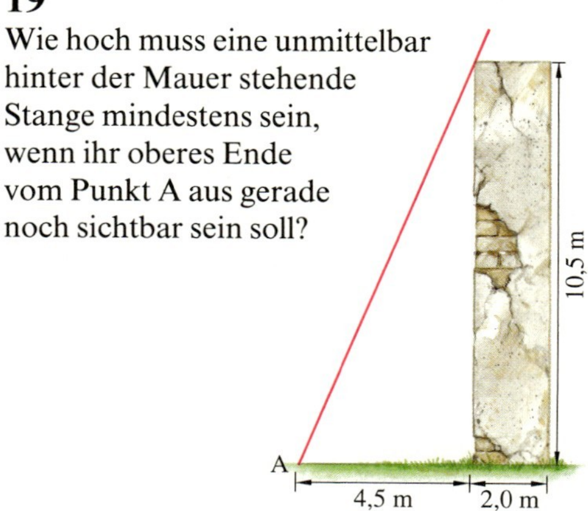

20

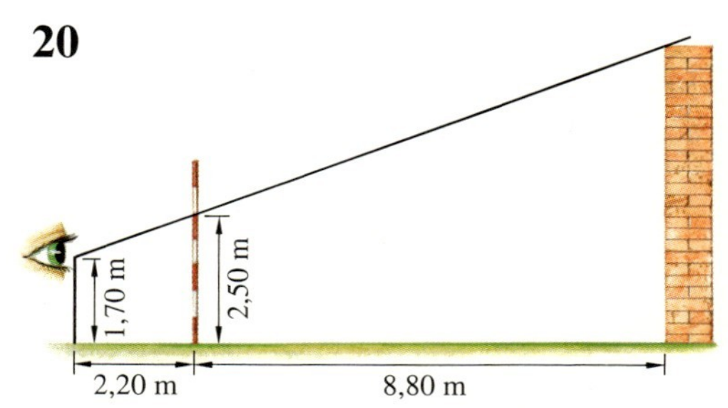

Eine Mauer wird aus der Augenhöhe von 1,70 m über eine Messlatte anvisiert.
Wie hoch ist die Mauer?
Hinweis: Lege eine Horizontale in Augenhöhe.

21

Zwei Berggipfel A und B sind 1 480 m bzw. 1 320 m hoch. Ihre Horizontalentfernung beträgt 800 m.
Verlängert man auf der Landkarte die Verbindungsstrecke der den Gipfeln entsprechenden Punkte A′ und B′ über B′ hinaus, so trifft sie eine Brücke. Diese liegt 1 020 m hoch, und ihre Horizontalentfernung zum Gipfel B′ beträgt 1 200 m.

a) Zeichne eine Karte im Maßstab 1 : 10 000.
b) Zeichne ein Profil in geeignetem Maßstab.
c) Ist die Brücke vom Gipfel A aus sichtbar?
d) Wie hoch müsste ein Turm auf dem Gipfel A sein, damit man von seiner Plattform aus die Brücke sehen könnte?

22

Ein Mast steht in 90 m Entfernung von einer 8 m hohen Mauer.
Steht man 45 m weit hinter der Mauer, so sieht man einen doppelt so großen Teil des Masts über die Mauer ragen, wie wenn man 15 m weit hinter der Mauer steht.

a) Welche Höhe ergibt sich für den Mast, wenn man die Augenhöhe nicht berücksichtigt?
b) Die Augenhöhe beträgt 1,70 m. Wie hoch ist der Mast?

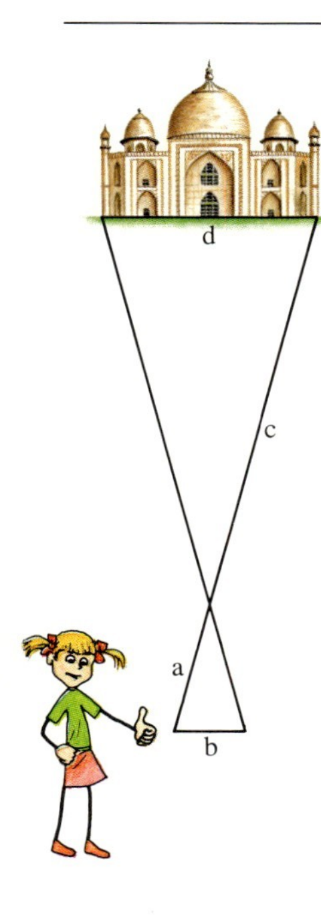

Über den Daumen gepeilt

23

Schaust du abwechselnd mit dem linken und dem rechten Auge den am ausgestreckten Arm hoch gereckten Daumen an, springt dieser vor dem Hintergrund scheinbar hin und her.

a) In welcher Beziehung stehen dein Augenabstand b, die Entfernung Auge–Daumen a und die Strecken c und d? (Miss die Strecken.)

b) Wie weit bist du von einem großen Gebäude entfernt, dessen Breite von 65 m gerade deinem Daumensprung entspricht?

24

Der Förster kann mit einem ganz einfachen Gerät in Form eines gleichschenklig rechtwinkligen Dreiecks die Höhe von Bäumen grob bestimmen. Wie muss er dazu vorgehen?

25

Ist die Entfernung eines Turms bekannt, so lässt sich seine Höhe mit Hilfe eines Lineals bestimmen, das man mit ausgestrecktem Arm hochhält: Man peilt den Turm an und misst seine scheinbare Höhe auf dem Lineal.

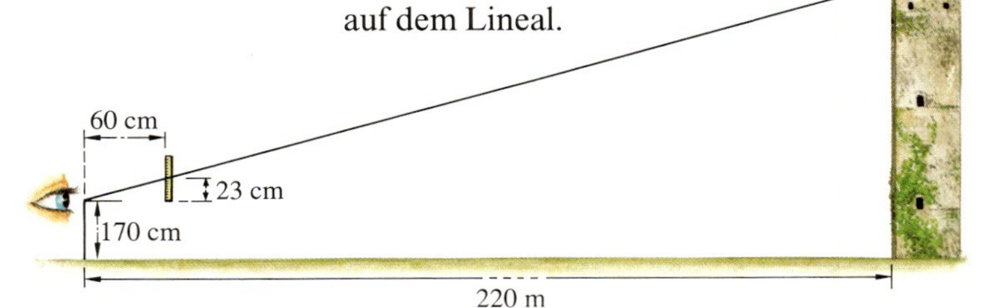

a) Wie hoch ist der abgebildete Turm?

b) Welche Ungenauigkeit entsteht durch einen Ablesefehler von 1 cm?

c) Welche weiteren Ungenauigkeiten hat das Verfahren?

Aus der Optik

26

Die Lochkamera bildet Gegenstände verkleinert und auf dem Kopf stehend ab.

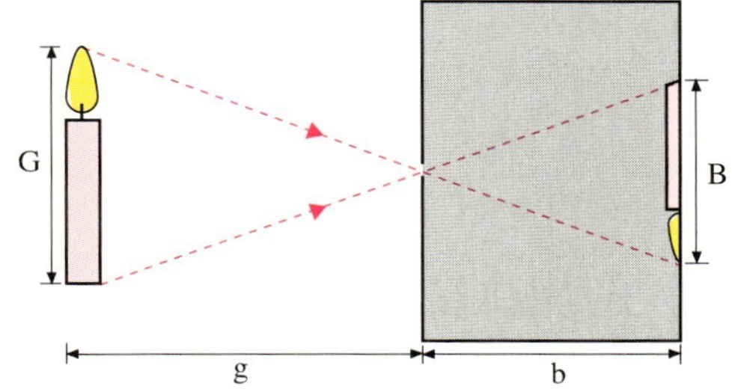

Stelle eine Formel auf, in der die Gegenstandsgröße G, die Bildgröße B, die Gegenstandsweite g und die Bildweite b miteinander verbunden sind.

27

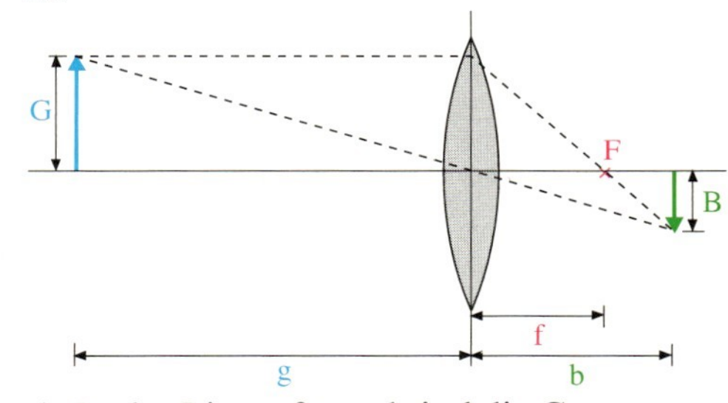

a) In der Linsenformel sind die Gegenstandsweite g, die Bildweite b und die Brennweite f einer Linse miteinander verbunden. Leite diese Formel mit Hilfe zweier Gleichungen her, deren linke Seite jeweils $\frac{G}{B}$ lautet.

b) Ein 8 m hohes Haus wird aus 25 m Entfernung mit einer Kamera der Brennweite f = 50 mm aufgenommen. Berechne die Bildgröße B.

c) Der Turm des Ulmer Münsters ist 161 m hoch. Er soll mit einer Kamera mit f = 50 mm aufgenommen werden, und die Bildgröße soll 36 mm betragen. Wie weit muss sich die Fotografin vom Turm entfernen?

Alte Messverfahren

28

In einem alten chinesischen Buch wird beschrieben, wie man die Höhe eines Felsens misst, dessen Fuß unzugänglich ist: Seine Spitze wird über zwei gleich hohe Stangen anvisiert, die mit ihr in Linie liegen.

Gemessen wurden: $s = 2{,}0$ m, $a = 2{,}4$ m, $b = 2{,}8$ m, $d = 42{,}0$ m.
Stelle ein lineares Gleichungssystem für x und y auf und berechne daraus die Höhe x.

29

Ein mittelalterliches Gerät zur Höhenmessung ist der Jakobsstab. In ein Brett sind Löcher gebohrt, in die ein Stab hineingesteckt werden kann (siehe Abb.). Der Vermesser sucht zwei Orte, von denen aus der anvisierte Turm so hoch erscheint wie der Stab in zwei benachbarten Positionen auf dem Brett.

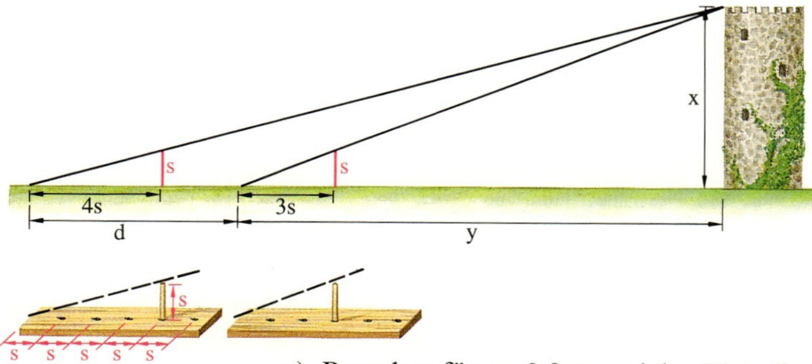

a) Berechne für $s = 0{,}2$ m und $d = 76$ m die Höhe x aus einem Gleichungssystem für x und y.
b) Was würde sich ergeben, wenn man statt 4s und 3s die Längen 3s und 2s (oder 5s und 4s) setzt? Ist also das Ergebnis in a) Zufall?

30

Der Mathematiker Heron von Alexandria lehrt in einem um 50 n. Chr. erschienenen Lehrbuch eine Methode, mit der man messen kann, wie weit ein herankommendes Schiff noch vom Hafen entfernt ist. Benutzt wurden Markierungsstäbe und Messbänder und dazu ein Gerät, das Groma, mit dem man sich in Geraden einmessen und Senkrechte visieren konnte.

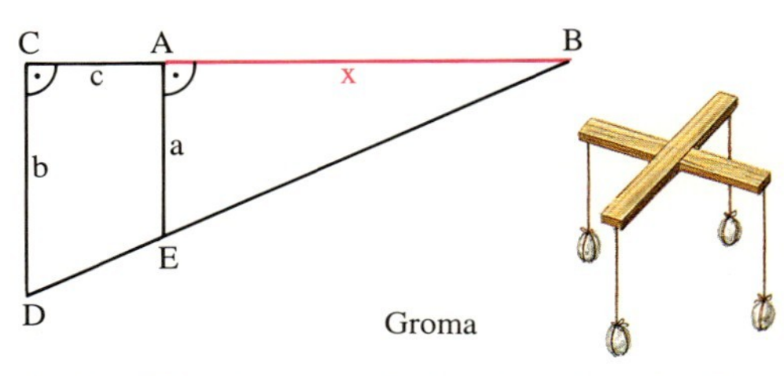

In der Planskizze ist A der Standort des Hafenkapitäns. Das Schiff befindet sich in B. Auf der Verlängerung von $\overline{AB}$ wird ein Punkt C gewählt. Von dort aus wird eine Senkrechte $\overline{CD}$ beliebiger Länge abgetragen. Von D aus wird das Schiff nochmals angepeilt, und E wird als Schnittpunkt dieser Linie mit der Senkrechten in A bestimmt.
a) Berechne die Entfernung x in Stadien, in Fuß und in m aus
$a = 136$ Fuß, $b = 140$ Fuß, $c = 115$ Fuß
(1 Fuß = 0,32 m, 1 Stadion = 600 Fuß)
b) Gib eine Formel zur Berechnung von x an.
c) Um wie viel ändert sich x, wenn sich der Vermesser bei der Strecke b um 1 Fuß nach oben oder nach unten irrt?
d) Wie viele Leute waren nötig, wenn die Messung sehr schnell gehen musste?
e) Konnte auch eine einzige Person die Punkte C, D und E bestimmen, wenn das Schiff vor Anker lag?

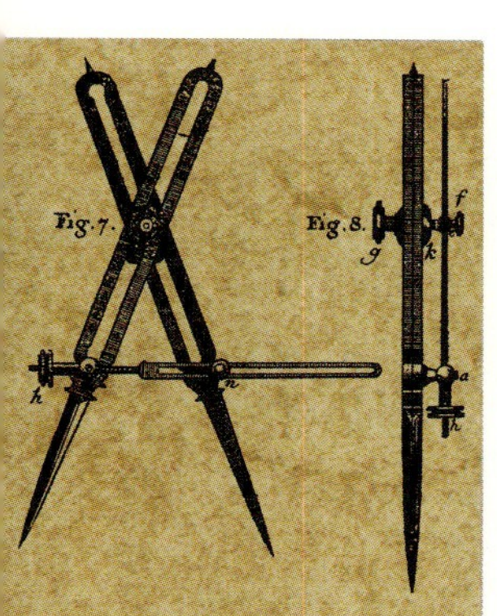

31

Der **Proportionalzirkel** verkleinert oder vergrößert Strecken in einem festen Verhältnis, das man einstellen kann. Der Zirkel in der Abbildung ist auf 8 : 2 gestellt. Welche anderen Verhältnisse sind möglich?

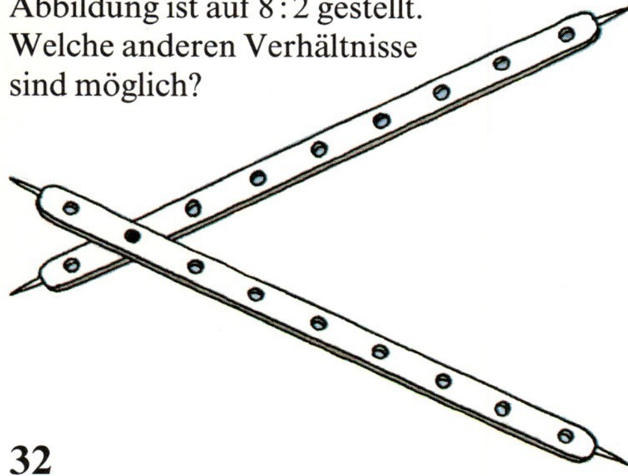

32

Mit dem **Messkeil** kann man die lichte Weite enger Öffnungen messen.

a) Welche Weite hat die Öffnung in dem abgebildeten Werkstück?

b) Wie würde man zweckmäßig eine Skala beschriften, wenn das Seitenverhältnis 1 : 20 wäre?

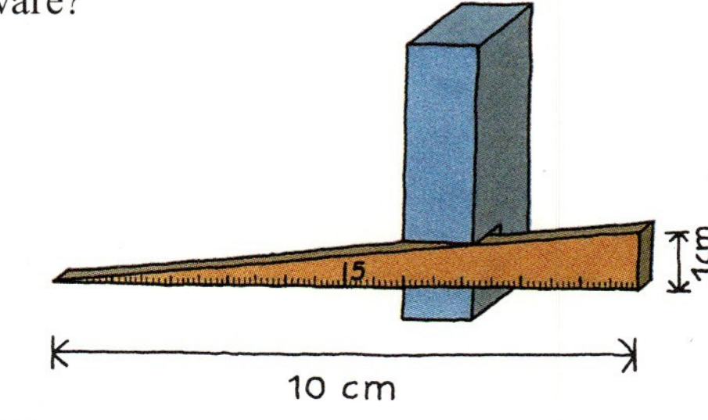

33

Schneidet man aus einem Brett einen Messkeil aus, bleibt eine **Messlehre** übrig. Man misst mit ihr die Dicke von Drähten.

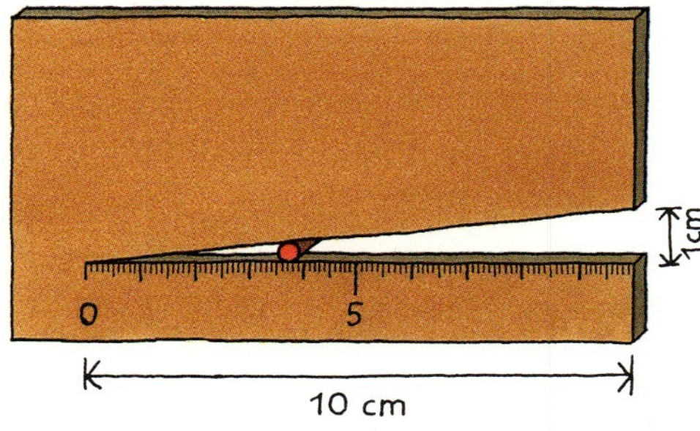

a) Wie dick ist der Draht in der Abbildung?

b) Misst das Gerät eigentlich genau den Durchmesser?

Zu Aufgabe 36

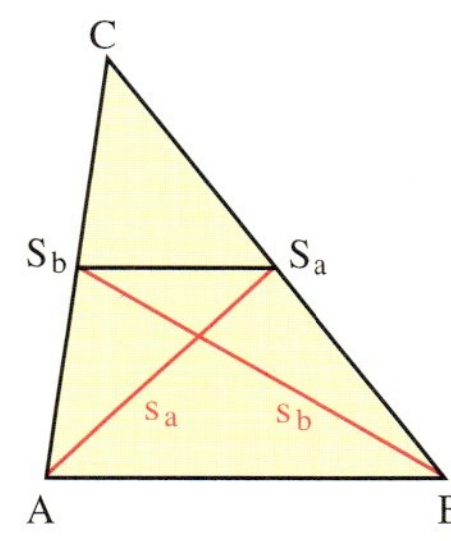

34

Eine Laderampe ist 12 m lang und 4 m hoch.

a) Wie groß ist die Hangabtriebskraft F_h eines Körpers mit der Gewichtskraft $F_g = 210$ N?

b) Rutscht der Körper die Rampe hinunter, wenn die Reibungskraft 65 N beträgt?

c) Wie hoch darf die Laderampe höchstens sein, damit der Körper bei einer Reibungskraft von 100 N nicht rutscht?

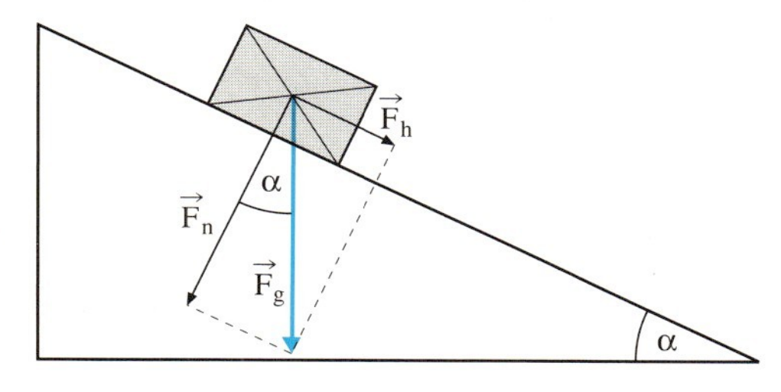

35

Im Gebirge sieht man häufig Straßenschilder, die die Steigung bzw. das Gefälle einer Straße in Prozent angeben. 12 % bedeutet z. B., dass die Straße auf 100 m horizontal gemessen um 12 m ansteigt.

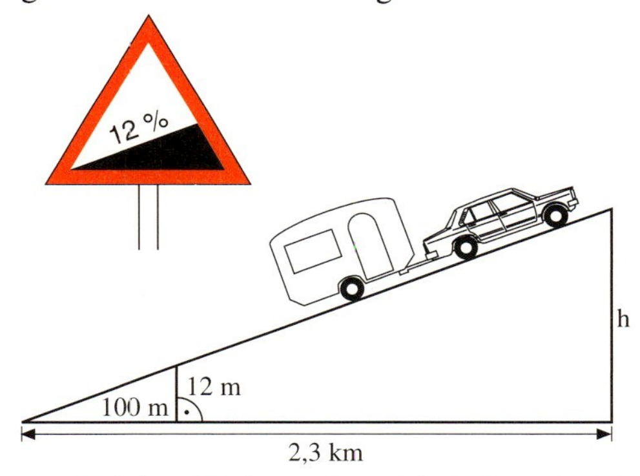

a) Welchen Höhenunterschied überwindet die Straße auf 2,3 km?

b) Was bedeutet 100 % Steigung?

c) Wie viel Prozent Gefälle hat eine Straße, wenn sie auf 3,8 km einen Höhenunterschied von 285 m überwindet?

36

Zeige mit Hilfe des 2. Strahlensatzes, dass sich die Seitenhalbierenden s_a und s_b im Verhältnis 1 : 2 schneiden. (S. Rand)

5 Strahlensätze. Umkehrung

Wir schreiben „⇒“, wenn nur eine Richtung gilt;
wir schreiben „⇔“, wenn auch die Umkehrung zutrifft.

1

„Wenn es regnet, dann sind Wolken da“ ist eine wahre Aussage. Die Umkehrung „Wenn Wolken da sind, dann regnet es“ ist jedoch falsch. Suche weitere Beispiele. Versuche, auch solche zu finden, wo auch die Umkehrung wahr ist. Benutze die Schreibweise auf dem Rand.

2

Suche auch in der Mathematik nach solchen „Wenn-dann-Aussagen“ und prüfe, ob die Umkehrung gilt.

Die zwei Strahlensätze sagen aus, dass aus der Parallelität der Schnittgeraden die Verhältnisgleichheit entsprechender Abschnitte folgt. Die Frage ist, ob auch umgekehrt aus der Verhältnisgleichheit die Parallelität folgt.

Umkehrung des 1. Strahlensatzes: Wenn $\frac{\overline{ZC}}{\overline{ZA}} = \frac{\overline{ZD}}{\overline{ZB}}$, dann ist $g \parallel h$.

Angenommen, g wäre nicht parallel zu h. Dann gäbe es eine dritte Gerade k durch C, die parallel zu g ist, und nach dem 1. Strahlensatz müsste gelten $\frac{\overline{ZC}}{\overline{ZA}} = \frac{\overline{ZD^*}}{\overline{ZB}}$.

Einen solchen Beweis nennt man **Widerspruchsbeweis:** Eine Aussage ist richtig, wenn die Annahme des Gegenteils zu einem Widerspruch führt.

Weil nach Voraussetzung $\frac{\overline{ZC}}{\overline{ZA}}$ aber auch gleich $\frac{\overline{ZD}}{\overline{ZB}}$ sein muss, wäre deswegen $\frac{\overline{ZD^*}}{\overline{ZB}} = \frac{\overline{ZD}}{\overline{ZB}}$.
Also müsste $D^* = D$ sein und damit $h = k$. Wenn h aber gleich k ist, ist h auch parallel zu g, im Widerspruch zu der Annahme $g \nparallel h$. Demnach ist die Annahme „$g \nparallel h$“ falsch und das Gegenteil „$g \parallel h$“ richtig.

Umkehrung des 2. Strahlensatzes: Wenn $\frac{\overline{ZC}}{\overline{ZA}} = \frac{\overline{DC}}{\overline{AB}}$, dann ist $g \parallel h$.

In der Strahlensatzfigur gibt es eine zweite Strecke $\overline{AB^*} = \overline{AB}$.
Obwohl als $\frac{\overline{ZC}}{\overline{ZA}} = \frac{\overline{DC}}{\overline{AB^*}}$, ist $AB^* \nparallel DC$.
Wir haben damit ein Gegenbeispiel gefunden, demnach ist die Umkehrung des 2. Strahlensatzes falsch.

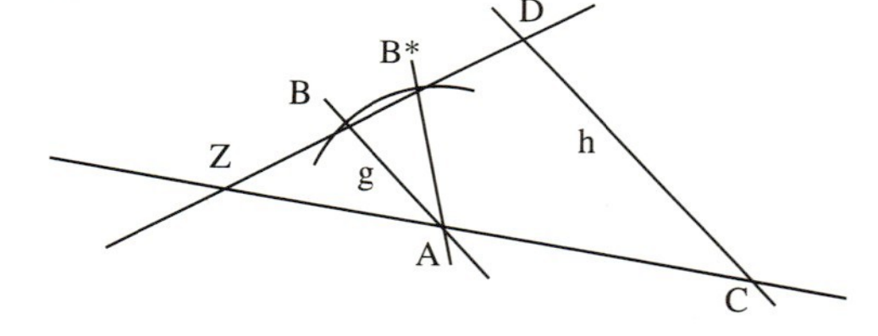

Wenn nur ein einziges Gegenbeispiel gefunden werden kann, ist eine Behauptung widerlegt.

Die Umkehrung des 1. Strahlensatzes ist wahr, die des 2. Strahlensatzes gilt nicht.

Beispiel

Prüfe, ob die beiden Geraden g_1 und g_2 parallel sind.

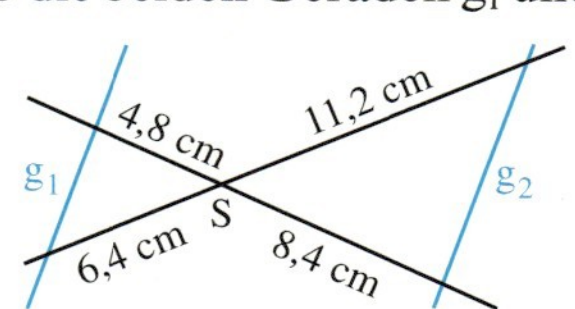

$\frac{11{,}2\text{ cm}}{6{,}4\text{ cm}} = 1{,}75 \qquad \frac{8{,}4\text{ cm}}{4{,}8\text{ cm}} = 1{,}75$

Also sind die beiden Geraden parallel.

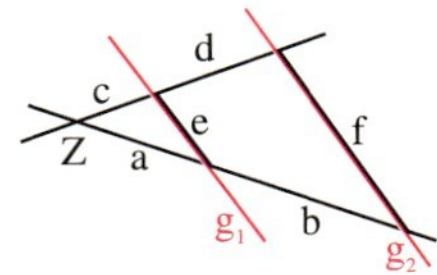

Aufgaben

3

Prüfe, ob g_1 und g_2 parallel sind, wenn

a) $a = 3$ cm, $b = 5$ cm, $c = 2$ cm, $d = 4$ cm

b) $a = 4$ cm, $b = 6$ cm, $e = 3$ cm, $f = 7{,}5$ cm.

4

Prüfe, ob g_1 und g_2 parallel sind, wenn

a) $a = 8$ cm, $b = 6$ cm, $c = 4$ cm, $d = 3$ cm

b) $b = 6$ cm, $d = 4{,}5$ cm, $e = 6{,}4$ cm, $f = 4{,}8$ cm.

5

a) Stephanie hat eine neue Technik entdeckt, eine Parallele zu einer Geraden g durch einen Punkt P zu konstruieren: „Gerade–Halbkreis–Gerade–Halbkreis ... fertig!" Was hältst du davon?

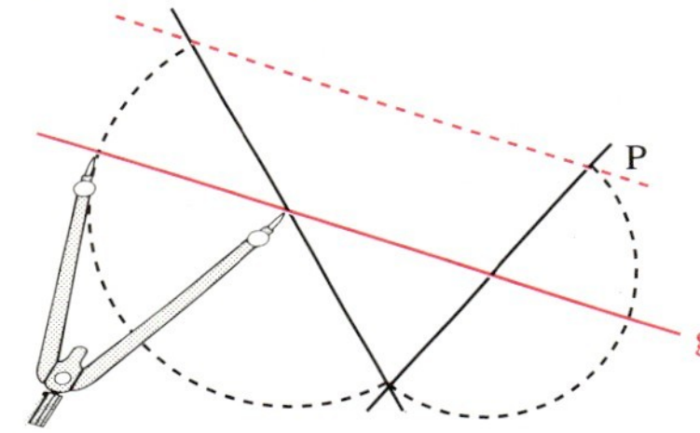

b) Versuche, mit dieser Technik auch eine Parallele zu einer Geraden g im Abstand a zu konstruieren.

6

Du weißt, dass sich die Diagonalen eines Parallelogramms gegenseitig halbieren. Begründe, dass auch umgekehrt das Viereck ACBD immer ein Parallelogramm ist, wenn sich die Strecken $\overline{AB}$ und $\overline{CD}$ gegenseitig halbieren.

$\overline{AM} = \overline{BM}$
$\overline{CM} = \overline{DM}$

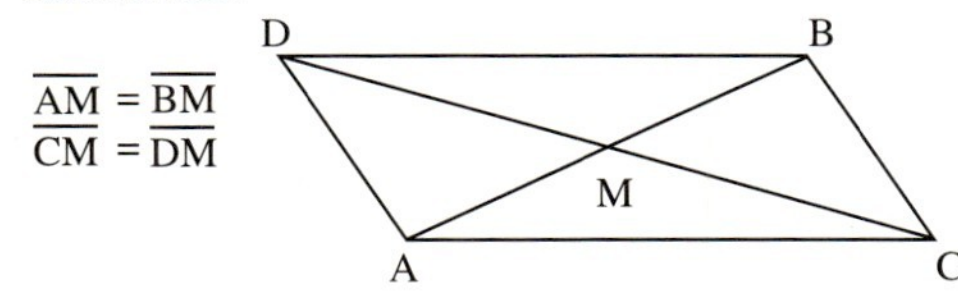

7

Zeige mit einem Widerspruchsbeweis, dass bei einer zentrischen Streckung (mit $k \neq 1$) das Streckzentrum der einzige Fixpunkt ist. Beginne so: „Angenommen, außer Z gäbe es noch einen weiteren Fixpunkt X, dann ...".

8

In der Zeichnung ist $AB \parallel DE$ und $BC \parallel EF$. Begründe mit Hilfe der Umkehrung des ersten Strahlensatzes, dass dann auch die Geraden AC und DF parallel sein müssen.

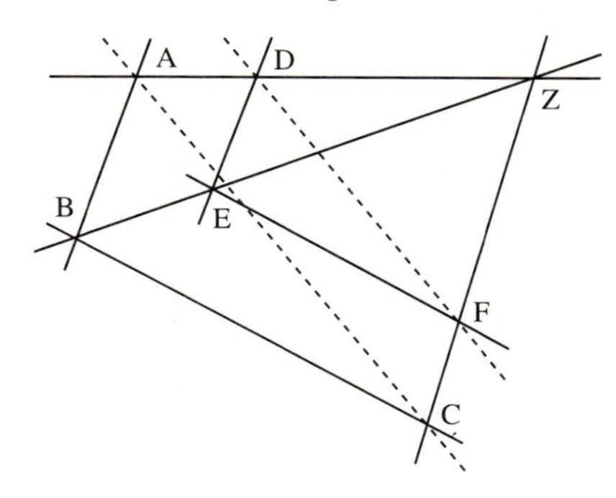

9

Eine Seite des Trapezes ABCD ist Durchmesser, die drei anderen sind Tangenten des Halbkreises, AD ist parallel zu BC. Die Seite $\overline{DC}$ berührt den Kreis in T, S ist der Diagonalenschnittpunkt.
Begründe, dass die Gerade ST parallel ist zu den Seiten $\overline{AD}$ und $\overline{BC}$.

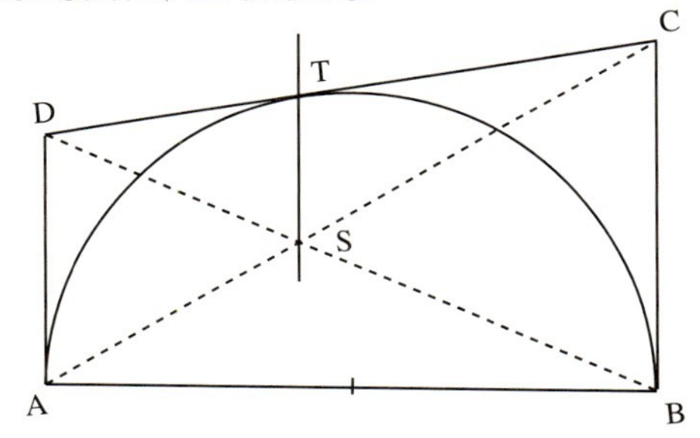

(Hilfe: Betrachte zunächst die Strahlensatzfigur mit den Punkten S, A, D, B und C; mit $\overline{DA} = \overline{DT}$ und $\overline{CT} = \overline{CB}$ bist du schnell am Ziel.)

10

In einem beliebigen Dreieck ABC werden die Mittelpunkte M_1 und M_2 zweier Seiten bestimmt (siehe Figur auf dem Rand). Weise nach, dass die Strecke $\overline{M_1M_2}$ parallel ist zur dritten Dreiecksseite und halb so lang wie diese.

Zu Aufgabe 10

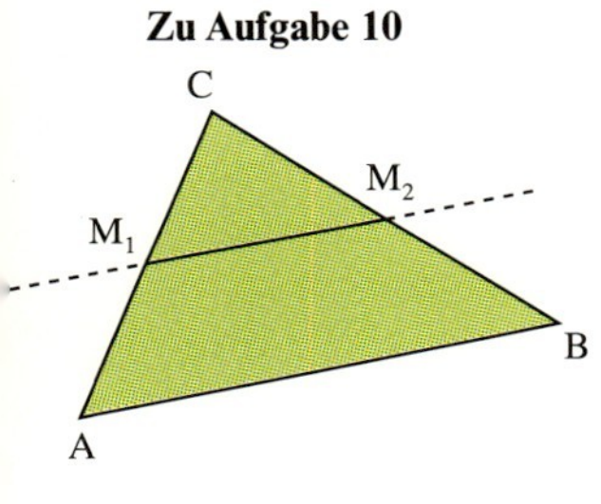

6 Ähnliche Figuren

Maurice Cornelis Escher
(1898–1972)

1
Maurice Cornelis Eschers Holzschnitt „Quadratlimit“ zeigt ein scheinbares Gewirr von Fischen unterschiedlicher Lage und Größe.
Worin sind sich aber alle Fische gleich?

2
Lege einen halben Bogen DIN A 4 so auf einen ganzen Bogen DIN A 4, dass zwei Eckpunkte A und A′ zusammenfallen und die lange Seite des kleinen Bogens auf der langen Seite des großen liegt.
Wie liegen die Eckpunkte C und C′?
Vergleiche auch andere Rechtecke auf diese Weise.

Das Dreieck A″B″C″ ist das Bild des Dreiecks ABC nach einer zentrischen Streckung S(Z;k) und anschließender Drehung um B′. Es ist zwar kongruent zum Dreieck A′B′C′, ist aber kein Streckbild des Dreiecks ABC und stimmt mit diesem nur noch in der Form überein.
Die Winkel sind gleich groß:
$\alpha'' = \alpha$, $\beta'' = \beta$ und $\gamma'' = \gamma$.
Für die Seiten gilt:
$a'' = |k| \cdot a$, $b'' = |k| \cdot b$ und $c'' = |k| \cdot c$, also
$\frac{a''}{a} = \frac{b''}{b} = \frac{c''}{c} = |k|$.

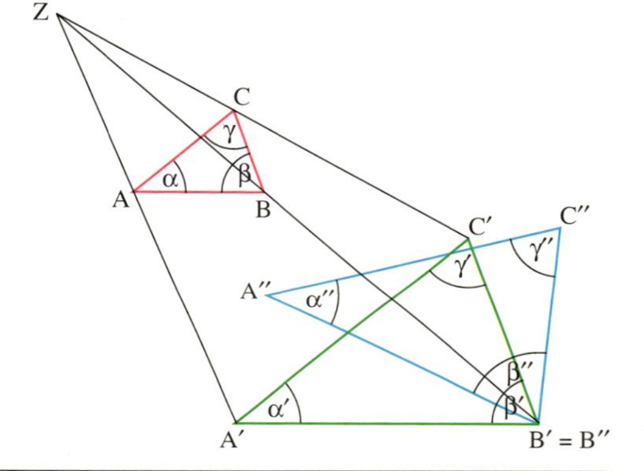

Für „ähnlich“ verwendet man das Zeichen „ ~ “. Es ist aus dem umgekehrt liegenden S, dem Anfangsbuchstaben des lateinischen Wortes „similis“ (= ähnlich) entstanden.

Zwei Figuren heißen **ähnlich**, wenn sie durch zentrische Streckung und Kongruenzabbildungen aufeinander abgebildet werden können.

Ähnliche Figuren stimmen überein
- in den Größen entsprechender Winkel,
- in den Verhältnissen der Längen entsprechender Seiten.

Beispiele
a) Die zwei rechtwinkligen Dreiecke D_1 und D_2 werden auf Ähnlichkeit untersucht. Da entsprechende Winkel ähnlicher Figuren gleich sind, müssten die an den rechten Winkeln anliegenden Seiten einander entsprechen.
Für die zwei größeren Seiten gilt
$\frac{d}{a} = \frac{8\,\text{cm}}{4\,\text{cm}} = 2$,
für die kleineren aber $\frac{c}{b} = \frac{6{,}3\,\text{cm}}{3\,\text{cm}} = 2{,}1$.
Die zwei Dreiecke sind also nicht ähnlich.

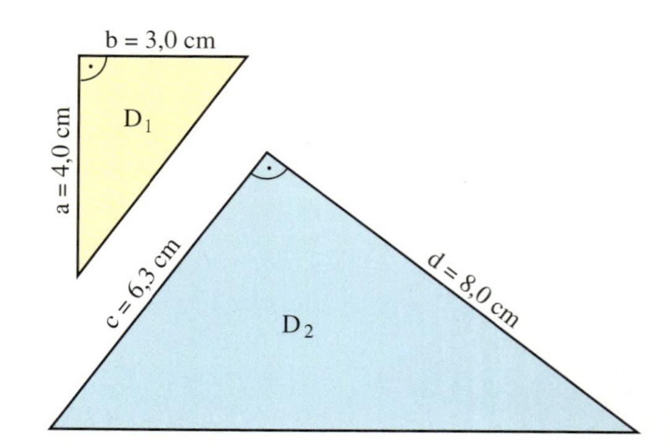

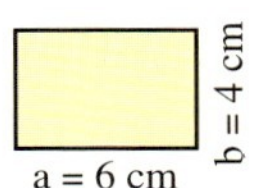

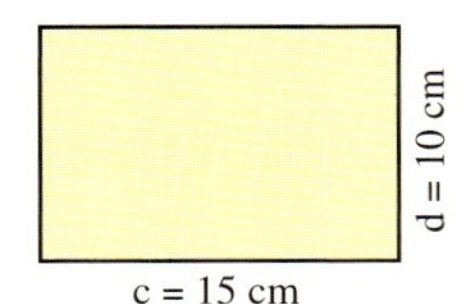

b) Um nachzuweisen, dass zwei Rechtecke ähnlich sind, bildet man das Verhältnis der großen und der kleinen Seiten:

$\frac{c}{a} = \frac{15\text{ cm}}{6\text{ cm}} = \frac{5}{2}$ und $\frac{d}{b} = \frac{10\text{ cm}}{4\text{ cm}} = \frac{5}{2}$.

Diese Verhältnisse sind gleich, also sind die Rechtecke ähnlich.

Man kann auch die Seitenverhältnisse der einzelnen Rechtecke miteinander vergleichen:

$\frac{a}{b} = \frac{6\text{ cm}}{4\text{ cm}} = \frac{3}{2}$ und $\frac{c}{d} = \frac{15\text{ cm}}{10\text{ cm}} = \frac{3}{2}$.

Bemerkung: k-fache Längen bedeuten für die Flächeninhalte den Faktor k^2. Man nennt k deshalb auch **Längenmaßstab,** k^2 heißt auch **Flächenmaßstab.**

Beachte: Auch in der Umganssprache wird der Begriff „ähnlich“ verwendet, Figuren können mehr oder weniger ähnlich sein. In der Mathematik werden aber nur Figuren gleicher Form als ähnlich bezeichnet.

Aufgaben

3

Je drei der Rechtecke sind zueinander ähnlich. Entscheide, ohne zu messen.

4

Welche rechtwinkligen Dreiecke sind zueinander ähnlich, welche nicht?

a)

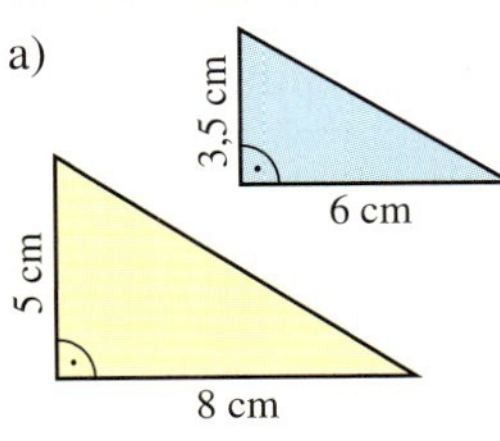

b)

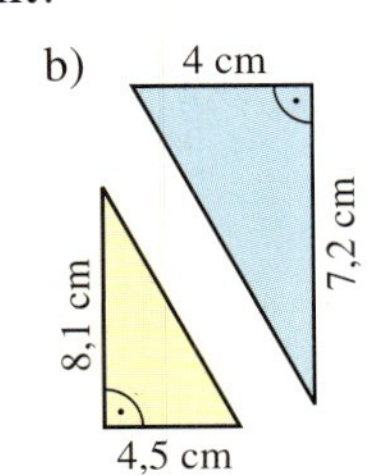

c)

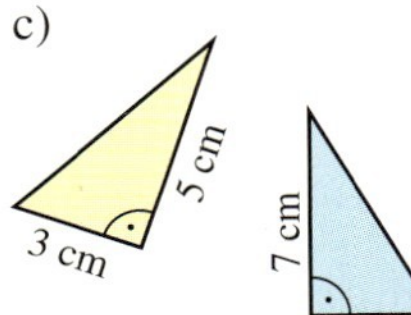

d)

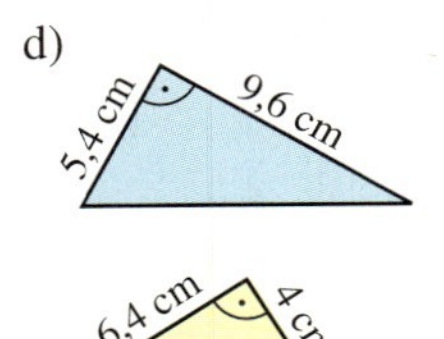

Ist der innere Rand des Bilderrahmens zum äußeren Rand ähnlich?

5

Berechne die fehlenden Seiten der ähnlichen Figuren.

a)

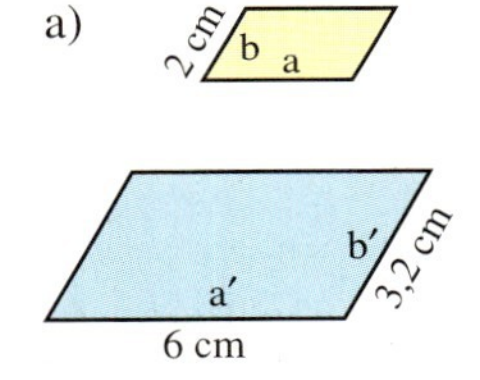

b)

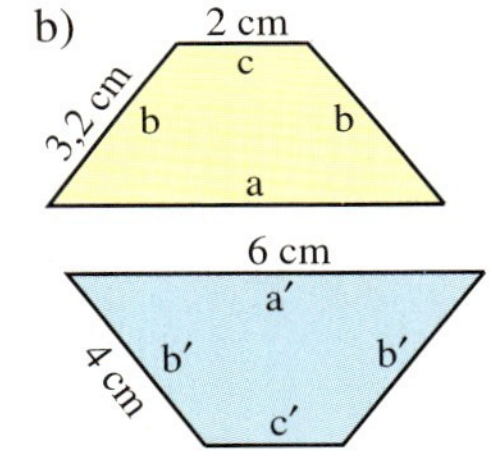

c)

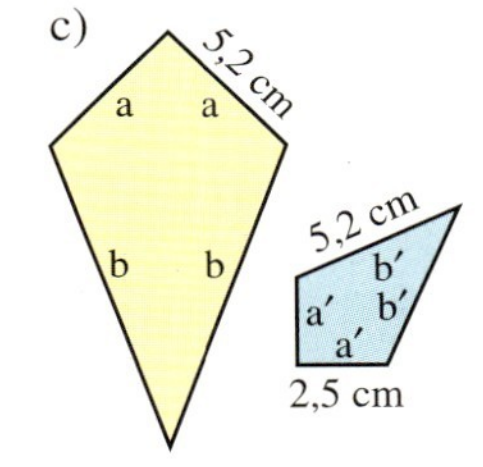

d)

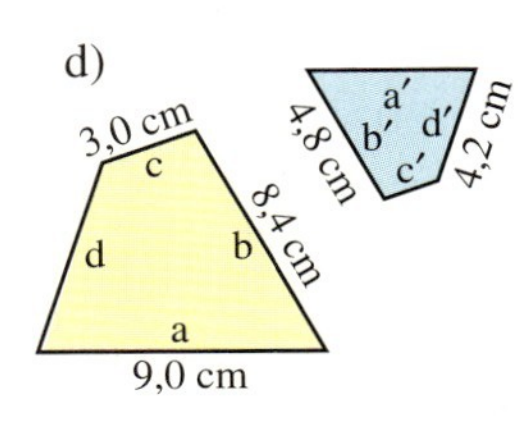

6

Zeichne ein Rechteck mit den Seiten

a) a = 8 cm, b = 4 cm

b) a = 9 cm, b = 6 cm

c) a = 9 cm, b = 3 cm

d) a = 108 mm, b = 54 mm

und trenne ein Teilrechteck ab, das zum ganzen Rechteck ähnlich ist.

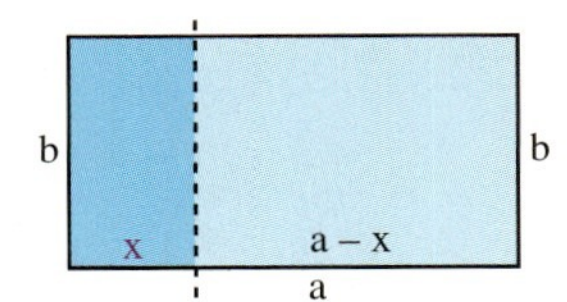

Die Aufgaben 6 und 7 können sehr gut mit einer Tabellenkalkulation gelöst werden.

7

Zerlege ein Rechteck mit den Seiten
a) $a = 10$ cm, $b = 4$ cm
b) $a = 10$ cm, $b = 3$ cm
in zwei zueinander ähnliche Rechtecke. Berechne dazu die zwei Seitenverhältnisse für $x = 1$ cm, 2 cm, ..., bis sich zweimal derselbe Wert ergibt.

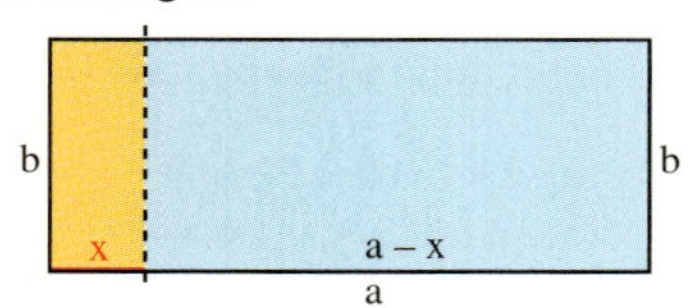

8

Bestimme das Seitenverhältnis eines Fernsehbildschirms (als Rechteck betrachtet). Prüfe nach, ob dein Ergebnis nahe bei einem der Normwerte 4 : 3 oder 16 : 9 liegt.

9

Das Negativ eines Kleinbildfilms hat das Format 24 mm × 36 mm. Die üblichen Formate von Abzügen sind (in cm) 7 × 10, 9 × 13, 10 × 15, 13 × 18.
a) Welche Formate der Abzüge sind dem Format des Negativs ähnlich?
b) Ein Negativ soll so auf 9 × 13 abgezogen werden, dass die kurzen Seiten einander genau entsprechen.
Passt das ganze Bild auf den Abzug?

10

Zwei Quadrate sind immer ähnlich. Übertrage die Tabelle ins Heft und fülle sie aus (Längen in cm, Flächeninhalte in cm²).

Längenabb.-maßstab	2	2						
Flächenabb.-maßstab			4			2	9	
Seitenlänge a	5			3				
Seitenlänge a′			6	12				6
Flächeninh. A		16			25			144
Flächeninh. A′					36	2	81	

11

Viele Fotokopiergeräte können verkleinern und vergrößern. Der Längenmaßstab wird dabei in % angegeben.
a) Eine Zeichnung wird mit 141 % vergrößert. Wie groß ist, sinnvoll gerundet, der Flächenmaßstab?
b) Wie groß ist der Flächenmaßstab bei einer Verkleinerung von 71 %?

Kleine Filmkunde
Die Abbildung zeigt ein Stück eines 16-mm-Filmstreifens. Die etwa 10 x 7,5 mm großen Bilder werden in schneller Folge (24 Bilder pro Sekunde) projiziert, der Filmstreifen steht während der Projektion still.

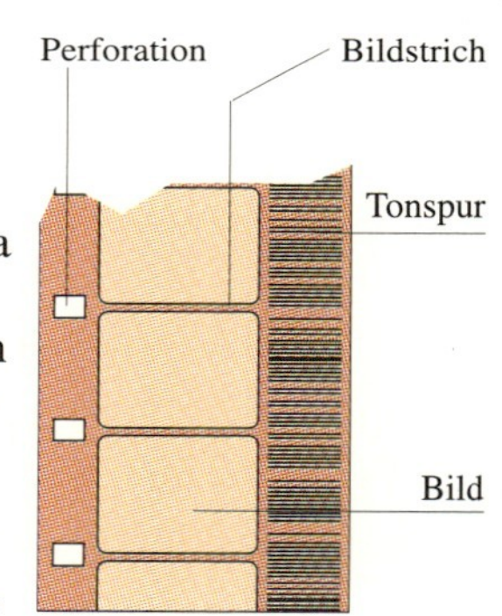

16-mm-Tonfilm

Normalerweise haben die Bilder und damit auch die Projektionsfläche ein Seitenverhältnis von 4 : 3.
Im so genannten Breitwandverfahren hergestellte Filme haben lediglich einen dickeren Bildstrich, das Bildchen hat also die gleiche Breite, ist aber nur noch ca. 5,4 mm hoch.

Was bedeutet das für die Projektionsfläche? Welches Phänomen tritt auf, wenn solche Filme im Fernsehen gezeigt werden?

7 Ähnlichkeitssätze

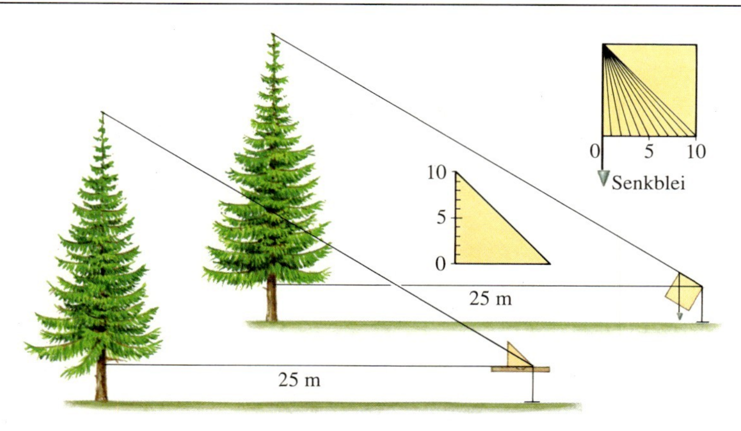

1
Um die Höhe eines Baums zu bestimmen, kann man ein Dreieck mit Skala benutzen, das auf einer Wasserwaage horizontal gehalten wird.
Der Förster verwendet aber ein praktischeres Gerät, nämlich ein Dreieck mit Skala und Senkblei.
Warum ist der Baum etwa $(\frac{6}{10} \cdot 25 + 2)$ m hoch, wenn das Senkblei auf dem 6. Teilstrich steht?

Die abgebildeten Dreiecke ABC und A*B*C* stimmen in zwei Winkeln überein. Das Dreieck ABC wird so gestreckt, dass die Seite $\overline{AB}$ dieselbe Länge wie die Seite $\overline{A^*B^*}$ erhält. Nach dem Kongruenzsatz wsw ist das Bilddreieck zum Dreieck A*B*C* kongruent. Also sind die Dreiecke ABC und A*B*C* ähnlich.
Die Dreiecke ABC und A*B*C* stimmen im Verhältnis der Längen entsprechender Seiten überein.
Das Dreieck ABC kann deswegen so gestreckt werden (hier mit k = 1,5), dass nach dem Kongruenzsatz sss das Bilddreieck A'B'C' kongruent ist zum Dreieck A*B*C*. Also sind die Dreiecke ABC und A*B*C* ähnlich.

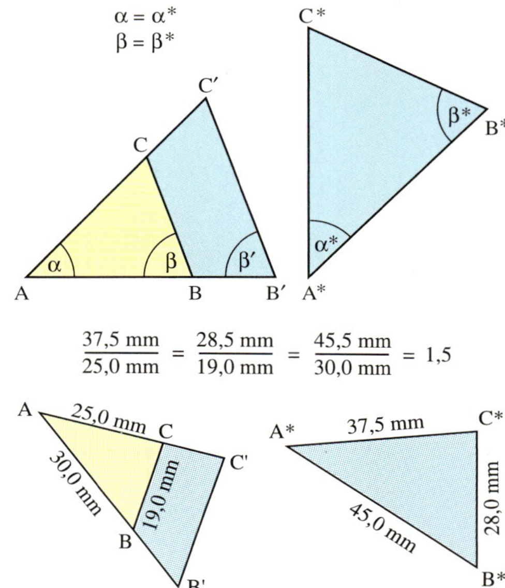

$$\frac{37{,}5\text{ mm}}{25{,}0\text{ mm}} = \frac{28{,}5\text{ mm}}{19{,}0\text{ mm}} = \frac{45{,}5\text{ mm}}{30{,}0\text{ mm}} = 1{,}5$$

A 25,0 mm C C' 30,0 mm 19,0 mm B B'

A* 37,5 mm C* 45,0 mm 28,0 mm B*

Ähnlichkeitssätze
- Zwei Dreiecke sind ähnlich, wenn sie in der Größe zweier Winkel übereinstimmen.
- Zwei Dreiecke sind ähnlich, wenn sie in den Verhältnissen der Längen entsprechender Seiten übereinstimmen.

Bemerkung: Analog zu den Kongruenzsätzen gibt es noch weitere Ähnlichkeitssätze, die in der Praxis aber selten benötigt werden. Mit Hilfe der Ähnlichkeitssätze kann aus der Übereinstimmung von nur zwei Winkeln oder der Längenverhältnisse entsprechender Seiten sofort die Ähnlichkeit gefolgert werden, ohne Umweg über die zentrische Streckung.

Beispiele
a) Die zwei Dreiecke ABC und ADE sind nach dem 1. Ähnlichkeitssatz ähnlich, weil sie im rechten Winkel und im Winkel α übereinstimmen.
Beachte, dass hier die Seite $\overline{AB}$ der Seite $\overline{AE}$ und die Seite $\overline{AC}$ der Seite $\overline{AD}$ entspricht.

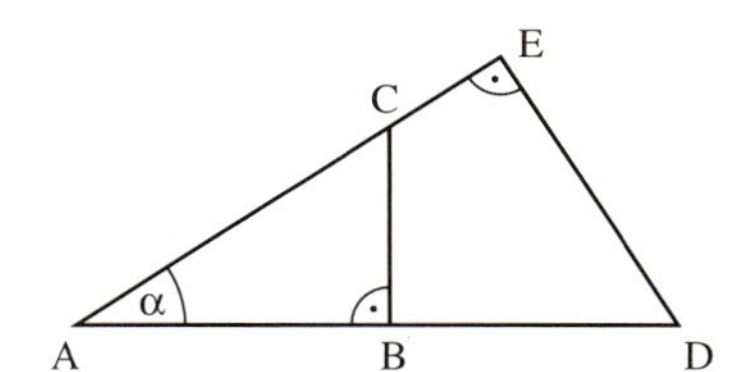

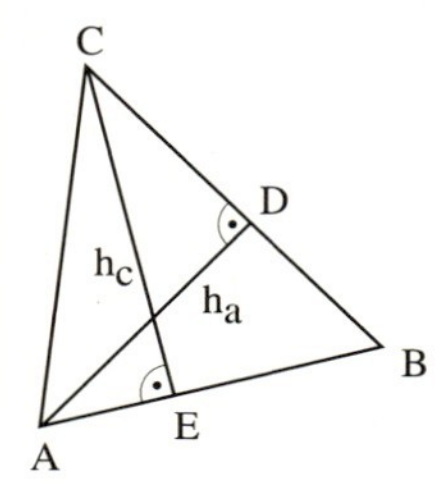

b) Begründe die Ähnlichkeit der Teildreiecke ABD und EBC:
Beide Teildreiecke sind rechtwinklig und haben den Winkel bei B gemeinsam, stimmen also in der Größe zweier Winkel überein, sie sind deshalb ähnlich.
Deswegen ist auch $a:c = h_c:h_a$, die Höhen eines Dreiecks verhalten sich also umgekehrt wie die zugehörigen Seiten.

c) Gegeben sind zwei Dreiecke:
ΔABC mit $a = 4$ cm, $b = 8$ cm, $c = 6$ cm
ΔDEF mit $d = 12$ cm, $e = 6$ cm, $f = 9$ cm
Vor dem Berechnen der Seitenverhältnisse werden die Seiten nach ihrer Länge geordnet:
ΔABC: 8 cm, 6 cm, 4 cm
ΔDEF: 12 cm, 9 cm, 6 cm
Wegen $\frac{12}{8} = \frac{9}{6} = \frac{6}{4} = 1{,}5$ sind die Dreiecke ähnlich.

Aufgaben

2
Suche ähnliche Dreiecke und nenne die entsprechenden Seiten.

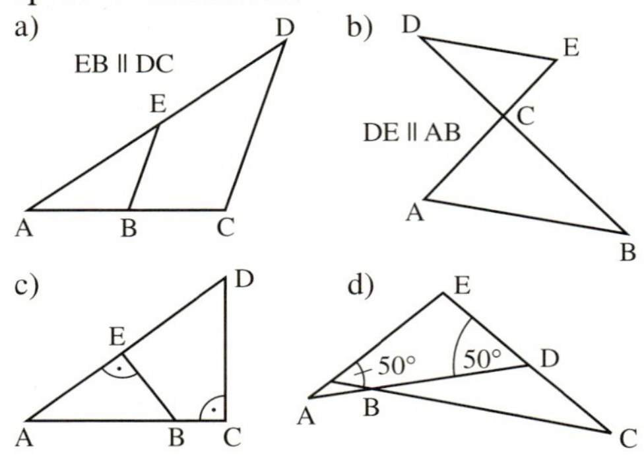

3
Welche der folgenden Figuren sind immer ähnlich? Begründe!
a) Dreiecke; gleichschenklige Dreiecke; rechtwinklige Dreiecke
b) Quadrate; Rechtecke; Trapeze
c) regelmäßige Achtecke; kongruente Dreiecke; gleichschenklige Trapeze

4
Prüfe die Dreiecke ABC und DEF mit den Seiten a, b, c und d, e, f auf Ähnlichkeit (Angaben in cm).

	a	b	c	d	e	f
a)	4	8	10	6	12	15
b)	4	6	9	18	8	12
c)	5,6	5,2	8,0	3,9	4,5	4,2
d)	4,8	7,2	10,8	12,2	7,2	10,8
e)	8	10	14	12	15	17,4

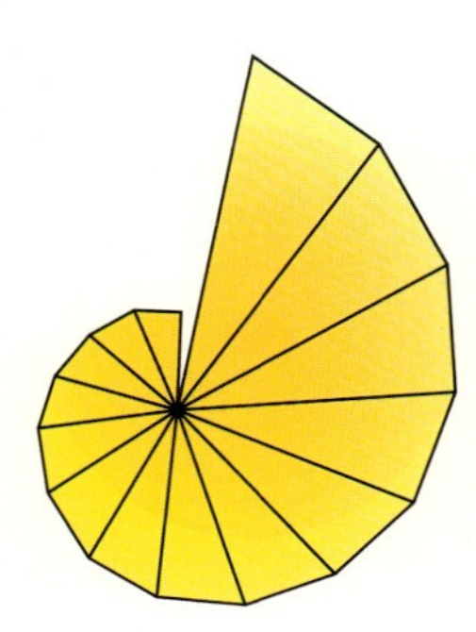

13-mal wird mit $k = 1{,}1$ vergrößert. Wird insgesamt mit $13 \cdot 1{,}1$ vergrößert?

5
Ist ein Dreieck mit den Winkeln von 72° und 45° zu einem Dreieck mit den Winkeln von 45° und 63° ähnlich?

6
Zeichne zu dem gegebenen Dreieck mit $a = 4$ cm; $b = 5{,}5$ cm; $c = 7{,}2$ cm jeweils ein ähnliches mit
a) $c = 5$ cm   b) $h_c = 8$ cm

7
Das rechtwinklige Dreieck wird durch die Höhe in zwei Teildreiecke zerlegt. Begründe, dass diese zueinander und zum ganzen Dreieck ähnlich sind.

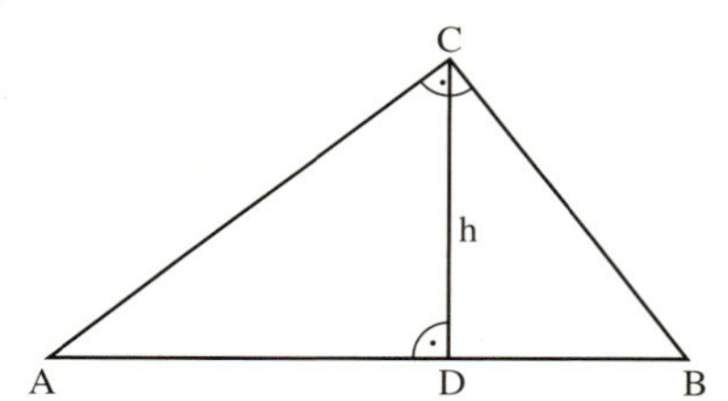

8

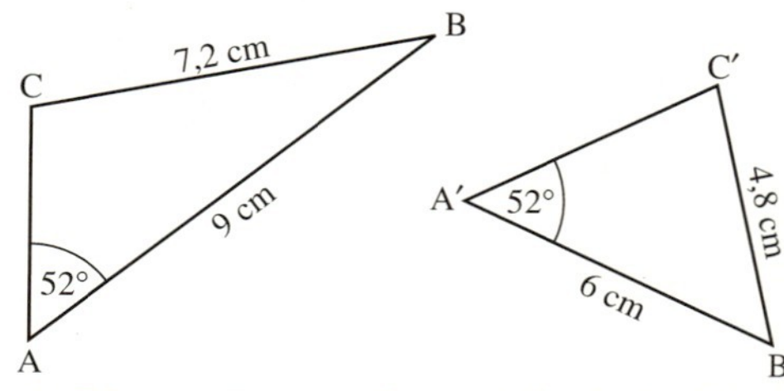

a) Worin stimmen die zwei Dreiecke überein?
b) Sind die Dreiecke ähnlich?

9

Die Dreiecke ABC und A′B′C′ sind ähnlich. Berechne die Strecken x und y. Runde auf mm, wenn nötig.

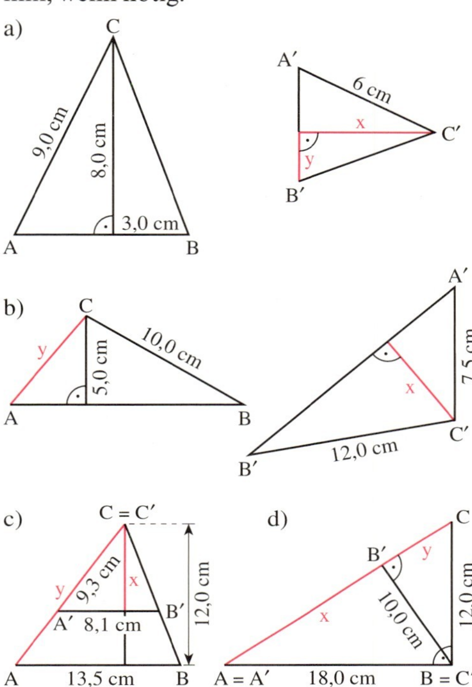

10

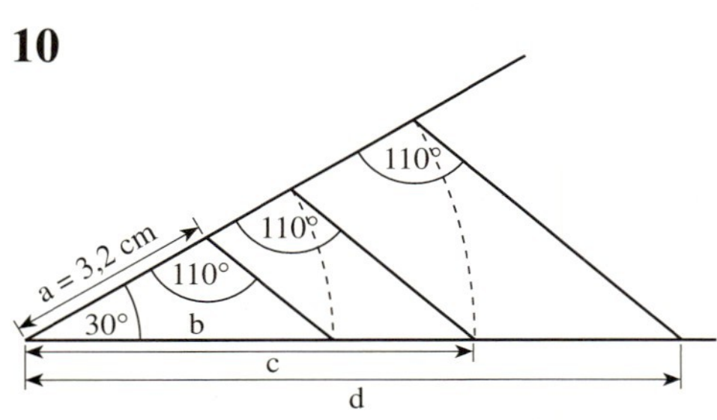

Konstruiere die Figur. Zeichne dann ein Dreieck mit den Seiten a, b und c und ein Dreieck mit den Seiten b, c und d.
Was fällt auf? Begründe deine Beobachtung.

11 

„Zwei gleichschenklige Dreiecke sind ähnlich, wenn sie in einem Winkel übereinstimmen.“
Warum ist diese Aussage falsch?
Wie kann man sie richtig stellen?

12

Zeige, dass die Aussage $h_a : h_c = c : a$ aus Beispiel b) auch dann gilt, wenn Höhen außerhalb des Dreiecks liegen, das Dreieck also stumpfwinklig ist.

13

Zeichne ein Dreieck mit $a = 4{,}3$ cm und $\gamma = 62°$ derart, dass sich $b : c$ wie $2 : 3$ verhält.

14

a) Wo treten beim Försterdreieck aus Aufgabe 1 ähnliche Dreiecke auf?
b) Wie hoch sind die Bäume, für die folgende Werte abgelesen wurden?

Teilstrich-Nr.	7	6	6	8	5
Entfernung in m	30	30	45	50	80

c) Wann ergeben verschiedene Wertepaare dieselbe Höhe?

15

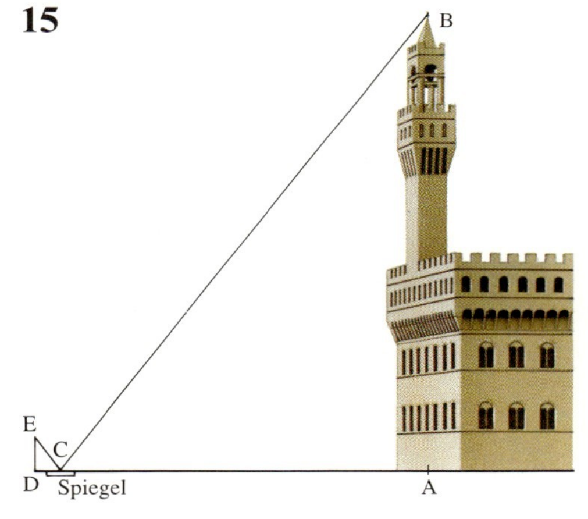

In einem alten Geometriebuch wird dargestellt, wie man die Höhe eines Turms mit Hilfe eines Spiegels messen kann.
a) Warum sind die Dreiecke ACB und DCE ähnlich?
b) Wie hoch ist der Turm, wenn $\overline{AC} = 40$ m und $\overline{CD} = 1{,}50$ m gemessen wurden und die Augenhöhe $\overline{ED}$ etwa 1,80 m betrug?
c) Wie kann eine solche Messung praktisch ausgeführt werden? Kannst du dir Situationen vorstellen, in denen man die Höhe mit dem Spiegel, aber nicht durch direktes Anvisieren des Turms messen kann?

8 Vermischte Aufgaben

1
Strecke das Dreieck ABC von Z aus mit dem Streckfaktor k.

	Z	k	A	B	C
a)	(5|5)	3	(4|3,5)	(7|4)	(3,5|6,5)
b)	(2|2)	$\frac{3}{2}$	(5|1)	(6|5)	(1|4)
c)	(6|3)	−2	(7|2)	(10|3)	(8|4)
d)	(5|3)	$\frac{2}{3}$	(2|1,5)	(11|6)	(3,5|7,5)
e)	(7|4)	1,6	(4,5|2)	(8|3)	(6|7)
f)	(4|7,5)	$-\frac{1}{2}$	(2|5,5)	(10|3,5)	(1|9,5)
g)	(6|6)	−0,8	(3|3)	(9|1)	(6|6)

2
Zeichne das Bild des Vierecks ABCD unter der Streckung S(Z;k) mit Z(7|5) und dem angegebenen Faktor k. Benutze dabei für die Eckpunkte B, C und D die Parallelenkonstruktion.

	k	A	B	C	D
a)	$\frac{4}{3}$	(4|2)	(11,5|3,5)	(8,5|8)	(2,5|6,5)
b)	0,7	(1|1)	(10|2)	(8,5|10)	(4|8)

3
Übertrage die Tabelle ins Heft und fülle sie vollständig aus. (Alle Streckfaktoren sind positiv.)

Streckenlänge $\overline{ZA}$ in mm	10		28		42	
Streckenlänge $\overline{ZA'}$ in mm	30	45		36		50
Streckfaktor k		3	$\frac{1}{2}$	$\frac{1}{3}$	2,5	0,75

4
Strecke das Dreieck ABC in einer einzigen Figur von allen Zentren aus mit dem Streckfaktor $\frac{1}{2}$.

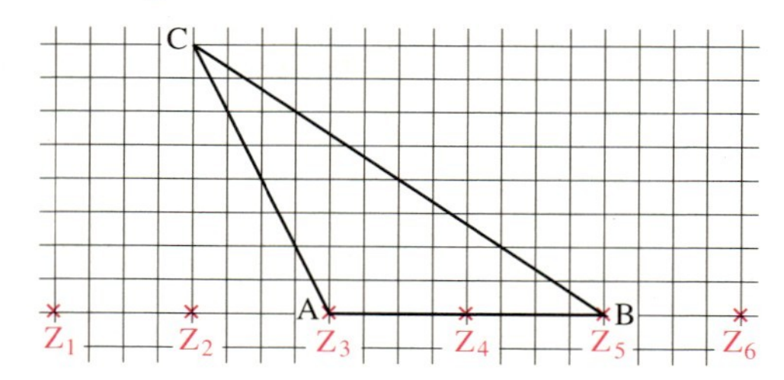

5
Strecke den Drachen ABCD von Z aus
a) erst mit dem Faktor 2, dann sein Bild mit dem Faktor −1
b) erst mit dem Faktor −1, dann sein Bild mit dem Faktor −2.

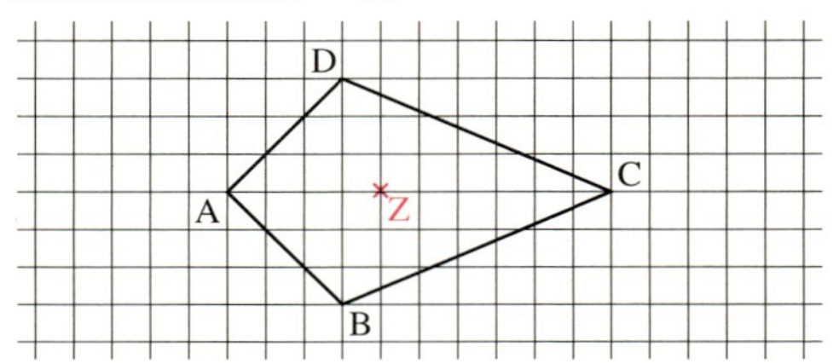

6
Die Punkte A′ und B′ sind Streckbilder der Punkte A und B. Konstruiere das Bild des Dreiecks ABC.

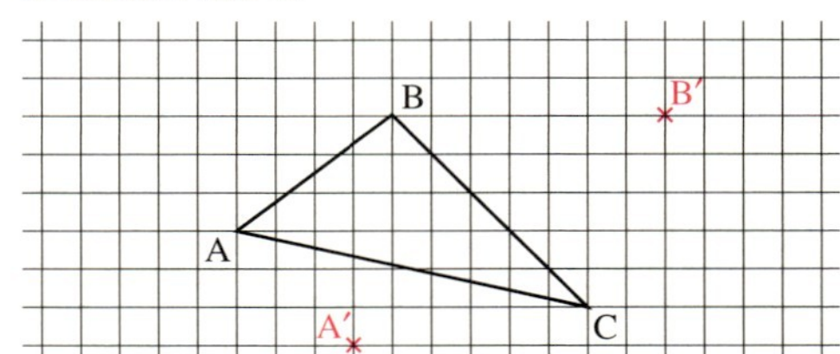

7
Das Fünfeck ABCDE mit A(2|2), B(8|2), C(9,5|6,5), D(3,5|8), E(2|5) geht durch eine Streckung in das Fünfeck A′B′C′D′E′ mit A′(1|1) und B′(9|1) über.
Konstruiere das Bildfünfeck, ohne Strecken abzumessen.

8
a) Konstruiere die Bilder A_1, A_2, A_3, A_4 des Punkts A bei den Streckungen an den vier Zentren Z_1, Z_2, Z_3, Z_4 jeweils mit dem Streckfaktor k = 2. Zeichne das Viereck $A_1A_2A_3A_4$.
b) Wiederhole die Konstruktion mit dem Streckfaktor k = 3. Was fällt auf?

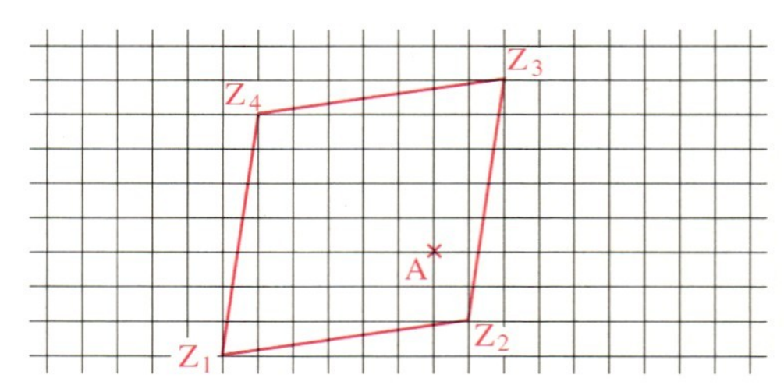

9
Berechne die Strecke x. Runde auf mm.

a)
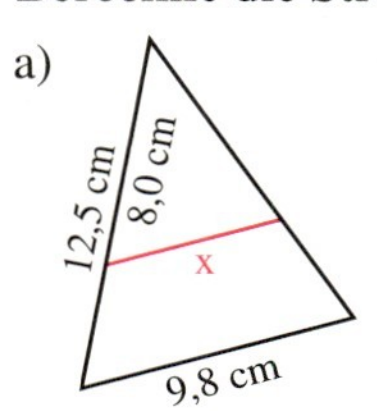

b)
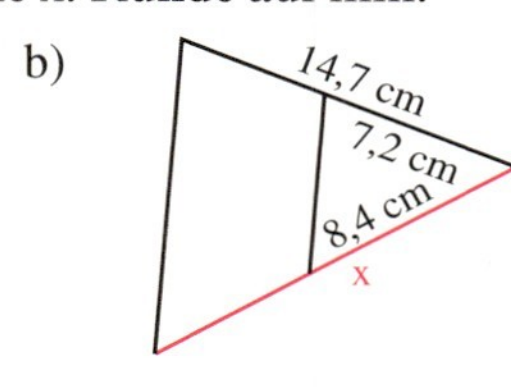

c)
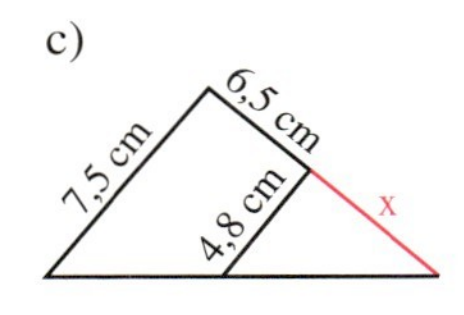

d)
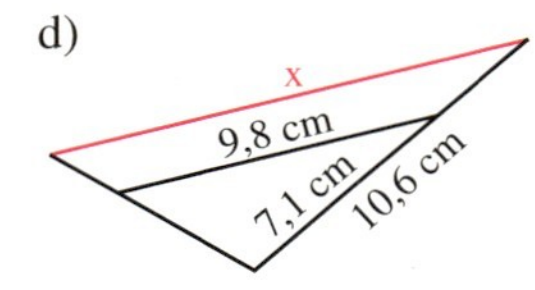

10
Fülle die Tabelle im Heft aus.
(Streckenlängen in cm; runde auf mm.)

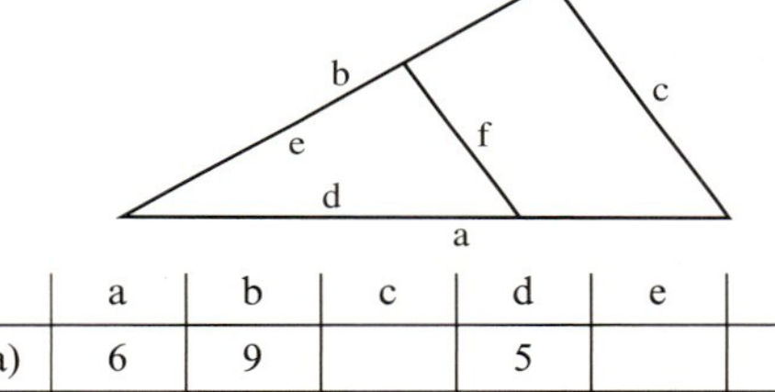

	a	b	c	d	e	f
a)	6	9		5		7
b)		6,2	4,5	5,0		3,5
c)	14,0			9,0	12,0	8,0

11
Berechne die Strecke x.
(Streckenlängen in cm; runde auf mm.)

a)
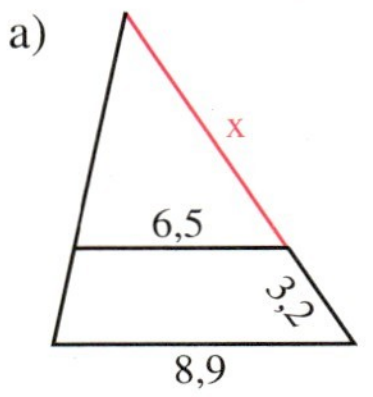

b)
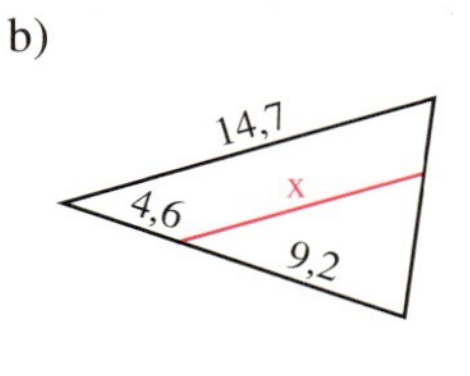

c)
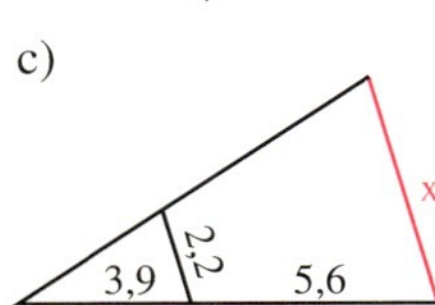

d)
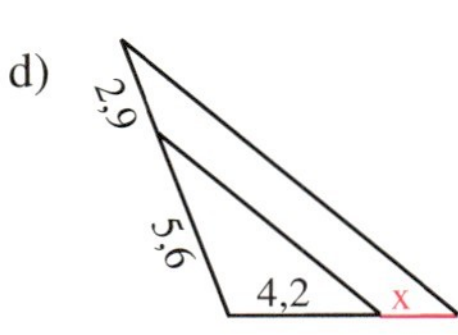

??
Was sollen diese schwarzen Streifen?

12
Teile eine Strecke
a) von 11 cm Länge in 7 gleiche Teile
b) von 18 cm Länge in 11 gleiche Teile.

13
Berechne die Strecken x und y.

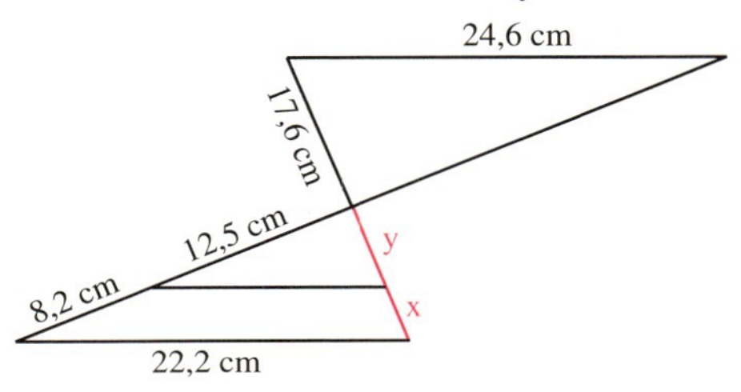

14
Welche der Rechtecke mit den Seiten a und b bzw. c und d sind ähnlich?

	a	b	c	d
a)	28 mm	21 mm	96 mm	72 mm
b)	65 mm	52 mm	92 mm	115 mm
c)	70 mm	80 mm	90 mm	100 mm
d)	10 m	1 mm	1 km	1 dm

15
Berechne die fehlenden Seiten der zwei ähnlichen Vierecke.

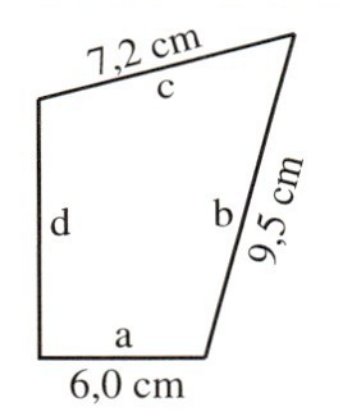

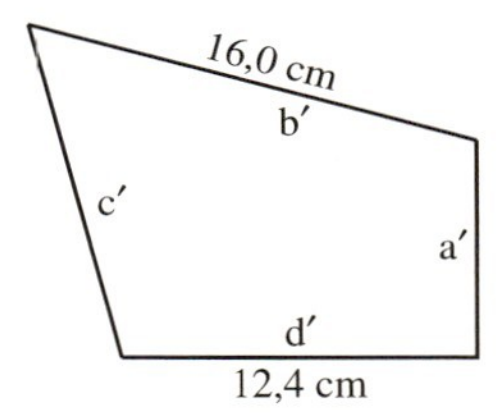

16
Prüfe die zwei Dreiecke ABC und DEF auf Ähnlichkeit. (Seitenlängen in cm.)

	a	b	c	d	e	f
a)	7,0	5,6	9,8	24,5	17,5	14,0
b)	5,0	10,5	7,5	15,6	11,0	23,1
c)	10,8	16,2	7,2	10,8	4,8	7,2

17
Berechne die Strecken x und y in den zwei ähnlichen Dreiecken. (Seitenlängen in cm.)

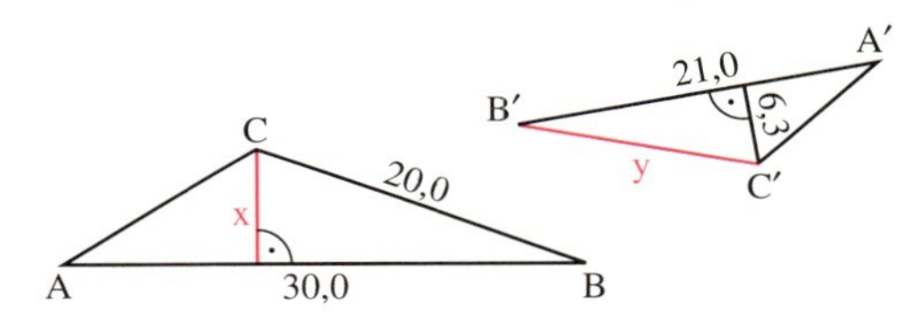

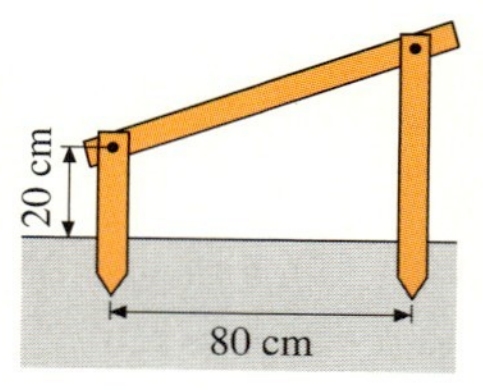

Böschungslehre

18

Um die Böschung eines Dammes im Gelände anlegen zu können, gibt man die Böschungsneigung mit einer „Böschungslehre“ an.

a) Die Pflöcke sind z. B. 80 cm voneinander entfernt. Die Latte am kleinen Pflock ist 20 cm über dem Erdboden befestigt.
Wie hoch muss die Latte am zweiten Pflock befestigt werden, damit folgende Böschungsverhältnisse angeschüttet werden können?
1 : 1; 1 : 1,5; 1 : 2; 1 ; 3: 2 : 5

b) In der Praxis wählt man statt 80 cm meistens einen anderen Pflockabstand. Welcher Abstand bietet sich an?
Begründe!

19

In der Kunst gibt es für den menschlichen Körper ein ideales Proportionsschema. So soll die Fußlänge etwa $\frac{1}{7}$ der Körperlänge betragen.

a) Wie groß ist Peter nach dieser Regel, wenn seine Fußlänge 26 cm beträgt?

b) Miss an deinem Körper und überprüfe die Regel.

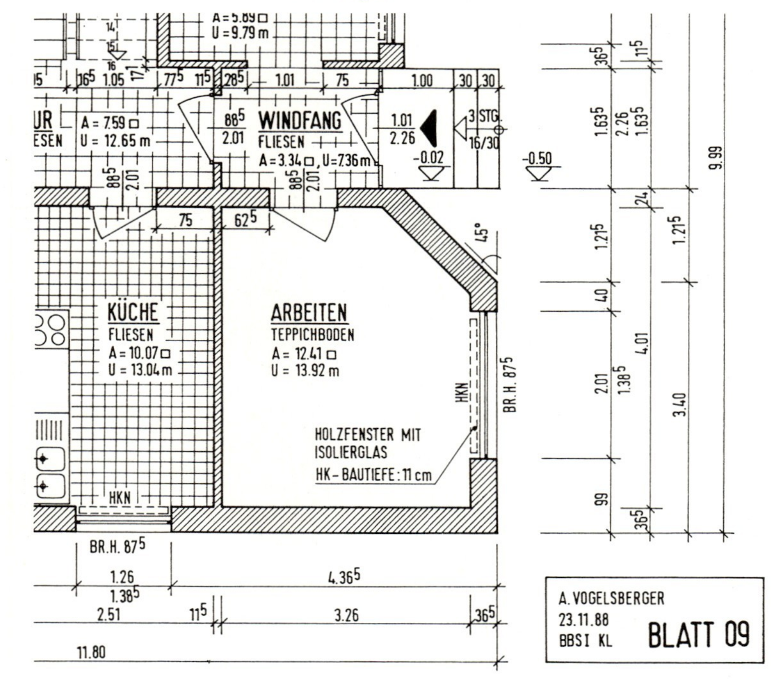

20

Löse zeichnerisch und prüfe rechnerisch nach.

a) $4:9=x:12$ b) $6:5=8:x$
c) $x:4=3:8$ d) $1:x=5:14$
e) $8:x=20:5$ f) $3{,}5:5{,}2=x:1{,}3$

21

Teile zeichnerisch die Strecken $a = 9$ cm, $b = 7{,}6$ cm und $c = 12{,}4$ cm jeweils im Verhältnis 2 : 3; 1 : 5; 8 : 3.

22

Vielleicht gibt es an deiner Schule einen Computer mit einem Grafik- oder CAD-Programm. Damit kannst du Zeichnungen erstellen oder von einer Vorlage mit einem Scanner einlesen. Du kannst die Zeichnung auf dem Bildschirm „zoomen“ oder für den Ausdruck beliebig vergrößern oder verkleinern.
Probiere es selbst aus. Als Beispiel ist das Wappen von Kaiserslautern in verschiedenen Größen abgebildet.

23

Das Dreieck ABC passt nicht auf das DIN-A4-Blatt. Übertrage die Zeichnung auf ein Blatt und versuche, die Seitenlängen des Dreiecks zu ermitteln.
(Hinweis: Konstruiere ein verkleinertes Streckbild und miss die Bildstrecken.)

24

Berechne für den verkleinerten Ausschnitt einer Bauzeichnung den Längenmaßstab. Überprüfe die Angabe zum Flächeninhalt A des Arbeitszimmers.

DER GOLDENE SCHNITT

Schon seit Euklid (ca. 300 v. Chr.) wurde in der Kunst (Malerei, Bildhauerei), Architektur usw.) versucht, mathematische Regeln zu finden, die Bilder oder Gebäude besonders schön erscheinen lassen. Lange Zeit, etwa bis Ende des 19. Jahrhunderts, herrschte die Meinung vor, Figuren seien dann von idealer Schönheit, wenn einzelne Teile der Figur in einem bestimmten Verhältnis, dem goldenen Schnitt, stünden. Eine Strecke s ist im goldenen Schnitt geteilt, wenn sich der kürzere Abschnitt zum längeren so verhält wie der längere Abschnitt zur ganzen Strecke s.

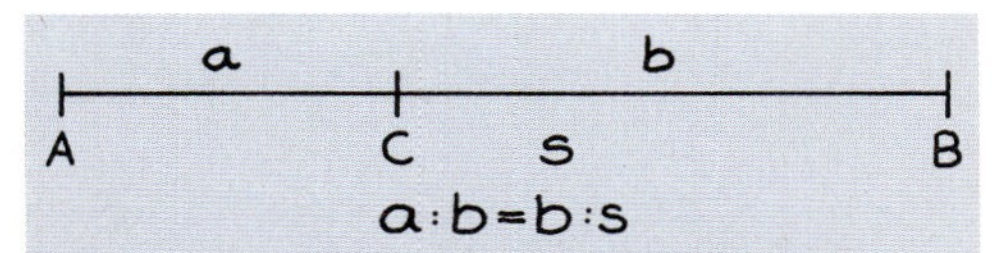

Dieses Verhältnis beträgt ungefähr 0,618
Näherungsbrüche für dieses Verhältnis sind 3 : 5; 5 : 8 oder 31 : 50. Rechne nach!

Efeublatt

1

Leonardo da Vinci (1452–1519) war der Meinung, dass die Proportionen des menschlichen Körpers im Idealfall an einigen Stellen den Regeln des goldenen Schnitts entsprechen. So soll das Knie, das Bein oder der Nabel den ganzen Körper im goldenen Schnitt teilen.
Miss die angegebenen Strecken an deinem Körper und prüfe die Vorstellungen von Leonardo da Vinci. Bedenke jedoch, dass es sich bei diesen Proportionen um eine Idealvorstellung handelt, der wohl kein Körper voll entspricht.
Findest du noch andere solche Verhältnisse an deinem Körper?

Glockenblume

Heckenrose

Akeleiblüte

2

Auch in der Botanik sind Gesetzmäßigkeiten zu sehen, die Bezüge zum goldenen Schnitt nahe legen. Die abgebildeten Blüten enthalten regelmäßige Fünfecke. Die Diagonalen schneiden sich darin im Verhältnis des goldenen Schnitts.
Zeichne ein regelmäßiges Fünfeck und prüfe nach.

3

Bezüge zum goldenen Schnitt finden sich auch im regelmäßigen Zehneck. So teilt die Seite eines regelmäßigen Zehnecks den Umkreisradius im Verhältnis des goldenen Schnitts. Prüfe nach.

4

Besonders in der Architektur finden sich viele Beispiele für den goldenen Schnitt. Prüfe, ob die Einteilungen des korinthischen Kapitells in Athen diesen Regeln folgen.

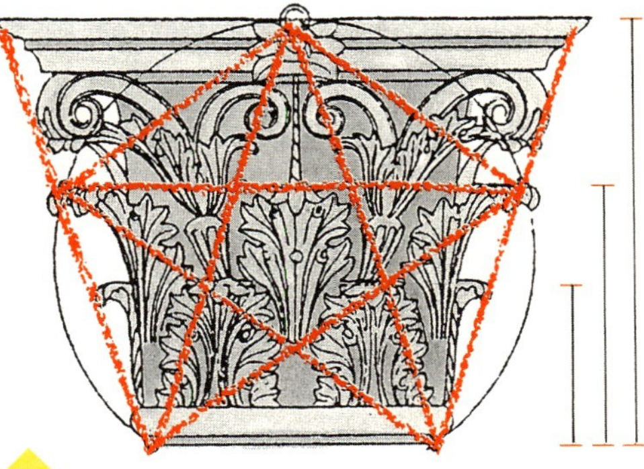

5

Suche in der Natur, Technik und Geometrie weitere Streckenverhältnisse, die im goldenen Schnitt stehen.

Rückspiegel

1
Strecke das Dreieck ABC.

	Z	k	A	B	C
a)	(5|5)	2	(3|3)	(8|4)	(6|7)
b)	(3|2)	$\frac{2}{3}$	(9|0,5)	(10,5|9,5)	(0|6,5)
c)	(7|5)	$-\frac{3}{2}$	(2|1)	(9|5)	(5|9)

2
Strecke das Viereck mit A(3|3), B(9|1,5), C(8,5|8), D(2|8) an Z(6|6) mit $k = \frac{4}{3}$.

3
Strecke die Figur an Z mit $k = -\frac{2}{3}$.

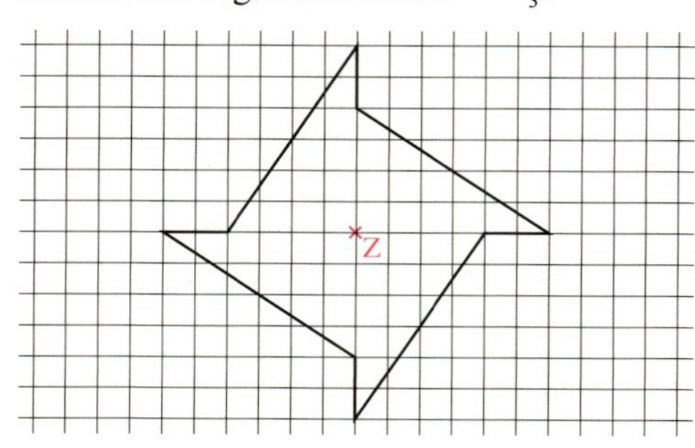

4
Ein Quadrat wird gestreckt. Übertrage die Tabelle ins Heft und fülle sie aus.

Längenabb.-maßstab k	3			
Flächenabb.-maßstab k^2		2,25	0,25	
Seite a	7 cm			
Seite a′		6 cm		
Flächeninhalt A			16 cm²	9 cm²
Flächeninhalt A′				36 cm²

5
Berechne die Strecke x auf mm gerundet.

a)

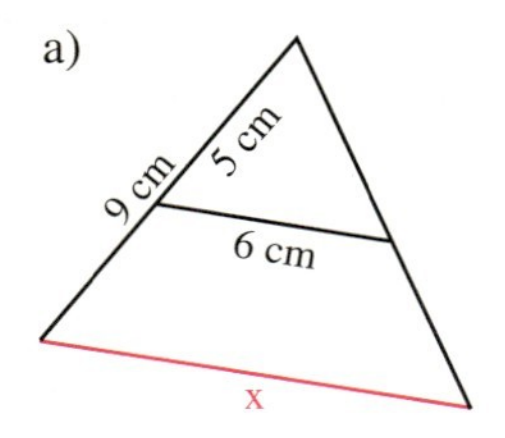

b)

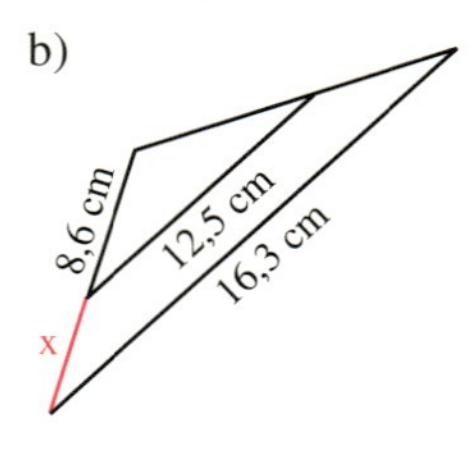

6
Berechne die Strecken x und y.

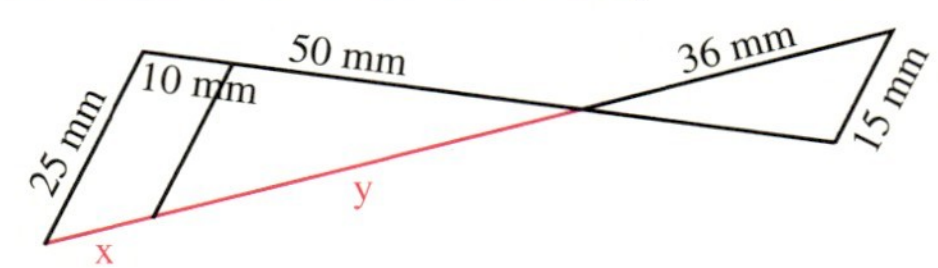

7
Sind die Rechtecke mit den Seiten a und b bzw. c und d ähnlich?

	a	b	c	d
a)	3 cm	4,5 cm	4,2 cm	2,8 cm
b)	6,4 cm	4,6 cm	8,0 cm	5,4 cm
c)	15,0 cm	18,0 cm	27,0 cm	32,4 cm

8
Sind die Dreiecke ABC und DEF ähnlich?

a) $\alpha = 70°$, b = 9 cm, c = 12 cm
$\delta = 70°$, d = 6 cm, f = 8 cm

b) $\beta = 105°$, a = 8,4 cm, c = 7,7 cm
$\varepsilon = 105°$, d = 8,8 cm, f = 9,6 cm

c) a = 6 cm, b = 10 cm, c = 8 cm
d = 8 cm, e = 12 cm, f = 10 cm

d) a = 9,3 cm, b = 15,5 cm, c = 6,2 cm
d = 18,6 cm, e = 27,9 cm, f = 46,5 cm

9
Berechne die Strecke x.

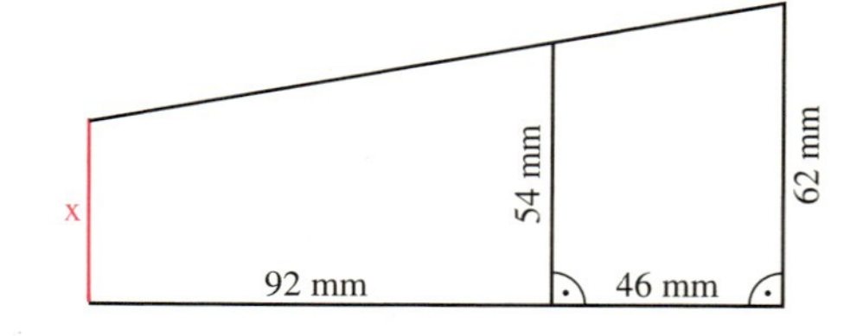

10
Berechne die Entfernung der zwei Orte.

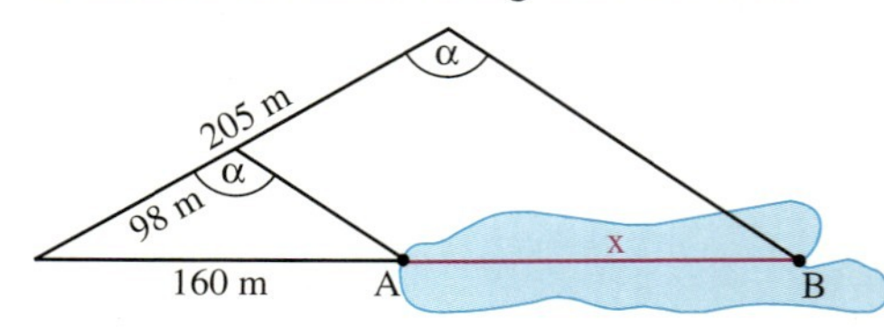

11
Wie groß sind der Flächen- und der Längenabbildungsmaßstab bei einer Vergrößerung von DIN A 4 auf DIN A 3?

V Satzgruppe des Pythagoras

Pythagoras in mittelalterlichen Darstellungen auf einem Relief am Dom von Florenz und beim Experimentieren mit Glocken und Gläsern

Der bekannteste aller mathematischen Sätze ist nach einem Mann benannt, von dem nur wenig bekannt ist. Man weiß nicht einmal, ob Pythagoras „seinen" Satz überhaupt entdeckt hat!
Pythagoras wurde 600 v. Chr. (auch 570 v. Chr. wird angenommen) auf der Insel Samos geboren. Auf langen Reisen nach Babylon und Ägypten machte er sich in Mathematik und Philosophie kundig. Nach seiner Rückkehr gründete er im damals griechischen Unteritalien eine religiöse Gemeinschaft, die sich um ein Leben nach den Gesetzen der inneren Harmonie bemühte. Erst nach einer Probezeit durften die Jünger die Stimme des hinter einem Vorhang verborgenen Meisters hören, und erst nach weiteren Jahren durften sie ihn sehen und mit ihm sprechen.

Der Satz des Pythagoras findet sich erstmals im großen Lehrbuch des Euklid, der etwa von 340 bis 270 v. Chr. lebte. Seine Wirkungsstätte war die berühmte Bibliothek in Alexandria. Sein Werk ist in vielen Handschriften und Drucken überliefert.

Das sibend-acht vnd
neünt bůch/des hochberümbten Mathematici Euclidis Megarensis/ in welchen der operationen vnnd regulen aller gemainer rechnung/vrsach grund vnd fundament/angezaigt wirt/ zů gefallen allen den/so die kunst der Rechnung liebhaben/durch Magistrum Johann Scheybl/der löblichen vniuersitet zů Tübingen des Euclidis vnd Arithmetic Ordinarien/ auß dem latein ins teütsch gebracht/vnnd mit gemainen exemplen also illustrirt vnnd an tag geben/das sy ein yeder gemainer Rechner leichtlich verstehn/vnnd jme nutz machen kan.

Mit Römischer Künigklicher Maiestat gnade vnd freyhait/in sechs jaren nit nachzůtrucken.

1555.

Erste gedruckte Ausgabe des Mathematikbuchs von Euklid in deutscher Sprache (1555)

Die Abbildung unten stellt einen Beweisansatz für den Satz des Pythagoras am Dreieck mit den Seiten 3, 4 und 5 dar. Wenn man genau hinsieht, erkennt man chinesische Schriftzeichen. Die Abbildung stammt nämlich aus einem altchinesischen Mathematikbuch, das aus der Zeit Euklids stammt. Vielleicht haben die Chinesen den Satz des Pythagoras selbst entdeckt, vielleicht haben sie ihn, wie vermutlich Pythagoras, von den Babyloniern erfahren.

Bei der Entdeckung des Satzes spielte sicher das Dreieck mit den Seiten 3, 4 und 5 die entscheidende Rolle. Es ist das einfachste rechtwinklige Dreieck mit ganzzahligen Seiten. Solche Dreiecke heißen pythagoreisch. Schon Euklid wusste, wie man unendlich viele solcher Dreiecke systematisch finden kann.

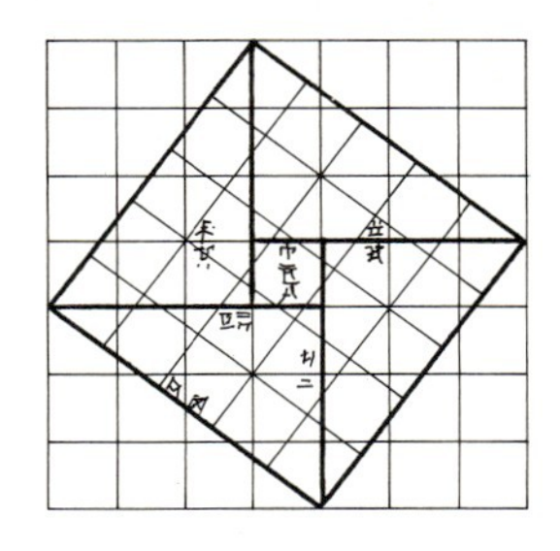

1 Kathetensatz

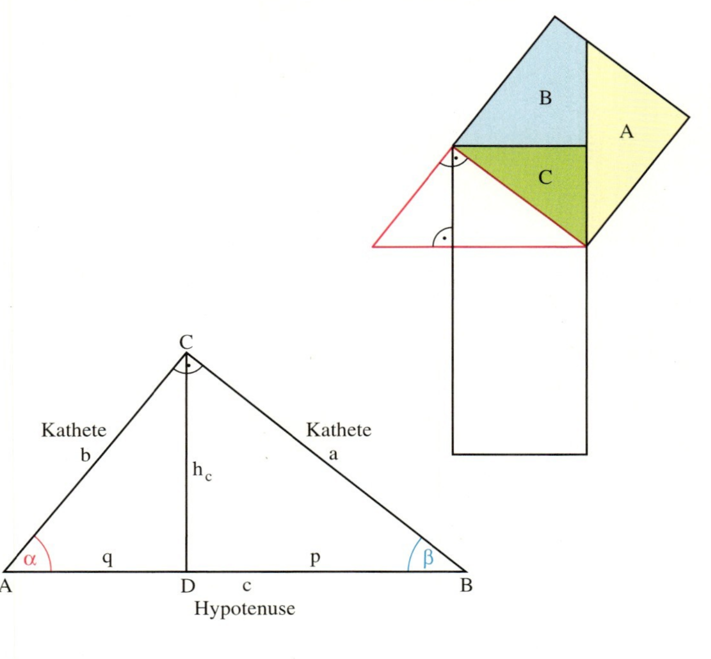

1
Schneide zwei kongruente rechtwinklige Dreiecke aus. Teile eines davon längs der Höhe in zwei rechtwinklige Teildreiecke. Vergleiche die Form der drei Dreiecke.

2
Übertrage die gesamte nebenstehende Figur ins Heft. Verwende für das rote Dreieck die Maße 6 cm, 8 cm und 10 cm. Zeichne das eingefärbte Quadrat nochmal auf ein Blatt und zerschneide es in die drei Einzelteile. Probiere, ob du die Puzzleteile in das untere Rechteck einpassen kannst.

Im rechtwinkligen Dreieck nennt man die Seiten, die den rechten Winkel einschließen, **Katheten**.
Die Seite gegenüber dem rechten Winkel heißt **Hypotenuse**.
Die zugehörige Höhe teilt die Hypotenuse in die zwei **Hypotenusenabschnitte** p und q.

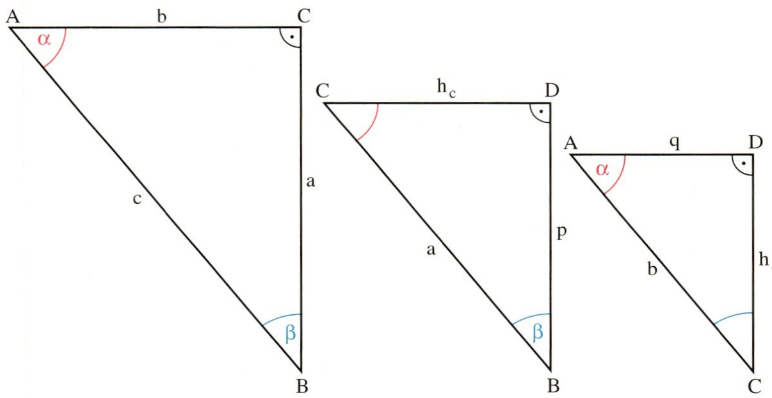

Die Zerlegung ergibt zwei rechtwinklige Teildreiecke. Alle drei sind zueinander ähnlich, weil sie in den entsprechenden Winkeln übereinstimmen. Deshalb gilt:
$\frac{a}{p}=\frac{c}{a}$ und $\frac{b}{q}=\frac{c}{b}$ und $\frac{h_c}{q}=\frac{p}{h_c}$.
Umformen der ersten beiden Beziehungen ergibt: $a^2=c\cdot p$ und $b^2=c\cdot q$.
Diesen Zusammenhang nennt man **Kathetensatz.**
Die Gleichungen können auch geometrisch gedeutet werden: a^2 ist der Flächeninhalt des Quadrates über der Kathete, $c\cdot q$ ist der Flächeninhalt des Rechtecks aus Hypotenuse und Hypotenusenabschnitt.

Kathetensatz: Im rechtwinkligen Dreieck ist das Quadrat über einer Kathete flächeninhaltsgleich mit dem Rechteck aus der Hypotenuse und dem anliegenden Hypotenusenabschnitt. $\mathbf{a^2=c\cdot p}$ **und** $\mathbf{b^2=c\cdot q}$

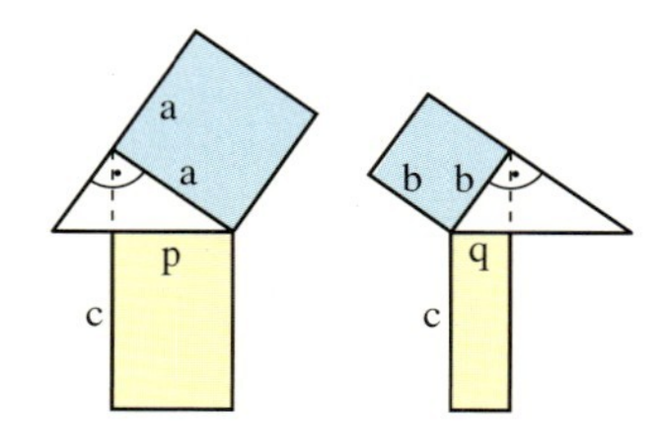

Der Kathetensatz wird auch als Satz des Euklid bezeichnet.

Bemerkung: Das Wort Kathete hat griechischen Ursprung und kommt von senkrecht aufeinander stehen (griech. Kathetein). Hypoteinusa kommt ebenfalls aus dem Griechischen und heißt „die darunter gespannte Linie“.

Weil Längen stets positiv sind, darf man aus beiden Seiten die Wurzel ziehen.

Beispiele

a) Aus der Länge der Hypotenuse $c = 8{,}5$ cm und dem Hypotenusenabschnitt $p = 3{,}6$ cm kann die Kathete a berechnet werden.

$$a^2 = c \cdot p \qquad a = \sqrt{8{,}5 \cdot 3{,}6}\ \text{cm}$$
$$a = \sqrt{c \cdot p} \qquad a \approx 5{,}5\ \text{cm}$$

b) Wenn die Kathete $b = 5{,}9$ cm und der zugehörige Hypotenusenabschnitt $q = 2{,}8$ cm bekannt sind, kann durch Umformen die Hypotenuse c berechnet werden.

$$b^2 = c \cdot q \quad | : q \qquad c = \frac{5{,}9^2}{2{,}8}\ \text{cm}$$
$$\frac{b^2}{q} = c \qquad c \approx 12{,}4\ \text{cm}$$

c) Mit dem Kathetensatz kann ein Quadrat zeichnerisch in ein flächeninhaltsgleiches Rechteck umgewandelt werden und umgekehrt.

4 cm

Q

7 cm

Lot

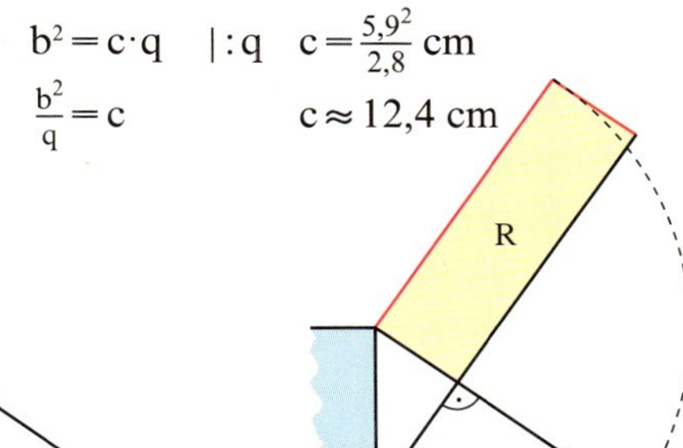

Aufgaben

3

Formuliere den Kathetensatz für die Figur.

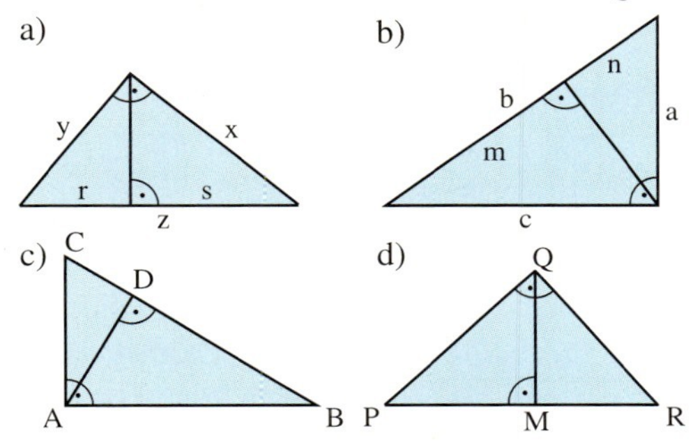

4

Berechne im Dreieck ABC ($\gamma = 90°$)

a) die Kathete a bzw. die Kathete b
aus $c = 9{,}2$ cm und $p = 3{,}5$ cm;
aus $c = 15{,}8$ cm und $q = 8{,}6$ cm.

b) die beiden Katheten a und b
aus $p = 5{,}9$ cm und $q = 7{,}3$ cm;
aus $p = 27{,}4$ cm und $q = 51{,}8$ cm.

c) die Hypotenuse c
aus $a = 4{,}3$ cm und $p = 1{,}9$ cm;
aus $b = 7{,}4$ cm und $q = 6{,}2$ cm;
aus $a = 11{,}25$ m und $p = 3{,}65$ m.

d) die Hypotenusenabschnitte p und q
aus $a = 9{,}3$ cm und $c = 14{,}7$ cm;
aus $b = 11{,}4$ m und $c = 54{,}2$ m;
aus $a = 0{,}35$ m und $c = 1{,}82$ m.

5

Berechne die Länge der Strecke x.
(Maße in cm)

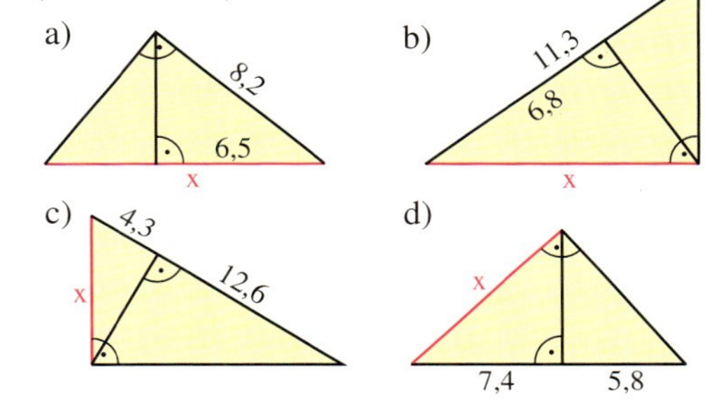

6

a) Ein Quadrat mit der Seitenlänge 4 cm ist gegeben. Konstruiere mit Hilfe des Kathetensatzes ein flächengleiches Rechteck, dessen eine Seite 5 cm lang ist. Überprüfe deine Konstruktion durch Rechnung.

b) Ein Rechteck mit den Seitenlängen 9 cm und 4 cm soll in ein flächengleiches Quadrat umgewandelt werden. Löse zeichnerisch mit Hilfe des Kathetensatzes.

7

Unter Verwendung des Kathetensatzes lassen sich Quadratwurzeln als Strecken konstruieren. Zeichne Strecken der Länge $\sqrt{10}$ cm; $\sqrt{40}$ cm; $\sqrt{27}$ cm und $\sqrt{63}$ cm.

2 Höhensatz

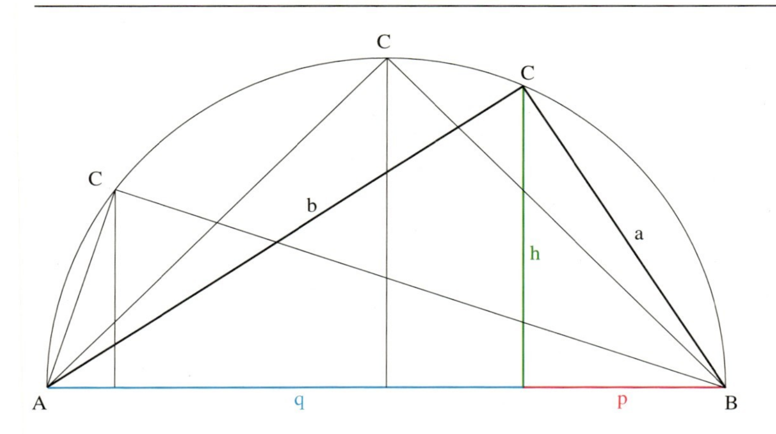

1

Zeichne in einen Halbkreis mit Radius 6 cm verschiedene rechtwinklige Dreiecke. Miss jeweils die Höhe und ergänze die Tabelle.

p (cm)	1	2	3	4	5	6	7
q (cm)							
h (cm)							
$h \cdot h$ (cm²)							
$p \cdot q$ (cm²)							

2

Wie muss man ein rechtwinkliges Dreieck zeichnen, um eine möglichst große Höhe über der Hypotenuse zu bekommen?

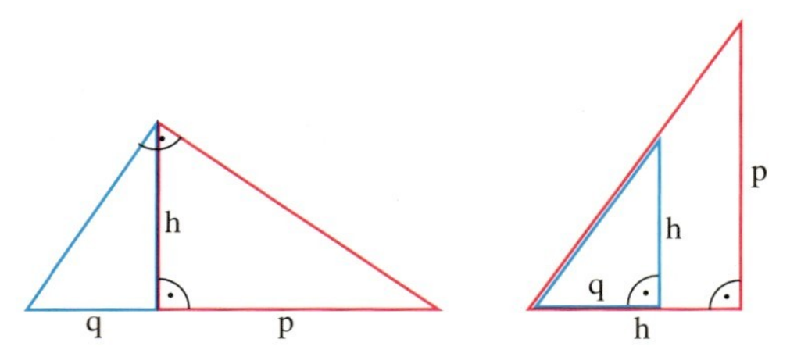

Im rechtwinkligen Dreieck wird die Höhe auf die Hypotenuse einfach nur mit h benannt, weil die beiden anderen Höhen auf den Katheten liegen.
Wenn man die aus der Ähnlichkeit der Teildreiecke folgende Gleichung
$\frac{h}{q} = \frac{p}{h}$ umformt, erhält man $h^2 = p \cdot q$

Diesen Zusammenhang im rechtwinkligen Dreieck nennt man **Höhensatz.**

Höhensatz: Im rechtwinkligen Dreieck ist das Quadrat über der Höhe flächengleich mit dem Rechteck aus den beiden Hypotenusenabschnitten $\mathbf{h^2 = p \cdot q}$.

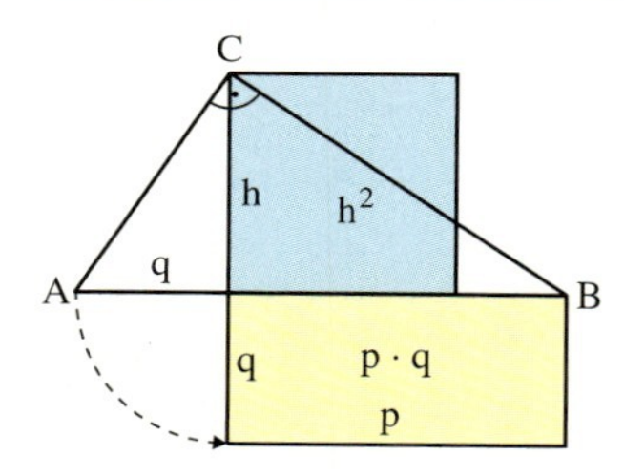

Bemerkung: Die Wurzel aus dem Produkt zweier Zahlen wird als geometrisches Mittel bezeichnet. Die Höhe in einem rechtwinkligen Dreieck ist also das geometrische Mittel der beiden Hypotenusenabschnitte.
$h = \sqrt{p \cdot q}$

Beispiele

a) Aus den beiden Hypotenusenabschnitten $p = 4{,}5$ cm und $q = 6{,}5$ cm kann man die Höhe berechnen.

$h^2 = p \cdot q$ $\qquad h^2 = 4{,}5 \cdot 6{,}5 \text{ cm}^2$

$h = \sqrt{p \cdot q}$ $\qquad h \approx 5{,}4$ cm

b) Durch Umformen kann man aus $h = 7{,}2$ cm und $p = 4{,}9$ cm den Hypotenusenabschnitt q berechnen.

$h^2 = p \cdot q \;\; |:p$ $\qquad q = \frac{7{,}2^2}{4{,}9}$ cm

$\frac{h^2}{p} = q$ $\qquad q \approx 10{,}6$ cm

c) Mit dem Höhensatz kann ein Rechteck zeichnerisch in ein flächeninhaltsgleiches Quadrat umgewandelt werden und umgekehrt.

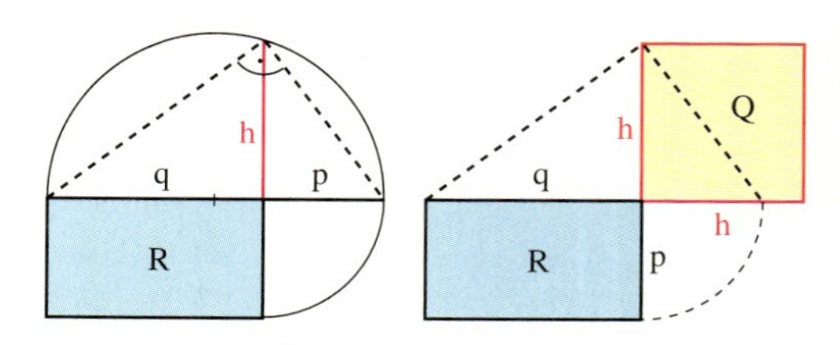

Aufgaben

3

Formuliere den Höhensatz für die Figur.

a)

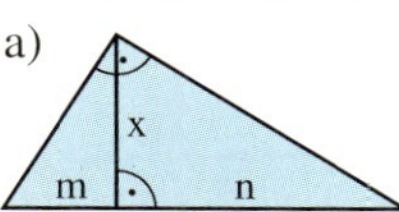

b)

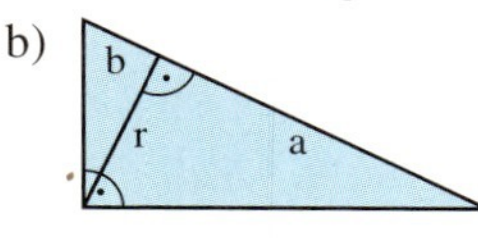

c)

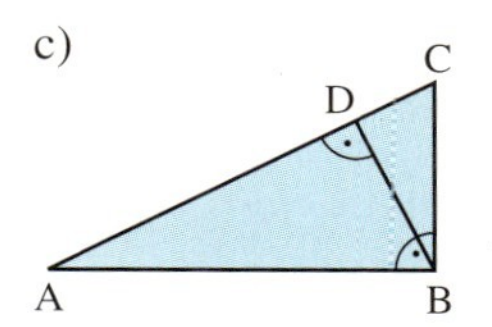

d)

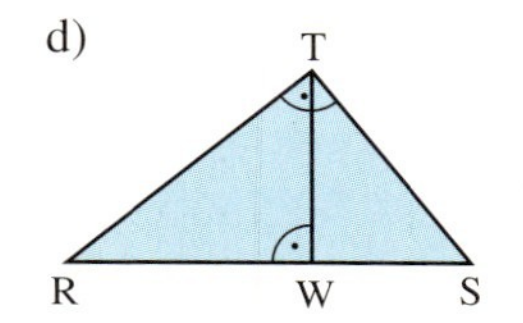

4

Berechne im Dreieck ABC ($\gamma = 90°$)

a) die Höhe h

aus $p = 5{,}3$ cm und $q = 8{,}4$ cm;
aus $p = 11{,}4$ m und $q = 64{,}2$ m;
aus $c = 10{,}8$ cm und $p = 3{,}4$ cm;
aus $c = 9{,}45$ m und $q = 2{,}25$ m;
aus $p = 5{,}2$ dm und $q = 1{,}4$ m.

b) den zweiten Hypotenusenabschnitt und die Hypotenuse c

aus $p = 8{,}2$ cm und $h = 5{,}9$ cm;
aus $q = 2{,}1$ cm und $h = 4{,}7$ cm;
aus $p = 0{,}49$ m und $h = 1{,}35$ m.

5

Berechne im Dreieck ABC ($\gamma = 90°$) die fehlenden Größen mit dem Höhensatz oder Kathetensatz.

	a)	b)	c)	d)	e)	f)
a		5,9 cm				
b			11,8 m			
c		12,3 cm		37 m		9,4 m
p	8,3 cm				12,4 cm	
q	5,2 cm		2,5 m	14 m		6,2 m
h					15,1 cm	

6

Hier haben sich in den Aufgaben für das rechtwinklige Dreieck Fehler eingeschlichen. Wie kannst du die Maßzahlen ändern, um rechnen zu können?

a) $h = 9$ cm und $c = 16$ cm

b) $a = 4$ cm und $p = 5$ cm

7

Berechne die Länge der Strecke x. (Maße in cm)

a)

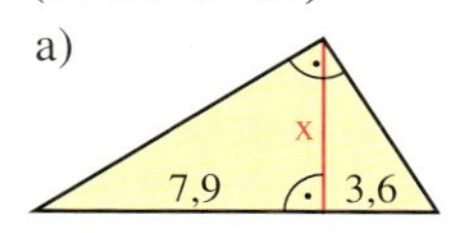

b)

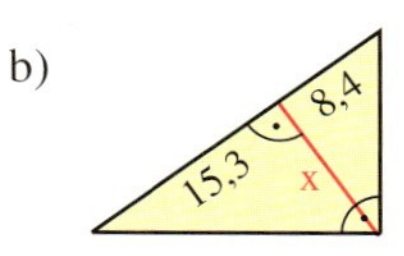

c)

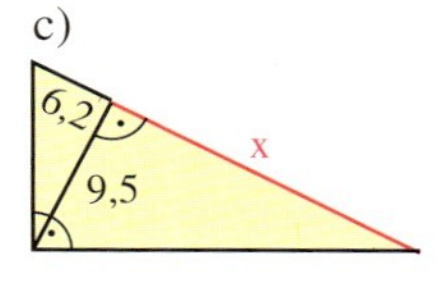

d)

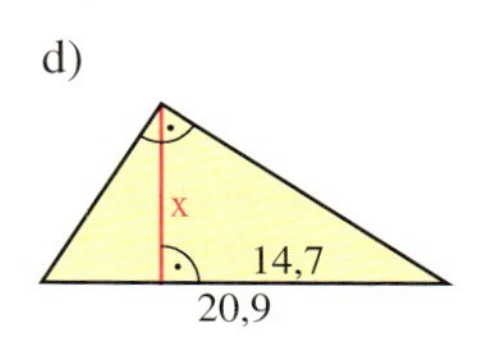

8

Welchen Flächeninhalt hat das Quadrat?

a)

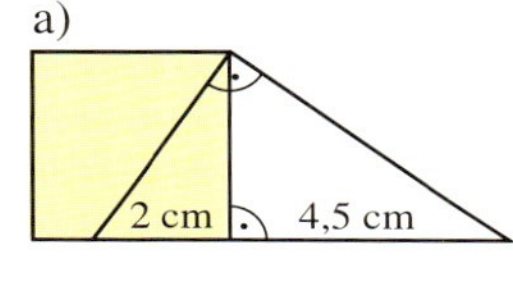

b)

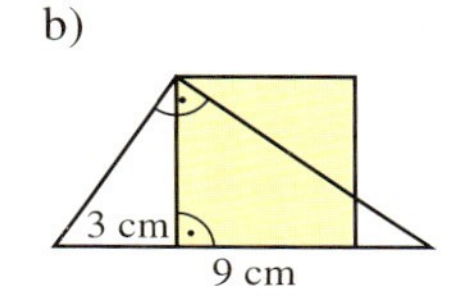

9

Wie hoch ist das Pultdach der Fabrikhalle?

$\overline{AB} = 6{,}80$ m

$\overline{BC} = 3{,}40$ m

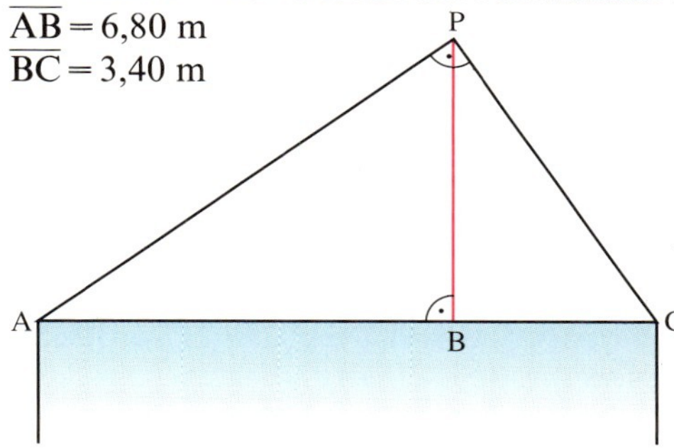

10

a) Konstruiere mit dem Höhensatz ein Rechteck, das zu einem Quadrat mit der Seitenlänge 5 cm flächengleich ist und von dem eine Seitenlänge mit 4 cm bekannt ist.

b) Konstruiere mit Hilfe des Höhensatzes ein Quadrat, das zu einem Rechteck mit den Seiten 7 cm und 3,5 cm flächengleich ist.

c) Mit dem Höhensatz lassen sich Wurzeln als geometrisches Mittel konstruieren. Zeichne Strecken der Länge

$\sqrt{32}$ cm; $\sqrt{20}$ cm; $\sqrt{48}$ cm und $\sqrt{13}$ cm.

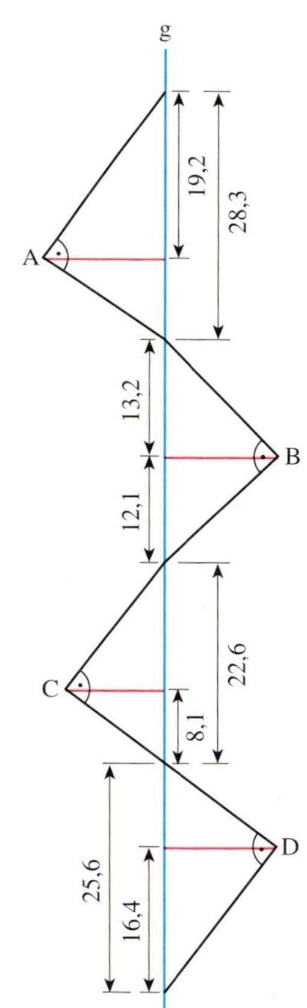

Wie weit sind die Punkte A, B, C und D jeweils von g entfernt?

3 Satz des Pythagoras

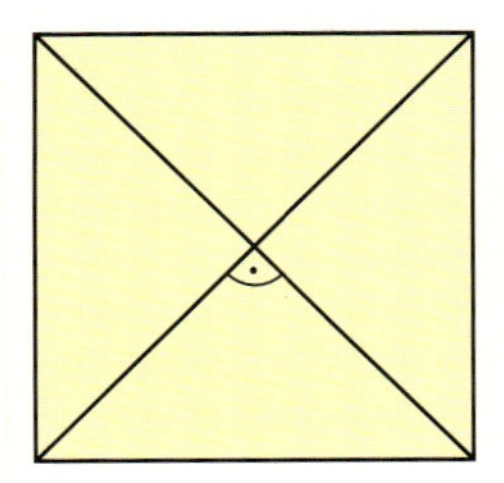

1
Aus den vier Teilen des Quadrats lassen sich zwei kleinere Quadrate zusammensetzen. Wie lang ist die Diagonale eines kleinen Quadrats?

Ägyptische Knotenschnur

2
Nach der alljährlichen Überschwemmung des Nils mussten die Felder neu vermessen werden. Die Vermessungsbeamten hießen Seilspanner. Sie benutzten bei ihrer Arbeit ein Dreieck aus Seilen mit Seiten von 3, 4 und 5 Einheiten.
Stelle selbst ein Seildreieck her und miss den Winkel zwischen den kurzen Seiten.

Wenn man die vier flächengleichen, rechtwinkligen Dreiecke des linken Quadrats anders anordnet, erhält man die rechte Figur.

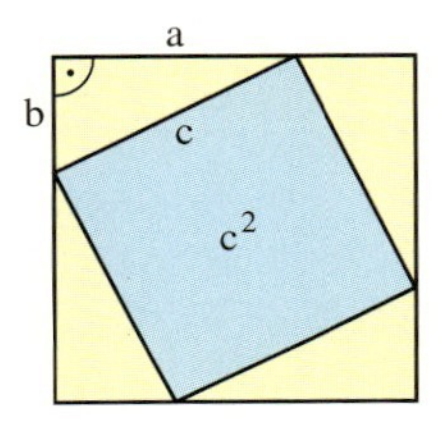

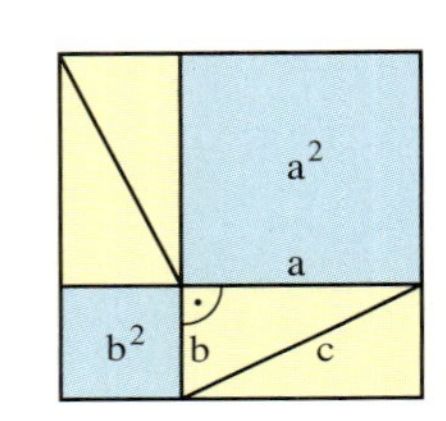

Die Darstellung lässt vermuten, dass die Kathetenquadrate zusammen denselben Flächeninhalt haben wie das Hypotenusenquadrat. Aus dem Kathetensatz $a^2 = c \cdot p$ und $b^2 = c \cdot q$ sowie $c = p + q$ folgt $a^2 + b^2 = c \cdot p + c \cdot q = c \cdot (p + q) = c \cdot c = c^2$.
Die Vermutung ist also richtig.

Diesen Zusammenhang zwischen den Längen von Katheten und Hypotenusen bezeichnet man als **Satz des Pythagoras.**

Zum Satz des Pythagoras gibt es bis heute ca. 360 verschiedene Beweise.

Satz des Pythagoras: Im rechtwinkligen Dreieck ist die Summe der Flächeninhalte der Kathetenquadrate gleich dem Flächeninhalt des Hypotenusenquadrates.

$$\mathbf{a^2 + b^2 = c^2}$$

Bemerkung: Rechtwinklige Dreiecke, deren Seitenlängen ganzzahlig sind, bezeichnet man als pythagoreische Dreiecke.

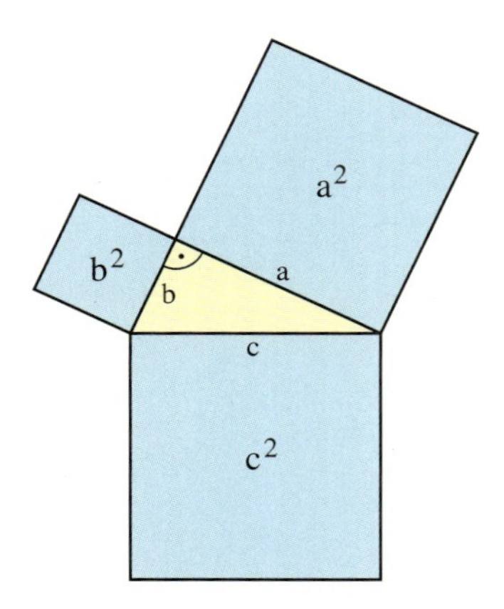

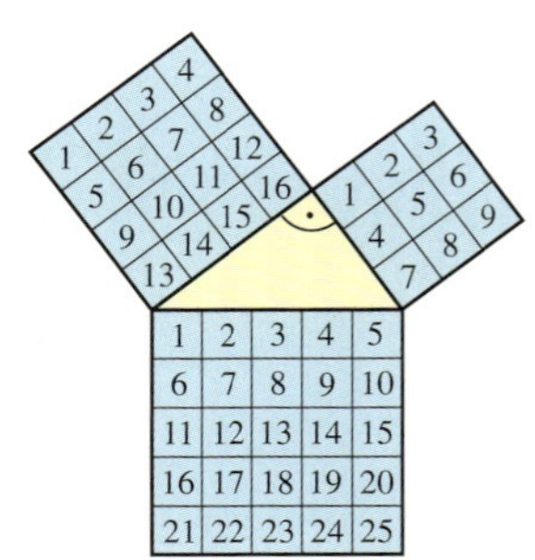

Beispiele

a) In einem rechtwinkligen Dreieck ABC ($\gamma = 90°$) kann aus den beiden Katheten $a = 6{,}5$ cm und $b = 3{,}8$ cm die Hypotenuse berechnet werden.

$c^2 = a^2 + b^2$ $\quad c = \sqrt{6{,}5^2 + 3{,}8^2}$ cm

$c = \sqrt{a^2 + b^2}$ $\quad c \approx 7{,}5$ cm

b) Durch Umformen kann aus $c = 12{,}1$ cm und $a = 4{,}3$ cm die Kathete b berechnet werden.

$a^2 + b^2 = c^2$

$b^2 = c^2 - a^2$ $\quad b = \sqrt{12{,}1^2 - 4{,}3^2}$ cm

$b = \sqrt{c^2 - a^2}$ $\quad b \approx 11{,}3$ cm

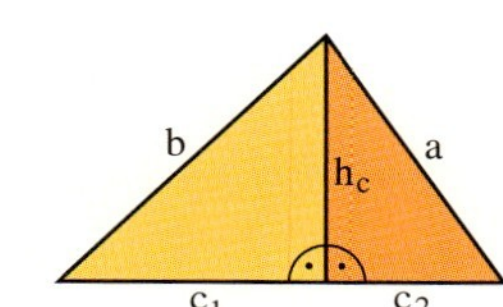

c) In einem beliebigen, nicht rechtwinkligen Dreieck erhält man durch das Einzeichnen einer Höhe zwei rechtwinklige Teildreiecke, in denen der Satz von Pythagoras angewendet werden kann. Aus den beiden Seiten $a = 8{,}2$ cm und $b = 9{,}8$ cm sowie der Höhe $h_c = 7{,}8$ cm kann man die Teilstrecken c_1 und c_2 der Seite c berechnen.

${c_1}^2 + {h_c}^2 = b^2$ $\quad c_1 = \sqrt{9{,}8^2 - 7{,}8^2}$ cm $\quad {c_2}^2 + {h_c}^2 = a^2$ $\quad c_2 = \sqrt{8{,}2^2 - 7{,}8^2}$ cm

${c_1}^2 = b^2 - {h_c}^2$ $\quad c_1 \approx 5{,}9$ cm $\quad {c_2}^2 = a^2 - h_c^2$ $\quad c_2 \approx 2{,}5$ cm

Bemerkung: Die ägyptischen Seilspanner (Aufgabe 2) bedienten sich der **Umkehrung des Satzes des Pythagoras:** wenn in einem Dreieck $a^2 + b^2 = c^2$ ist, dann ist der Winkel gegenüber der Seite c ein rechter. Verschiebt man in einem rechtwinkligen Dreieck C längs der Höhe, so werden die Seiten a und b länger (oder kürzer) und der Winkel bei C wird spitz (oder stumpf). $a^2 + b^2 = c^2$ kann also nur gelten, wenn $\gamma = 90°$ ist.

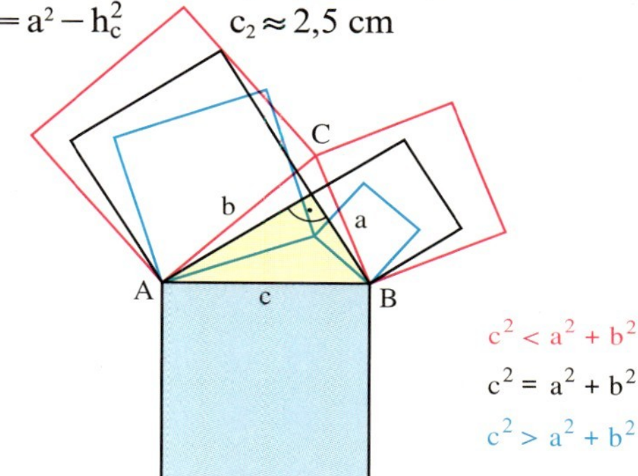

d) Das Dreieck mit den Seiten $a = 6{,}5$ cm, $b = 15{,}6$ cm und $c = 16{,}9$ cm ist rechtwinklig, da die Gleichung $6{,}5^2 + 15{,}6^2 = 16{,}9^2$ und somit $285{,}61 = 285{,}61$ gilt.

Aufgaben

3

Zeichne verschiedene rechtwinklige Dreiecke, miss die Seitenlängen und bestätige durch Rechnung den Satz des Pythagoras.

4

Formuliere den Satz des Pythagoras für die Figur.

a) 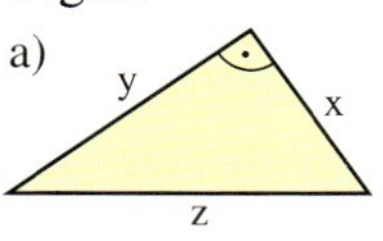

b) 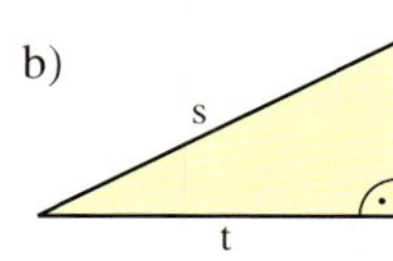

c) 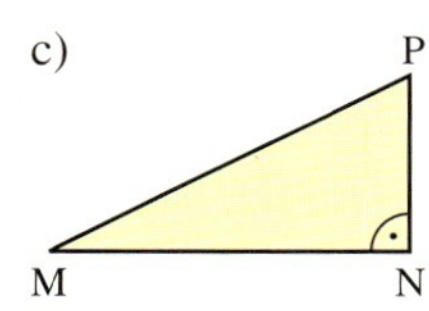

d) 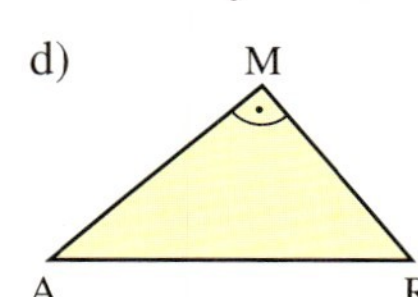

5

Berechne im Dreieck ABC ($\gamma = 90°$)

a) die Hypotenuse c

aus $a = 6{,}2$ cm und $b = 8{,}4$ cm;
aus $a = 4{,}25$ m und $b = 5{,}82$ m;
aus $a = 117$ m und $b = 236$ m;
aus $a = 1{,}2$ cm und $b = 9{,}4$ cm.

b) die Kathete a oder die Kathete b

aus $b = 5{,}3$ cm und $c = 8{,}9$ cm;
aus $a = 4{,}3$ cm und $c = 6{,}2$ cm;
aus $b = 12{,}7$ m und $c = 15{,}8$ m;
aus $a = 2{,}43$ m und $c = 9{,}41$ m.

6 

Warum kann die Summe der beiden Katheten nicht ebenso groß wie die Hypotenuse sein?

7

Berechne die Länge der Strecke x.
(Maße in cm)

a)

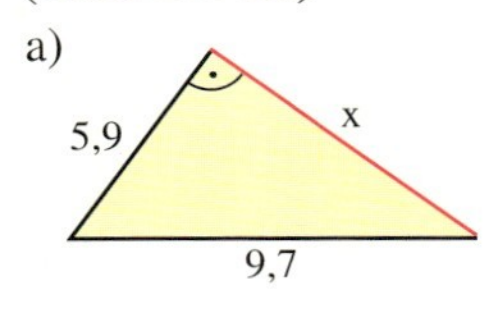

b)

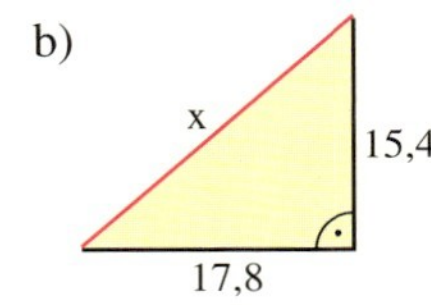

c)

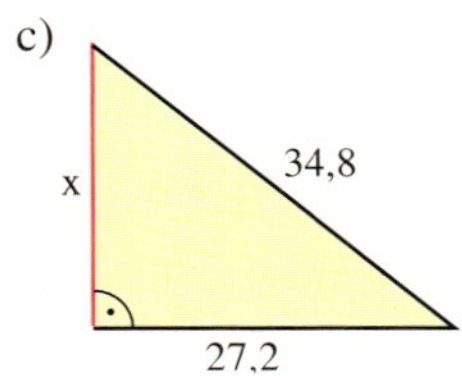

d)

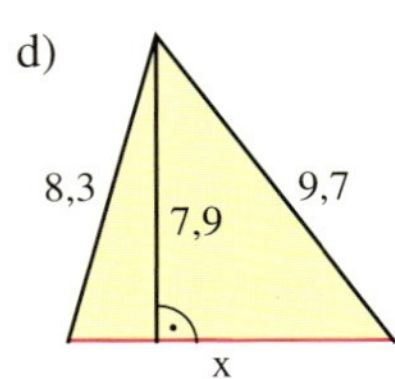

8

Formuliere den Satz des Pythagoras in allen vorkommenden rechtwinkligen Dreiecken.

a)

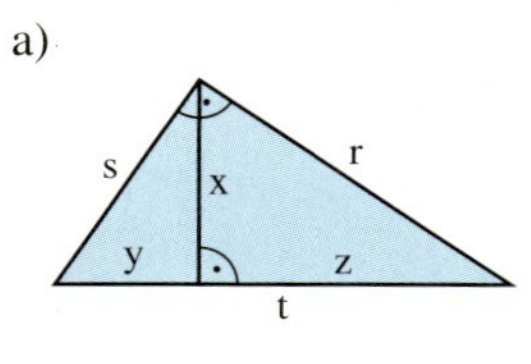

b)

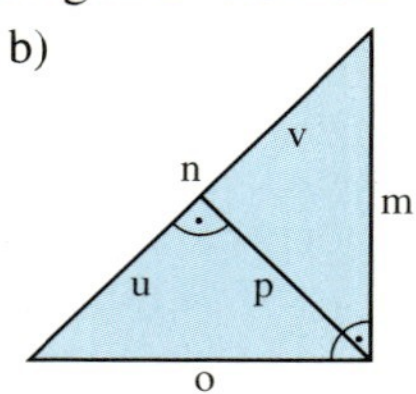

c)

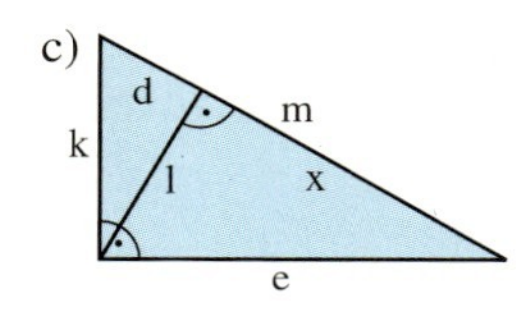

d)

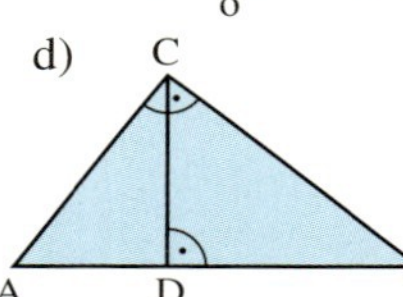

9

Berechne im Kopf die fehlende Seite x.

a)

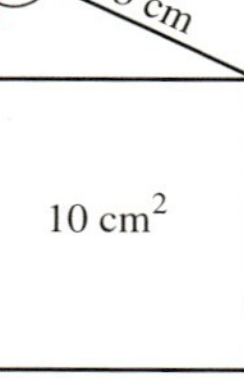

b)

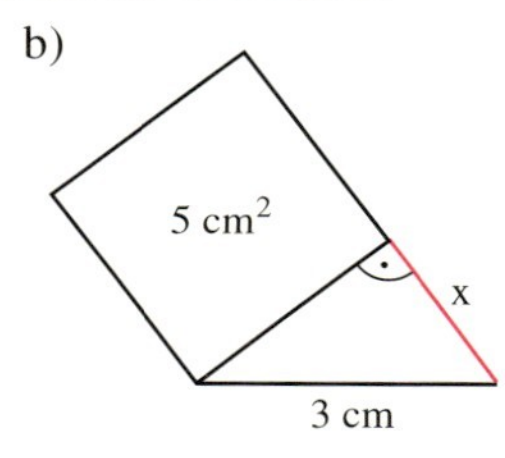

c)

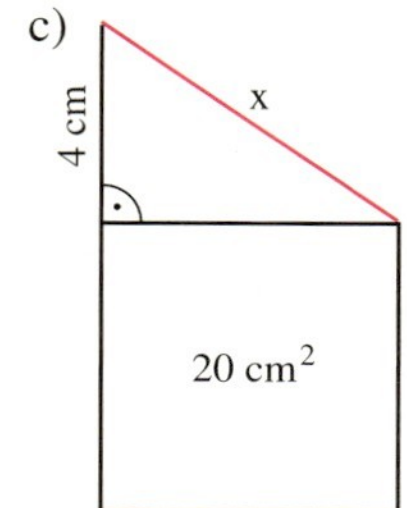

d)

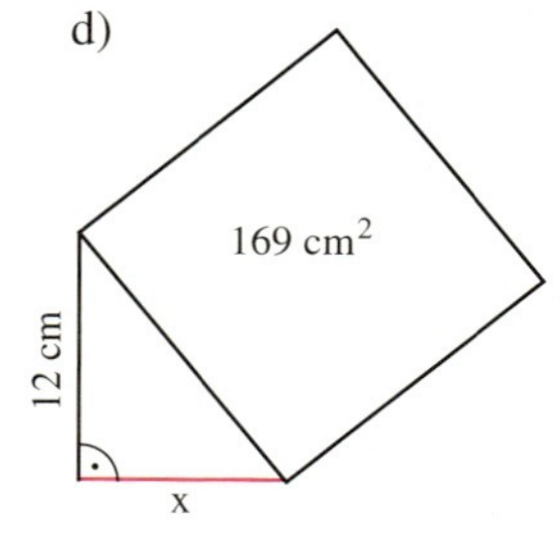

Pythagoras von A bis Z

Benachbarte Punkte sind jeweils 5 cm voneinander entfernt. Berechne die unterschiedlichen Entfernungen der Punkte voneinander. Es gibt 14 verschieden lange Strecken.

10

Wenn Punkte im Koordinatensystem angegeben sind, kann man ihre Entfernung nach dem Satz des Pythagoras berechnen.
Beispiel: A(3|2); B(10|6)

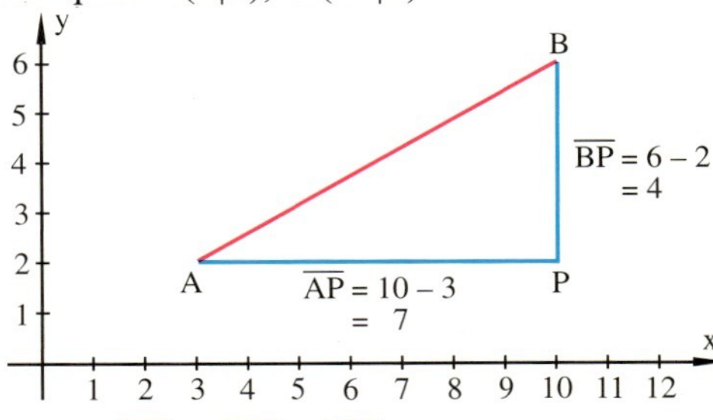

Es ist $\overline{AB}^2 = \overline{AP}^2 + \overline{BP}^2$

$\overline{AB} = \sqrt{7^2 + 4^2}$ Längeneinheiten

$\overline{AB} = 8{,}06$ Längeneinheiten

a) Berechne die Entfernung zwischen C(2|4) und D(8|9); E(1|3) und F(10|10); G(0|0) und H(12|7); I(−2|−3) und K(5|7).

b) Kannst du die Formel für die Entfernung von zwei Punkten
$\overline{P_1P_2} = \sqrt{(x_2 - x_1)^2 + (y_2 - y_1)^2}$
erklären?

11

Zeichne das Dreieck ABC und berechne seinen Umfang.

a) A(1|1); B(10|2); C(6|8)

b) A(−5|−2); B(5|1); C(0|9)

12

Das Dreieck mit den Seiten 3 cm, 4 cm und 5 cm ist rechtwinklig. Man nennt die drei Maßzahlen ein pythagoreisches Zahlentripel. Prüfe durch Rechnung, ob pythagoreische Zahlentripel vorliegen.

a) 9, 40, 41 b) 10, 24, 25
c) 28, 45, 53 d) 9, 12, 15

13

Prüfe durch Rechnung, ob das Dreieck spitzwinklig, stumpfwinklig oder rechtwinklig ist.

	a)	b)	c)	d)	e)
1. Seite	8 cm	24,0 m	3,9 cm	40 cm	18,5 m
2. Seite	15 cm	26,5 m	8,9 cm	55 cm	70,0 m
3. Seite	17 cm	9,2 m	8,0 cm	65 cm	68,2 m

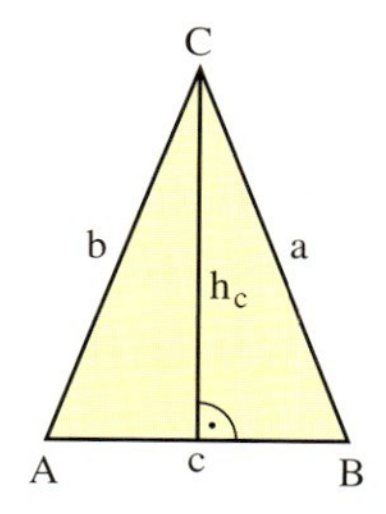

Dreieck

14

a) Berechne die Seite a und den Umfang u des gleichschenkligen Dreiecks ($a = b$) aus $c = 12{,}6$ cm und $h_c = 9{,}2$ cm.
b) Berechne die Höhe h_c des Dreiecks aus $a = b = 15{,}8$ cm und $c = 7{,}4$ cm.

15

Berechne die Höhe h_c und den Flächeninhalt des gleichschenkligen Dreiecks ABC ($a = b$).
a) $a = b = 6{,}0$ cm und $c = 8{,}0$ cm
b) $a = b = 19{,}5$ cm und $c = 32{,}4$ cm
c) $a = b = 25{,}4$ m und $c = 42{,}2$ m
d) $a = b = 0{,}72$ m und $c = 1{,}08$ m

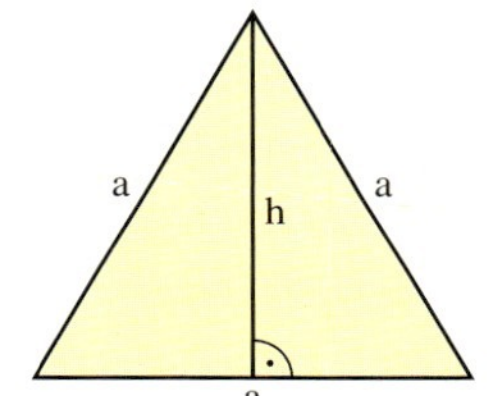

16

a) Berechne die Höhe und den Flächeninhalt des gleichseitigen Dreiecks mit der Seitenlänge 12 cm.
b) Wie lang ist die Seite eines gleichseitigen Dreiecks mit der Höhe 10 cm?

17

a) Berechne den Umfang und den Flächeninhalt eines rechtwinklig gleichschenkligen Dreiecks ($a = b$), wenn die Katheten jeweils 8,5 cm lang sind.
b) Ein rechtwinklig gleichschenkliges Dreieck hat die Höhe $h = 8{,}0$ cm.
Berechne die Seitenlängen und den Umfang des Dreiecks.

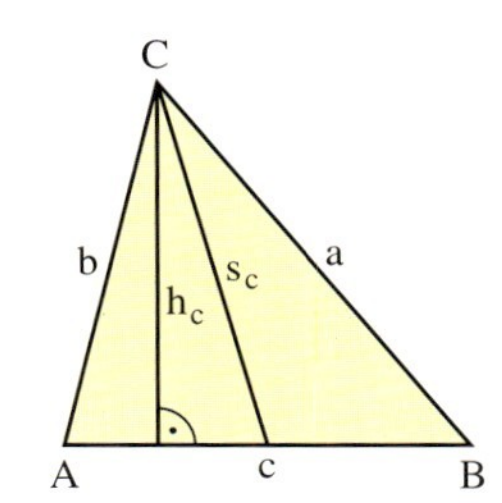

18

a) Von einem Dreieck ABC sind die Seiten $a = 9{,}5$ cm und $b = 7{,}2$ cm sowie die Höhe $h_c = 6{,}8$ cm gegeben. Berechne die Länge der Seite c, den Umfang u und den Flächeninhalt A des Dreiecks.
b) Berechne in einem Dreieck ABC mit der Höhe $h_c = 92$ cm, der Seitenhalbierenden $s_c = 95$ cm und der Seite $c = 128$ cm die Längen der Seiten a und b.
c) In einem Dreieck ABC sind die Seiten $c = 7{,}5$ cm und $b = 8{,}3$ cm gegeben. Wie lang ist die Seite a, wenn die Höhe h_c des Dreiecks eine Länge von 7,8 cm hat?

Trapez

19

Berechne die Höhe und den Flächeninhalt des gleichschenkligen Trapezes.

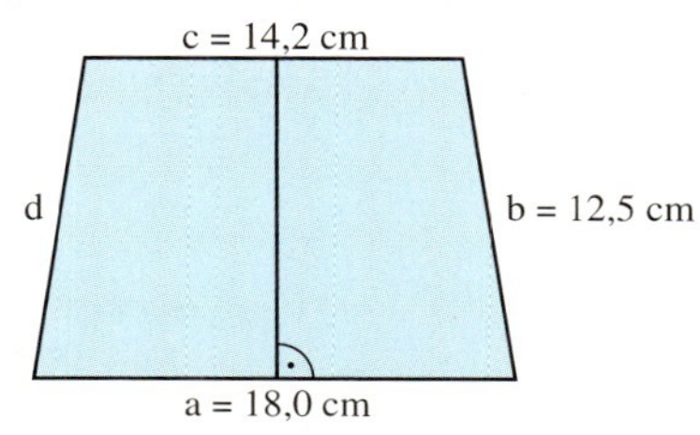

20

a) Wie lang ist die Seite c eines gleichschenkligen Trapezes mit $a = 10{,}4$ cm, $b = d = 6{,}5$ cm und $h = 5{,}2$ cm?
b) Berechne die Länge der Schenkel b und d eines gleichschenkligen Trapezes mit $a = 25{,}3$ cm, $c = 15{,}7$ cm und $h = 11{,}4$ cm.
c) Wie lang ist die Grundseite a eines gleichschenkligen Trapezes mit $b = d = 9{,}5$ cm, $c = 6{,}2$ cm und $h = 4{,}1$ cm?
d) Berechne die Länge der Diagonalen in einem gleichschenkligen Trapez mit den Grundseiten $a = 19{,}4$ cm und $c = 11{,}8$ cm sowie der Höhe $h = 13{,}1$ cm.

21

Berechne den Umfang und den Flächeninhalt des Trapezes.

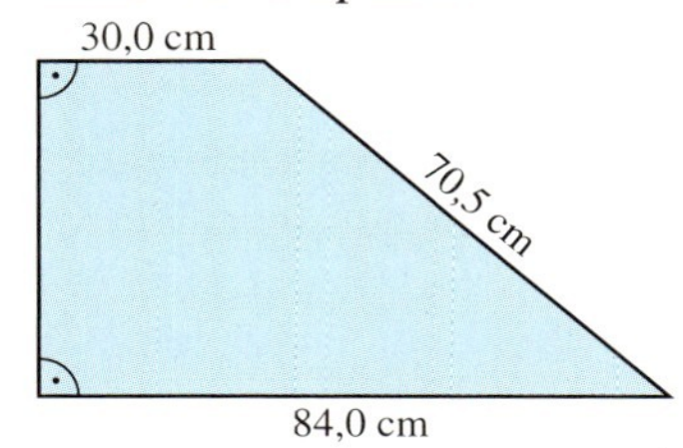

22

Wie groß ist der Umfang dieses allgemeinen Trapezes?

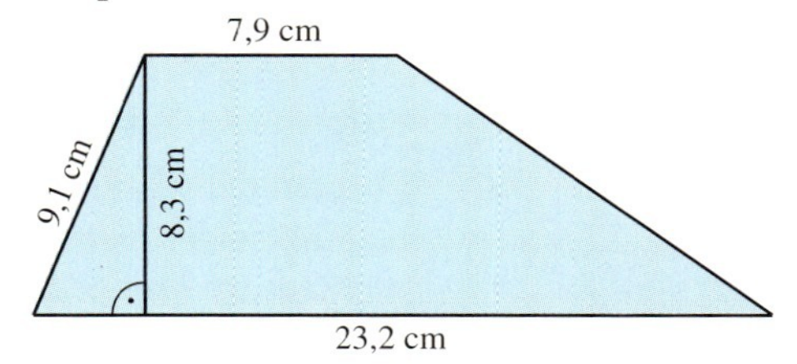

Vierecke, Vielecke und zusammengesetzte Figuren

23
Berechne die Diagonale eines Rechtecks mit den Seiten
a) a = 8,0 cm und b = 5,0 cm
b) a = 28,0 m und b = 15,4 m
c) a = 2b = 18,0 cm.

24
Berechne den Umfang und den Flächeninhalt eines Rechtecks mit
a) a = 6,5 cm
e = 8,0 cm
b) b = 13,4 cm
e = 17,8 cm.

25
Die beiden Diagonalen einer Raute sind 12,0 cm und 9,6 cm lang. Berechne den Umfang der Raute.

26
Von einer Raute sind die Seitenlänge a = 5,1 cm und die Länge der Diagonale e = 4,5 cm gegeben. Berechne die Länge der Diagonale f und den Flächeninhalt.

27
Von einem Drachen sind die Diagonalen e = 15,8 cm, f = 24,4 cm und die Seiten a = b = 18,4 cm bekannt.
Wie groß ist der Umfang des Drachens?

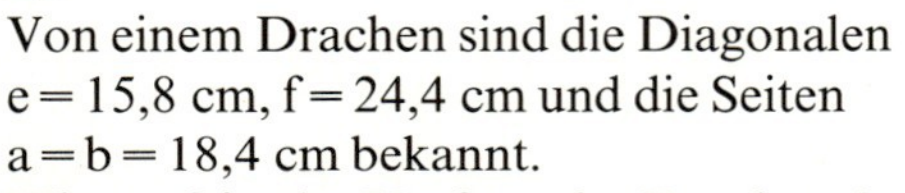

28
Ein regelmäßiges Sechseck hat die Seitenlänge 4,0 cm. Zeichne das Sechseck und zerlege es geschickt in Teilfiguren, damit du den Flächeninhalt berechnen kannst.

29
Wenn du ein regelmäßiges Achteck in ein Quadrat, vier Rechtecke und vier Dreiecke zerlegst, kannst du mit der Seitenlänge 5 cm den Flächeninhalt berechnen.

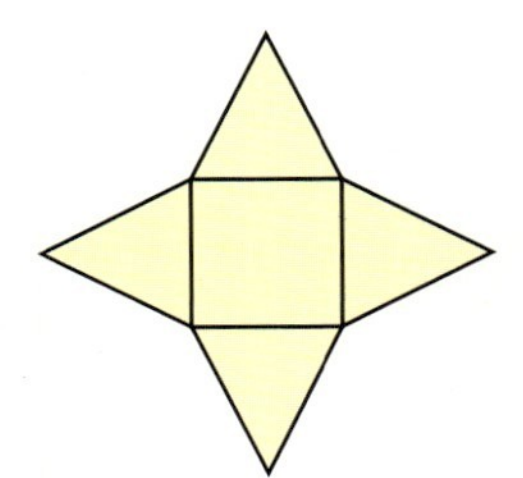

30
Einem Quadrat mit 5,0 cm Seitenlänge sind auf allen vier Seiten 5,0 cm hohe gleichschenklige Dreiecke aufgesetzt. Berechne den Umfang des entstehenden Sterns.

31
Berechne den Umfang und den Flächeninhalt der zusammengesetzten Figur (Maße in cm).

a)
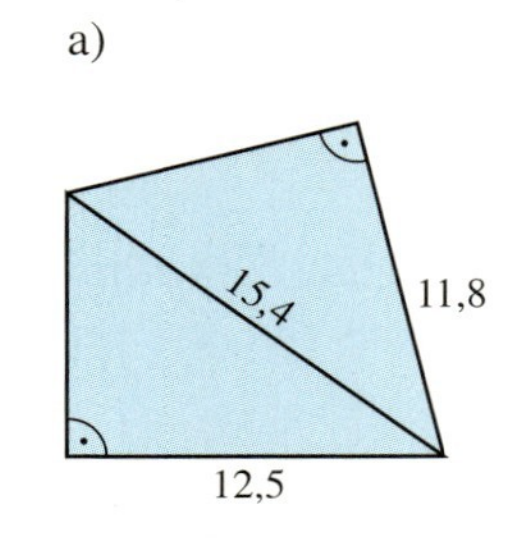

b)
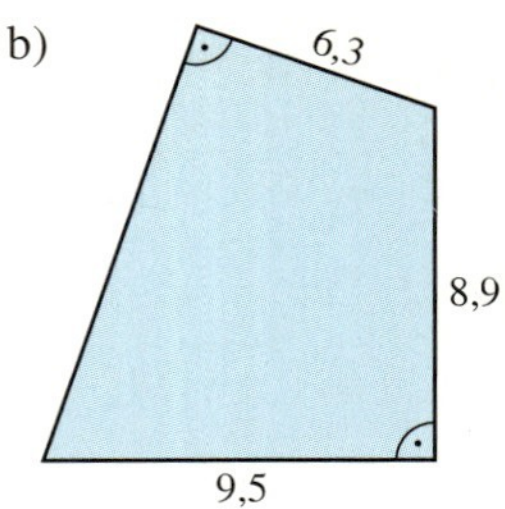

c)
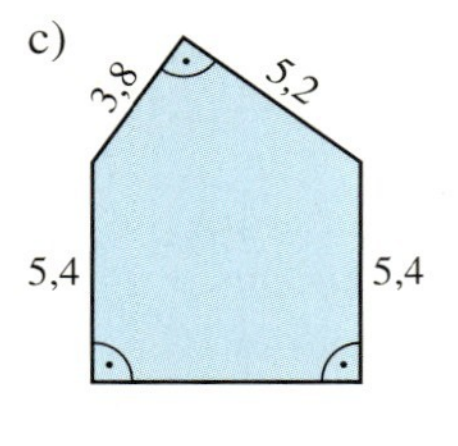

d)
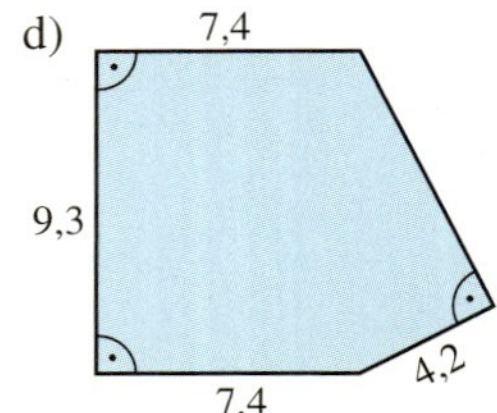

e)
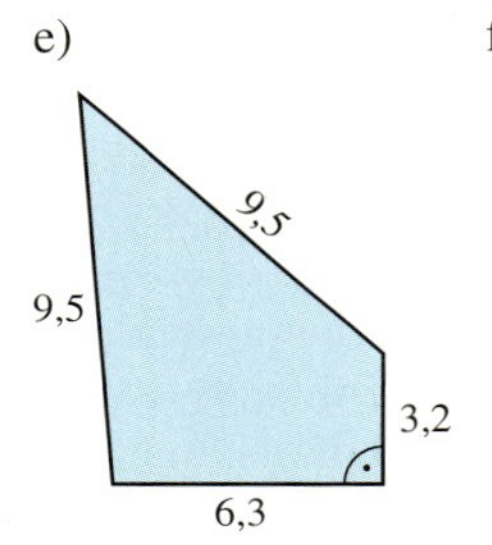

f)
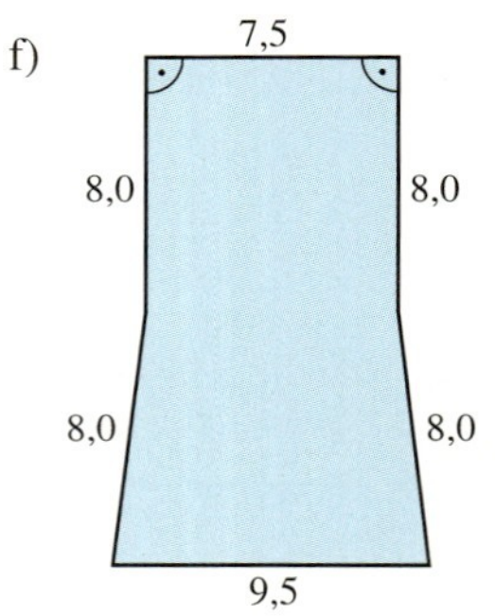

g)
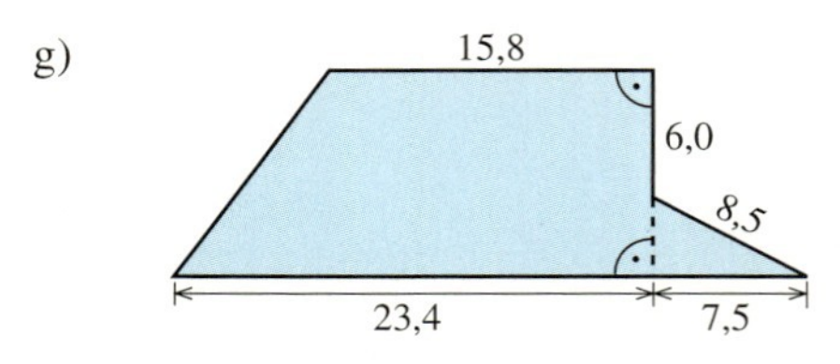

h)
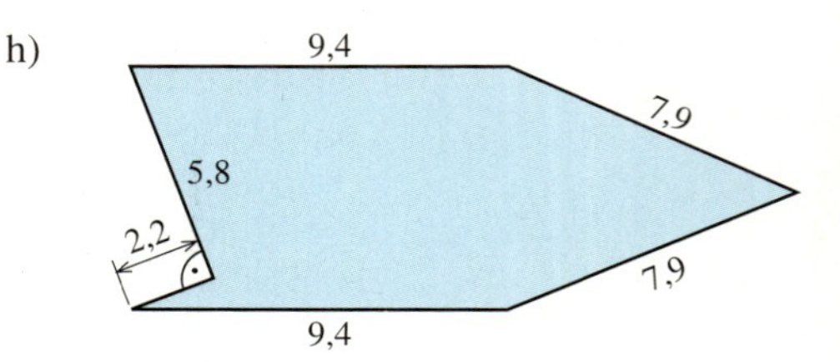

32

Mit Hilfe des Satzes von Pythagoras können Wurzeln aller natürlichen Zahlen als Strecken konstruiert werden. Es entsteht eine „pythagoreische Schnecke“.

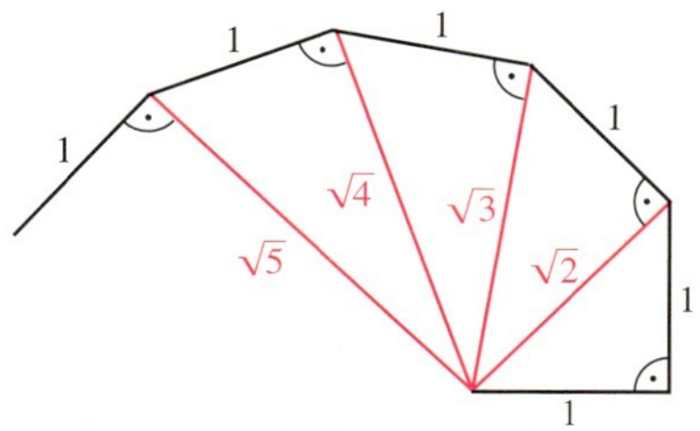

a) Zeichne die Schnecke, bis sich die Dreiecke überschneiden.
b) Zeichne eine zweite Schnecke, bei der jede neu hinzukommende Kathete um 1 cm länger ist, bis sich die Dreiecke schneiden. Berechne die Länge der Hypotenusen.
Beginne so:

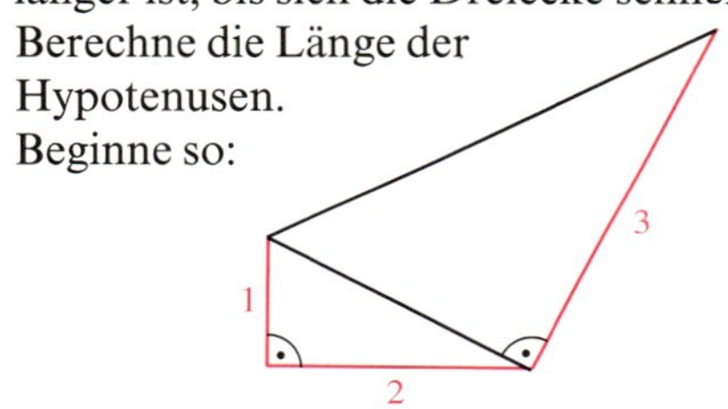

33

Einem Quadrat mit der Seitenlänge 8 cm werden weitere Quadrate derart einbeschrieben, dass jeweils die Seitenmitten zum neuen Quadrat verbunden werden. Berechne die Umfänge der ersten fünf Quadrate.

34

Berechne Umfang und Flächeninhalt der Figur, wenn die längste Quadratseite 10 cm misst.

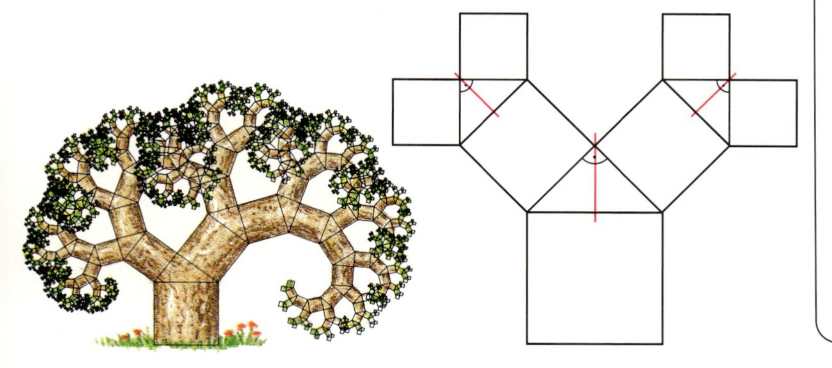

Puzzle mit Pythagoras

Zeichne die Figuren zuerst ab und schneide sie aus. Zerschneide die nummerierten Teilflächen der Kathetenquadrate und lege sie so in das Hypotenusenquadrat, dass dies vollständig bedeckt ist.

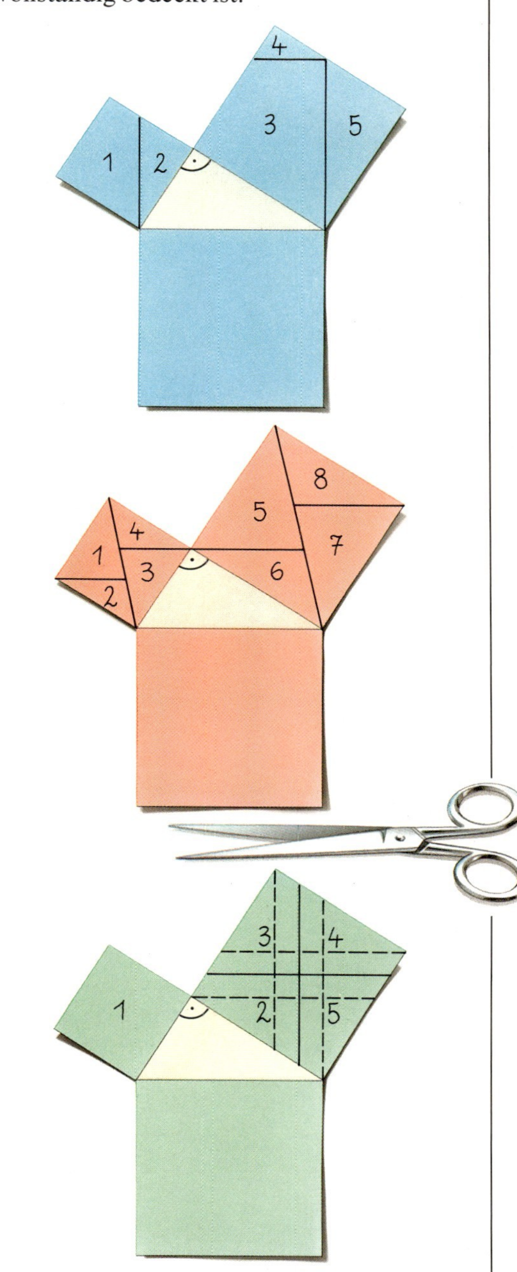

4 Rechnen mit Formeln

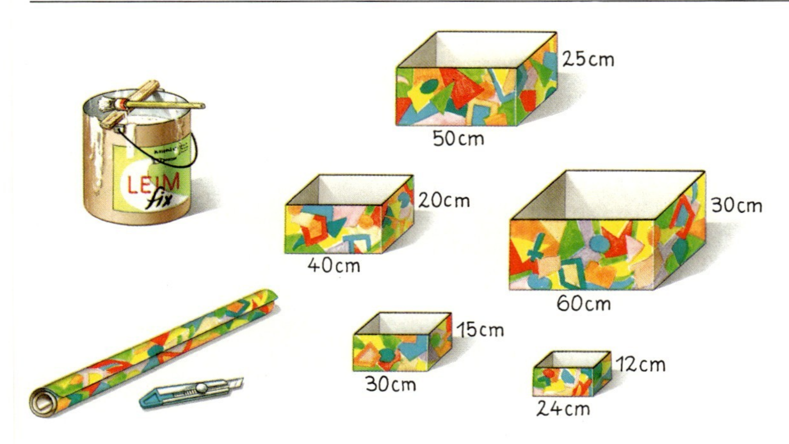

1
Firma Huber stellt offene Schachteln her. Die Grundflächen sind quadratisch, die Höhe ist halb so groß wie die Quadratseite. Berechne den Materialverbrauch (ohne Verschnitt) für die verschiedenen Größen. Kann man besonders geschickt vorgehen?

2
Warum muss bei der Berechnung von Umlaufbahnen für Satelliten mit einer größeren Genauigkeit gearbeitet werden als beim Bau eines Schranks?

Für die Berechnung von ähnlichen Figuren oder Körpern kann man Formeln aufstellen. Die darin verwendeten Variablen nennt man **Formvariablen.**
So lässt sich zum Beispiel im gleichseitigen Dreieck eine Formel zur Berechnung der Höhe h oder des Flächeninhalts A in Abhängigkeit von der Seitenlänge a aufstellen.

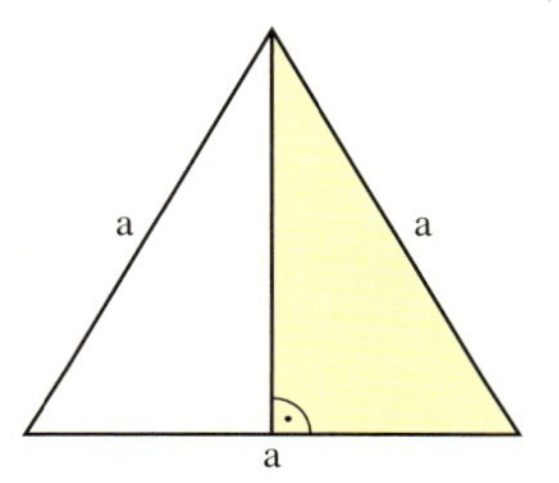

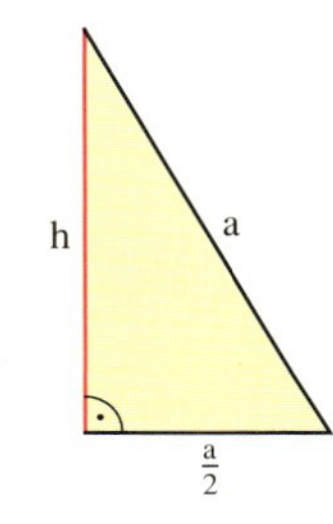

In dem rechtwinkligen Teildreieck gilt der Satz des Pythagoras.

$$h^2 + \left(\tfrac{a}{2}\right)^2 = a^2 \qquad | -\left(\tfrac{a}{2}\right)^2$$
$$h^2 = a^2 - \left(\tfrac{a}{2}\right)^2$$
$$h^2 = a^2 - \tfrac{a^2}{4}$$
$$h^2 = \tfrac{3}{4}a^2$$
$$h = \tfrac{a}{2}\sqrt{3}$$

Für den Flächeninhalt ergibt sich daraus:
$A = \frac{a^2}{4}\sqrt{3}$.

Bei Rechenvorgängen, die sich ständig wiederholen, ist das Arbeiten mit Formeln vorteilhaft.

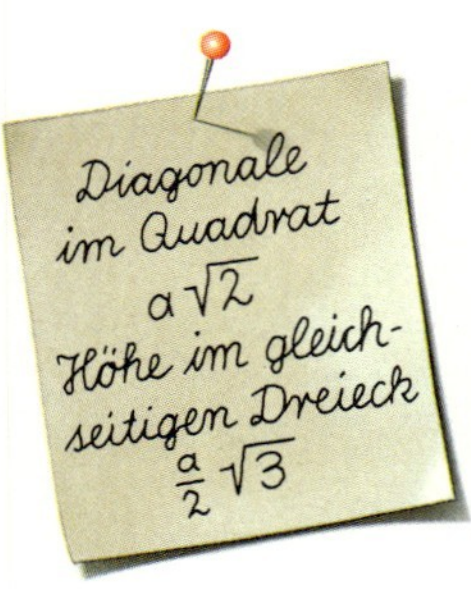

Bemerkung: In Formeln werden Ausdrücke wie $\sqrt{3}$ so lange wie möglich beibehalten. Erst beim Anwenden der Formeln setzt man Zahlenwerte mit geeigneter Genauigkeit ein.

Beispiele

a) Die Länge der Diagonale in einem Quadrat ist von der Seitenlänge abhängig. Man kann eine Formel zur Berechnung aufstellen.
Im rechtwinkligen Teildreieck gilt der Satz des Pythagoras.

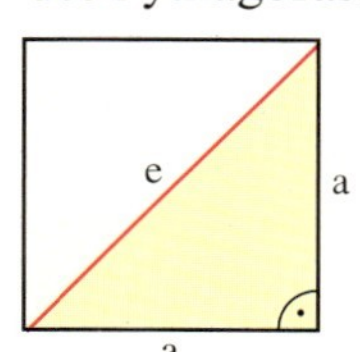

$$e^2 = a^2 + a^2$$
$$e^2 = 2a^2$$
$$e = \sqrt{2a^2}$$
$$e = a\sqrt{2}$$

b) Den Flächeninhalt eines gleichseitigen Dreiecks kann man bei bekannter Seitenlänge a mit der Formel $A = \frac{a^2}{4}\cdot\sqrt{3}$ berechnen.
Wenn der Flächeninhalt 50,0 cm² sein soll, kann die dafür nötige Seitenlänge berechnet werden.

$$\tfrac{a^2}{4}\cdot\sqrt{3} = 50{,}0$$
$$a^2 = \frac{4\cdot 50{,}0}{\sqrt{3}}$$
$$a \approx 10{,}7$$

Die Seite muss ungefähr 10,7 cm lang sein.

Aufgaben

3

Stelle eine Formel zur Berechnung der Diagonale mit der Variablen a auf.

a) 

b) 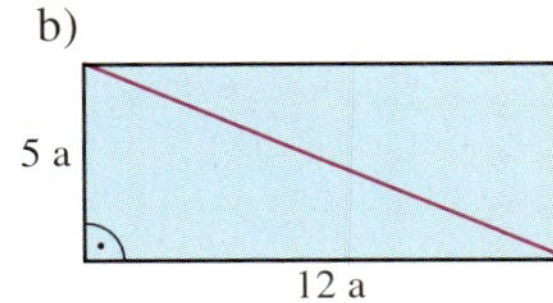

4

Berechne mit Hilfe der Formel für die Diagonale des Quadrats die Seitenlänge a.

a) $e = 12{,}0$ cm b) $e = 1{,}00$ m
c) $e = 25{,}8$ dm d) $e = 14{,}1$ cm

5

Berechne Umfang und Flächeninhalt des Rechtecks in Abhängigkeit von a.

a) 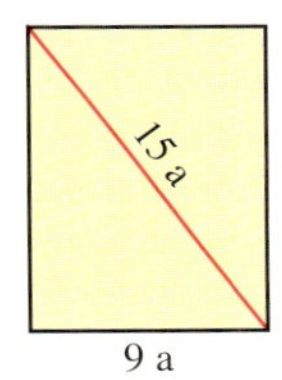

b) 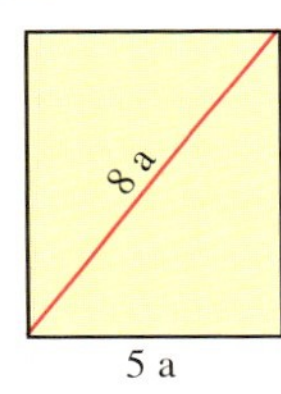

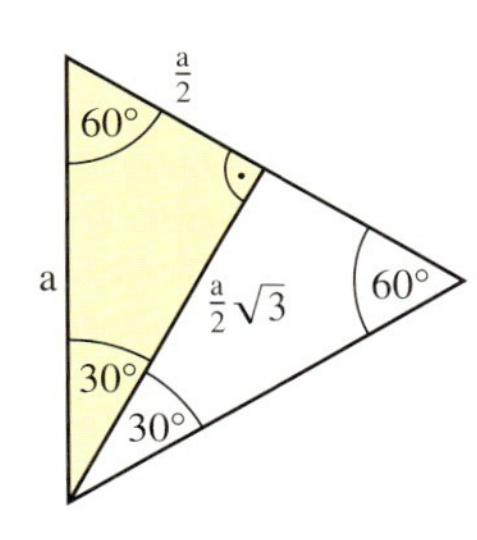

6

Wie lang ist die Seitenlänge a eines gleichseitigen Dreiecks, dessen Höhe $h = 8{,}0$ cm beträgt? Rechne mit der Formel.

7

Zeichne die Figur ab und setze sie bis M fort. Berechne mit Hilfe einer Formel die Strecke $\overline{BZ}, \overline{CZ}, \ldots, \overline{MZ}$.

$\overline{AZ} = 6{,}0$ cm

8

Erstelle die Formel für den Flächeninhalt eines regelmäßigen Sechsecks.

9

Stelle Formeln für Umfang und Flächeninhalt des Trapezes in Abhängigkeit von a auf.

a)

b) 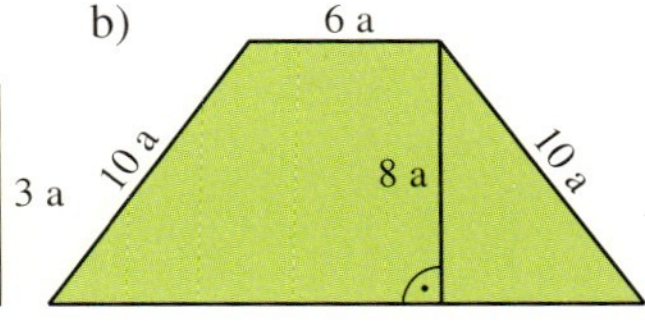

c)

d) 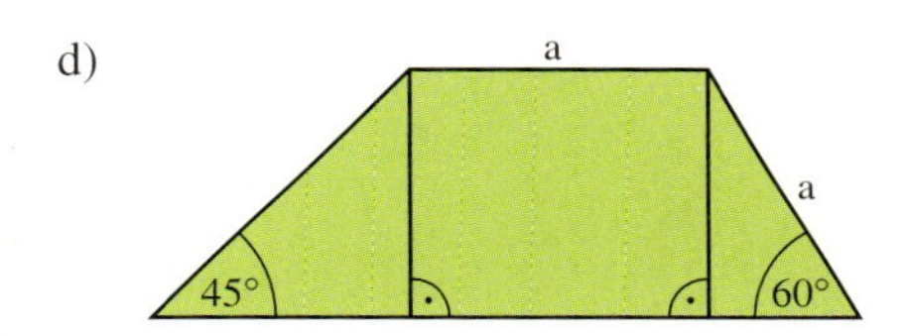

10

a) Stelle Formeln für den Umfang und den Flächeninhalt der Figur mit der Variablen e auf.

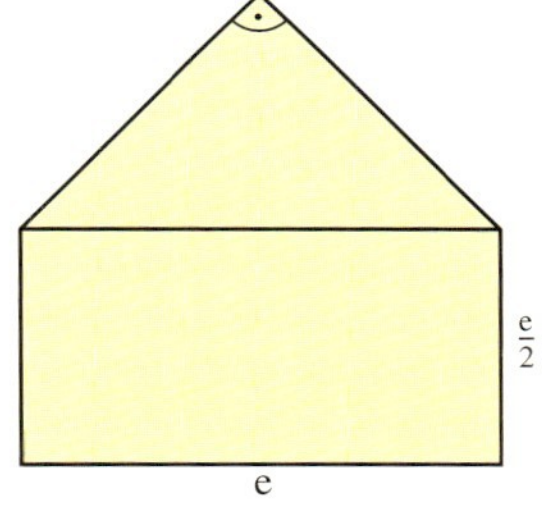

b) Wie groß muss e gewählt werden, damit der Umfang 20,0 cm ergibt?
c) Wie groß ist e, wenn der Flächeninhalt der Figur 75,0 cm² beträgt?

11

Eine besondere Raute setzt sich aus zwei gleichseitigen Dreiecken mit der Seitenlänge a zusammen. Stelle eine Formel für den Flächeninhalt in Abhängigkeit von a auf. Bestimme die Länge der Diagonalen in Abhängigkeit von a.

5 Anwendungen

Im Alltag

1

Ist es möglich, eine 5,20 m lange und 2,10 m breite, rechteckige Holzplatte durch eine Tür zu transportieren, die 2 m hoch und 80 cm breit ist?

2

Wie hoch reicht eine 4,50 m lange Leiter, wenn sie mindestens 1,50 m von der Wand entfernt aufgestellt werden muss?

3

Wie hoch reicht eine Klappleiter von 2,50 m Länge, wenn für einen sicheren Stand eine Standbreite von 1,20 m vorgeschrieben ist?

4

Kann man einen 2,30 m hohen und 45 cm tiefen Wandschrank wie in der Skizze in einem 2,40 m hohen Raum aufstellen?

5

Ein Tapezierer will nachprüfen, ob die Zimmerdecke rechtwinklig ist. Er misst die Länge mit 4,50 m, die Breite mit 3,50 m und die Diagonale mit 5,70 m.

6

Kann das mittlere Auto noch ausparken? Es ist 4,80 m lang und 1,80 m breit; der Abstand zum vorderen und hinteren Fahrzeug beträgt jeweils 30 cm.

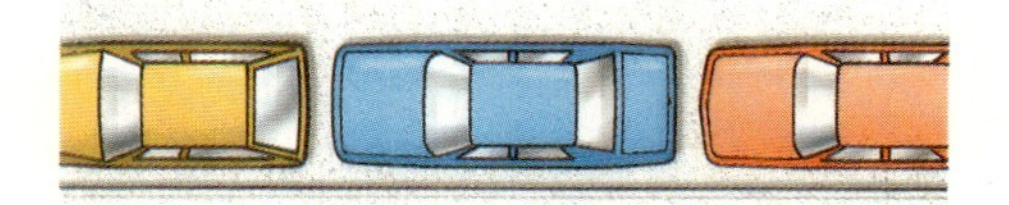

7

Der Rand und die Trennfugen des Zierfensters sollen in Blei gefasst werden. Berechne die Gesamtlänge der Fassungen.

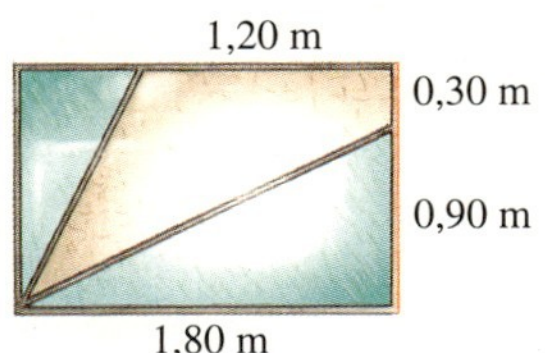

Messungen im Freien

8

Volker und Lea lassen einen Drachen steigen. Sie stehen 80 m voneinander entfernt. Die Drachenschnur ist 100 m lang. Lea steht direkt unter dem Drachen. Sie möchte wissen, wie hoch er fliegt.

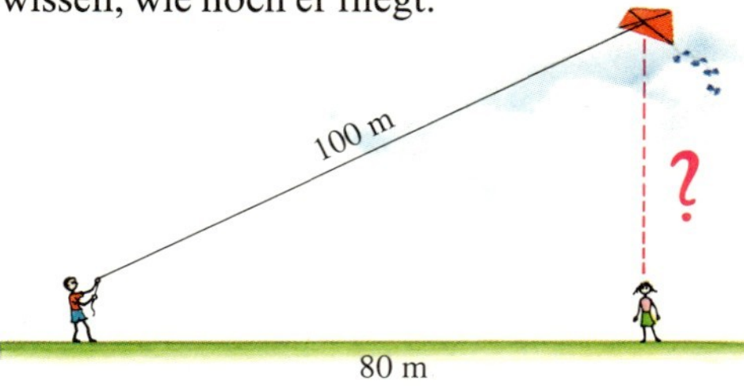

9

Eine Seiltänzergruppe will für ihre Vorführung von der Spitze eines 55 m hohen Turmes ein 280 m langes Drahtseil zur Erde spannen. Wie groß muss der Platz vor dem Turm mindestens sein?

10

Um wie viel km ist der direkte Weg von A nach B kürzer als über C, D und E?
Wie viel Prozent Ersparnis sind das?

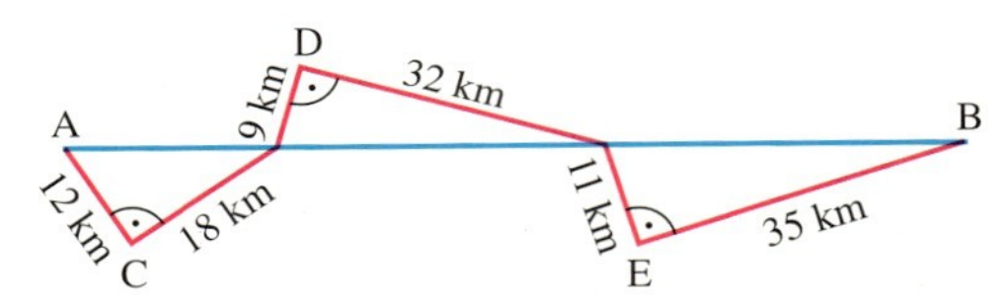

11

André behauptet, dass er die Strecke bis zu Dora „durch das Haus hindurch" berechnen kann.

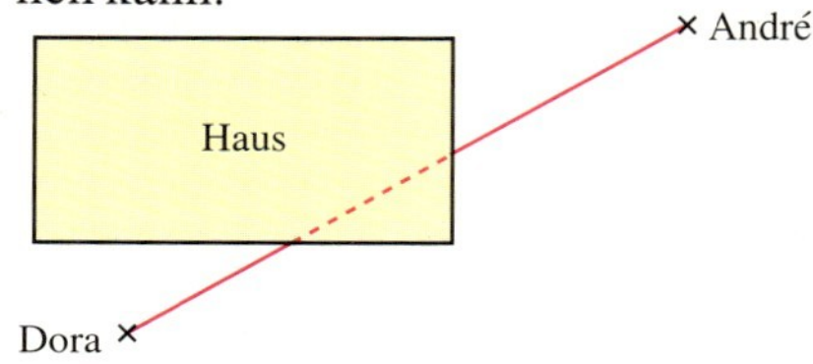

Welche Idee hat er wohl? Wie muss er messen und rechnen? Probiere es selbst einmal. Wenn ihr kontrollieren wollt, ob die Methode klappt, könnt ihr es im Klassenzimmer über Tische hinweg versuchen und dann die Strecke nachmessen.

Im Kreis

12

Ein kreisförmiger Brunnenschacht hat einen inneren Durchmesser von 1,80 m. Er soll mit einer quadratischen Holzplatte abgedeckt werden, die 1,40 m lang ist. Ist die Platte groß genug?

13

Wie hoch schwingt das Pendel aus?

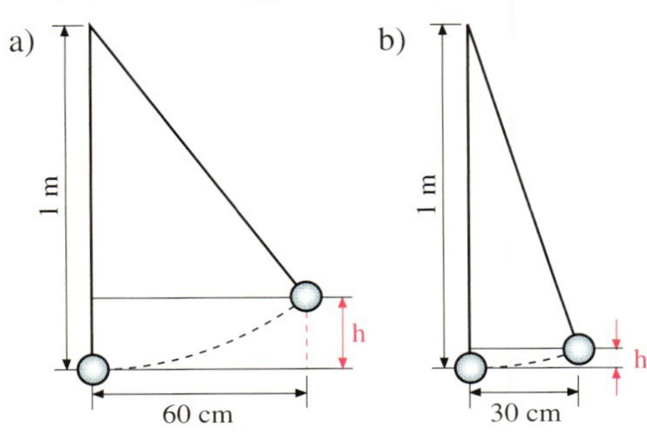

14

Wie lang ist das Pendel?

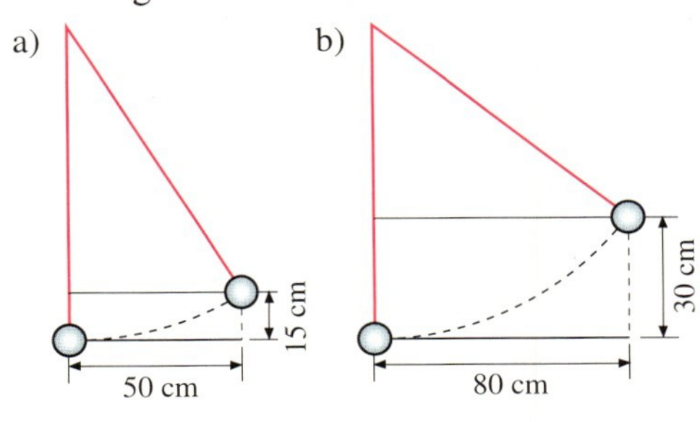

15

Wie weit kann man von einem 45 m hohen Leuchtturm sehen? Stelle dir die Erde als Kugel vor und verwende bei der Berechnung für den Erdradius 6 370 km.

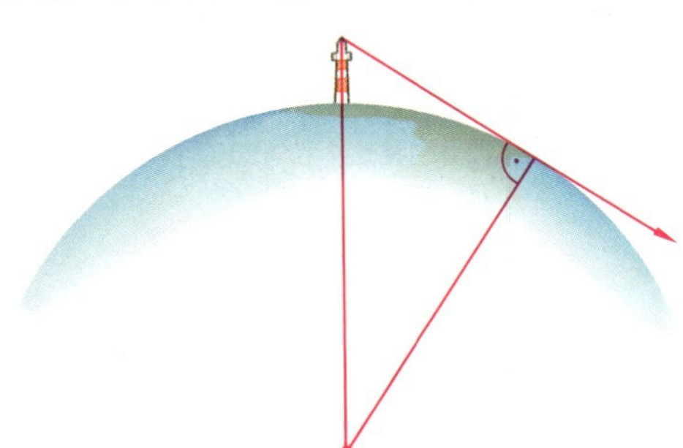

Historische Aufgaben

16

Der abgebrochene Bambusstab.

Ein Bambusstab von der Länge 5 m wird abgeknickt. Die Spitze erreicht den Boden in einer Entfernung von 2 m vom Fuß des Stengels. Wo wurde der Stab geknickt?

17

Von den Babyloniern (um 2 000 v. Chr.): Ein Rohr, das senkrecht an einer Mauer steht, rutscht um 3 Ellen herunter. Dadurch ist der Fuß des Rohrs 9 Ellen von der Mauer entfernt. Wie lang ist das Rohr?

18

Aus dem „liber abbaci“ von Leonardo di Pisa:
Zwei Stäbe stehen 21 Fuß voneinander senkrecht auf dem Boden. Der eine Stab ist 35 Fuß, der andere 40 Fuß lang.
Wo trifft der kleinere Stab, wenn er umfällt, den größeren? Wo trifft der größere beim Umfallen den kleineren?

19

Aus der Arithmetik des Chinesen Chin-Chin Shao (13. Jh. n. Chr.):
5 Fuß vom Ufer eines Teiches entfernt ragt ein Schilfrohr einen Fuß über das Wasser empor. Zieht man seine Spitze an das Ufer, so berührt sie gerade den Wasserspiegel. Wie tief ist der Teich?

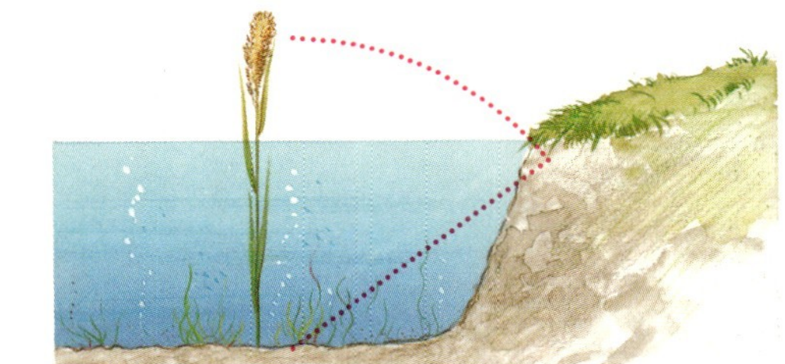

Verschiedenes

Der Handwerker benutzt einen Anschlagwinkel. Die Seiten des Dreiecks haben die Längen 60 cm, 80 cm und 100 cm. Welcher Winkel ergibt sich daher in der rechten oberen Ecke?

20 €

Die Frontseite eines Hauses soll neu verputzt werden. Für einen Quadratmeter werden 22 € berechnet. Bei der Berechnung werden die Türen und Fenster mitgerechnet, weil dadurch der Mehraufwand an Arbeit ausgeglichen wird.

21

Berechne die Länge der Balken in dem symmetrischen Fachwerk. Die Dicke der Balken soll unberücksichtigt bleiben.

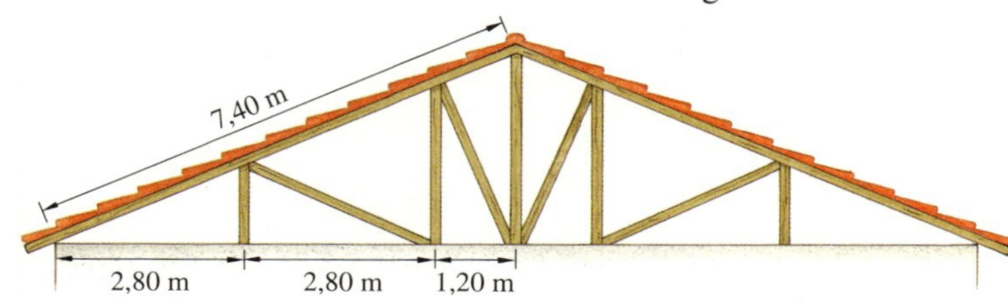

22

Wie tief ist der Graben?

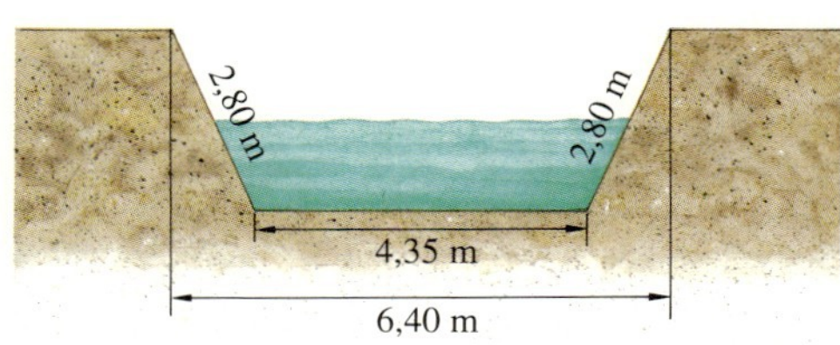

23

Der Querschnitt eines Damms hat die Form eines gleichschenkligen Trapezes. Die Dammkrone ist 8,50 m, die Dammsohle 16,80 m breit und der Damm ist 3,20 m hoch. Wie lang ist die Böschungslinie und welchen Flächeninhalt hat der Querschnitt?

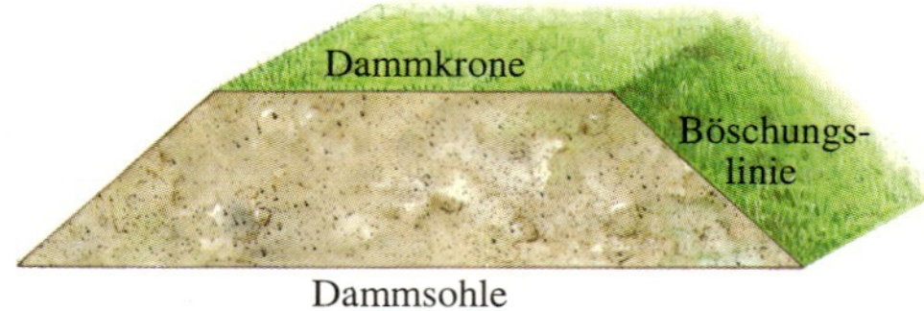

24

Die längsten Strecken in den Tennisspielfeldern sind die Diagonalen. Einzel- und Doppelfeld sind 23,77 m lang. Die Breite beim Einzel beträgt 8,23 m, beim Doppel 10,97 m. Wie lang sind die Diagonalen?

25

Für Fußballexperten

Wie weit ist es jeweils bis zur Mitte des Tores, wenn der Spieler bei A, B, C, D oder E steht?

Wie weit ist es bis zum Torpfosten, der am nächsten liegt bzw. zum entfernten Torpfosten? Vergleiche.

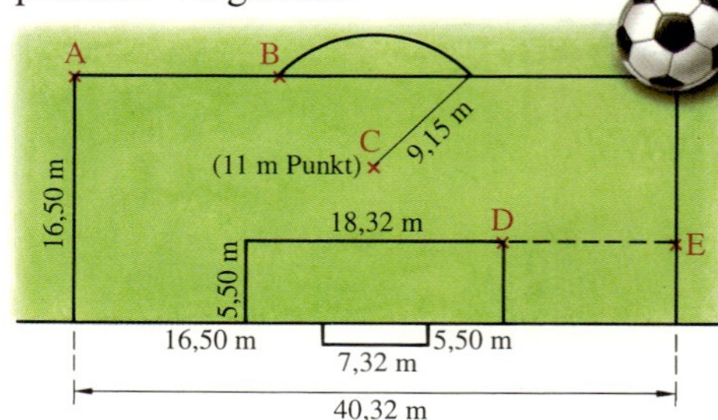

Im Raum

Würfelturm

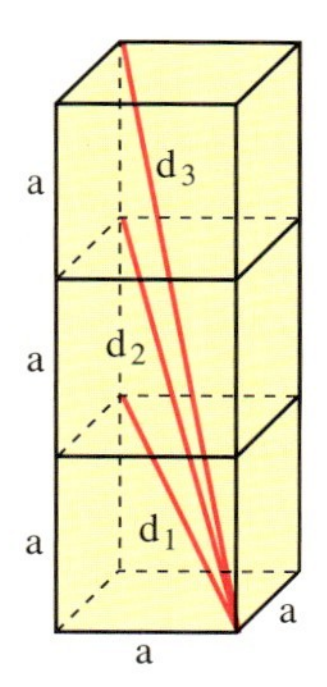

Findest du eine Gesetzmäßigkeit?

26

a) Berechne die Länge der Raumdiagonale eines Würfels mit der Kantenlänge 8 cm; 10 cm; 15 cm.
b) Stelle eine Formel auf, mit der du bei gegebener Kantenlänge die Diagonale berechnen kannst.
c) Berechne mit der in b) gefundenen Formel, welche Kantenlänge ein Würfel hat, dessen Raumdiagonale 10 cm lang ist.

27

Berechne die Länge der Raumdiagonale eines Quaders mit den Kanten $a = 32$ cm, $b = 7$ cm und $c = 4$ cm. (Du erhältst ein ganzzahliges Ergebnis.)

28

Ein Klassenzimmer ist 9,30 m lang, 8,50 m breit und 3,30 m hoch.
a) Bestimme die längsten Strecken an den Wänden und an der Decke.
b) Welches ist die längste Strecke im Raum?
c) Miss und rechne in deinem Klassenzimmer. Schätze, bevor du rechnest.

29

a) Durch einen Diagonalschnitt wird ein Würfel mit der Kantenlänge 10 cm in zwei Dreiecksprismen zerlegt. Berechne die Oberfläche eines dieser Prismen.
b) Halbiert man den Würfel so, dass zwei Trapezprismen entstehen, ändern sich die Oberflächen der Prismen je nach Teilung der Würfelkante. Teile einmal mit 8 cm und 2 cm, dann mit 6 cm und 4 cm und vergleiche die Oberflächen der Prismen.

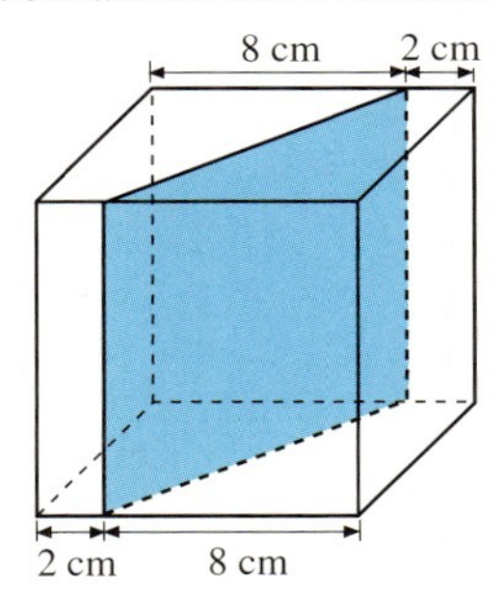

30

Das Dach eines Kirchturms hat die Form einer Pyramide mit quadratischer Grundfläche. Die unteren Kanten sind 6,50 m und die Seitenkanten 9,20 m lang. Das Dach soll neu gedeckt werden. Welchen Flächeninhalt hat die zu deckende Fläche? Wie hoch ist das Dach?

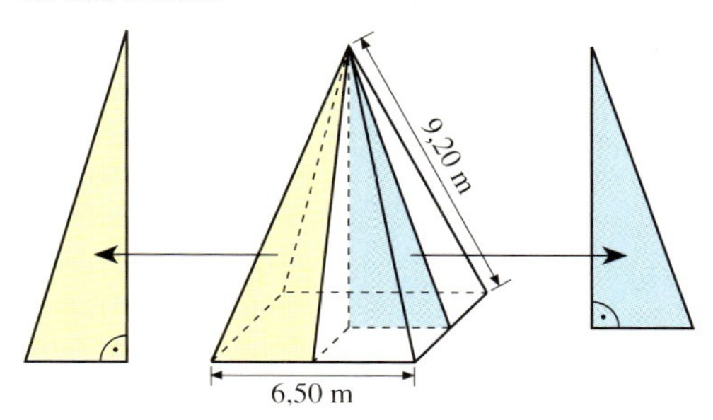

31

Einem Würfel ist eine Pyramide aufgesetzt. Berechne die Länge der roten Strecke.

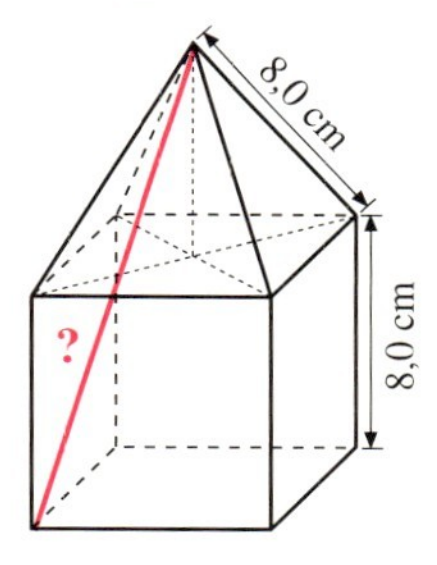

32

Hausdächer mit dieser Form nennt man Walmdächer.

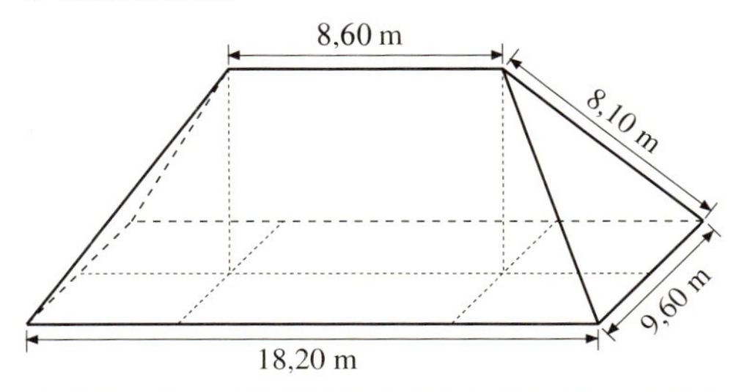

a) Berechne die Höhen der dreieckigen und der trapezförmigen Dachflächen.
b) Das Dach soll neu gedeckt werden. Wie viel Quadratmeter sind zu decken?
c) Wie hoch ist der Dachboden?

6 Vermischte Aufgaben

1

Berechne im Dreieck ABC mit $\gamma = 90°$ die fehlende Größe.

	a)	b)	c)	d)	e)
a	4,2 cm	8,6 cm		54 cm	0,34 m
b	6,4 cm		9,1 m	1,32 m	
c		12,7 cm	9,8 m		147 cm

2

Formuliere den Satz des Pythagoras für alle rechtwinkligen Dreiecke, die im Rechteck ABCD zu finden sind.

a)

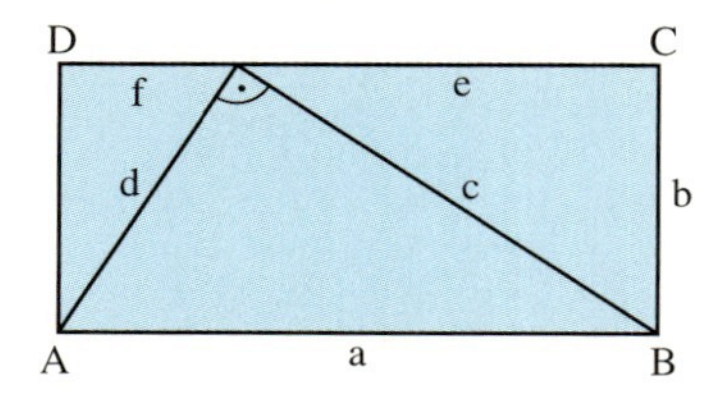

b)

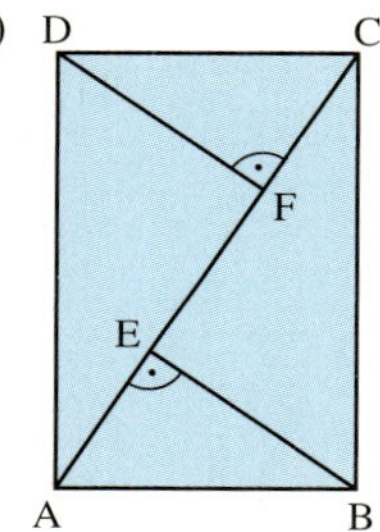

c)

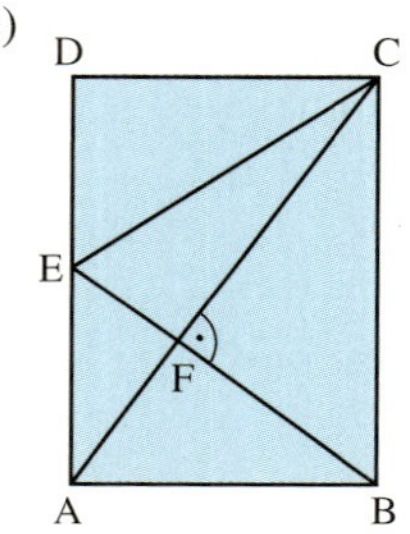

3

Berechne die fehlende Strecke x.

a)

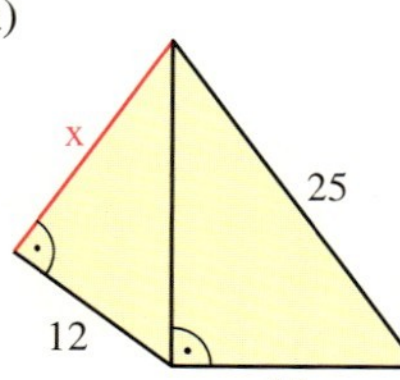

b)

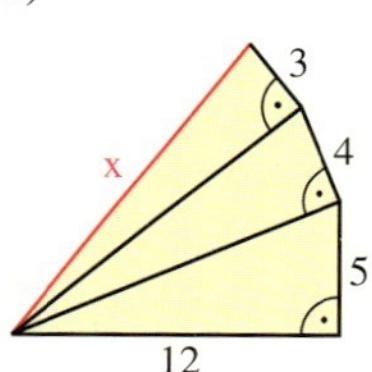

c)

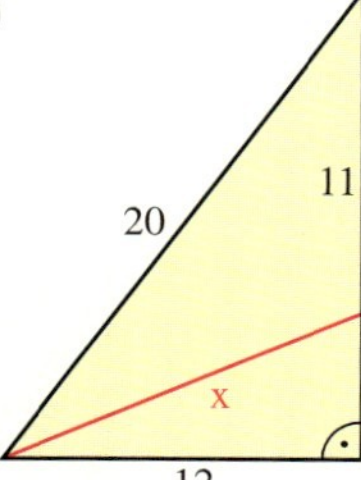

d)

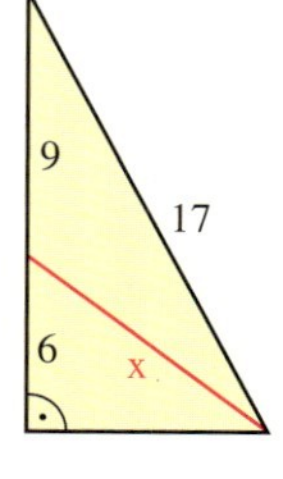

„Ein besonderes Dreieck"
Überprüfe durch Rechnung, ob die Teildreiecke rechtwinklig sind.

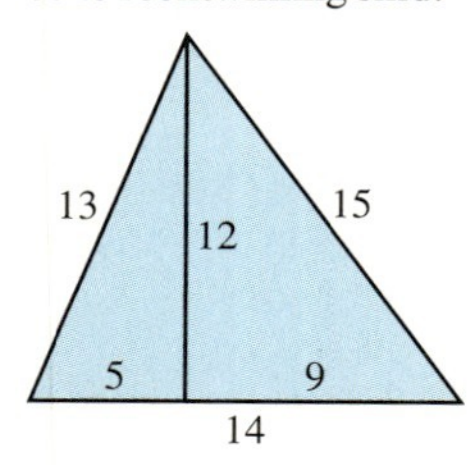

4

In einem Quadrat mit der Seitenlänge 10,0 cm sind weitere Strecken eingezeichnet. Berechne die Längen von a, b, c, d und e.

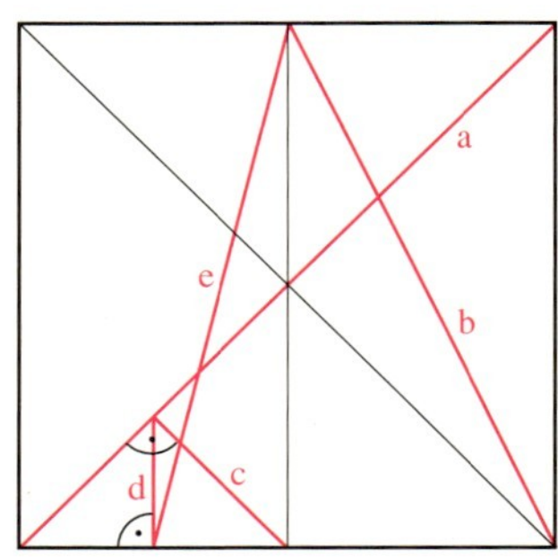

5

Zeichne das gleichseitige Dreieck mit der Seitenlänge 10,0 cm. Berechne die Längen von a, b, c, d, e, f und miss zum Vergleich in der Zeichnung.

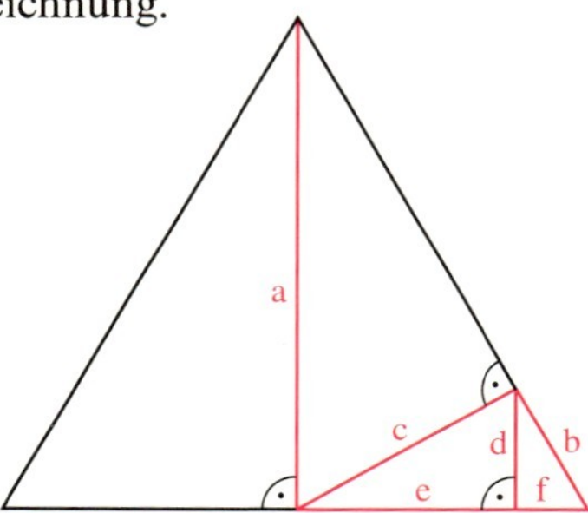

6

Berechne die fehlenden Strecken, wenn e = 5 cm gilt.

a)
b)
c)

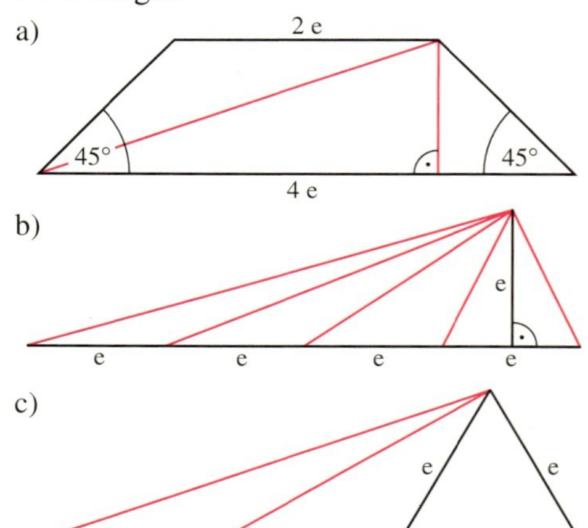

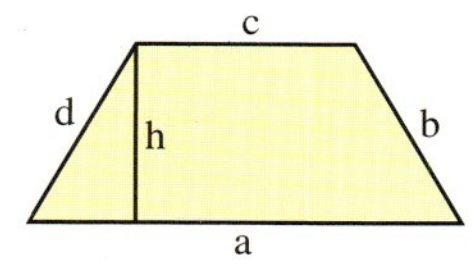

7

Berechne die fehlenden Größen des gleichschenkligen Trapezes.

	a)	b)	c)	d)	e)	f)
a	12,0 cm	15,3 cm		8,3 m	21,5 m	
b		12,7 cm	9,1 cm		12,5 m	8,4 m
c	8,0 cm	8,3 cm	24,0 cm			7,6 m
h	4,0 cm		7,5 cm	11,2 m	10,8 m	
u						37,2 m
A				99,8 m²		

8

Berechne den Umfang und den Flächeninhalt der Figur (Maße in cm).

a)

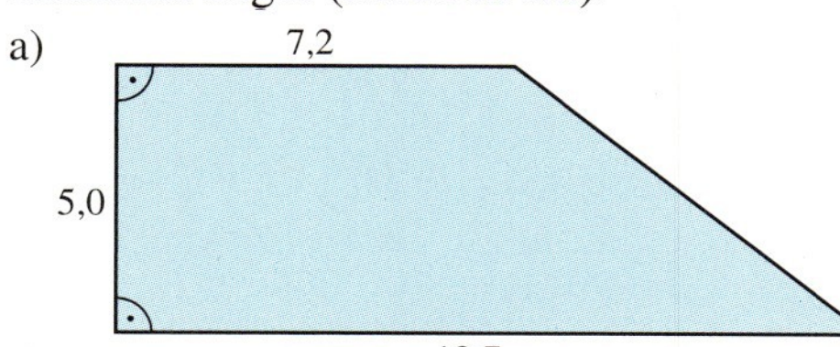

b)

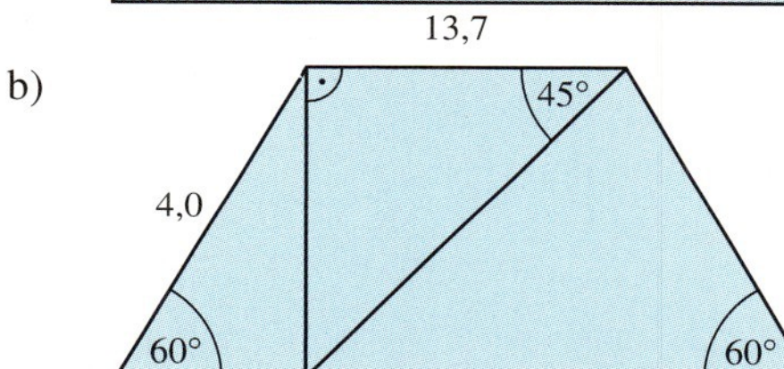

c)

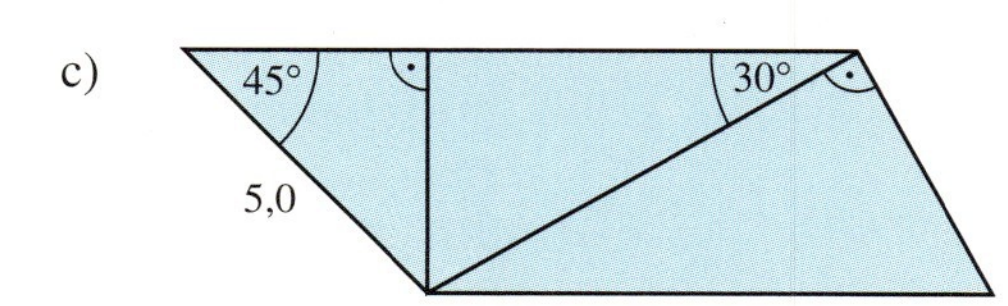

9

Zum Knobeln

Wie lang ist x?

a)

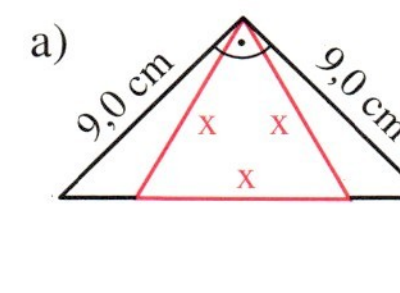

b)

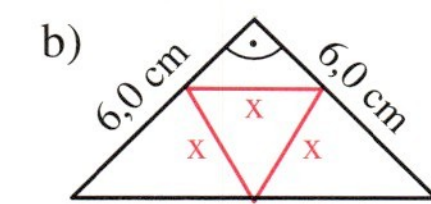

c)

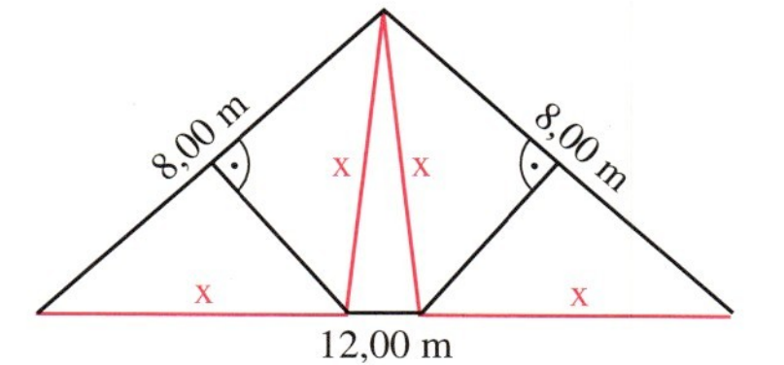

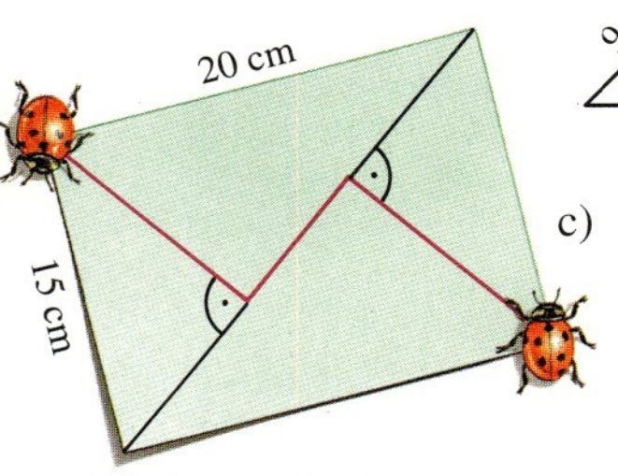

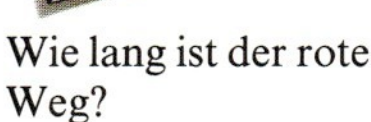

Wie lang ist der rote Weg?

Kathetensatz, Höhensatz und Satz des Pythagoras (Aufgabe 10 bis 14)

10

Stelle die Formeln im Dreieck ABC und in den Teildreiecken auf.

a)

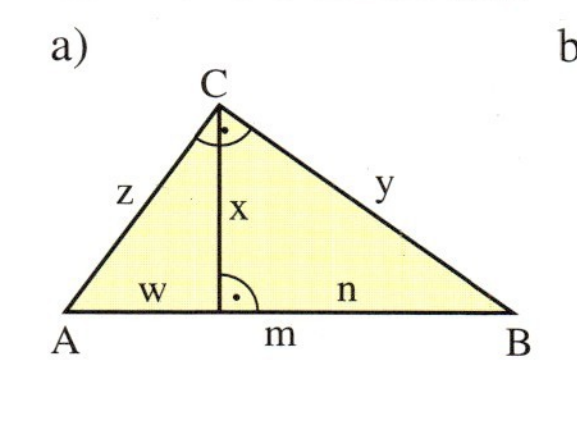

b)

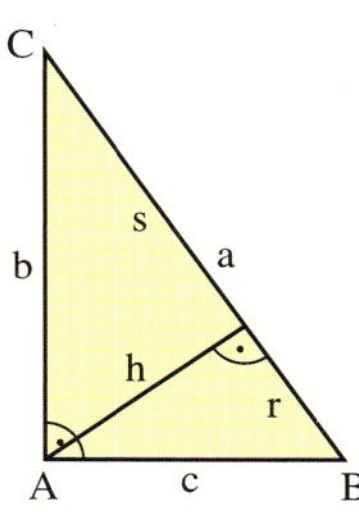

11

Berechne im Dreieck ABC ($\gamma = 90°$) die fehlenden Größen.

	a)	b)	c)	d)	e)	f)
a	5,2 cm	11,1 m				
b	7,3 cm		17,3 cm			
c			25,2 cm	8,3 m		
p		4,7 m			1,4 m	9,2 cm
q				2,8 m		4,1 cm
h					3,5 m	

12

Die Diagonale e = 9,0 cm und der Schenkel b = 6,0 cm eines gleichschenkligen Trapezes bilden einen rechten Winkel. Berechne die Höhe und den Flächeninhalt des Trapezes.

13

Von einem Drachen ABCD mit $\alpha = 90°$ und $\gamma = 90°$ sind die Seite a = 7,2 cm und die Diagonale e = 8,5 cm gegeben.
Berechne den Umfang und den Flächeninhalt des Drachens.

14

Berechne Umfang und Flächeninhalt (Maße in cm).

a)

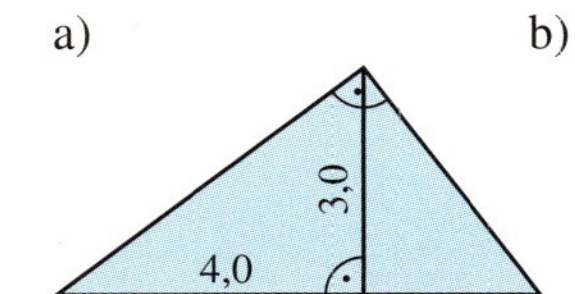

b)

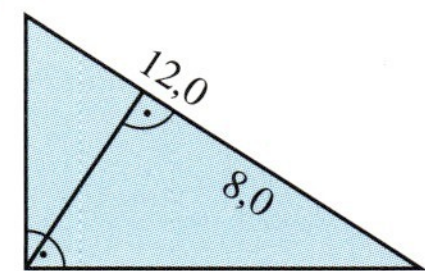

15
Eine Bergbahn überwindet auf einer Fahrtlänge von 2,6 km einen Höhenunterschied von 540 m. Wie lang ist die Strecke, die auf einer Landkarte mit dem Maßstab 1 : 50 000 eingetragen wird?

16
Auf einer Karte mit Maßstab 1 : 25 000 ist die Strecke von A nach B 4 cm lang. Wie lang ist die Strecke in Wirklichkeit, wenn eine gleichmäßige Steigung vorausgesetzt wird. (Achte auf die Höhenlinien.)

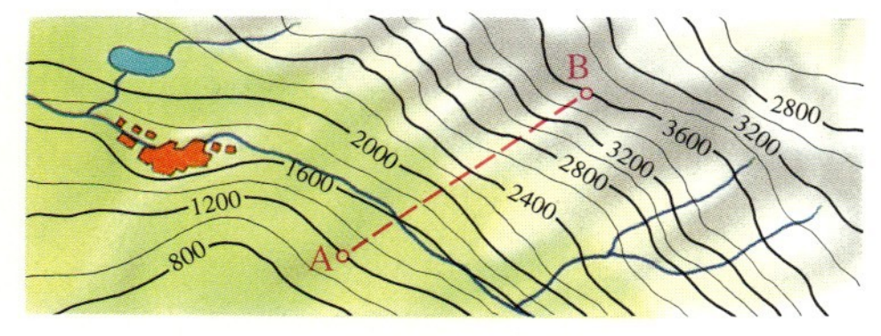

17
Die Strecke von B nach C kann wegen des Teichs nicht gemessen werden. Statt dessen wurden $\overline{AB} = 235$ m und $\overline{AC} = 370$ m gemessen. Wie lang ist dann die Strecke $\overline{BC}$?

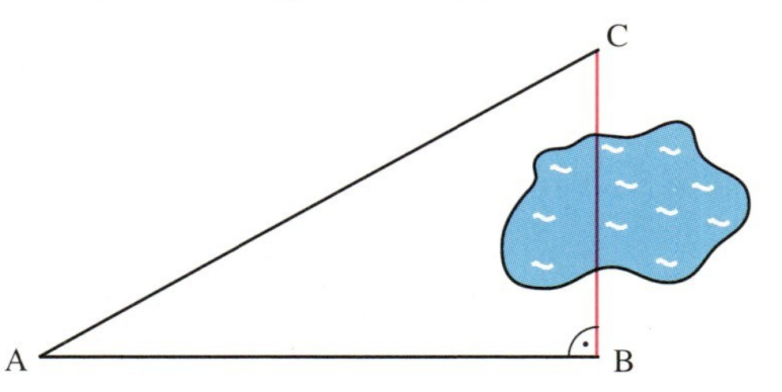

18
Aus einem Holzstamm mit einem Mindestdurchmesser von 42 cm soll ein möglichst großer Balken mit quadratischem Querschnitt geschnitten werden.
a) Berechne die Querschnittsfläche des Balkens.
b) Wie viel wiegt der Balken, wenn er 5 m lang ist und 1 cm^3 Holz 0,9 g wiegt?

19
Ein Fahnenmast soll durch vier Seile zusätzlich befestigt werden. Die Seile werden in einer Höhe von 3,2 m angebracht und jedes Seil ist 4,0 m lang.
Wie weit sind die Pflöcke vom Fahnenmast entfernt?

20
Berechne den Radius des Kreises.

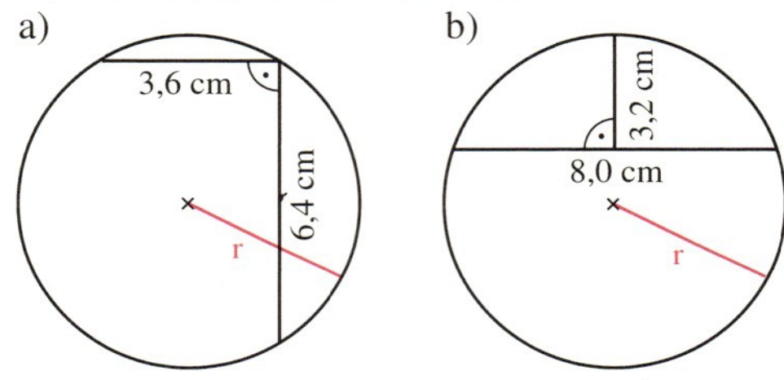

21
Der Umfang eines gleichseitigen Dreiecks, eines Quadrats und eines regelmäßigen Sechsecks beträgt jeweils 1 m.
Berechne die Flächeninhalte und vergleiche.

22
Wie lang muss man in dem Parallelogramm ABCD die Strecke $\overline{PB}$ zeichnen, damit die Strecken $\overline{PD}$ und $\overline{PC}$ gleich lang sind?
Warum erscheint die Strecke $\overline{PD}$ dennoch länger?

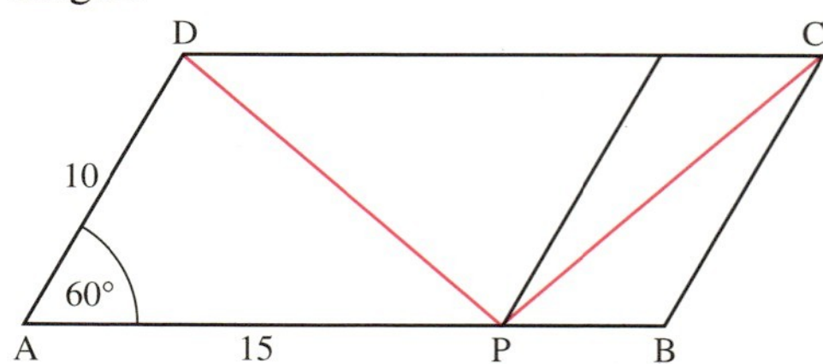

23

Berechne in dem Quader mit $\overline{AB} = 8$ cm, $\overline{AD} = 5$ cm und $\overline{AE} = 9$ cm die Flächendiagonalen $\overline{AC}$, $\overline{CF}$ und $\overline{CH}$ sowie die Raumdiagonale $\overline{DF}$.

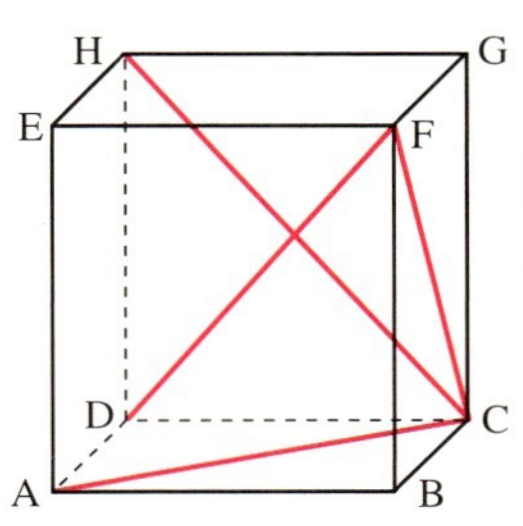

Pythagoras nicht nur mit Quadraten $A_1 + A_2 = A_3$.

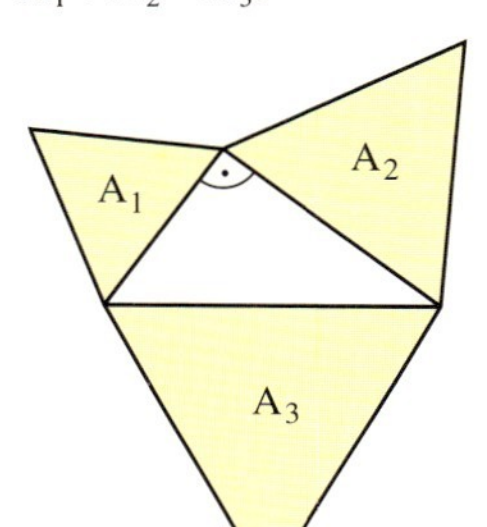

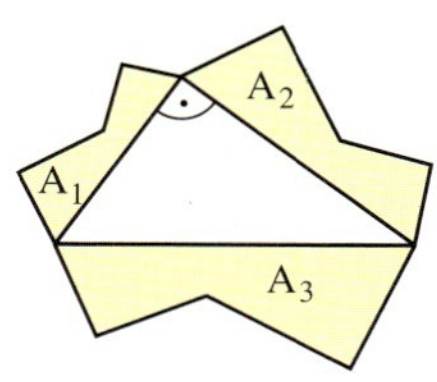

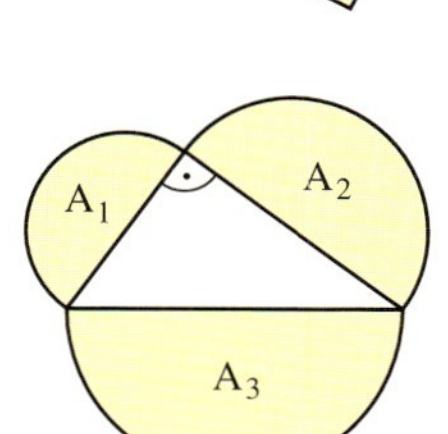

24

Wie lang ist die rote Strecke?

a) $a = 5{,}0$ cm
$h = 10{,}0$ cm

b) $a = 6{,}0$ cm
$b = d = 4{,}0$ cm
$c = 3{,}0$ cm
$h = 8{,}0$ cm

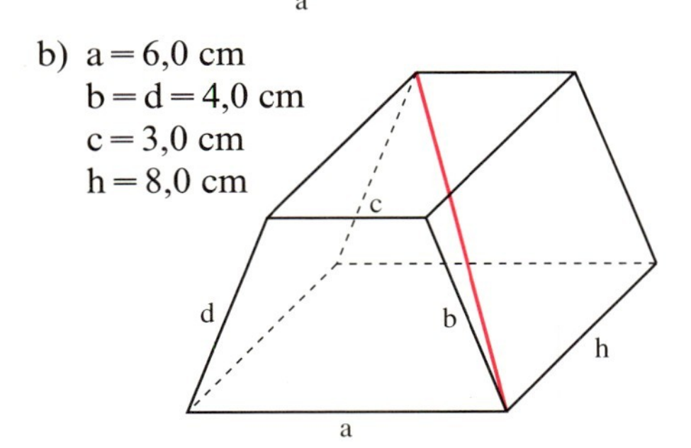

25

In einem allgemeinen Viereck, in dem die Diagonalen senkrecht aufeinander stehen, gilt: $a^2 + c^2 = b^2 + d^2$.
Zeige mit dem Satz des Pythagoras, dass dies richtig ist.

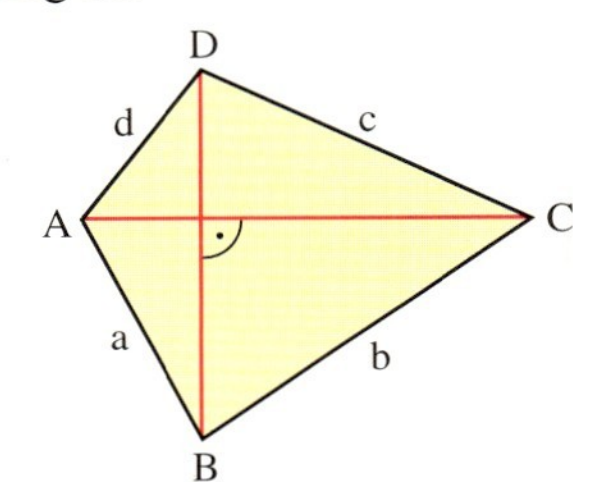

26

Berechne den Umfang und den Flächeninhalt der Figur in Abhängigkeit von a.

a)

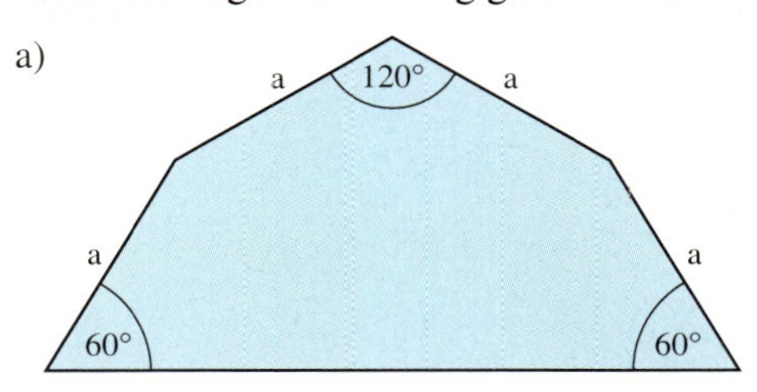

b)

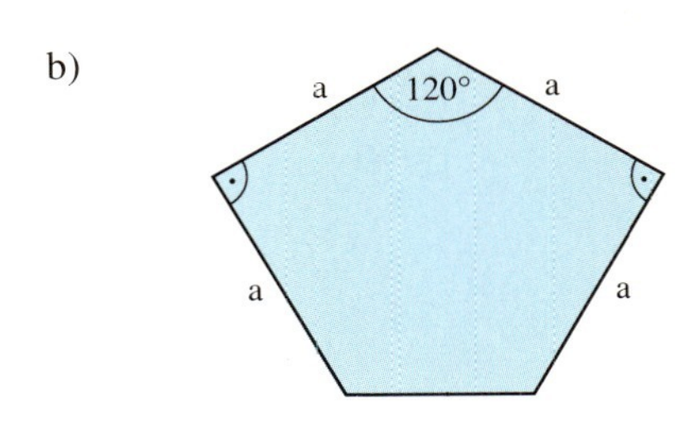

27

a) Stelle eine Formel für den Flächeninhalt mit der Variablen a auf.

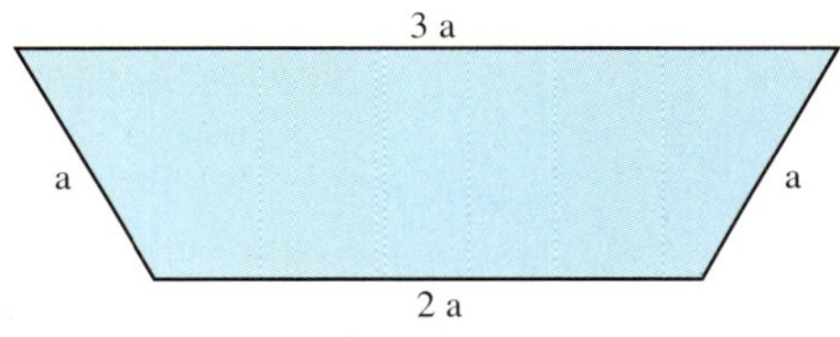

b) An den beiden parallelen Seiten wird ein gleichseitiges Dreieck angefügt. Zeige, dass für den Flächeninhalt dann $A = \frac{9}{2}a^2\sqrt{3}$ gilt.

28

Interessante Zahlen!

$21^2 + 220^2 = 221^2$
$201^2 + 20200^2 = 20201^2$
$2001^2 + 2002000^2 = 2002001^2$
⋮
$41^2 + 840^2 = 841^2$
$401^2 + 80400^2 = 80401^2$
$4001^2 + 8004000^2 = 8004001^2$
⋮
$69^2 + 260^2 = 269^2$
$609^2 + 20600^2 = 20609^2$
$6009^2 + 2006000^2 = 2006009^2$
⋮

29

Berechne die übrigen Strecken als Vielfache von a, und zeige, dass für Umfang und Flächeninhalt des Rechtecks die Formeln

$$u = 2a(4 + \sqrt{3})$$

und $A = 4a^2\sqrt{3}$ gelten.

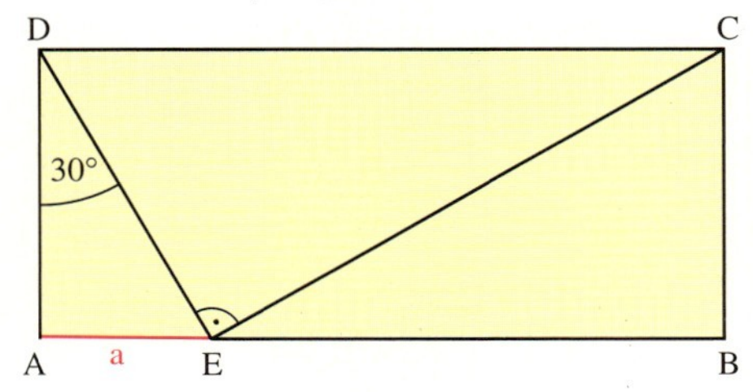

30

Acht achsensymmetrische Trapeze mit der vorgegebenen Form können zu einem Sechseck zusammengefügt werden.

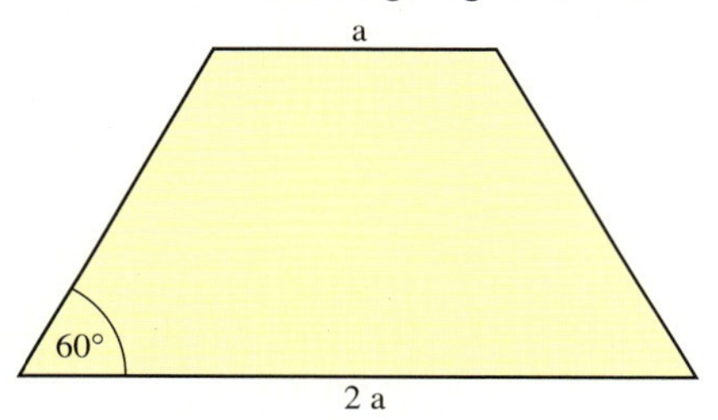

Zeige, dass für den Flächeninhalt des Sechsecks die Formel $A = 6a^2\sqrt{3}$ gilt.

31

Ein regelmäßiges Achteck mit der Seitenlänge a hat drei verschieden lange Diagonalen. Berechne die verschiedenen Längen in Abhängigkeit von a.

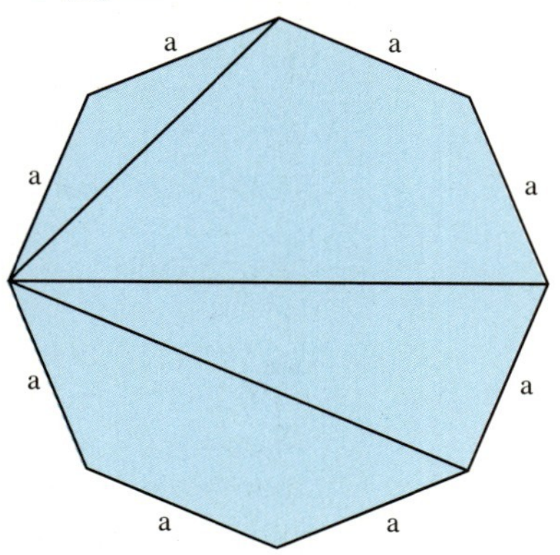

32

Berechne für einen Quader mit den Kantenlängen 2a, 2a und a die Länge der Flächendiagonalen und der Raumdiagonalen in Abhängigkeit von a.

33

Berechne die Größe der blauen Schnittfläche und die Oberfläche eines Trapezprismas, das entsteht, wenn man einen Würfel so halbiert.

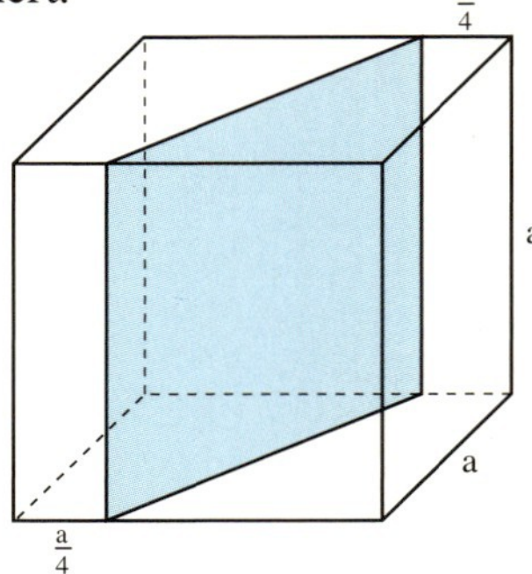

34

Ein Dreiecksprisma mit einem gleichseitigen Dreieck als Grundfläche hat lauter gleich lange Kanten der Länge a.
Stelle Formeln für die Oberfläche und das Volumen des Körpers in Abhängigkeit von a auf.

35

Von einem Würfel mit der Kantenlänge a werden zwei Teile wie abgebildet abgeschnitten.
Berechne den Umfang und den Flächeninhalt der beiden Schnittflächen in Abhängigkeit von a.

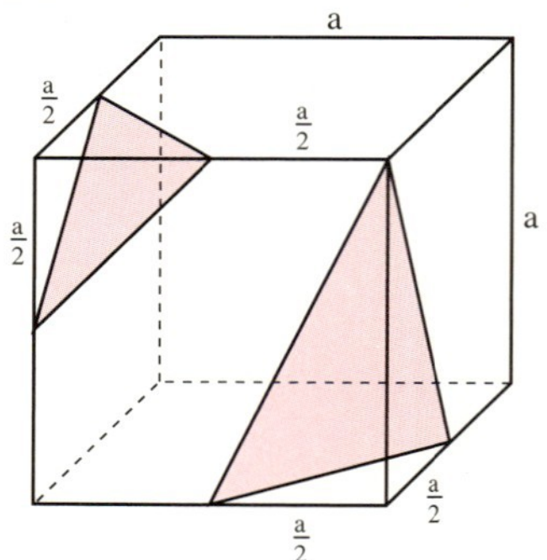

PYTHAGOREISCHES ZAHLENTRIPEL

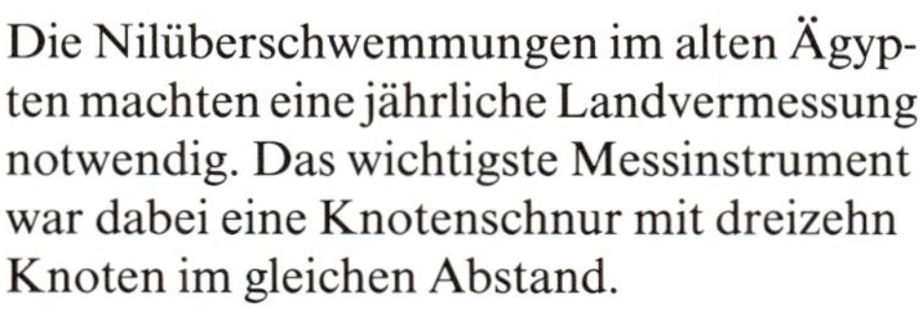

Die Nilüberschwemmungen im alten Ägypten machten eine jährliche Landvermessung notwendig. Das wichtigste Messinstrument war dabei eine Knotenschnur mit dreizehn Knoten im gleichen Abstand.

Damit konnten rechte Winkel abgesteckt werden. Begründe!
Noch heute verwenden Maurer das so genannte Maurerdreieck.

1

Ein Dreieck mit den Seiten von 3, 4 und 5 Längeneinheiten ist rechtwinklig. Die Zahlen 3, 4 und 5 bilden deshalb ein so genanntes **pythagoreisches Zahlentripel** (3, 4, 5).
Kannst du aus diesem Zahlentripel andere pythagoreische Zahlentripel entwickeln?

2

Die Zahlen des pythagoreischen Zahlentripels (a, b, c) erfüllen die Gleichung
$a^2 + b^2 = c^2$.
Zeige allgemein, dass aus jedem pythagoreischen Zahlentripel (a, b, c) ein neues durch Vervielfachen mit einer natürlichen Zahl k entsteht (ka, kb, kc).
Findest du auch pythagoreische Zahlentripel, die nicht Vielfache von (3, 4, 5) sind?

3

Schon die Babylonier kannten pythagoreische Zahlentripel, wie ein 1945 entdeckter altbabylonischer Keilschrifttext erkennen lässt.
Um solche pythagoreischen Zahlentripel zu finden, gibt es schon seit der Antike Formeln.
Wähle zwei beliebige natürliche Zahlen x und y ($x > y$). Dann ist:

$a = x^2 - y^2$; $b = 2xy$; $c = x^2 + y^2$

Bestimme mit diesen Formeln zwei beliebige Zahlentripel und prüfe nach.
Kannst du sie auch beweisen?

4

Lege eine Tabelle an:

x	y	(a, b, c)
2	1	(3, 4, 5)
3	1	
3	2	
4	1	
4	2	
4	3	
5	1	
5	2	
5	3	
5	4	
6	1	
6	2	

In der Tabelle sind einige Zahlentripel lediglich Vielfache anderer. Welche Bedingungen müssen für x und y erfüllt sein, damit man nur teilerfremde Zahlentripel erhält?
Betrachte dazu die Ergebnisse in deiner Tabelle.
Ergänze die Tabelle bis $x = 12$ derart, dass nur teilerfremde Zahlentripel berechnet werden.
Dabei kannst du auch ein Tabellenkalkulationsprogramm verwenden.

Rückspiegel

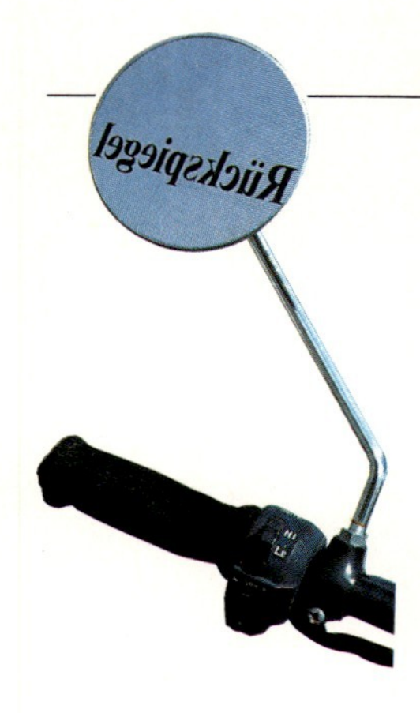

1
Formuliere den Satz des Pythagoras in allen vorkommenden rechtwinkligen Dreiecken.

a)
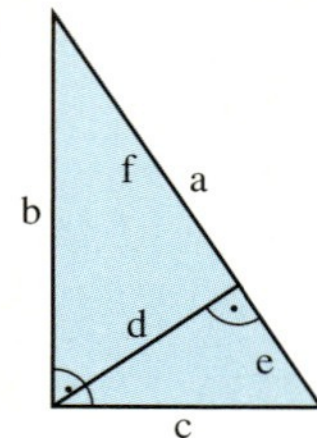

b)
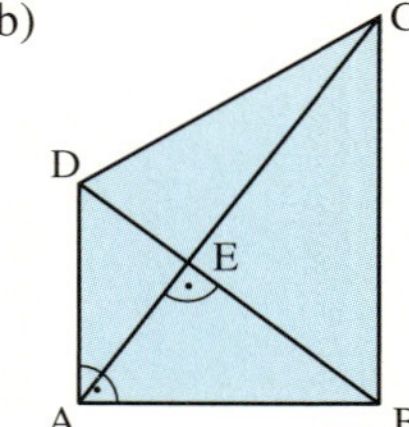

2
Berechne die Länge der Strecke x (Maße in cm).

a)
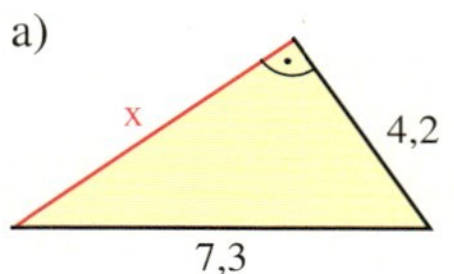

b)
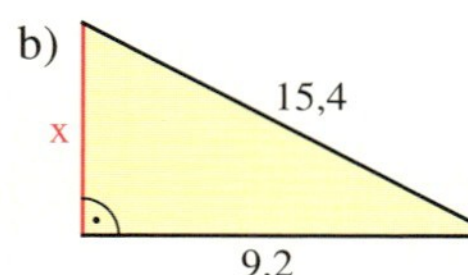

c)
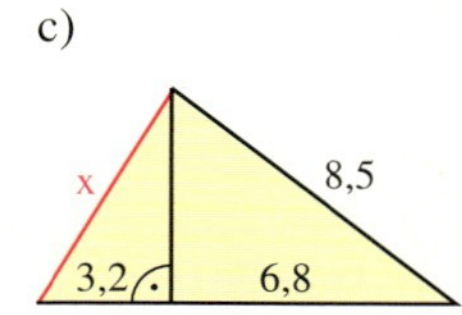

d)
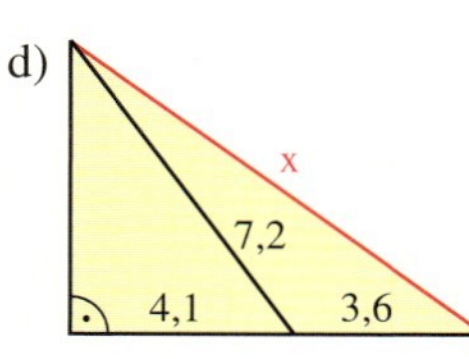

3
Berechne im Dreieck ABC ($\gamma = 90°$) die fehlende Seite.

	a)	b)	c)
a	9,8 cm	36,5 m	
b	7,9 cm		116 m
c		84,2 m	234 m

4
a) Berechne den Umfang und den Flächeninhalt eines gleichschenkligen Dreiecks ABC (a = b) mit der Schenkellänge a = 8,1 cm und der Höhe $h_c = 6{,}8$ cm.
b) Berechne den Flächeninhalt eines gleichschenkligen Dreiecks ABC (a = b), dessen Basis c = 12,0 cm lang ist und dessen Umfang 40,0 cm beträgt.

5
Berechne den Umfang und den Flächeninhalt eines gleichschenkligen Trapezes (b = d) mit a = 12,6 cm, b = 7,2 cm und h = 6,4 cm.

6
Wie lang ist die Diagonale e eines gleichschenkligen Trapezes mit a = 9,5 cm, b = d = 6,8 cm und c = 5,7 cm?

7
Berechne Umfang und Flächeninhalt der Figur (Maße in cm).

a) b)
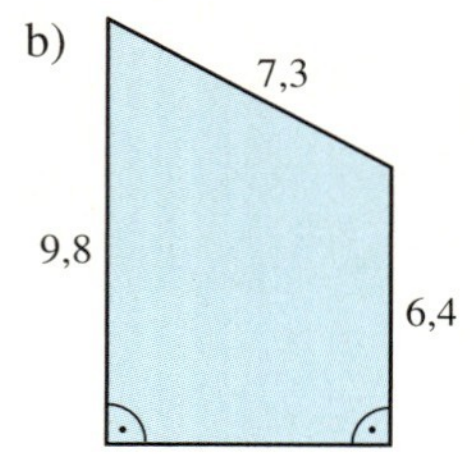

8
Die Leichtathletikgruppe durchläuft zum Aufwärmen die vorgezeichnete Strecke auf dem Sportplatz fünfmal. Wie viel Meter sind das, wenn der Platz 95 m lang und 65 m breit ist?

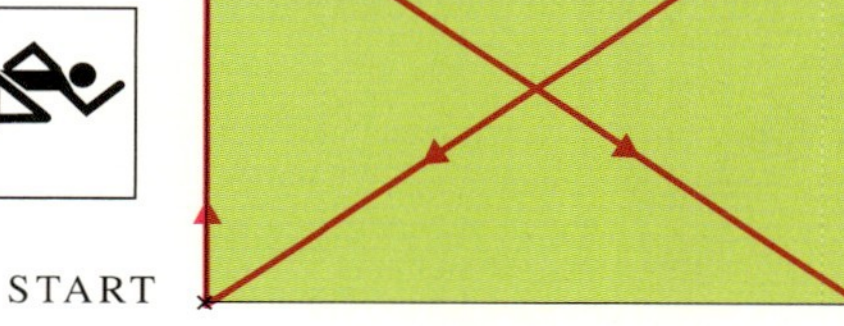

START

9
Berechne die Länge der Raumdiagonale eines Quaders, der 15 cm lang, 12 cm breit und 9 cm hoch ist.

10
Stelle Formeln für Umfang und Fläche der Figur in Abhängigkeit von a auf.

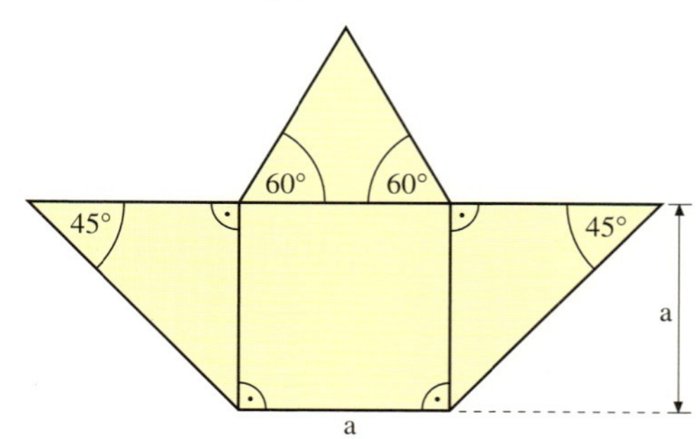

VI Kreis. Kreisberechnungen

Die Quadratur des Kreises

„Alle Interessen unter einen Hut zu bekommen, gleicht der Quadratur des Kreises.“ Diese Redewendung besagt, dass eine Aufgabe trotz aller Mühe nicht gelöst werden kann. In der Mathematik versteht man unter der Quadratur des Kreises die Konstruktion eines Quadrats, das denselben Flächeninhalt wie ein Kreis mit dem Radius 1 hat. Als Konstruktionsgeräte sind dabei nur Zirkel und Lineal erlaubt. Vor etwa 100 Jahren wurde bewiesen, dass diese Aufgabe unlösbar ist. Das ist eine kurze Zeitspanne im Vergleich zu jenen 2000 Jahren, vor denen Archimedes das erste Verfahren erdacht hatte, mit dem der Flächeninhalt eines Kreises beliebig genau berechnet werden kann.

Von nöten wer zůwiſen quadratura circuli / das iſt / die vergleychnus eines cirkels / vnnd eines quadrates / alſo das eins als vil inhielt als dz ander / aber ſollichs iſt noch nit von den gelerten demonſtrit Mechanice / aber das iſt beyleyfig / alſo das es im werck nit / oder gar ein kleyns felt / mag diſe vergleychnüß alſo gemacht werden. Reyß ein fierung vñ teyl den ortſtrich in zehen teyl / vnd vnd reyß darnach ein cirkelriß des Diameter ſol achtteyl haben / wie die quadratur zechne hat / wie jch das vnden hab aufgeriſſen.

Albrecht Dürer (1471–1528)

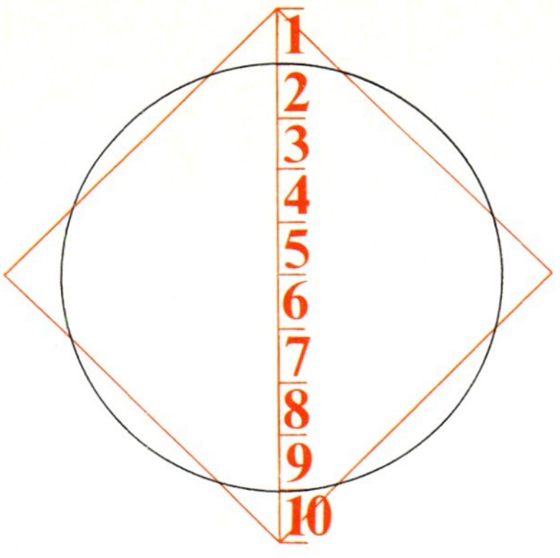

Auch der Nürnberger Maler und Grafiker Albrecht Dürer (1471–1528) beschäftigte sich mit der Frage nach der Flächengleichheit von Quadrat und Kreis. Dazu gibt er für die nebenstehende Aufgabe als Lösung an: „Teile die Diagonale des Quadrats in 10 Teile und nimm 8 davon als Durchmesser des Kreises.“
Er ging davon aus, dass sich die überstehenden Quadratecken und die Kreisteile flächenmäßig ausgleichen. Tatsächlich ist aber die Kreisfläche um etwa 0,5 % größer.

Näherungen der Zahl π

Ägypter	**2000 v. Chr.**	$\left(\frac{16}{9}\right)^2$
Inder	**500 v. Chr.**	$\left(\frac{7}{4}\right)^2$
Archimedes (Griechenland)	**287–212 v. Chr.**	$\frac{22}{7}$
Ptolemäus (Griechenland)	**85–165 n. Chr.**	$3\frac{17}{120}$
Chinesen	**500 n. Chr.**	$3\frac{16}{113}$
Brahmagupta (Indien)	**600 n. Chr.**	$\sqrt{10}$
Fibonacci (Italien)	**1200 n. Chr.**	$3\frac{39}{275}$
Vieta (Frankreich)	**1540–1603**	$1{,}8 + \sqrt{1{,}8}$
Ludolph van Ceulen (Holland)	**1610**	**3, . . . 35 Dezimalen**
Abraham Sharp	**1699**	**3, . . . 71 Dezimalen**

Die Kreiszahl π

Die Kreiszahl π beschreibt das Verhältnis der Maßzahlen von Umfang und Durchmesser. In allen Epochen der Mathematikgeschichte wurde versucht, diese Zahl immer noch genauer zu erfassen. Dies ging bald über den praktischen Nutzen und die handliche Brauchbarkeit hinaus. Heute dient die Berechnung von π als Leistungstest hochmoderner Computer, die inzwischen mehrere 100 Millionen Stellen hinter dem Komma errechnen können. Eine Zahl, die, zu Papier gebracht, mehr als 100 Bücher mit jeweils 1000 Seiten füllen würde.

1 Kreisumfang

1
Durch Abfahren mit einem Messrad lassen sich längere Strecken genau vermessen. Was weißt du über das Messrad, wenn nach 2 Umdrehungen die Strecke mit der Länge 1 m angezeigt wird? Ein anderes Messrad zeigt nach 4 Umdrehungen die Strecke 1 m an.

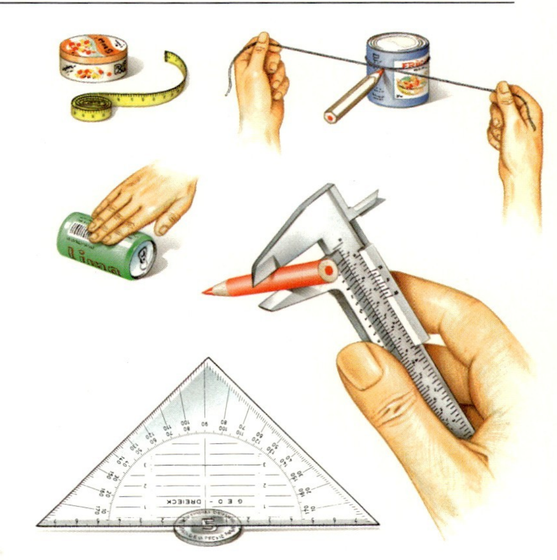

2
Miss den Durchmesser und den Umfang kreisförmiger Gegenstände und setze die Maßzahlen ins Verhältnis.

	Umfang	Durchmesser	$\frac{u}{d}$
Dose	24 cm	7,7 cm	□
Münze	9 cm	2,9 cm	□
...			

Werden die Umfänge $u_1, u_2, u_3, \ldots$ verschieden großer Kreise miteinander verglichen, stellt man fest, dass zum Kreis mit dem doppelten (dreifachen, ...) Durchmesser der doppelt (dreifach, ...) so große Umfang gehört. Der **Kreisumfang u** ist demnach zum Kreisdurchmesser d proportional. Daraus lässt sich schließen, dass das Verhältnis von Kreisumfang u zu Kreisdurchmesser d für alle Kreise gleich groß ist:

$$\frac{u_1}{d_1} = \frac{u_2}{d_2} = \frac{u_3}{d_3} = \text{konstant.}$$

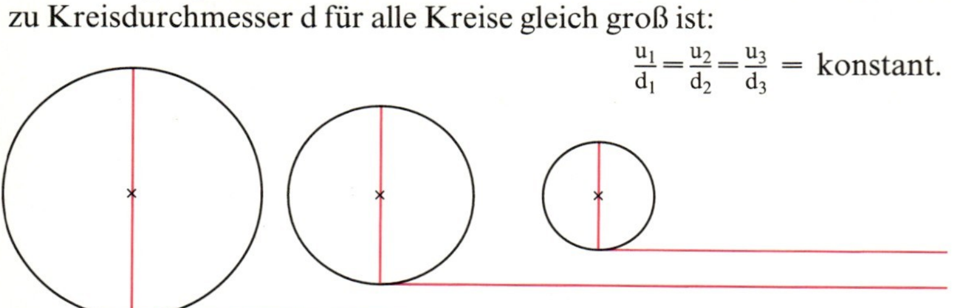

Das Verhältnis „Umfang zu Durchmesser" wird mit dem griechischen Buchstaben π bezeichnet. Der Taschenrechner gibt für π einen Näherungswert an: 3.141592654

Für den **Umfang u** eines Kreises mit dem Durchmesser d gilt:
$$u = \pi d$$
Für $d = 2r$ ergibt sich: $u = 2\pi r$

Wenn mit dem Taschenrechner gearbeitet wird, so muss in der Regel nicht die gesamte Anzeige abgeschrieben werden. Die Genauigkeit der gegebenen Größen kann eine Orientierung sein.

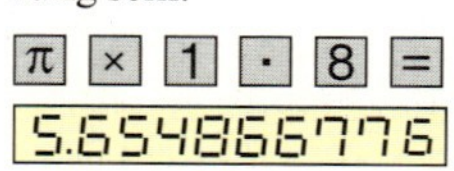

Gerundet gilt:
$\pi \cdot 1{,}8 \approx 5{,}7$

Beispiele

a) Aus dem Durchmesser $d = 1{,}8$ dm kann der Kreisumfang u berechnet werden.
$u = \pi \cdot d$ $\quad u = \pi \cdot 1{,}8$ dm
$u \approx 5{,}7$ dm

b) Aus dem Kreisumfang $u = 8{,}50$ m kann der Kreisradius r berechnet werden.
$u = 2\pi r$ $\quad r = \frac{8{,}50}{2\pi}$ m
$r = \frac{u}{2\pi}$ $\quad r \approx 1{,}35$ m

c) Berechnung der Anzahl n von Radumdrehungen auf einer 1 km langen Strecke bei einem Raddurchmesser von 78 cm.
$n = 1\,000 : u$ $\quad n = 1\,000 : (\pi \cdot 0{,}78)$
$n = 1\,000 : (\pi \cdot d)$ $\quad n =$ 408.0895977
Auf der 1 km langen Strecke dreht sich das Rad also etwa 408-mal.

Aufgaben

3
Welche Strecke ist ebenso lang wie der Kreisumfang? Schätze.

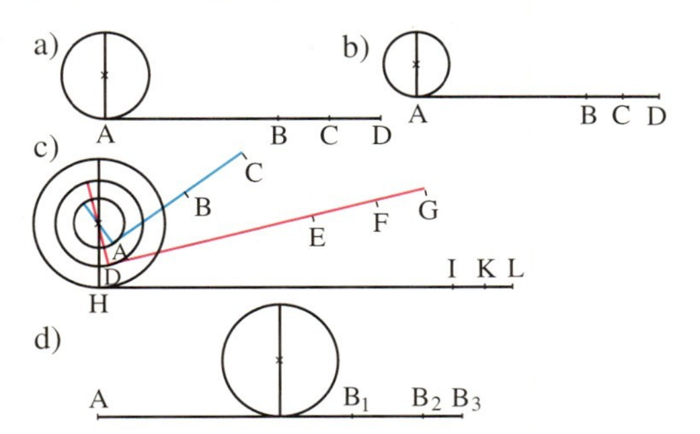

4
Berechne den Umfang des Kreises.
a) d = 5,3 cm b) d = 7,7 cm
c) d = 17,2 cm d) r = 31,8 cm
e) r = 0,98 m f) r = 12,4 dm

Fahrradcomputer
Diese elektronischen Messgeräte informieren z. B. über die aktuelle Fahrgeschwindigkeit, über die Gesamtkilometerleistung oder über die Tageskilometerzahl.
Alexandra stellt den Fahrradcomputer für ihr neues Fahrrad ein. Damit exakte Zahlen angezeigt werden, muss die Größe der Laufräder eingegeben werden. Sie geht laut Bedienungsanleitung vor.

- den Radius des Vorderrads vom Boden bis zur Nabenmitte auf mm genau messen
- zur Berechnung der Wegstrecke einer Radumdrehung (Entfaltung) den gemessenen Wert verdoppeln und dann mit π multiplizieren
- die Zahl eingeben und abspeichern

Welcher Radius wurde gemessen? Welchen Zahlenwert muss Alexandra bei einem Radius von 330 mm eingeben?

Beim Radius werden 3 mm zu viel gemessen. Wie wirkt sich der Fehler bei einem 28-Zoll-Laufrad auf eine Entfaltung aus?

Wie weit muss man fahren, bis sich dieser Fehler erstmals auf mehr als 1 km summiert hat?

5
Wie groß ist der Kreisradius?
a) u = 133 cm b) u = 8,5 m c) u = 0,41 m

6
Berechne die fehlenden Größen.

	a)	b)	c)	d)	e)
r	□	□	24,4 cm	□	□
d	□	0,5 m	□	□	31,84 m
u	1,1 m	□	□	2,56 dm	□

7
Fahrradgrößen wie 28 oder 26 geben den Raddurchmesser in Zoll an (1 Zoll = 2,54 cm). Vervollständige die Tabelle.

Fahrradtyp	28	26	24	20	18
Durchmesser (mm)	711	□	□	□	□
Umfang (m)	2,23	□	□	□	□

8
Das Aufzugsrad eines Förderturms einer Zeche hat einen Radius von 1,85 m. Um wie viel m wird der Förderkorb bei einer Radumdrehung nach oben gezogen?

9
Das Rad eines schweren Muldenkippers in einem Steinbruchbetrieb ist 1,95 m hoch. Welche Strecke legt das Fahrzeug bei 10 Radumdrehungen zurück?

10
Ein 1 m, 2 m, 5 m langes Metallband wird jeweils zu einem Ring gebogen. Wie groß wird jeweils der Durchmesser?

11
a) Berechne die Wegstrecke, die die Spitze eines Minutenzeigers von 125 cm Länge in 4 Stunden zurücklegt.
b) Wie viel cm legt die Spitze eines 1,5 cm langen Sekundenzeigers in 60 min zurück?
c) Wie lang müsste der Sekundenzeiger sein, damit seine Spitze Fußgängergeschwindigkeit (etwa 6 km/h) erreicht?

Wie lang ist die Schlangenlinie aus 2, 3, 4, 5 Halbkreisbögen? Welche Vermutung gewinnst du aus den aufeinander folgenden Ergebnissen?

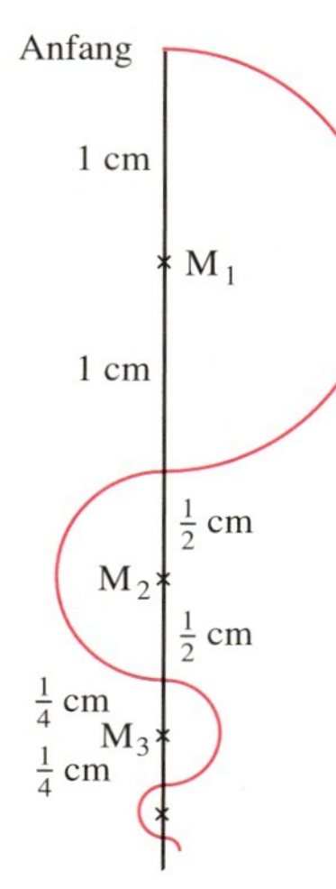

12

Handwerker benutzen zur Umfangsberechnung von Röhren o. Ä. die Faustformel:

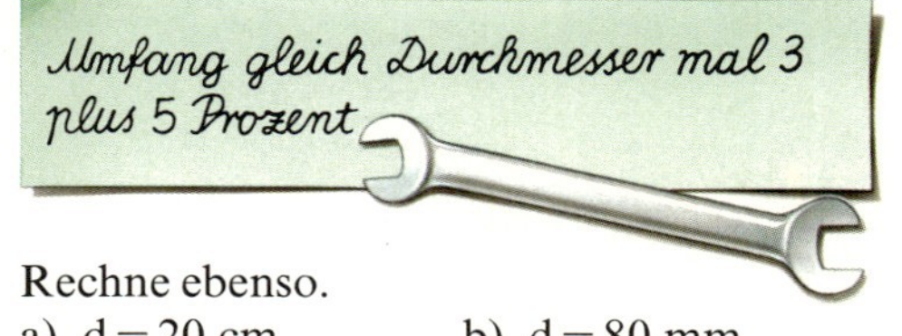

Rechne ebenso.

a) d = 20 cm b) d = 80 mm
c) d = 1,50 m d) r = 65 cm
e) Welcher Näherungswert für π wird mit der Formel verwendet?

13

In der Tabelle sind die Durchmesser der Treibräder verschiedener Loks aufgeführt. Wie oft drehen sich jeweils die Räder auf einer 120 km langen Strecke?

Schnellzugdampflok 01	2 000 mm
elektr. Schnellzuglok E 10	1 250 mm
Diesellok V 200	940 mm

14

Die erste Dampflokomotive Deutschlands war die „Adler". Sie fuhr erstmals 1835 auf der 6,05 km langen Strecke zwischen Nürnberg und Fürth. Das Treibrad hatte einen Durchmesser von 1 372 mm.

a) Wie oft drehte sich das Rad von Nürnberg bis Fürth?
b) Die Fahrzeit betrug 14 Minuten. Wie viele Umdrehungen machte das Rad pro Minute?

15

a) Der Erdradius beträgt etwa 6 378 km. Mit welcher Geschwindigkeit bewegt sich ein Körper am Äquator mit der Erde mit?
b) Besigheim liegt auf dem 49. nördlichen Breitenkreis. Dieser besitzt einen Radius von 4 184 km. Welchen Weg legt Besigheim innerhalb eines Tages zurück?
Berechne auch die Geschwindigkeit (ohne Berücksichtigung der Bahngeschwindigkeit der Erde).

16

a) Denke dir ein Seil um den Äquator (Erdradius r = 6 378 km) gespannt. Das Seil wird nun um 1 m verlängert. Kann zwischen dem Seil und dem Äquator eine Katze durchschlüpfen? Überprüfe durch Rechnung.
b) Um einen Tennisball mit 6,5 cm Durchmesser wird eine Schnur gelegt. Anschließend wird sie um 1 m verlängert. Um wie viel cm steht diese Schnur gleichmäßig vom Tennisball ab?

17

Berechne den Umfang der Figur.

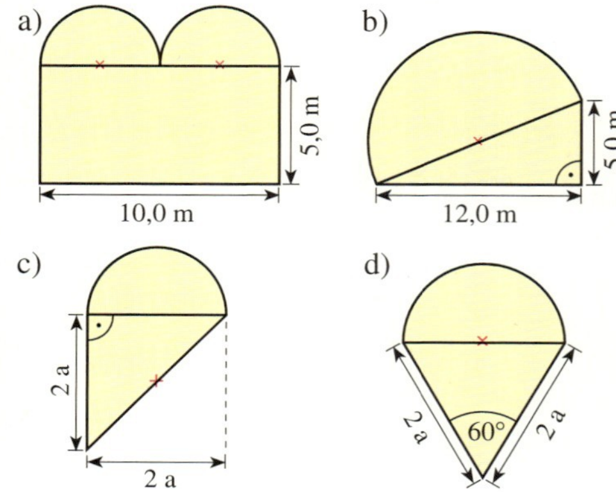

2 Kreisfläche

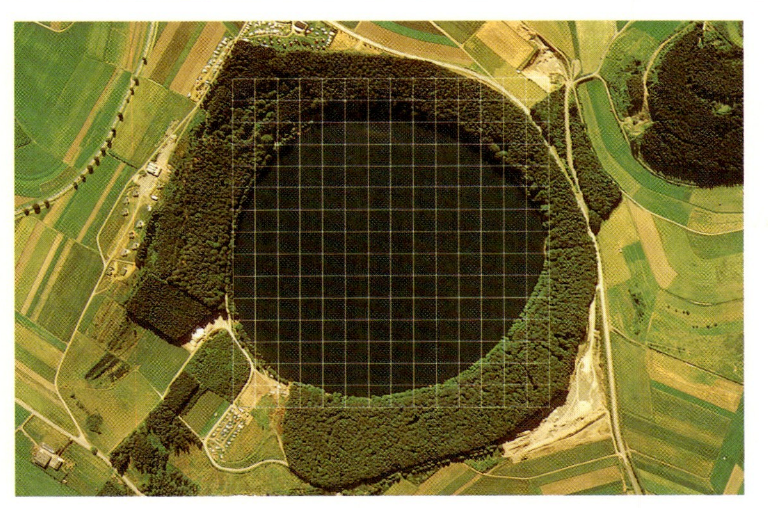

1
Das Pulvermaar in der Eifel ist ein fast kreisförmiger See vulkanischen Ursprungs. Sein Durchmesser beträgt ungefähr 700 m. Bestimme mit Hilfe des Quadratgitters die Gesamtfläche des Maars so genau wie möglich.

2
Schneidet in der Klasse aus Pappe je einen Viertelkreis mit r = 1 dm und ein Quadrat mit Seitenlänge 1 dm aus. Wiegt dann alle Viertelkreise und alle Quadrate mit einer Briefwaage. Rechnet den Quotienten aus den beiden Gewichtsangaben auf einen ganzen Kreis um.

Wie der Kreisumfang lässt sich auch die Kreisfläche näherungsweise bestimmen.

Dazu wird ein Kreis in gleiche Ausschnitte geteilt, einer davon wird zusätzlich halbiert. Diese Teile werden dann wieder zu einer Fläche zusammengelegt, die sich annähernd als Rechteckfläche auffassen lässt.
Je mehr Kreisteile gebildet werden, desto genauer ist die Näherung.
$A = r \cdot \frac{u}{2} = r \cdot \frac{2\pi r}{2} = \pi r^2$

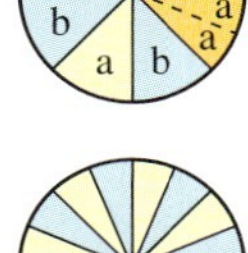

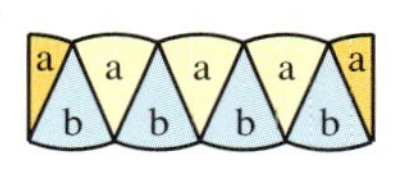

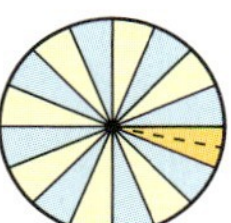

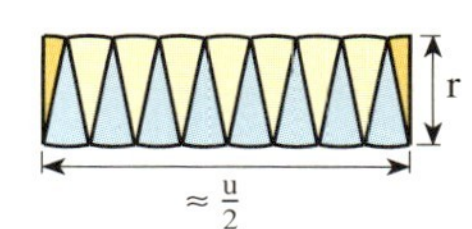

Für den **Flächeninhalt A** eines Kreises mit dem Radius r gilt:
$$A = \pi r^2$$
Für $d = 2r$ ergibt sich: $A = \frac{\pi d^2}{4}$

Beispiele

a) Aus dem Durchmesser d = 2,6 m kann der Flächeninhalt A berechnet werden.
$A = \frac{\pi d^2}{4}$ $\quad A = \frac{\pi \cdot 2{,}6^2}{4}\ \text{m}^2$
$A \approx 5{,}3\ \text{m}^2$

b) Aus dem Flächeninhalt $A = 8{,}5\ \text{dm}^2$ lässt sich der Radius r berechnen.
$A = \pi r^2$
$r^2 = \frac{A}{\pi}$ $\quad r = \sqrt{\frac{8{,}5}{\pi}}\ \text{dm}$
$r = \sqrt{\frac{A}{\pi}}$ $\quad r = 1{,}6\ \text{dm}$

c) Die Berechnung des Flächeninhalts eines **Kreisrings** mit $r_1 = 6{,}7$ cm und $r_2 = 4{,}1$ cm erfolgt als Differenz zweier Kreisflächen:
Flächeninhalt des großen Kreises minus Flächeninhalt des kleinen Kreises.

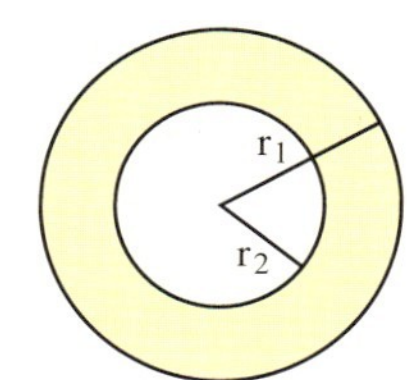

$A_R = \pi r_1^2 - \pi r_2^2$
$A_R = \pi (r_1^2 - r_2^2)$
$A_R = \pi (6{,}7^2 - 4{,}1^2)\ \text{cm}^2$
$A_R \approx 88{,}2\ \text{cm}^2$

Aufgaben

3
Berechne den Flächeninhalt A des Kreises.
a) r = 96 cm b) r = 238 mm
c) d = 12,3 m d) d = 2,79 km

4
Berechne den Kreisradius r.
a) $A = 50\ cm^2$ b) $A = 320\ m^2$
c) $A = 63{,}5\ dm^2$ d) $A = 1\,795\ mm^2$

5
Berechne den Umfang u bzw. den Flächeninhalt A des Kreises.
a) $A = 288\ cm^2$ b) $A = 0{,}73\ dm^2$
c) u = 375,2 cm d) u = 0,09 km

6
Berechne die fehlenden Angaben.

	a)	b)	c)	d)	e)
r	□	□	□	□	□
d	8,6 cm	□	□	□	□
A	□	$26{,}3\ cm^2$	□	$0{,}8\ m^2$	□
u	□	□	149 cm	□	1 km

7
Berechne die Querschnittsfläche des Drahtes mit dem Durchmesser d.
a) d = 1 mm b) d = 2 mm
c) d = 1,6 mm d) d = 0,2 mm
e) d = 0,9 mm f) d = 0,15 mm

8
Für die Strombelastbarkeit (in Ampere) von Leitungen braucht man Kupferdrähte von bestimmten Querschnitten.
Welchen Durchmesser hat der Draht mit der Querschnittsfläche
a) $1{,}5\ mm^2$ b) $2{,}5\ mm^2$ c) $6\ mm^2$
d) $16\ mm^2$ e) $70\ mm^2$ f) $120\ mm^2$?

9
Ein Sendeverstärker für die Ultrakurzwelle strahlt 55 km weit.
Welche Größe besitzt das vom Sender versorgte Gebiet?

10
Ein kreisförmiger Tisch hat einen Durchmesser von 1,10 m. Welche Kantenlänge müsste ein flächengleicher, jedoch quadratischer Tisch etwa haben?

11
Die Kolbendurchmesser zweier Automotoren (1,3 ℓ und 2,0 ℓ) verhalten sich wie 15 zu 17. In welchem Verhältnis stehen die Querschnittsflächen der Kolben?

12
Der Radius r = 3,0 cm eines Kreises wird verdoppelt, verdreifacht, vervierfacht.
a) Wie groß ist jeweils der neue Flächeninhalt?
b) Mit welchem Faktor ist der Flächeninhalt zu vervielfachen, wenn r mit n vervielfacht wird?

13
a) Die Windkraftanlage in Breitnau im Schwarzwald ist eine der größten Anlagen ihrer Art.
Ein Rotor mit einem Durchmesser von 33 m besitzt eine so genannte Winderntefläche von $855\ m^2$.
Wie wird die Windernteflähe errechnet?
b) Eine andere Windkraftanlage besitzt Rotoren mit 25 m Durchmesser. Wie groß ist jeweils ihre Windernteflähe?

14

Das Nördlinger Ries und das Steinheimer Becken sind zwei auffallend kreisförmige Landschaften, die durch Meteoriteneinschläge entstanden sind.
a) Berechne die Fläche des Steinheimer Beckens, das einen Durchmesser von 3,5 km hat, in Hektar.
b) Wie groß ist die Fläche des Nördlinger Rieses (d = 24 km)?
c) Wie lange würde man für die Umwanderung des Nördlinger Rieses bei einer Tagesleistung von 25 km benötigen?

15

Der Umfang eines Kreises beträgt 20 cm. Berechne seinen Flächeninhalt.
Wie groß muss der Umfang u gewählt werden, wenn der Flächeninhalt
a) eineinhalbmal b) doppelt
c) dreimal so groß werden soll?

16

a) Ein Kreis hat denselben Umfang wie ein Quadrat mit der Seitenlänge a = 4,0 cm. Welche Figur hat den größeren Flächeninhalt?
b) Ein Kreis ist zu einem gleichseitigen Dreieck mit a = 6,0 cm umfangsgleich. Vergleiche die Flächeninhalte.
c) Ein Kreis und ein regelmäßiges Sechseck mit der Seitenlänge a = 5,0 cm haben denselben Umfang. Hat der Kreis den größeren Flächeninhalt?

17€

Im Jahre 1997 wurden 316 Mio. t per Eisenbahn transportiert. Die Transportleistungen im Fernverkehr auf der Straße betrugen 2981 Mio. t und in der Seefahrt 209 Mio. t. Veranschauliche diese Daten mit Hilfe geeigneter Kreise.
Überlege zunächst welche Radien die Kreise haben müssen. Begründe deine Wahl.

18€

Eine Pizzeria bietet Pizza in drei verschiedenen Größen an. Die kleine Pizza hat 20 cm Durchmesser und kostet 5,50 €, die mittlere zu 7,30 € hat 26 cm Durchmesser und die große mit 36 cm Durchmesser kostet 11,50 €.
Welche Pizza ist die preisgünstigste?

19

Berechne Umfang und Flächeninhalt der Figur (Maße in cm).

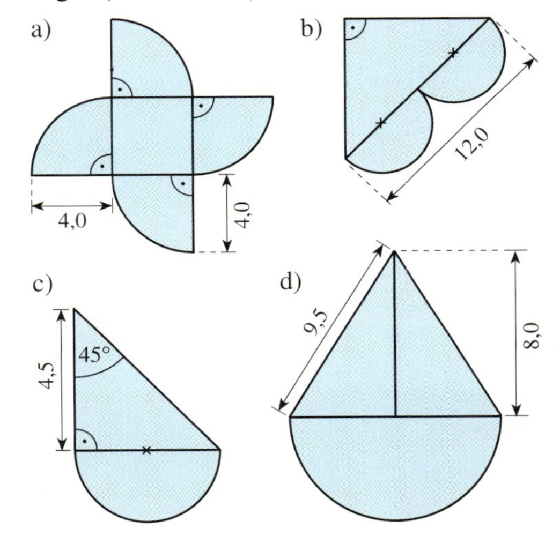

20

Berechne Umfang und Flächeninhalt der Figur in Abhängigkeit von a.

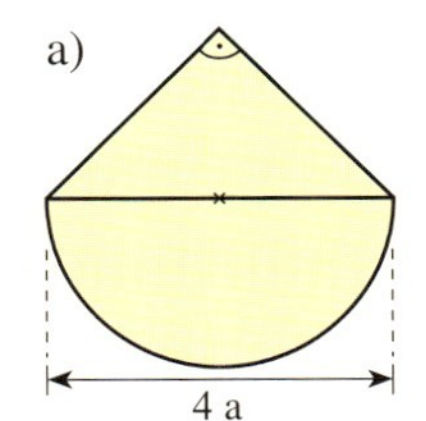

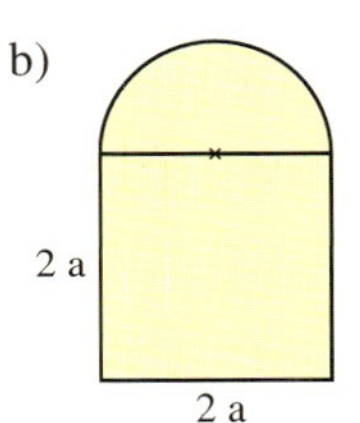

21

Berechne den Verschnitt, der beim Ausstanzen der Kreise aus der Quadratfläche mit a = 8,0 cm übrig bleibt.

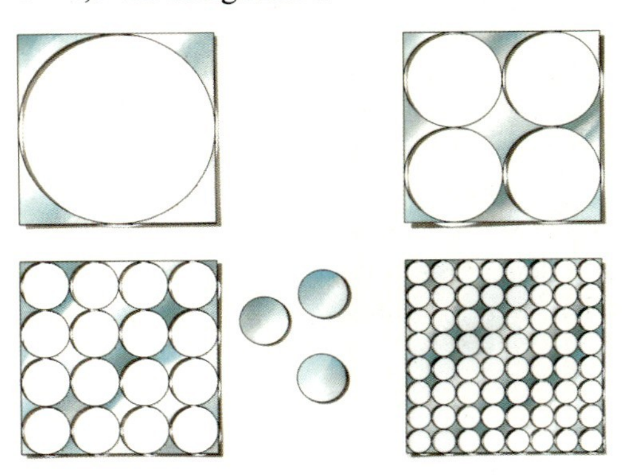

Kreisring

22

Berechne die Größe der gefärbten Fläche. (Angaben in cm)

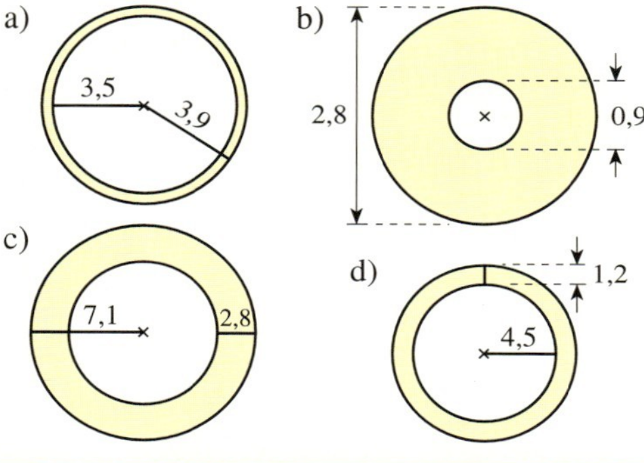

In Millionen von Jahren haben sich in einer Höhle an Boden und Decke Tropfsteine aus den Kalkablagerungen gebildet.

23

Konstruiere zuerst die Figur mit In- und Umkreis. Berechne dann den In- und Umkreisradius. Wie groß ist nun jeweils die Kreisringfläche?

a) Gleichseitiges Dreieck mit a = 5 cm

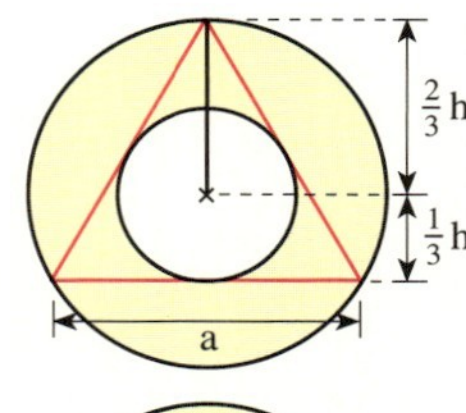

b) Quadrat mit a = 5 cm

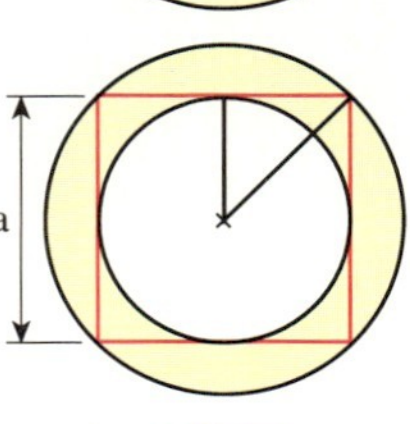

c) Regelmäßiges Sechseck mit a = 5 cm

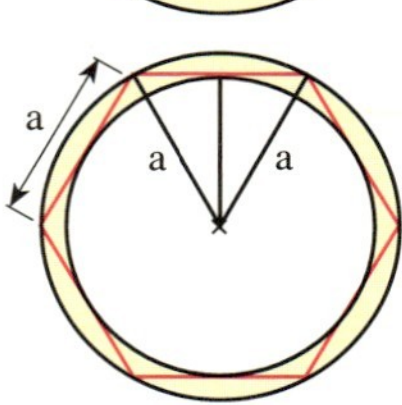

24

Die Wasserfläche eines kreisrunden Teiches soll berechnet werden. Ein Schüler geht 1 Meter vom Rand entfernt mit 365 Schritten um ihn herum. Seine durchschnittliche Schrittlänge beträgt 75 cm.

25

Welcher Farbring der abgebildeten Zielscheibe hat den größten Flächeninhalt?

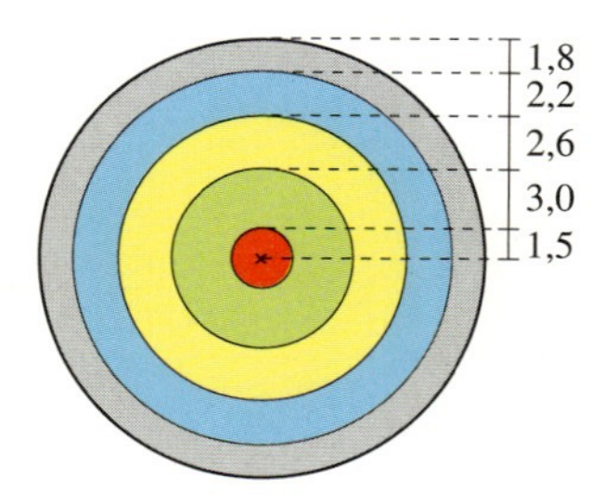

26

Tropfsteine haben Wachstumsringe ähnlich wie Bäume. Wie groß ist die Schnittfläche eines solchen Ringes mit dem Außendurchmesser 65 cm und der Wandstärke 3 cm?

π = 3,14159265358979323846264338327950288419716939937......

Bestimmung der Kreiszahl π

Die Kreiszahl π lässt sich näherungsweise durch die Berechnung des Kreisflächeninhalts bestimmen. Für den Einheitskreis (mit Radius r = 1) gilt: Kreisfläche $A = \pi \cdot 1^2 = \pi$.
A lässt sich durch die Summe der Flächeninhalte der einbeschriebenen Rechtecke annähern. Wir betrachten einen Viertelkreis mit r = 1.
Die x-Achse wird in n gleiche Abschnitte der Breite b eingeteilt. Zu den so erhaltenen verschiedenen x-Werten müssen noch die zugehörigen y-Werte ermittelt werden.

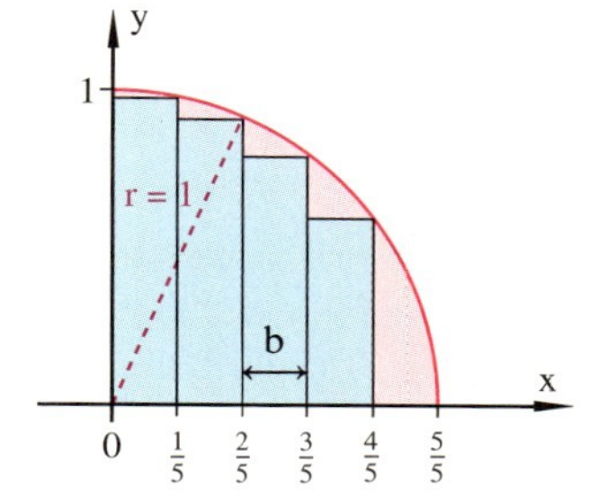

Begründe, warum $y = \sqrt{1 - x^2}$ ist.
Berechne die Summe der Flächeninhalte für n = 5. Wie sieht danach die Schätzung für π aus?

Für diese Berechnung eines beliebigen Wertes n ist eine Tastenabfolge für den Taschenrechner abgebildet. Erkläre den Rechenweg.

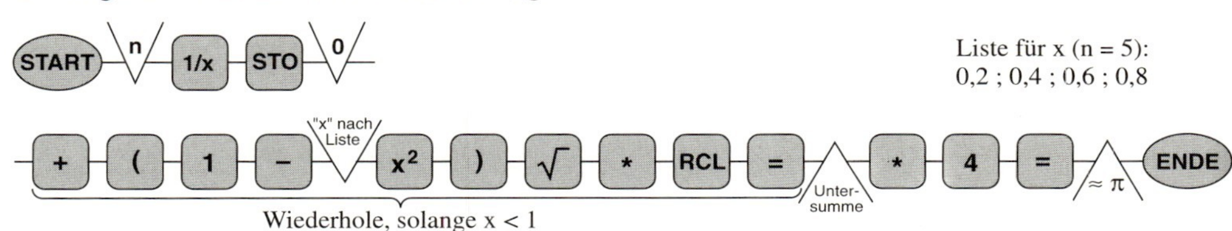

Die Näherung der Zahl π mit Hilfe der so ermittelten Summe ist zu ungenau.
Deshalb wird eine zweite Summe ermittelt.
Die erste Summe heißt Untersumme U, die zweite Obersumme O. Der Mittelwert dieser beiden Summen führt zu einer besseren Näherung für die Kreisfläche, damit für π.
Erkläre die folgende Umformung und berechne π für n = 4, 8 und 10.

$$\frac{1}{4}A \approx \frac{U+O}{2} = \frac{U+U+1\cdot b}{2}$$

$$\pi \approx 4U + 2b$$

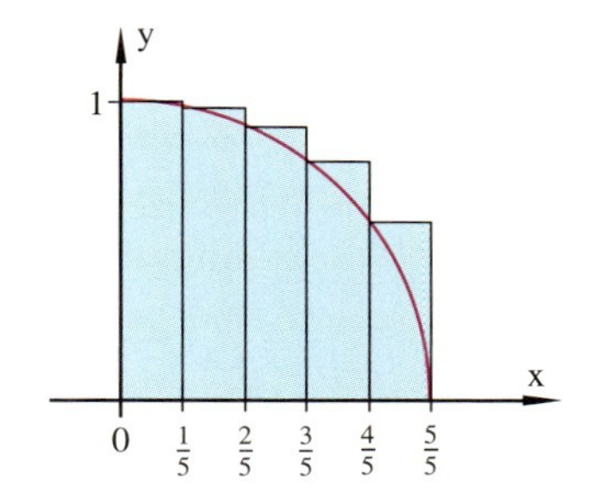

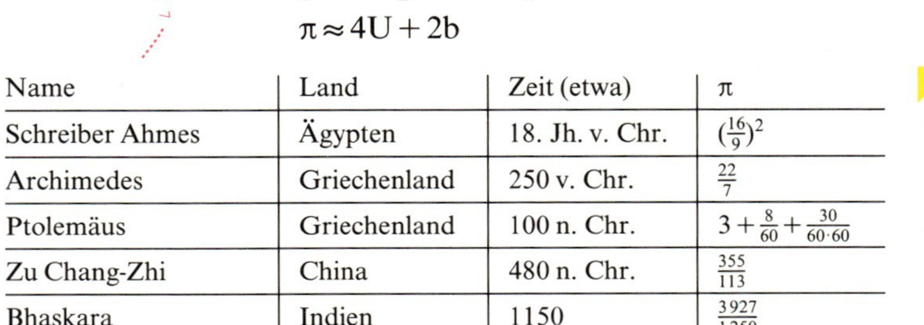

Name	Land	Zeit (etwa)	π
Schreiber Ahmes	Ägypten	18. Jh. v. Chr.	$(\frac{16}{9})^2$
Archimedes	Griechenland	250 v. Chr.	$\frac{22}{7}$
Ptolemäus	Griechenland	100 n. Chr.	$3 + \frac{8}{60} + \frac{30}{60 \cdot 60}$
Zu Chang-Zhi	China	480 n. Chr.	$\frac{355}{113}$
Bhaskara	Indien	1150	$\frac{3927}{1250}$
Fibonacci	Italien	1220	$\frac{864}{275}$
Tycho Brahe	Dänemark	1575	$\frac{88}{\sqrt{785}}$

Im Laufe der Geschichte gab es viele unterschiedliche Methoden, die Zahl π näherungsweise zu berechnen.
In der Tabelle sind einige Rechenvorschriften für π aufgeführt. Ermittle mit Hilfe des Taschenrechners die Abweichung zwischen gespeichertem und berechnetem Wert von π in Prozent.

Sämtliche Berechnungen von π stellen nur Näherungen dar.
Der Dezimalbruch für π bricht nicht ab und ist auch nicht periodisch. π ist eine irrationale Zahl. **π = 3,141592653 . . .**

3 Kreisteile

1

Die farbenprächtigsten Werke mittelalterlicher Baukunst sind rosettenartige Kirchenfenster.
Welche Kreisteilung hat das Kunstwerk?
Wie könnte man die Fläche eines Kreisausschnitts berechnen?

2

Die Uhr der „Tagesschau“ zeigt die Anteile der letzten Minute vor 20.00 Uhr an.
Gib an, welcher Teil der letzten Minute jeweils schon verstrichen ist.

Der **Kreisbogen b** ist ein Teil des Kreisumfangs. Seine Länge ist proportional zum zugehörigen Winkel am Kreismittelpunkt, dem Mittelpunktswinkel α. Genauso sind **Kreisausschnitte (Sektoren)** in ihrem Flächeninhalt vom Mittelpunktswinkel abhängig.

	b, A, r, M	b, r, A, M	b, r, 60°, A, M	A, M, r, b	b, A, r, α, M
α	180°	90°	60°	1°	α
b	$\frac{2\pi r}{2} = \pi r$	$\frac{2\pi r}{4} = \frac{\pi r}{2}$	$\frac{2\pi r}{6} = \frac{\pi r}{3}$	$\frac{2\pi r}{360°} = \frac{\pi r}{180°}$	$\frac{2\pi r\alpha}{360°} = \frac{\pi r\alpha}{180°}$
A	$\frac{\pi r^2}{2} = \frac{\pi r \cdot r}{2}$	$\frac{\pi r^2}{4} = \frac{\pi r \cdot r}{2 \cdot 2}$	$\frac{\pi r^2}{6} = \frac{\pi r \cdot r}{3 \cdot 2}$	$\frac{\pi r^2}{360°} = \frac{\pi r \cdot r}{180° \cdot 2}$	$\frac{\pi r^2 \cdot \alpha}{360°} = \frac{\pi r \alpha \cdot r}{180° \cdot 2}$

Für die Länge des **Kreisbogens b** und den Flächeninhalt des **Kreisausschnitts A** gilt:

Länge des **Kreisbogens**: $b = 2\pi r \cdot \frac{\alpha}{360°} = \frac{\pi r \alpha}{180°}$

Fläche des **Kreisausschnitts**: $A = \pi r^2 \cdot \frac{\alpha}{360°} = \frac{b \cdot r}{2}$

Beispiele

a) Aus $r = 6{,}0$ cm und $\alpha = 45°$ lässt sich die Länge b des Kreisbogens berechnen.

$b = \frac{\pi r \alpha}{180°}$ $\quad b = \frac{\pi \cdot 6{,}0 \cdot 45°}{180°}$ cm

$b \approx 4{,}7$ cm

b) Aus $r = 18{,}7$ cm und $\alpha = 137°$ lässt sich die Fläche A des Kreisausschnittes berechnen.

$A = \frac{\pi r^2 \cdot \alpha}{360°}$ $\quad A = \frac{\pi \cdot 18{,}7^2 \cdot 137°}{360°}$ cm²

$A \approx 418{,}1$ cm²

c) Aus $A = 300$ cm² und $\alpha = 108°$ lässt sich der Kreisradius r berechnen.

$\pi r^2 = \frac{A \cdot 360°}{\alpha}$ $\quad r = \sqrt{\frac{300 \cdot 360°}{\pi \cdot 108°}}$ cm

$r = \sqrt{\frac{A \cdot 360°}{\pi \cdot \alpha}}$ $\quad r \approx 17{,}8$ cm

d) Aus $b = 26{,}5$ m und $r = 5{,}2$ m lässt sich der Mittelpunktswinkel α berechnen.

$b = \frac{\pi r \alpha}{180°}$ $\quad \alpha = \frac{26{,}5 \cdot 180°}{\pi \cdot 5{,}2}$

$\alpha = \frac{b \cdot 180°}{\pi r}$ $\quad \alpha \approx 292{,}0°$

Aufgaben

3
Ordne Mittelpunktswinkel und Kreisteile einander zu.

α	Kreisteil
45°	Achtelkreis
30°	□
□	Drittelkreis
□	Zehntelkreis
□	Fünftelkreis
24°	□
225°	□
144°	□

4
Der Umfang eines Kreises beträgt 72 cm. Berechne im Kopf jeweils die Bogenlänge, die zum Mittelpunktswinkel
a) 120°, 90°, 60° b) 45°, 30°, 20°
c) 15°, 12°, 10°, 6° gehört.

5
Ein Kreis hat den Flächeninhalt 120 cm². Berechne im Kopf jeweils die Kreisausschnittsfläche für die Mittelpunktswinkel
a) 36°, 18°, 54°, 72°
b) 9°, 24°, 108°, 240°.

6
Berechne die Bogenlänge und die Ausschnittsfläche.

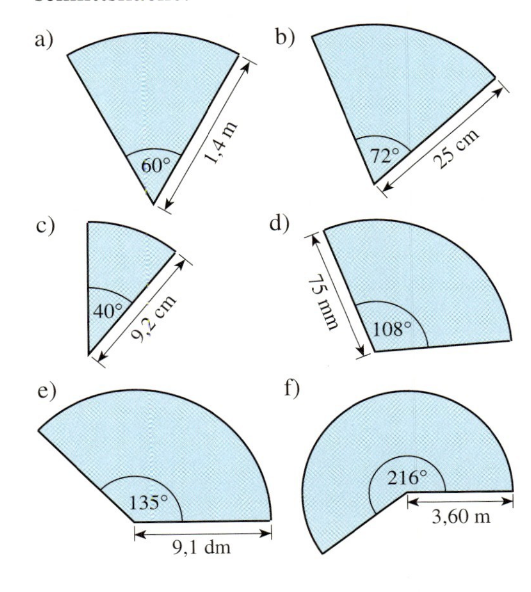

7
Berechne den zum Kreisbogen gehörenden Radius.
a) $\alpha = 48°$, $b = 6{,}0$ cm
b) $\alpha = 144°$, $b = 21{,}6$ cm
c) $\alpha = 82°$, $b = 1{,}0$ m
d) $\alpha = 330°$, $b = 6{,}4$ m
e) $\alpha = 270°$, $b = 7{,}5$ cm
f) $\alpha = 72°$, $b = 0{,}5$ mm

8
Berechne den zum Kreisbogen gehörenden Mittelpunktswinkel.
a) $b = 4{,}2$ cm, $r = 3{,}0$ cm
b) $b = 10{,}2$ cm, $r = 4{,}5$ cm
c) $r = 36$ mm, $b = 36$ mm
d) $d = 137$ m, $b = 86$ m
e) $r = 65$ cm, $b = 204{,}2$ cm
f) $d = 0{,}4$ m, $b = 10{,}5$ cm

9
Berechne den zum Kreisausschnitt gehörenden Radius.
a) $\alpha = 57°$, $A = 199\ \text{cm}^2$
b) $\alpha = 100°$, $A = 55\ \text{cm}^2$
c) $\alpha = 12°$, $A = 0{,}5\ \text{m}^2$
d) $\alpha = 108°$, $A = 76{,}8\ \text{m}^2$

10
Berechne den zugehörigen Mittelpunktswinkel.
a) $r = 8{,}5$ cm, $A = 91\ \text{cm}^2$
b) $r = 26$ mm, $A = 1\,044\ \text{mm}^2$
c) $r = 13$ dm, $A = 0{,}86\ \text{m}^2$
d) $r = 0{,}306$ m, $A = 1\,658\ \text{cm}^2$

11
Berechne die fehlenden Angaben.

	r	α	b	A
a)	2,8 cm	112°	□	□
b)	□	48°	96,4 m	□
c)	4,4 dm	□	□	31,0 dm²
d)	□	211°	□	84,9 cm²
e)	1,74 m	□	9,99 m	□
f)	□	□	33,1 cm	198,5 cm²
g)	□	85°	95 mm	□
h)	□	□	1 dm	1 m²

Kathedrale von Reims

12
Berechne die Länge des Bogens.

a) romanischer Rundbogen

b) romanischer Flachbogen

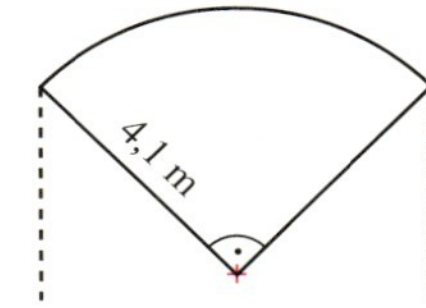

c) gotischer Spitzbogen

60°
60°
2,20 m

d) gedrückter gotischer Spitzbogen

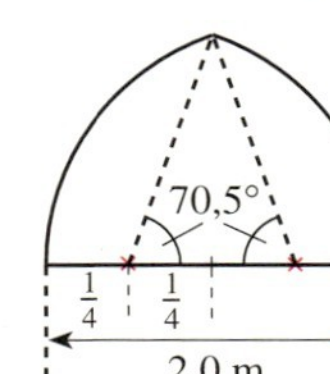

13
Eine Eisenbahnkurve hat einen Innenradius von 1 230 m. Sie verbindet zwei geradlinige Bahnstrecken und umspannt dabei einen Mittelpunktswinkel von 125°. Wie viel Meter Schiene werden für das Kurvengleis benötigt? (Spurweite 1 435 mm)

14
Bei der Modelleisenbahn gibt es gebogene Gleise für bestimmte Radien und Mittelpunktswinkel. Berechne für die Spur N die Länge der 15°-Gleise des kleinsten Kreises mit dem Radius 192 mm und dem dazugehörigen Parallelkreis mit dem Radius 226 mm. (Hinweis: Die Radien beziehen sich immer auf die Gleismitte.)

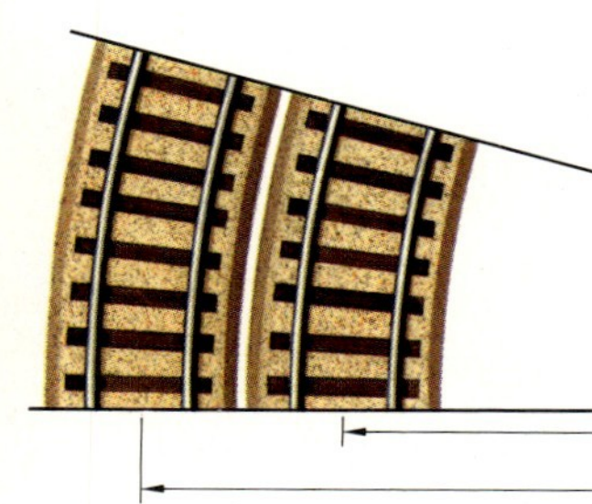

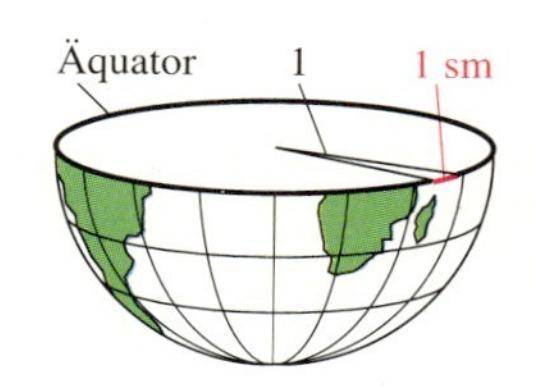

15
Eine Seemeile (sm) ist die Bogenlänge, die auf dem Äquator zum Mittelpunktswinkel 1 Winkelminute ($1' = \frac{1}{60}°$) gehört. Gib sowohl 1 sm in km als auch 1 km in sm an. (Erdradius r = 6 378 km)

16
Jedes kleine Quadrat hat die Seitenlänge a = 1,0 cm. Berechne sowohl Umfang als auch Flächeninhalt der farbigen Fläche.

a)
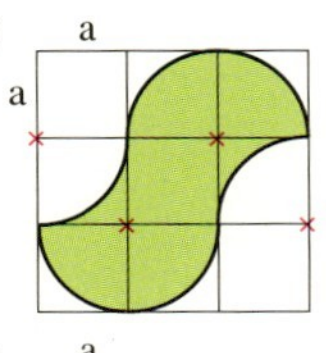

b)
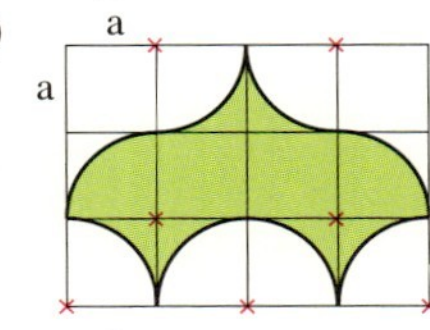

c)
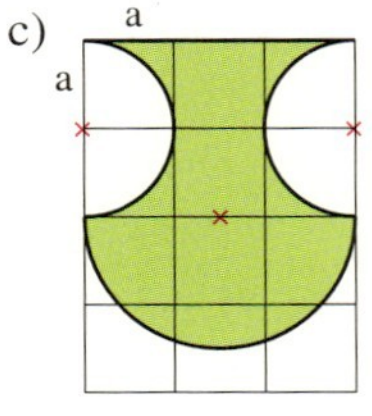

d)
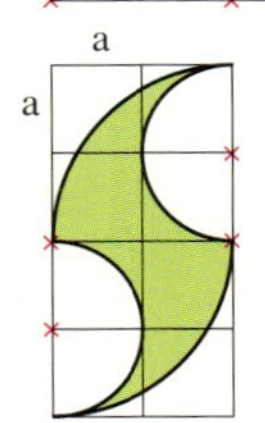

17
Die Figur besteht jeweils aus vier kleinen Quadraten mit der Seitenlänge a = 3,0 cm. Berechne Umfang und Flächeninhalt der gefärbten Fläche.

a)
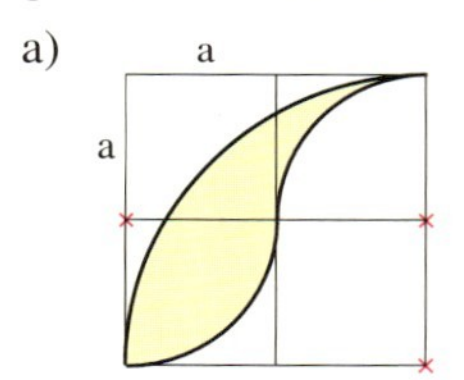

b)
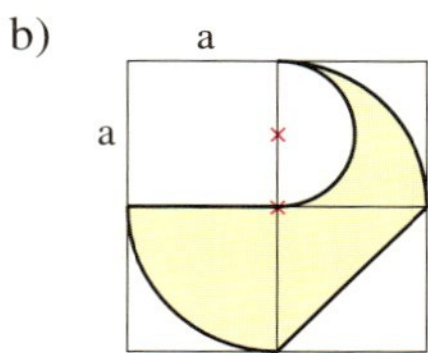

c)
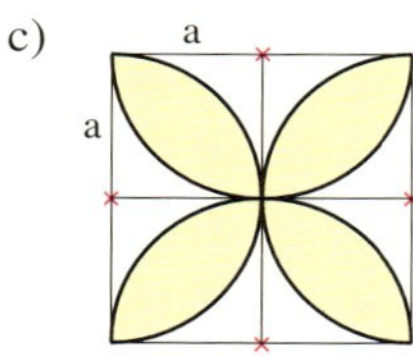

d)
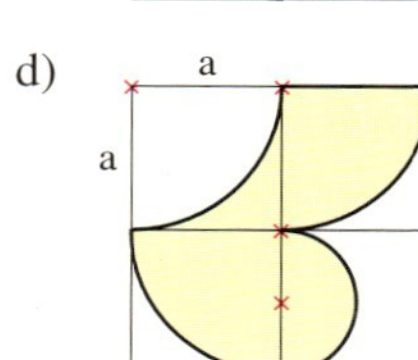

18
Die Figuren haben den gleichen Durchmesser 2 r. Berechne Umfang und Flächeninhalt jeweils für r = 4,0 cm und vergleiche.

a)
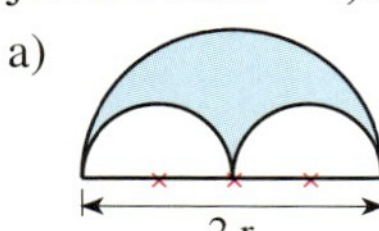

b)
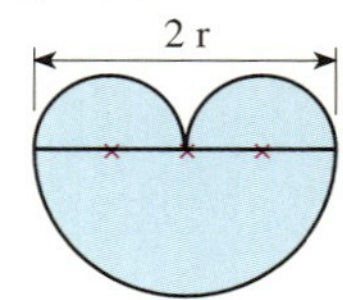

c)
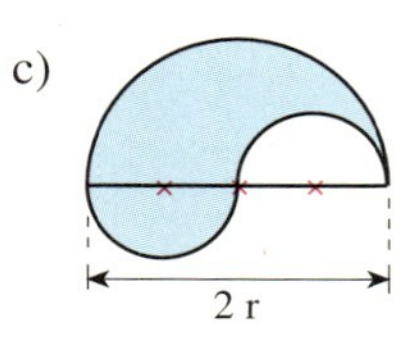

d)
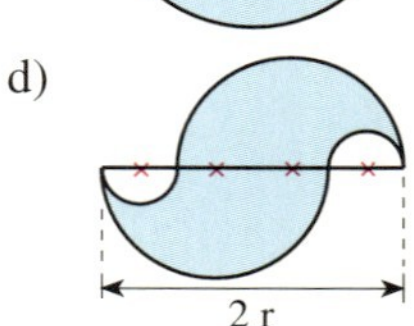

19

Berechne den Flächeninhalt des Blechstückes (Angaben in mm).

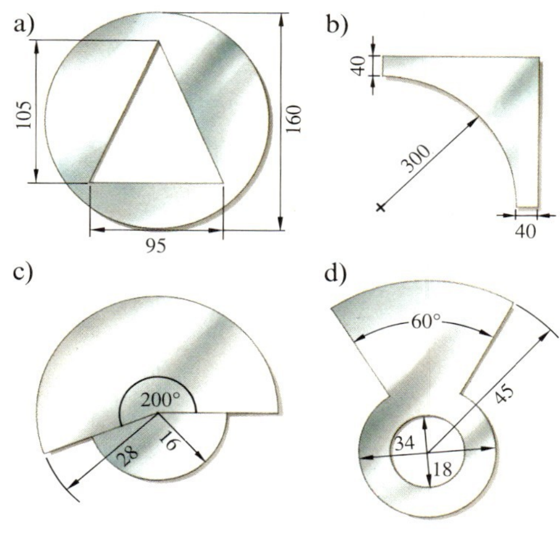

20

Eine Wand mit zwei Nischen wird tapeziert. Die Nischenrückwände werden gestrichen. Wie groß ist die zu streichende und wie groß ist die zu tapezierende Fläche? (Angaben in m)

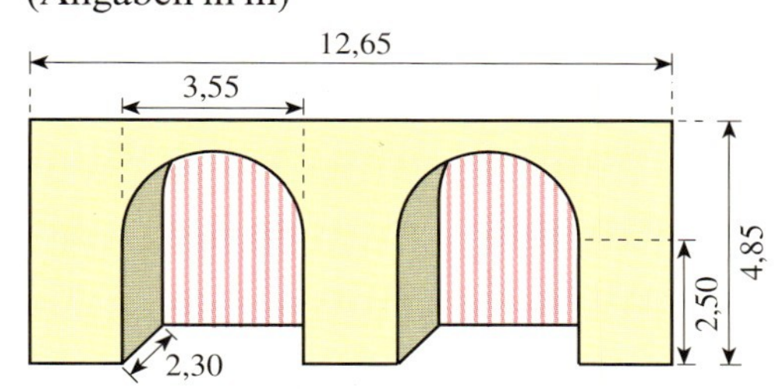

21

Berechne die gefärbte Fläche für r = 4,0 cm. (Hinweis: Verwende dabei den Satz des Pythagoras.)

a)

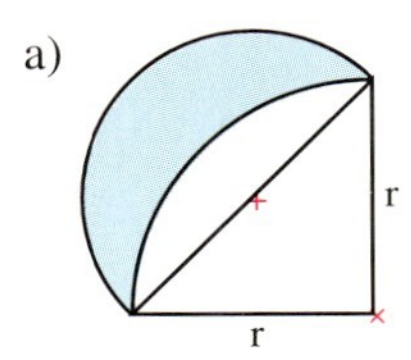

b)

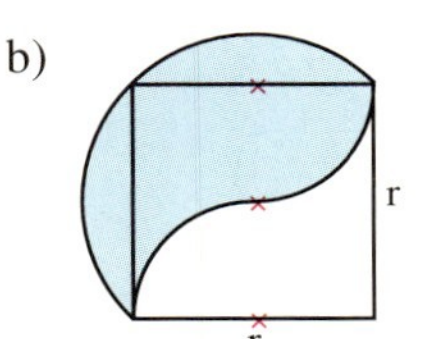

c)

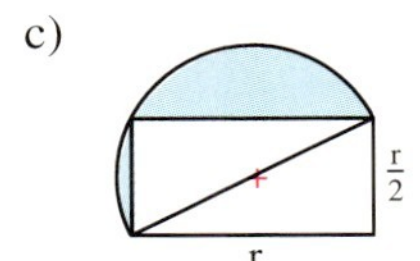

d)

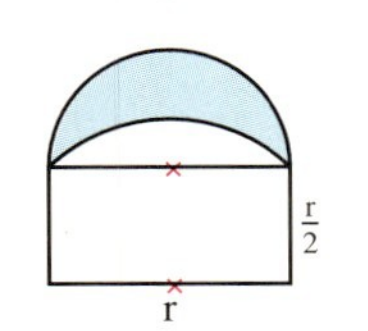

22

Die Fläche des **Kreisabschnitts** lässt sich aus der Differenz von Kreisausschnittsfläche und Dreiecksfläche bestimmen.

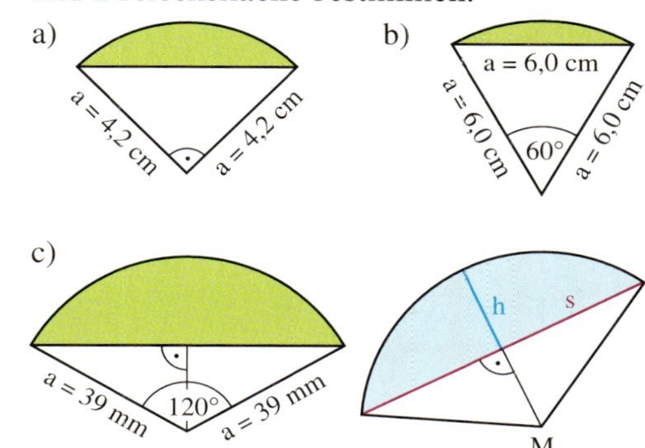

d) Berechne die Kreisabschnittsflächen in a) bis c) auch mit der Näherungsformel $A \approx \frac{2}{3} s \cdot h$ und vergleiche.

23

Stelle Formeln für den Umfang und den Flächeninhalt in Abhängigkeit von a auf.

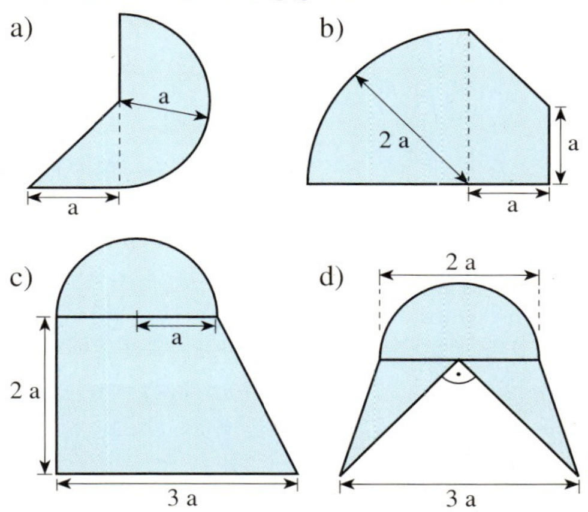

24

Möndchen des Hippokrates

Weise nach, dass die beiden farbigen Möndchen zusammen den gleichen Flächeninhalt haben wie das Dreieck.

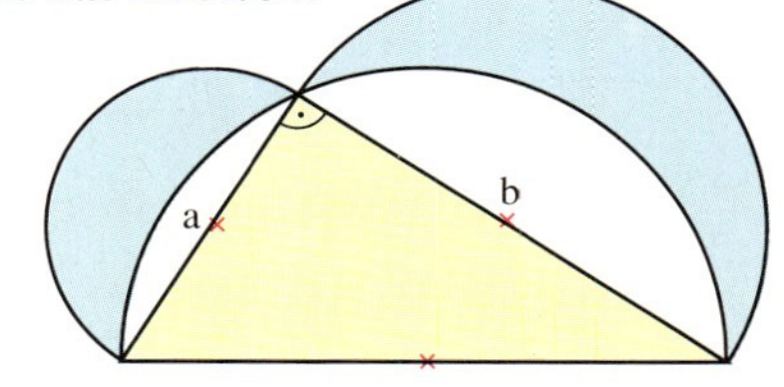

4 Vermischte Aufgaben

? ?

Welchen Radius hat ein Kreis, der ebenso viel Meter Umfang wie Quadratmeter Flächeninhalt hat?

1

Berechne den Kreisumfang und die Kreisfläche.

a) $d = 35$ mm b) $d = 77$ mm
c) $d = 123$ mm d) $r = 12{,}8$ cm
e) $r = 2\,400$ mm f) $r = 0{,}97$ dm

2

Berechne den Kreisdurchmesser.

a) $u = 91{,}1$ mm b) $u = 411{,}55$ cm
c) $u = 86{,}08$ m d) $u = 1\,153$ dm
e) $A = 56{,}75\ \text{cm}^2$ f) $A = 363{,}1\ \text{cm}^2$

3

Wie groß ist die Kreisfläche bei gegebenem Kreisumfang?

a) $u = 10$ cm b) $u = 299$ cm
c) $u = 4{,}2$ cm d) $u = 61{,}26$ cm
e) $u = 279{,}6$ mm f) $u = 3{,}064$ m

4

Berechne den Kreisumfang, wenn die Kreisfläche gegeben ist.

a) $A = 78{,}54\ \text{cm}^2$ b) $A = 452{,}39\ \text{cm}^2$
c) $A = 144\,\pi\ \text{dm}^2$ d) $A = 1\,369\,\pi\ \text{m}^2$

5

Eine alte Linde kann von 10 Jugendlichen, von denen jeder 1,50 m ausgreift, gerade noch umspannt werden.

a) Wie dick ist der Baum?
b) Wie viel m^2 Schnittfläche weist die Linde in der umspannten Höhe auf?

Runde 1 000 Jahre hat diese alte Linde im Berchtesgadener Land schon auf dem Buckel.

6

Familie Gerhard plant, ihren kreisförmigen Gartenteich, der einen Durchmesser von 4 m hat, mit Natursteinplatten zu umranden.
Wie viel laufende Meter Platten müssen mindestens bestellt werden?

7

a) Der Minutenzeiger der Turmuhr Big-Ben ist 4,27 m lang, der Stundenzeiger 2,75 m. Welche Wege legen die Zeigerspitzen in 1 Sekunde, 1 Minute, 1 Stunde zurück?
b) Welchen Weg legt die Spitze des Sekundenzeigers einer Armbanduhr in einer Woche zurück, wenn seine Zeigerlänge 7 mm beträgt?

8

Das Laufrad eines Fahrrades hat einen Durchmesser von 75 cm. Das Kettenblatt hat 40, das Ritzel 16 Zähne.
Wie viel m kommt man bei 1 000 Umdrehungen der Tretkurbel vorwärts?

9

Eine Pizza mittlerer Größe hat einen Durchmesser von etwa 26 cm. Eine große Pizza dagegen hat einen Durchmesser von etwa 36 cm.
Um wie viel Prozent ist die Fläche der zweiten Pizza größer?

10

Berechne den Flächeninhalt des Umkreises.

a)

a = 3,2 cm

b)

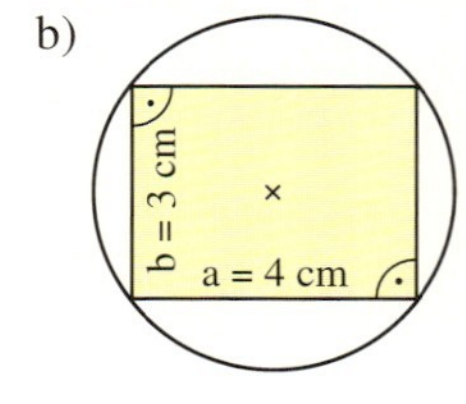

c)

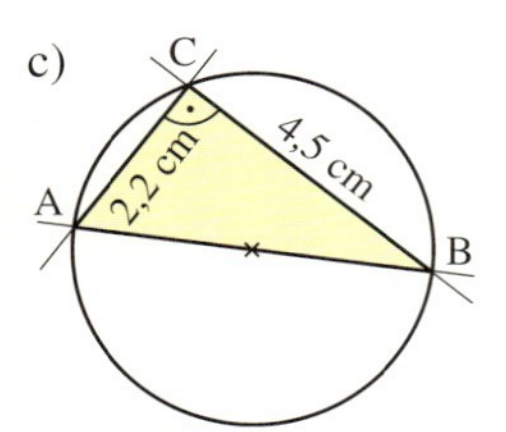

d)

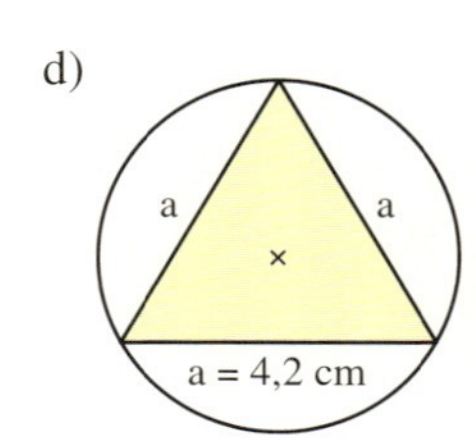

11

Zum Streckenmessen auf Landkarten gibt es Messrädchen. Sie bestehen aus einem scharfkantigen Rädchen mit einem Umfang von 2 cm an der Spitze, einem Zahnradgetriebe, kreisförmigen Skalen für verschiedene Kartenmaßstäbe und einem Zeiger.

a) Welche Entfernung wird auf der Skala 1 : 1 00 000 nach einer Rädchenumdrehung angezeigt?

b) Welche Entfernung wird auf der Skala 1 : 20 000 nach 10 Rädchenumdrehungen angezeigt?

c) Auf der 1 : 75 000-Skala werden 6 km angezeigt. Wie viel Rädchenumdrehungen entspricht dies?

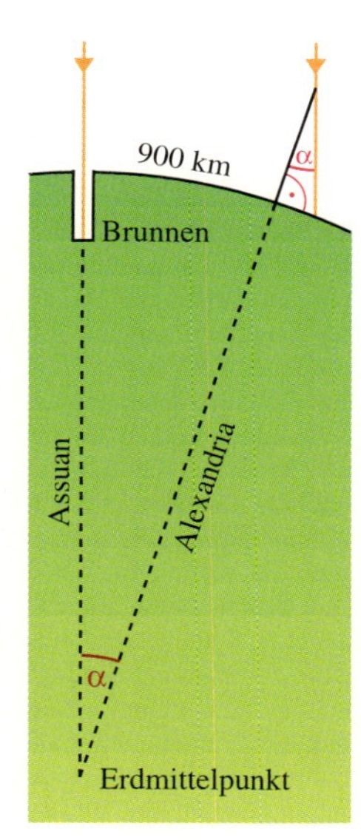

12

Der griechische Gelehrte Eratosthenes von Kyrene bestimmte bereits im 3. Jh. v. Chr. näherungsweise den Erdumfang, obwohl zu dieser Zeit die Kugelgestalt der Erde umstritten war.

Eratosthenes wusste, dass die Sonne am 21. Juni senkrecht in einen tiefen Brunnenschacht in Syene (dem heutigen Assuan) fällt. In Alexandria, das etwa 900 km weiter nördlich liegt, konnte er mit Hilfe eines senkrecht aufgestellten Stabes den Einfallswinkel α der Sonnenstrahlen an diesem Tag messen. Er betrug etwa 7,2°.

Er berechnete jetzt den Erdumfang u, indem er die Strecke Assuan – Alexandria als Kreisbogen ansah und α als den zugehörigen Mittelpunktswinkel. Welchen Erdumfang errechnete er damals?

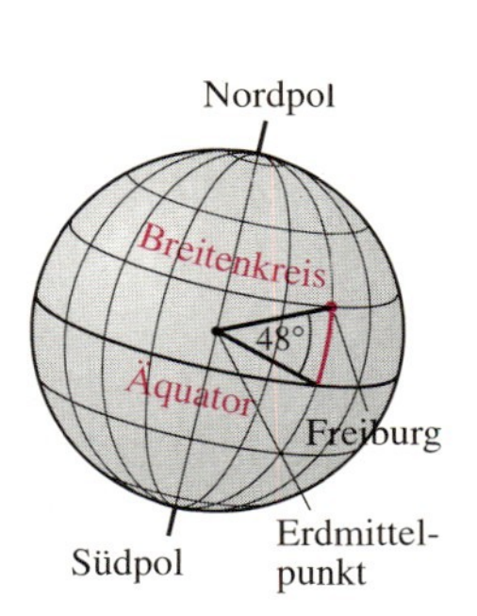

13

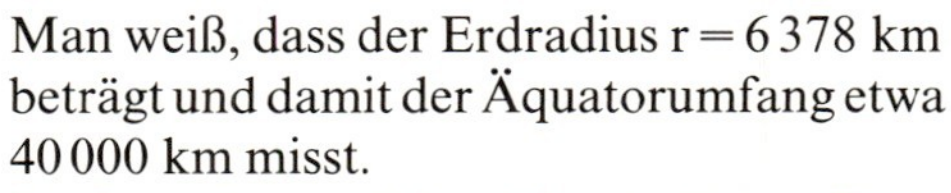

Man weiß, dass der Erdradius r = 6 378 km beträgt und damit der Äquatorumfang etwa 40 000 km misst.

Freiburg liegt auf dem 48. nördlichen Breitenkreis. Dieser Breitenkreis besitzt einen Radius von etwa 4 268 km.

Welchen Weg legt Freiburg innerhalb von 24 Stunden zurück?

Berechne auch die Geschwindigkeit auf dieser Kreisbahn.

14

In der Tabelle sind Umlaufzeiten und Umlaufgeschwindigkeiten der 9 Planeten unseres Sonnensystems bei angenommenen Kreisbahnen angegeben.

Berechne die fehlenden Angaben.

Planet	Radius r (Mio km)	Umlaufzeit t (Erdtage)	Geschw. in km/Sekunde
Merkur	58	88	□
Venus	108	225	□
Erde	150	365	□
Mars	228	□	24,25
Jupiter	778	□	1,3
Saturn	1 430	□	9,7
Uranus	□	30 690	6,83
Neptun	□	60 200	5,46
Pluto	□	90 700	4,75

15

a) Für die Rechengenauigkeit in mm benötigt man für den Umfang eines Kreises mit r = 40 m nur 5 Dezimalstellen von π. Rechne nach.

b) Um die Äquatorlänge für r = 6 378 km auf Millimeter genau zu berechnen, genügen 11 Dezimalstellen von π. Überprüfe.

16

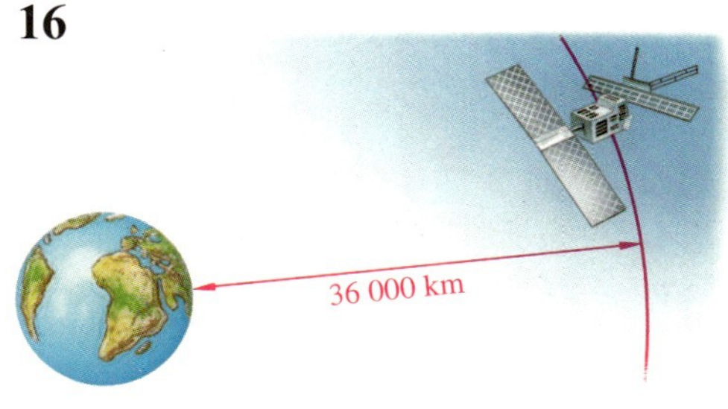

Nachrichtensatelliten, die sich im Gleichlauf mit der täglichen Erdumdrehung befinden, nennt man geostationär. Sie müssen sich ungefähr 36 000 km über dem Äquator befinden.

Berechne die Länge einer Umlaufbahn und die Bahngeschwindigkeit.

Wie lange braucht ein Funksignal von der Erdfunkstelle zum Satelliten und wieder zurück, wenn sich elektromagnetische Signale mit ca. 300 000 km/s ausbreiten?

Berechnung von Kreisringen

17
Berechne die Kreisringfläche für den Innenradius r_1, den Außenradius r_2 und die Differenz x der Radien.

a) $r_1 = 2{,}8$ cm, $r_2 = 4{,}6$ cm
b) $r_1 = 6{,}3$ cm, $r_2 = 10{,}9$ cm
c) $r_1 = 3{,}0$ cm, $x = 1{,}1$ cm
d) $x = 33$ mm, $r_2 = 102$ mm
e) $r_1 = 2a$, $r_2 = 6a$
f) $x = 0{,}5a$, $r_2 = 8a$

18
Kupferrohre haben bei 1,25 mm Wandstärke verschiedene Innendurchmesser d_1. Berechne jeweils den Außendurchmesser und die Querschnittsfläche des Rohres.

a) $d_1 = 4$ mm
b) $d_1 = 10$ mm
c) $d_1 = 15$ mm
d) $d_1 = 8{,}5$ mm
e) $d_1 = 11{,}5$ mm
f) $d_1 = 24{,}5$ mm

19

Das Verkehrsschild „Durchfahrtsverbot“ weist einen weißen Innenkreis und einen flächengleichen roten Kreisring auf.
Berechne den Radius des Innenkreises bei einem Gesamtdurchmesser von $d = 60$ cm.

Berechne den Flächeninhalt der Figur, die in der Kreisfigur gefärbt ist ($r = 1{,}0$ cm).

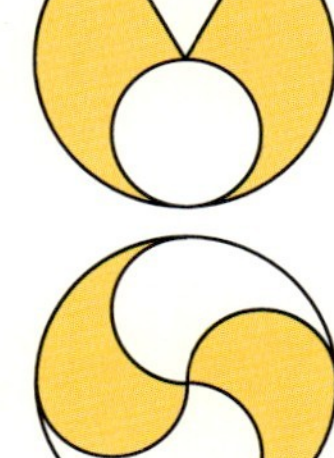

20
Berechne den Flächeninhalt des Werkstückquerschnitts (Angabe in mm).

a)

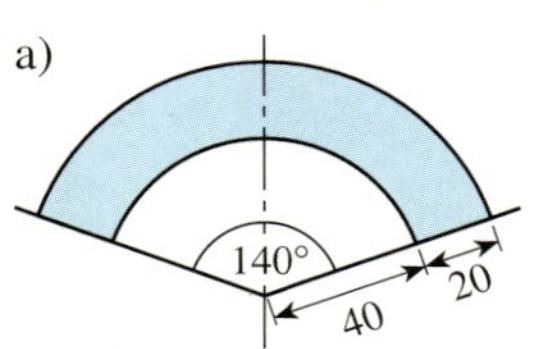

b)

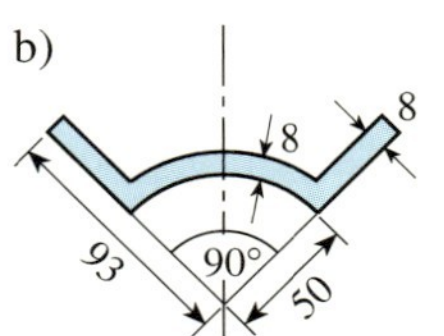

Berechnung von Kreisteilen

21
Das Pendel einer Standuhr überstreicht einen Ausschlagswinkel von 14°. Dabei legt die Spitze des Pendels jeweils eine Strecke von 47,12 cm zurück.
Berechne die Länge des Pendels.

22
Der Scheibenwischer eines Pkw macht Ausschläge von 140°. Der wischende Gummistreifen ist 50 cm lang und sein unteres Ende 20 cm vom Drehpunkt entfernt.
Wie groß ist die Fläche, die der Wischer überstreicht?

23
Vergleiche die Umfänge der vier flächengleichen Figuren mit $A = 50{,}0\ \text{cm}^2$.

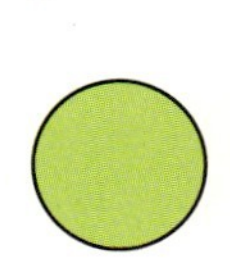
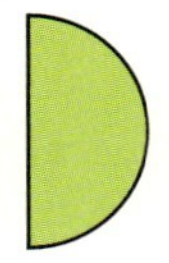
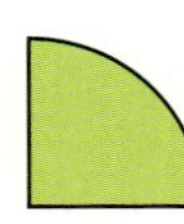

24
Der Umfang eines Kreissektors beträgt insgesamt 20 cm bei einem Radius von 5 cm.
Wie groß ist sein Mittelpunktswinkel?

25
Berechne den Radius x und den Flächeninhalt der farbigen Flächen in Abhängigkeit der gegebenen Strecke r.

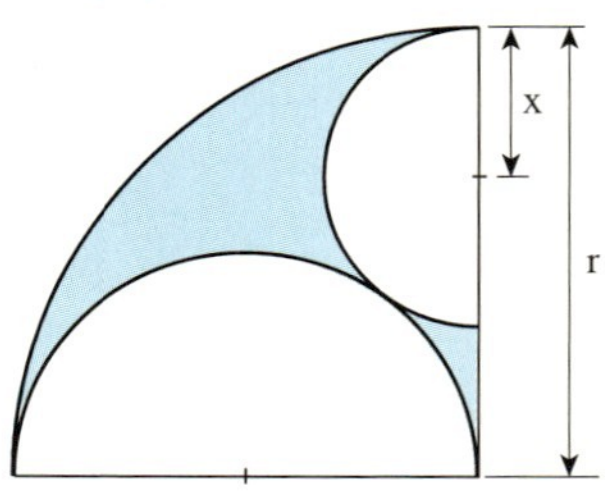

26
Satz des Pythagoras für Halbkreise.

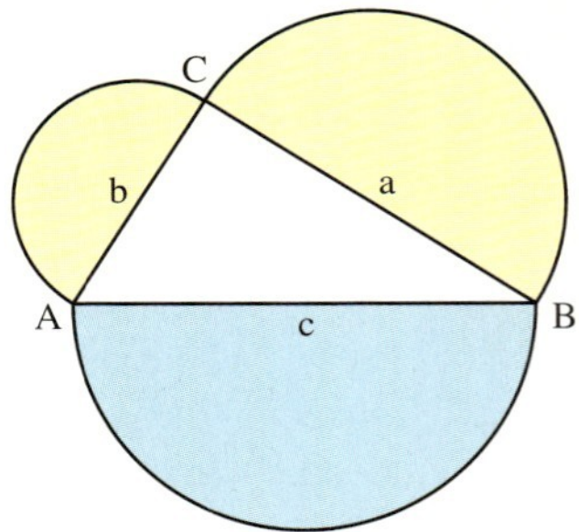

Begründe, dass im rechtwinkligen Dreieck die Summe der Kathetenhalbkreise gleich dem Hypotenusenhalbkreis ist.

27

Berechne den Flächeninhalt und den Umfang der gefärbten Figur.

a)

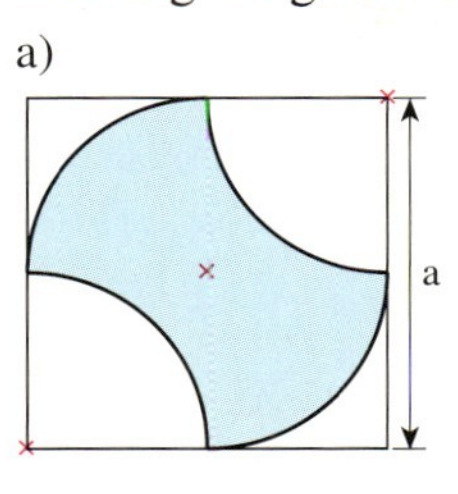

b)

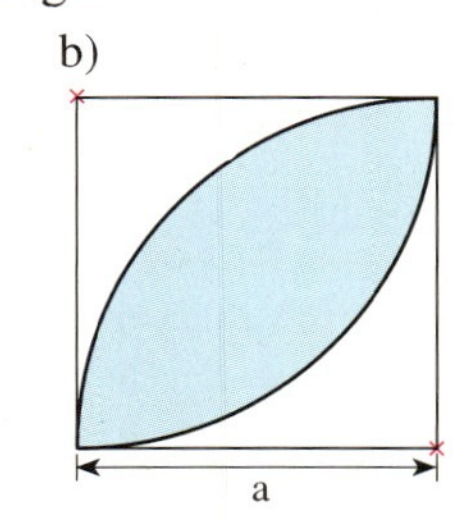

c)

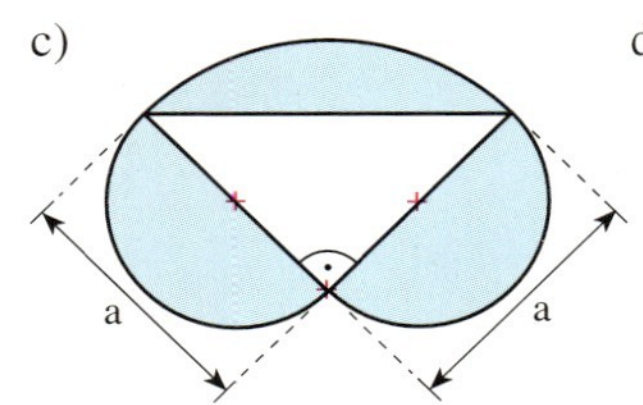

d)

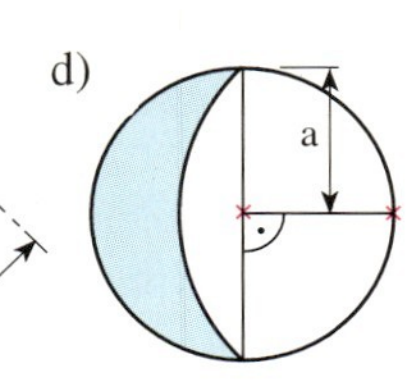

e)

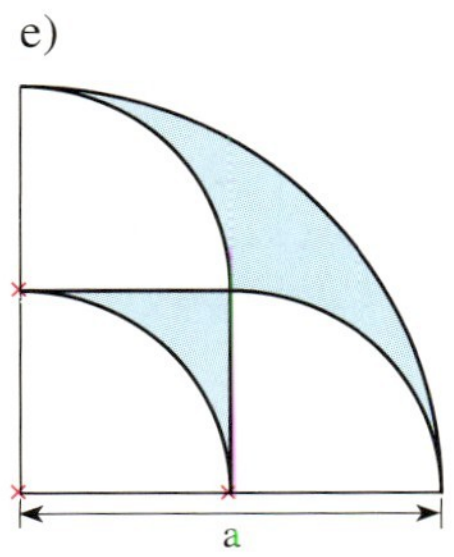

f)

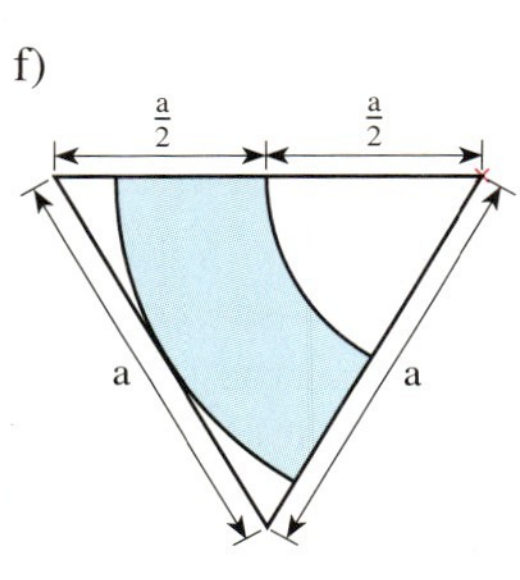

g)

h)

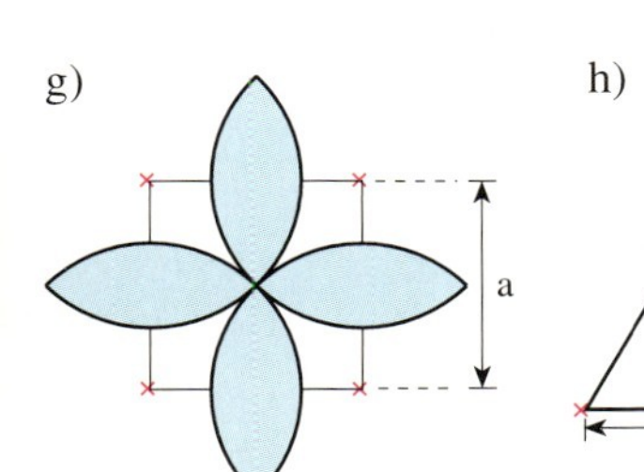

i)

k)

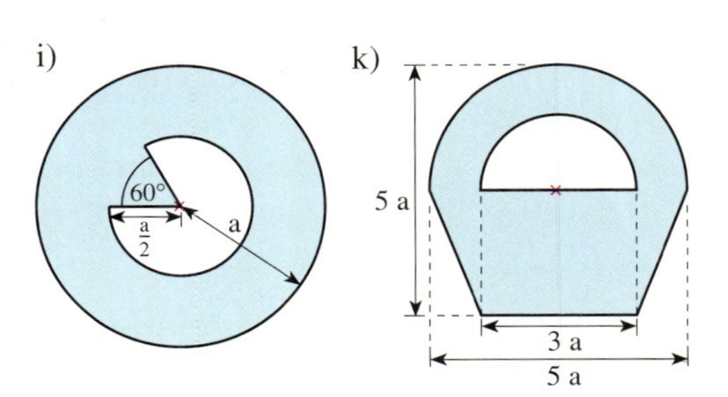

Wiesenschaumkraut

28

Weise nach, dass die verschiedenfarbigen Flächen den gleichen Inhalt haben.

a)

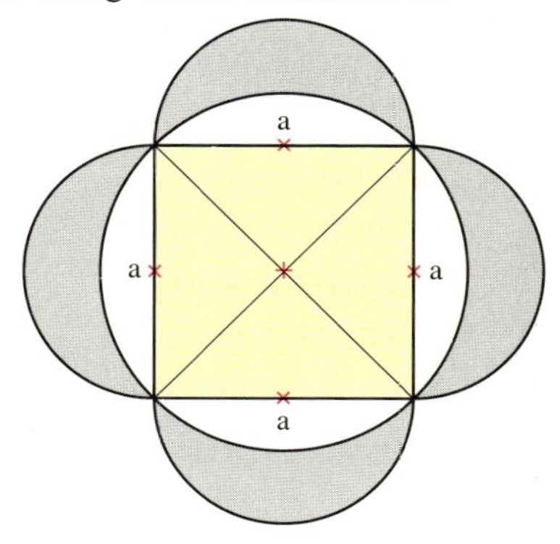

b)

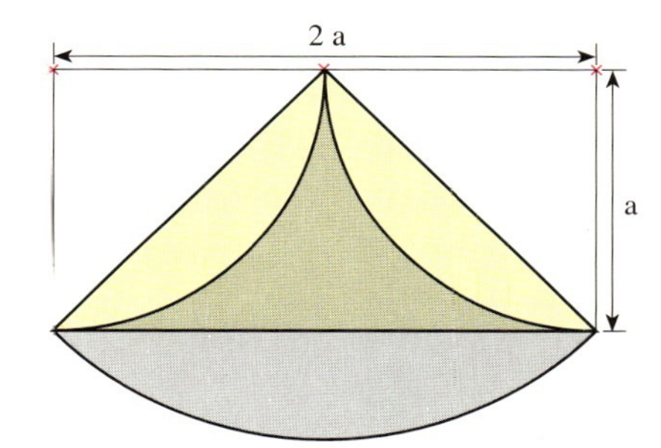

c)

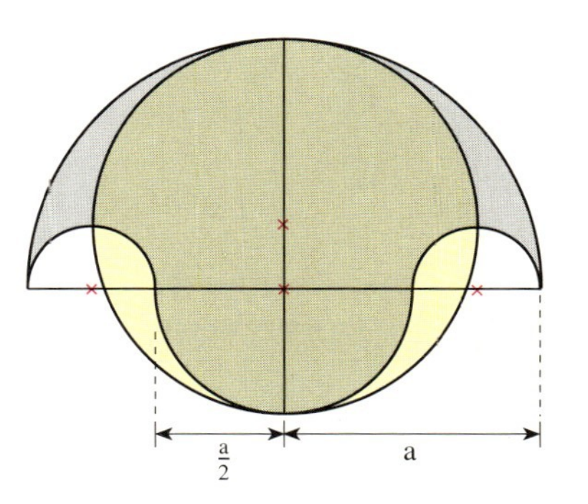

d)

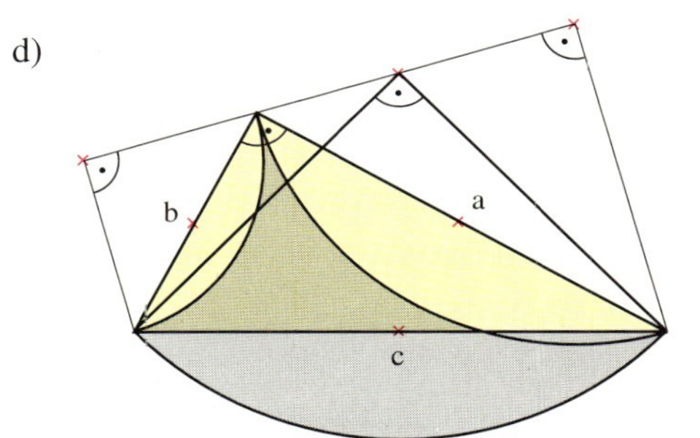

KREISE IM SPORT

1

Der Anstoßkreis auf dem Fußballfeld hat einen Radius von 10 yards (1 yard entspricht 91,44 cm). Wie viel m legt der Streuwagen für diesen Kreis zurück, wie viel für den Kreisbogen am Sechzehnmeterraum?

10 yd
106°
11 m
16,50 m

2

Das Rhönrad ist ein sehr seltenes, vor allem in Deutschland gebräuchliches, Sportgerät, das 1925 entwickelt wurde. Es besteht aus zwei durch Querstreben verbundenen Eisenringen, die es je nach Körpergröße in unterschiedlichen Ausfertigungen gibt. Berechne jeweils den Bedarf an Eisenrohren für den Bau von Rhönrädern mit den Durchmessern 1,60 m, 2,00 m, 2,20 m ohne Berücksichtigung der Querstreben.

3

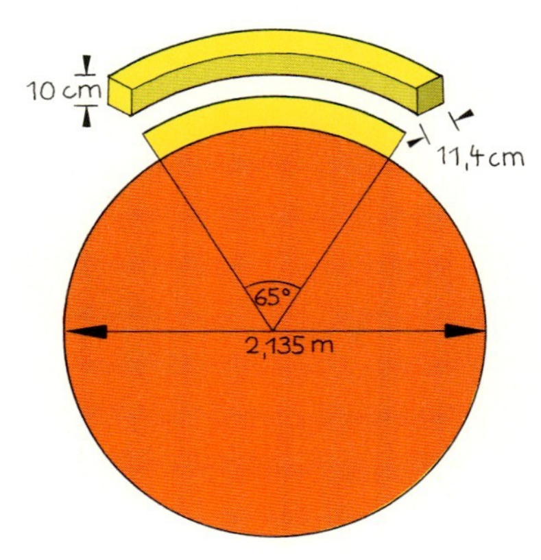

Du siehst die Abmessungen eines Kugelstoßrings, der von einem 6 mm starken Eisenring umfasst ist, und bei dem der Stoßbalken den Stoßsektor abgrenzt.
Wie groß ist die gesamte Stoßkreisfläche?
Wie viel m Eisenband braucht man für die Umrandung?
Der Stoßbalken muss weiß gestrichen sein. Berechne die zu streichende Fläche in dm^2.

4

Der Durchmesser der zentralen Ringkampffläche beträgt 7 m. Um die Kampffläche liegt die 1 m breite rote Passivitätszone.
Wie viel Prozent der gesamten Fläche macht die Passivitätszone aus?

Rückspiegel

1
Berechne Umfang und Flächeninhalt des Kreises.
a) $r = 12$ cm b) $r = 54$ mm c) $r = 6{,}1$ cm
d) $d = 1{,}38$ m e) $d = 0{,}77$ dm f) $d = 1{,}04$ km

2
Berechne Radius und Durchmesser.
a) $u = 18{,}3$ cm b) $u = 6873$ mm
c) $u = 2{,}00$ m d) $u = 0{,}015$ km

3
Wie groß ist der Kreisdurchmesser?
a) $A = 48\ \text{cm}^2$ b) $A = 720\ \text{mm}^2$
c) $A = 30{,}9\ \text{dm}^2$ d) $A = 1{,}00\ \text{km}^2$

4
Berechne entweder Umfang oder Flächeninhalt des Kreises.
a) $u = 5{,}8$ cm b) $u = 1{,}02$ m
c) $A = 5{,}5\ \text{m}^2$ d) $A = 0{,}09\ \text{dm}^2$

5
Berechne die Fläche des Kreisrings.
a) $r_1 = 23$ mm, $r_2 = 16$ mm b) $r_1 = 4{,}9$ cm, $r_2 = 1{,}2$ cm

6
Berechne die Fläche des Kreisausschnitts und die Länge des zugehörigen Bogens.
a) $r = 21$ mm, $\alpha = 60°$ b) $r = 7{,}3$ cm, $\alpha = 157°$ c) $r = 35{,}4$ cm, $\alpha = 220{,}5°$

7
Wie groß ist der zugehörige Mittelpunktswinkel?
a) $r = 8$ cm, $b = 12$ cm b) $r = 14{,}3$ m, $b = 73{,}4$ m

8
Eine der größten öffentlichen Uhren ist die Turmuhr in Berlin-Siemensstadt. Ihr Stundenzeiger ist 2,20 m, der Minutenzeiger 3,40 m lang.
a) Welche Wegstrecke legt die Spitze des Minutenzeigers in einer Stunde zurück?
b) Berechne die Strecke, die die Spitze des Stundenzeigers während eines Tages zurücklegt.

9
Berechne Umfang und Flächeninhalt der gefärbten Fläche für $r = 5{,}0$ cm.
Drücke die Ergebnisse auch allgemein mit r aus.

a)
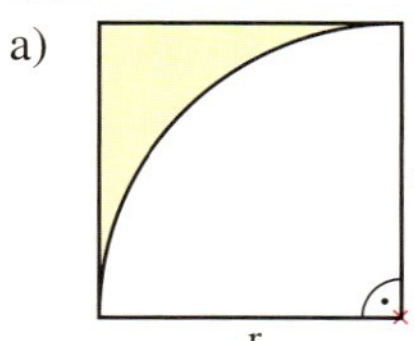

b)
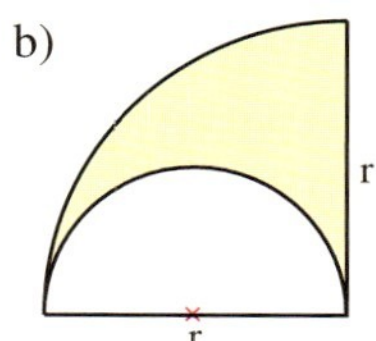

10
Zeige durch Rechnung, dass die rot und die blau gefärbten Flächen inhaltsgleich sind.

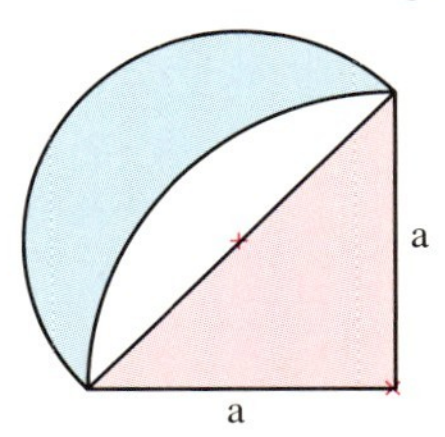

11
Neuere Automotoren haben pro Zylinder zwei Einlass- und zwei Auslassventile. Um wie viel Prozent ist die zum Gasaustausch zur Verfügung stehende Durchströmfläche größer als bei einem herkömmlichen Motor?

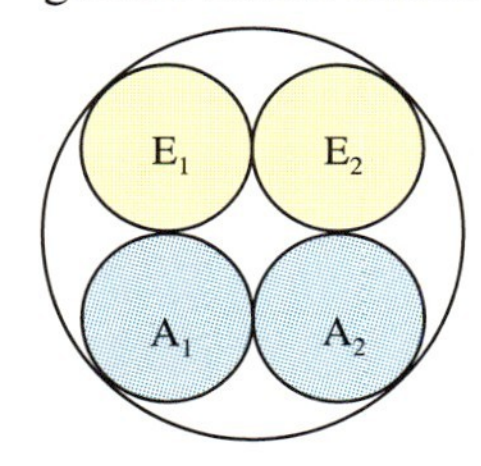

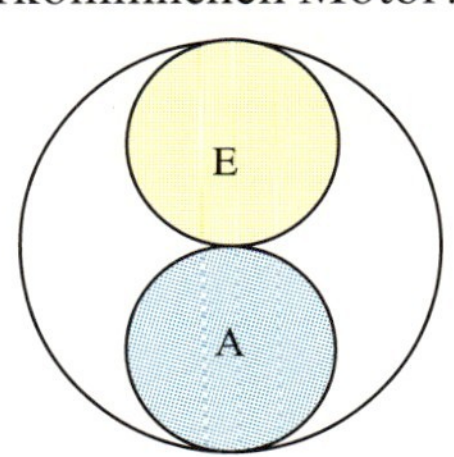

12
Wie breit muss man den Gardinenstoff für ein Fenster der Breite f wählen?
Was ändert sich, wenn die Falten kleiner oder größer gemacht werden?

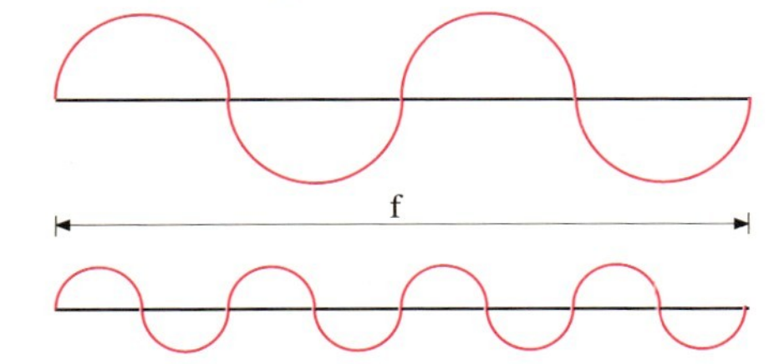

WER HAT DIE BESTE

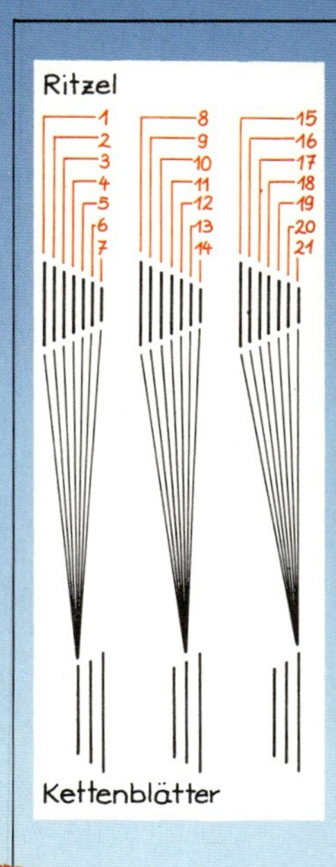

Heutzutage gibt es eine Vielzahl verschiedener Fahrradtypen wie beispielsweise das Rennrad, das Tourenrad oder das Mountainbike. Die meisten dieser Räder besitzen eine Kettenschaltung. Die Kette läuft vorne am Tretlager über die Kettenblätter und am Hinterrad über die so genannten Ritzel. Diese Zahnräder weisen eine unterschiedliche Anzahl von Zähnen auf. Je größer man das Kettenblatt wählt, desto schneller dreht sich das Hinterrad. Schaltet man auf ein kleineres Ritzel, dreht sich das Hinterrad ebenfalls schneller.

Es ist allerdings wichtig, dass zwischen den Gängen eine gleichmäßige Stufung besteht. Dann muss die Radfahrerin oder der Radfahrer die „eingetretene“ runde Trittfrequenz nicht verlassen und ermüdet damit nicht so schnell. Man bezeichnet so eine Schaltung auch als ergonomische Schaltung.
Ob das eigene Rad so eine Gangschaltung hat, kann man mit Hilfe von Berechnungen selbst herausfinden. Dazu muss man die Übersetzungsverhältnisse der einzelnen Gänge kennen. Der Quotient aus der Zähnezahl (K) des Kettenblatts und der Zähnezahl (R) des Ritzels wird als Übersetzungsverhältnis (U) oder kurz als Übersetzung bezeichnet. $U = \frac{K}{R}$
Ist die Übersetzung 2 : 1, dreht sich das Hinterrad zweimal bei einer Pedalumdrehung.

Ergonomie ist die Wissenschaft von der optimalen wechselseitigen Anpassung zwischen dem Menschen und seinen Arbeitsbedingungen.

K \ R	24	21	19	17	14
47	$\frac{47}{24} = 1{,}96$				
52					

	Übersetzung
1. Gang	1,96
2. Gang	
3. Gang	

Mareike hat die Zähne ihres Fahrrads gezählt. Übertrage die Tabelle ins Heft und berechne die Übersetzungen.
Erstelle dann eine Gangtabelle.

Gänge, die beim Hochschalten ein kleineres Verhältnis ausweisen als der vorangehende, bezeichnet man als „unechte“ Gänge.
Hat Mareike wirklich eine echte Zehngangschaltung?

Bei der 3-Gang-Nabenschaltung wird die Übersetzung innerhalb der Nabe reguliert. Der erste Gang hat meistens 73 % der Übersetzung des Kettenblatts und des Ritzels, der zweite Gang 100 % und der dritte 136 %.

Berechne die Übersetzungen der drei Gänge, wenn das Kettenblatt 52 Zähne und das Ritzel 20 Zähne hat.
Vergleiche mit dem größten und kleinsten Gang der Zehngangschaltung.

SCHALTUNG ?

Die Übersetzungsverhältnisse lassen die Stufung der Schaltung nur schwer erkennen, besser dafür geeignet ist das Entfaltungsdiagramm. Unter der Entfaltung e versteht man die Entfernung, die das Rad bei einer Kurbelumdrehung zurücklegt.

$$e = U \cdot d \cdot \pi$$

Dabei ist d der Durchmesser des Rades, der aus der Reifenkennzeichnung ermittelt werden kann. Bei der DIN-Reifenkennzeichnung, z. B. 37-622, bezeichnet die erste Zahl (37) die Reifenbreite in mm, die zweite Zahl (622) den Felgendurchmesser. Demnach ist der Raddurchmesser im Beispiel $2 \cdot 37\text{ mm} + 622\text{ mm} = 696\text{ mm}$.

Übertrage die Tabelle der gebräuchlichsten Reifenmaße ins Heft und berechne die Radgrößen (Durchmesser, Umfang). Vielleicht ist die Radgröße deines Fahrrads auch dabei.

Berechne nun die Entfaltungen der einzelnen Gänge von Mareikes Fahrrad und stelle sie in einem Entfaltungsdiagramm dar. Hat Mareike eine ergonomische Schaltung?

Um eine möglichst ergonomische Schaltung zu erhalten, kann man auch einzelne Ritzel auswechseln. Welches Ritzel muss Mareike ersetzen und wie viele Zähne hat das neue Ritzel?

Medizinische Untersuchungen haben ergeben, dass sich der menschliche Körper bei einer Trittfrequenz (n) von 70 bis 90 Umdrehungen pro Minute am wohlsten fühlt. Mit Hilfe der Formel $\frac{n \cdot e \cdot 60}{1000}$ kann man dann die Geschwindigkeiten in km/h berechnen.

Welche Geschwindigkeiten kann Mareike in den einzelnen Gängen ihres Fahrrads erreichen?

Führe die gleichen Berechnungen für dein Fahrrad durch und vergleiche sie mit den Ergebnissen deiner Mitschülerinnen und Mitschüler.

Die gebräuchlichsten Reifenmaße

Bezeichnung	Alte Zollbezeichnung	DIN-Reifennorm	Durchmesser	Umfang
Großes Erwachsenenrad	$28 \times 1{,}75$ $28 \times 1\frac{3}{8}$ $28 \times 1\frac{1}{4}$	47-622 37-622 32-622		
Kleines Erwachsenenrad Jugendrad	$26 \times 1{,}75$ $26 \times 1\frac{3}{8}$	47-559 37-590		
Jugendrad	$24 \times 1{,}75$ $24 \times 1\frac{3}{8}$	47-507 37-540		
Kinderrad	$20 \times 1{,}75$	47-406		

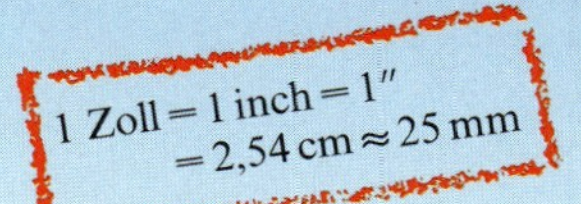

2 × übersetzt
Durchmesser: 0,70 m

Entfaltung $e = 2 \cdot 0{,}7\text{ m} \cdot \pi = 4{,}4\text{ m}$

Entfaltungsdiagramme einer ...

ergonomischen Schaltung (36 – 50; 32 – 25 – 21 – 18 – 16), d = 0,7 m

Gang	Übersetzung	Entfaltung
1.	36/32	2,47m
2.	50/32	3,44m
3.	50/25	4,40m
4.	50/21	5,24m
5.	50/18	6,11m
6.	50/16	6,87m

5-Gang-Kettenschaltung (47; 24 – 21 – 19 – 17 – 14), d = 0,7 m

Gang	Übersetzung	Entfaltung
1.	47/24	4,31m
2.	47/21	4,92m
3.	47/19	5,44m
4.	47/17	6,08m
5.	47/14	7,39m

BAU VON MESS-

Zum maßstäblichen Zeichnen und zum Messen kleiner Größen werden häufig Geräte benutzt, die nach den Regeln der Strahlensätze funktionieren. Diese Geräte lassen sich leicht aus Pappe, Holz, Metall oder aus Teilen eines Metallbaukastens bzw. eines Holzbaukastens nachbauen.

Von Malern, Kartographen, kurz von allen, die Zeichnungen vergrößern oder verkleinern müssen, wird der **Verhältnis-** oder **Proportionalzirkel** benutzt. Mit ihm können Strecken in einem bestimmten Verhältnis vergrößert bzw. verkleinert abgegriffen werden.

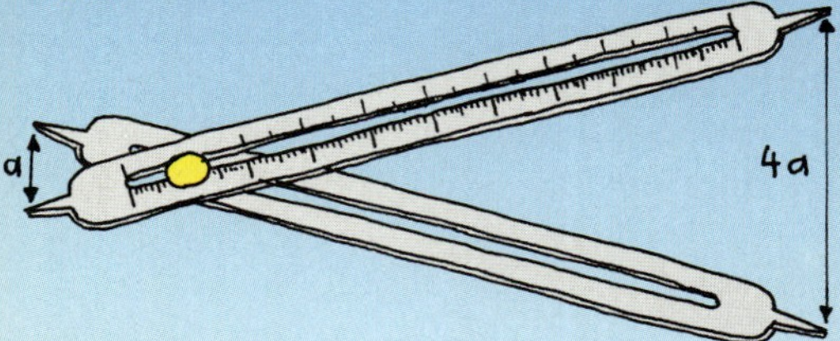

Überlege, welche Verhältnisse mit dem abgebildeten Proportionalzirkel abgegriffen werden können. Begründe!
Aus zwei zugespitzten Pappstreifen (20 cm bis 30 cm lang) und einer Klammer kann ein solcher Zirkel hergestellt werden.
Bestimme den Drehpunkt für Vergrößerungen im Verhältnis 1 : 2; 1 : 3; 1 : 4; 2 : 3; 3 : 4; 3 : 5; 4 : 5.

Unten ist ein **Transversalmaßstab** abgebildet. In der Regel ist er aus Metall und wird zum Messen von Strecken in Bauzeichnungen o. Ä. benutzt. Auf der Karte wird die fragliche Strecke mit einem Steckzirkel abgegriffen und auf den Transversalmaßstab übertragen. Die zur Demonstration abgegriffene Strecke beträgt 1,43 m. Begründe!
Das Arbeiten mit dem Transversalmaßstab ist auch ohne Steckzirkel möglich. Dazu wird der Maßstab auf eine Klarsichtfolie übertragen. Diese kann man direkt auf die Karte legen und so die gesuchten Längen ablesen.

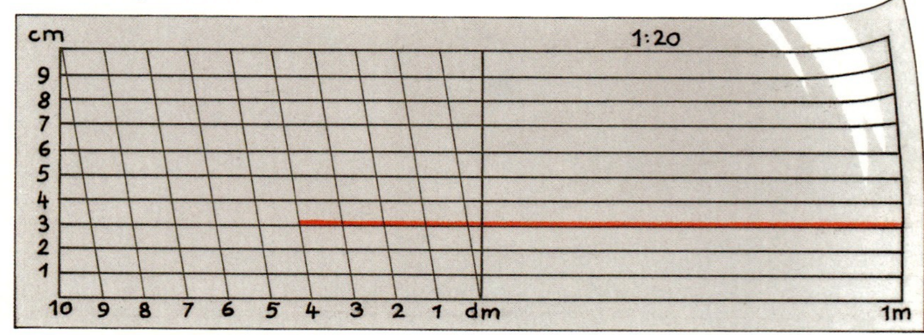

Zeichne einen Transversalmaßstab 1 : 25 auf eine Folie. Auf welchen Karten kannst du damit geschickt Streckenlängen ablesen?
Miss auf einem Messtischblatt 1 : 25 000 einige Strecken mit Hilfe des Transversalmaßstabs.

UND ZEICHENGERÄTEN

Um lichte Weiten von engen Öffnungen zu messen wird häufig ein **Messkeil** benutzt. Mit der **Messlehre** kann der Querschnitt von Drähten o. Ä. bestimmt werden. Begründe die Messverfahren. Wovon hängt die Messgenauigkeit dieser Geräte ab?
Stelle solche Messgeräte aus Eisen, Holz oder Pappe her und führe verschiedene Messungen durch. Bestimme so z. B. die Querschnitte einiger Elektrokabel.

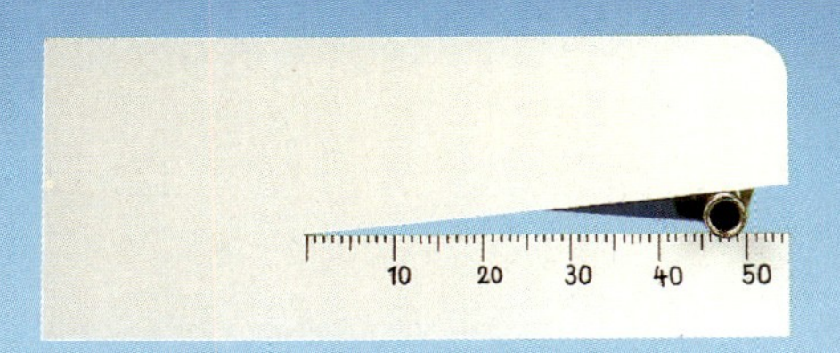

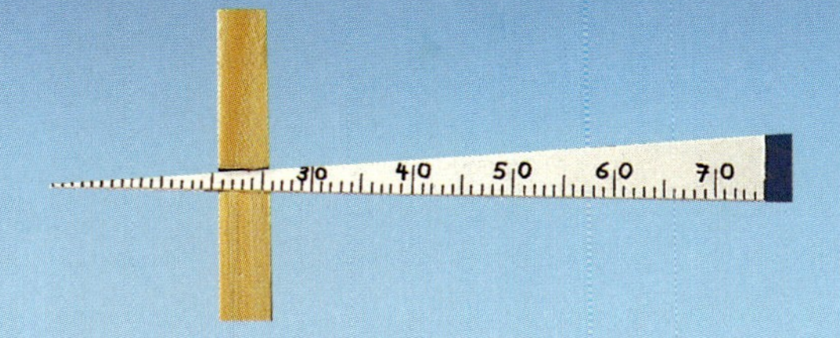

Ein interessantes Zeichengerät ist der **Storchenschnabel** oder **Pantograph** (griech.: pan graphein – alles schreiben). Er besteht aus vier Holz- oder Metallschienen. Der Punkt A ist der Befestigungspunkt. In den Punkten F und Z befinden sich Führungs- und Zeichenstift. Die vier Schienen werden mit Schrauben oder Klammern in den Punkten D_1, D_2 und B drehbar so befestigt, dass die Schienen paarweise parallel verlaufen. Das Viereck BD_1FD_2 bildet dann ein Parallelogramm. Die Abschnitte $\overline{AD_1}$, $\overline{BD_2}$ und $\overline{FD_1}$ sowie $\overline{BD_1}$, $\overline{FD_2}$ und $\overline{ZD_2}$ müssen jeweils gleich lang sein, damit die Punkte A, F und Z immer auf einer Linie liegen. Warum ist dies wichtig?
Bei dem abgebildeten Storchenschnabel ist $\overline{AD_1} = 10$ cm und $\overline{BD_1} = 20$ cm. In welchem Verhältnis können damit Figuren vergrößert bzw. verkleinert werden?
Beim Zeichnen wird der Punkt A festgehalten und der Führstift über das Original geführt. Mit dem Zeichenstift wird dann das vergrößerte oder verkleinerte Bild des Originals gezeichnet.

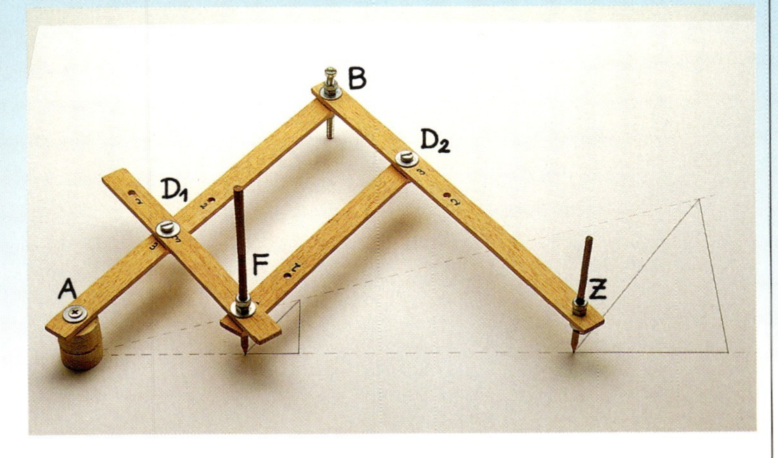

Baue aus starken Pappstreifen oder besser aus Holz den Storchenschnabel nach. Du kannst auch die langen Stangen eines Metallbaukastens verwenden. Bohre die Löcher für die Stifte möglichst so klein, dass sie festsitzen. Bei einer Vergrößerung können kleine Fehler durch einen losen Führungs- bzw. Zeichenstift zu großen Fehlern im Bild führen. Fertige mit deinem Storchenschnabel eine Vergrößerung des Bildes auf der linken Seite im Verhältnis 1 : 3 an. Suche andere Bilder (z. B. Fotos) zum Vergrößern.

Die mit „2“ gekennzeichneten Löcher befinden sich 15 cm von den Punkten A, B, F und Z entfernt. In welchem Verhältnis vergrößert bzw. verkleinert der Storchenschnabel, wenn alle mit „2“ gekennzeichneten Löcher benutzt werden? Achte darauf, dass auch der Führungsstift bei „2“ sitzt.

Baue dir einen Storchenschnabel, der im Verhältnis 1 : 4 (2 : 5) vergrößert bzw. verkleinert.

VERKEHR

Große Zahlenmengen lassen sich leicht mit Hilfe einer Tabellenkalkulation verarbeiten. Der Vorteil einer Tabellenkalkulation gegenüber dem Taschenrechner besteht darin, dass einmal eingegebene Formeln bis zu ihrer Änderung oder Löschung erhalten bleiben. Bei der Neueingabe oder Änderung eines Wertes werden alle Zeilen aufgrund der eingegebenen Formeln sofort neu berechnet.

Verkehrsteilnehmer sind mögliche Verursacher von Unfällen.
In der Tabelle rechts oben sind die absoluten Zahlen von Hauptverursachern bei Unfällen aufgelistet. Damit kannst du für jede Altersgruppe die relativen Häufigkeiten, bezogen auf die Verkehrsmittel, berechnen. Für die Gruppe unter 15 Jahren ist bereits ausgeführt, was in die Zellen einer Tabellenkalkulation einzutragen ist.

	A	B	C	D	E
1	unter 15	männl.	weibl.	abs. Häuf.	rel. Häuf.
2	Mofa, Moped	115	12	= B2 + C2	= D2/D8
3	Motorrad	27	1		
4	Pkw	102	20		
5	Lkw	1			
6	Fahrrad	7252			
7	Fußgänger	4785			
8				= SUM(D2 : D7)	

Ergänze die fehlenden Zellen und führe die entsprechenden Berechnungen für die verschiedenen Altersgruppen durch.

Verursacher von Unfällen Altersgruppe 15–17 Jahre

	B	C
2	2752	410
3	2530	307
4	711	91
5	15	0
6	2551	1023
7	449	335

männlich

5% · 28% · 0% · 8% · 31% · 28%

weiblich

16% · 47% · 19% · 14% · 4% · 0%

Moped · Lkw · Motorrad · Fahrrad · Pkw · Fußgänger

Diagramme geben meist einen besseren Überblick als Zahlen. Viele Tabellenkalkulationen bieten zur Erstellung komfortable Möglichkeiten. In der Regel muss man die Zahlen nur markieren und die gewünschte Diagrammart wählen.
Zur Erstellung der abgebildeten Kreisdiagramme ist der entsprechende Tabellenausschnitt mit aufgeführt.

Was sagen die Diagramme aus?
Erstelle entsprechende Kreisdiagramme für die anderen Altersgruppen. Welche Gründe könnte es für die unterschiedlichen Verteilungen geben?

IN ZAHLEN

Regeln, die so oder ähnlich für fast alle gängigen Tabellenkalkulationen gelten:
- Zellinhalte werden addiert, subtrahiert, multipliziert oder dividiert, indem die Rechenoperation mit der entsprechenden Zellenadresse durchgeführt wird.
Beispiele:
= B3 + C3 oder = Z3S2 + Z3S3,
= C6/D6 oder = Z6S3/Z6S4
- Die Funktion SUM oder SUMME addiert alle Werte des angegebenen Zellenbereiches.
Beispiele: = SUM (B2 : B5) addiert die Werte B2 + B3 + B4 + B5,
= SUM (B3 : C5) addiert die Werte B3 + B4 + B5 + C3 + C4 + C5

	Hauptverursacher bei Unfällen mit Personenschäden nach Altersgruppen und Geschlecht							
Bevölkerungszahlen im Jahr 1992	Alter (Jahre)		Mofa, Moped	Motorrad	Pkw	Lkw	Radfahrer	Fußgänger
13 242 000	unter 15	m	115	27	102	1	7 252	4 785
		w	12	1	20	0	2 585	2 801
2 471 000	15–17	m	2752	2 530	711	15	2 551	449
		w	410	307	91	0	1 023	335
3 746 000	18–20	m	658	2 285	27 314	1 020	1 274	413
		w	134	217	9 805	83	572	255
4 844 000	21–24	m	422	3 122	33 888	3 204	1 774	565
		w	75	307	12 428	143	767	320
56 672 000	ab 25	m	7327	14 663	195 881	22 124	23 595	11 407
		w	1045	1 339	72 508	687	10 733	7 434

Ermittle für jede Altersgruppe der Bevölkerung den Anteil der Unfallverursacher in Promille. Das unten abgebildete Säulendiagramm zeigt z. B., wie viele Fußgänger pro 1 000 Personen einen Unfall verursacht haben.

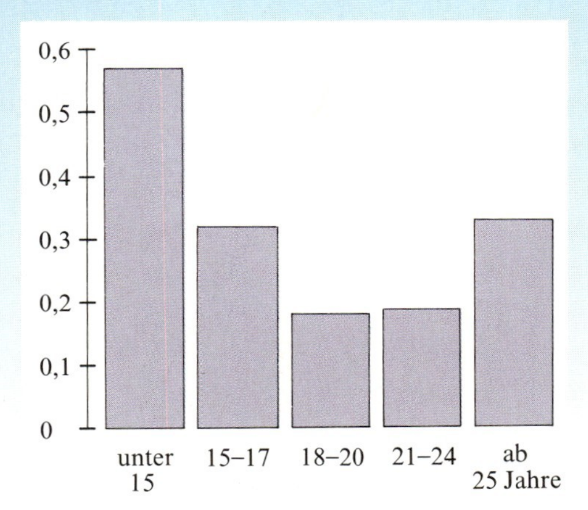

Erstelle entsprechende Diagramme für die anderen Verkehrsmittel. Argumentiere mit den Ergebnissen, warum hier ein Vergleich wie bei den Fußgängern unzulässig ist.

In welcher Altersgruppe wurden relativ die wenigsten Lkw-Unfälle verursacht? Warum? Ist diese Altersgruppe zum Führen von Lkw besonders geeignet?

Eine Verteilung kann man auch mit einem Blockdiagramm veranschaulichen. Viele Tabellenkalkulationen können Listen direkt in dieser Diagrammform darstellen. Geht das nicht, so musst du aus den absoluten Angaben die relativen Häufigkeiten berechnen, diese als Säulendiagramm darstellen und die einzelnen Säulen aufeinander schichten.

Für das Blockdiagramm rechts unten wurden alle Unfallverursacher aus sämtlichen Verkehrsteilnehmer- und Altersgruppen addiert.

Erstelle entsprechende Blockdiagramme nach Altersgruppen und Geschlecht getrennt. Setze die Diagramme direkt nebeneinander.

Ab welchem Alter wird der Pkw zur Unfallursache Nr. 1?
Warum sind im Alter zwischen 15 und 17 Jahren Unfälle mit Zweirädern besonders häufig?

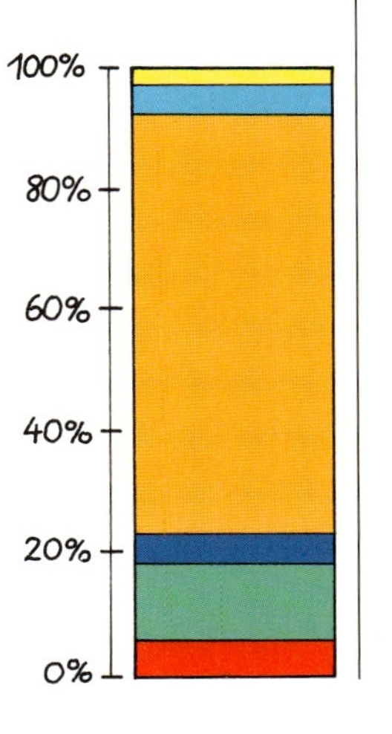

KEINE ANGST

Überprüfe dein mathematisches Wissen.
Ganz gleich, welchen Beruf du erlernen möchtest, die folgenden Aufgaben solltest du sicher lösen können. Es handelt sich hierbei um Aufgaben, die du in einem Einstellungstest vorfindest. Versuche alle Aufgaben zu lösen – nur bei den besonders gekennzeichneten darfst du den Taschenrechner benutzen. Die Lösungen findest du im Anhang.

Grundrechenarten

1

a) $1982 + 10\,005 + 3167$
b) $10\,111 + 7\,702 + 433 + 12\,456$
c) $8\,766 + 4\,009 + 123 + 70\,301 + 761$

2

a) $15\,251 - 722 - 7\,564$
b) $35\,055 - 8\,227 - 363 - 7\,128$
c) $80\,009 - 17\,656 - 563 - 4\,421 - 279$

3

a) $7\,539 \cdot 127$
b) $7\,185 : 15$
c) $168 \cdot 425\,003$
d) $32\,178 : 186$
e) $124 \cdot 73 \cdot 151$
f) $174\,870 : 335 : 9$

4

a) $117 \cdot 7 + 86 \cdot 7 + 552 \cdot 7$
b) $98 : 14 - 154 : 14 + 238 : 14$
c) $(25 \cdot 5 - 90 : 6) : (100 - 5 \cdot 9)$
d) $496 \cdot 35 - (5\,200 - 2\,704) : 16$
e) $(4\,025 - 378) \cdot 8 + 552 : 23 - 24$

Rechnen mit Bruchzahlen

5

a) $\frac{1}{2} + \frac{2}{5}$
b) $4\frac{5}{6} + 7\frac{3}{8}$
c) $\frac{1}{5} - \frac{1}{6}$
d) $2\frac{8}{9} - 1\frac{3}{5}$
e) $\frac{5}{7} \cdot \frac{3}{4}$
f) $2\frac{1}{4} \cdot 3\frac{1}{8}$
g) $\frac{3}{4} : \frac{1}{32}$
h) $2\frac{2}{5} : 5\frac{2}{3}$

6

a) $(45\frac{1}{2} + 54\frac{2}{3}) + (19\frac{1}{4} - 3\frac{1}{3})$
b) $4 \cdot \frac{3}{8} + 7 \cdot \frac{3}{5} - 3\frac{1}{2}$
c) $(3\frac{5}{6} + 2\frac{1}{4}) : (1\frac{2}{3} - 1\frac{1}{4})$
d) $5\frac{2}{5} - \frac{1}{10} \cdot 7 + 2\frac{2}{3} : 8$
e) $3\frac{1}{2} : 7 + 3\frac{3}{8} : 3 + 2\frac{3}{4} \cdot 5 \cdot \frac{1}{3}$
f) $3\frac{1}{2} - 1\frac{1}{2} : (1\frac{1}{4} + \frac{7}{20} + \frac{2}{5})$

Rechnen mit Dezimalbrüchen

7

a) $11{,}11 + 99{,}99 + 7{,}874$
b) $9{,}56 - 5{,}89 - 0{,}281$
c) $0{,}75 + 1{,}2 - 0{,}012 + 3{,}07$
d) $15{,}2 \cdot 1{,}43$
e) $8{,}82 \cdot 3{,}1 \cdot 12$
f) $725{,}5 : 0{,}5$
g) $2{,}45 : 0{,}0049 : 0{,}5$

8

a) $4{,}75 : 0{,}5 + 9{,}5 \cdot 2{,}1$
b) $12{,}5 : 0{,}05 + 7{,}14 : 0{,}238$
c) $8{,}75 \cdot 20 - 25{,}5 : 0{,}25$
d) $(1{,}2 - 3{,}875) + (9{,}8 + 1{,}5)$
e) $12{,}5 \cdot 8{,}3 - (9{,}75 - 2{,}5 \cdot 1{,}3)$
f) $(7{,}2 - 4{,}4) : 0{,}8 - (6{,}6 - 5{,}9)$

Umrechnung von Maßeinheiten

9

Wandle in die nächstkleinere Maßeinheit um.
a) 3,2 m; 48 m; 1,24 dm; 1,07 km; 794 cm
b) 47 l; 11 hl; 2,8 hl; 0,34 l; 238 l
c) 21 min; 76 h; 3 h 47 min; 17 Wochen
d) 1,055 t; 0,17 kg; 832 g; 31 t; 12 kg
e) 2,3 m^2; 36 ha; 8,27 dm^2; 0,074 a; 4 km^2

10

Fasse die Größen zusammen.
a) 5 m + 11 dm + 26 cm + 200 mm + 12 m
b) 2 m^2 + 17 cm^2 + 0,17 m^2 – 3 dm^2 + 14 cm^2
c) 124,7 hl – 230 l + 0,075 hl – 120 l
d) 782,8 t – 124 kg + 0,004 t + 24 000 g
e) 2 h 48 min + 17 h 36 min + 9 h 55 min

11

Ordne nach der Größe.
a) 7 m 12 dm; 7,012 m; 71,2 dm; 0,712 km
b) 3 010 m; 3 km 1 m; 30 km 10 m; 30,1 km
c) 7 m 77 dm; 70 m 7 dm; 77,77 m; 7,777 dm
d) 9,748 kg; 974,8 g; 0,974 t; 9 kg 9 748 g

VOR TESTS

Prozent- und Zinsrechnen

12

a) Wie viel Euro sind 15 % von 150 €?
b) Wie viel kg sind 125 % von 50 kg?
c) Wie viel kg sind 0,5 % von 0,5 t?
d) Wie viel % sind 28 m von 40 m?
e) Wie viel % sind 32 € von 160 €?
f) Wie viel % sind 448 kg von 1 792 kg?
g) Ein Mantel zum Preis von 320 € wird zweimal hintereinander um jeweils 30 % ermäßigt.
Wie teuer ist er jetzt?

13

a) Berechne den Grundwert aus dem verminderten Endwert. In Klammern steht der Prozentsatz, um den vermindert wurde.
35,28 € (16 %);
198,69 € (10,5 %).
b) Berechne den vermehrten Grundwert.
720 € vermehrt um 7 %;
825 kg vermehrt um 18,5 %.

14 

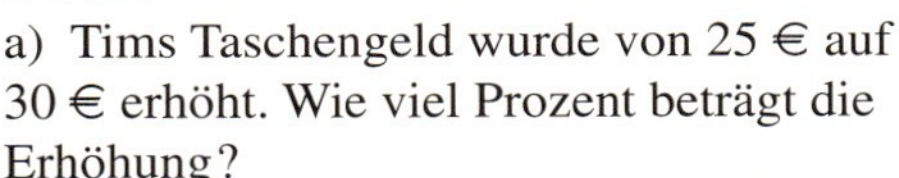

a) Tims Taschengeld wurde von 25 € auf 30 € erhöht. Wie viel Prozent beträgt die Erhöhung?
b) Berechne den prozentualen Preisnachlass einer Hose, die von 98 € auf 83,30 € herabgesetzt wird.
c) Die Tarife der Straßenbahn erhöhen sich im nächsten Jahr um 5,2 %.
Wie viel kostet dann eine 56 € teure Monatskarte? Runde auf ganze Euro.

Wenn man mit dem Taschenrechner arbeitet, muss in der Regel nicht die gesamte Anzeige abgeschrieben werden.
Durch **sinnvolles Runden** kann man auf einige Stellen verzichten.

$\frac{32}{70} =$ 0.4571428 $\approx 0{,}46$

$\frac{35}{75} =$ 0.4666666 $\approx 0{,}47$

15 

a) Berechne die Zinsen.
7 200 € zu 5,2 % für 3 Jahre;
440 € zu 2,5 % für 7 Monate;
1 800 € zu 4,5 % für 260 Tage.
b) Berechne den Zinssatz.
1 560 €; 1 Jahr; 59,28 € Zinsen.
8 100 €; 8 Monate; 334,80 € Zinsen.
c) Das Sportfachgeschäft Win hat einen Tennisschläger für 258 € ausgezeichnet. In einer Sonderaktion werden 20 % Preisnachlass und bei Barzahlung nochmals 3 % Skonto gewährt.

Zuordnungen

16

a) Während eines Schulfestes werden 125 ml Traubensaft für 0,70 € angeboten. Welchen Betrag muss Christine für 1 l bezahlen?
b) Frau Goldmann erhält für 66,04 € 70 US-$. Für wie viel Euro erhält sie 100 US-$?
c) Drei Gärtner benötigen 4 Stunden Zeit, um eine Rasenfläche zu mähen. Wie viel Zeit würden fünf Gärtner für die Arbeit benötigen?

17

a) Ein großes Zahnrad dreht sich 18-mal und bewegt ein kleines Rad 54-mal. Wenn sich das kleine Zahnrad 216-mal dreht, wie oft hat sich dann das große Rad gedreht?
b) Eine Druckerei kann einen Auftrag mit 12 Maschinen in 5 Tagen erledigen. Wie viele Maschinen müssen eingesetzt werden, wenn der Auftrag bereits in 3 Tagen fertig sein soll?
c) Ein Heizöltank ist zu $\frac{8}{9}$ gefüllt. Der Wert dieser Menge entspricht 960 €. Welchen Geldwert hat das Heizöl, wenn der Tank nur noch halb gefüllt ist?

Überschlagrechnen

18

Finde das richtige Ergebnis durch einen Überschlag möglichst schnell.
a) $7432 + 9568 + 2473 =$
Ergebnis: 20 603; 19 473; 18 245; 19 500
b) $1205 \cdot 2105 =$
Ergebnis: 536 524; 536 526; 2 536 525; 2 536 530
c) $37 \cdot 37 =$
Ergebnis: 1 579; 1 369; 1 348; 1 474
d) $55068 : 12 =$
Ergebnis: 4 589; 599; 8 756; 12 413
e) $66 : \frac{1}{6} =$
Ergebnis: 11; $10\frac{1}{6}$; 396; 66
f) $\sqrt{9801} =$
Ergebnis: 91; 95; 98; 99

Gleichungen

19

Löse die folgenden Gleichungen nach der Variablen x auf.

a) $24x + 26 = 170$ b) $9x - 48 = 18 + 3x$
c) $c + bx = b + c$ d) $ax - c = ac - x$
e) $21 + 4x = 2(12 - 4x) + 7x + 12$
f) $(x-2)^2 - 3(x+1) = (x+2)(x-2) - 2$
g) $2x(x+4) - (3x-1)^2 = 6 - 7(x^2 - 1)$
h) $5x + (5x+4)(5x-4) = (3x-1)^2 + (4x+3)^2$
i) $7(6x-1) - 2(x+3)^2 = 3(x+2)^2 - 5(x-1)^2$
k) $2(x+5)(x-5) - 2(x-1)^2 - 12 = 0$

Flächeninhalt und Volumen

20

a) Bestimme den Flächeninhalt eines Quadrates, dessen Umfang u = 71,2 dm ist.
b) Ein rechtwinkliger Bauplatz ist 52,2 m lang und 18,75 m breit. Berechne den Umfang und Flächeninhalt dieses Grundstücks.
c) Die Grundseite eines Dreiecks beträgt 6,24 cm, der Flächeninhalt beträgt 15,6 cm². Bestimme die Höhe.
d) Von einem Trapez sind a = 7,5 cm; c = 4,3 cm und A = 20,65 cm² gegeben. Bestimme die Höhe h.

21

Bestimme den Flächeninhalt der drei Figuren.

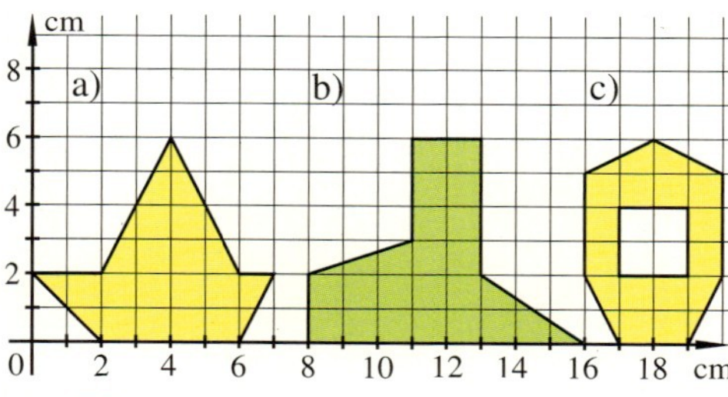

22

a) Der Umfang eines 2-Euro-Stückes beträgt 79,3 mm, die Höhe 1,95 mm. Berechne das Volumen und die Oberfläche.
b) Wie viel l Saft sind in einem zylindrischen Gefäß mit einem Innendurchmesser von d = 14,5 cm und einer Höhe von h = 12,8 cm?

23

Berechne das Volumen der Körper.

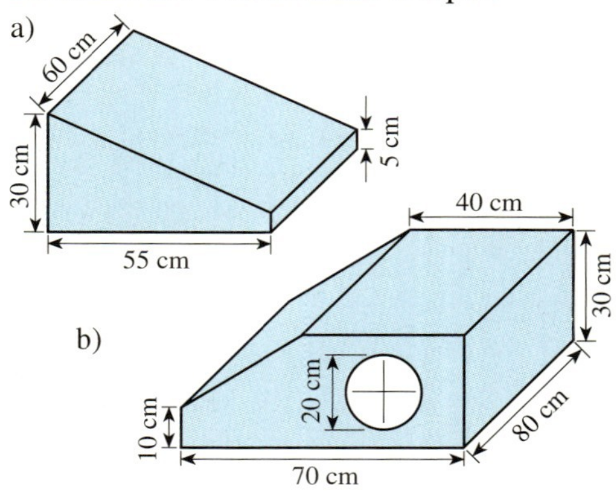

Kreis und Kreisteile

24

a) Berechne Umfang und Flächeninhalt des Kreises mit r = 7,42 dm.
b) Eine Unterlegscheibe hat einen äußeren Umfang von u = 87,3 mm. Der Innenkreisdurchmesser beträgt 10,8 mm. Berechne die Kreisringfläche.
c) Bestimme den Flächeninhalt der gefärbten Figuren.

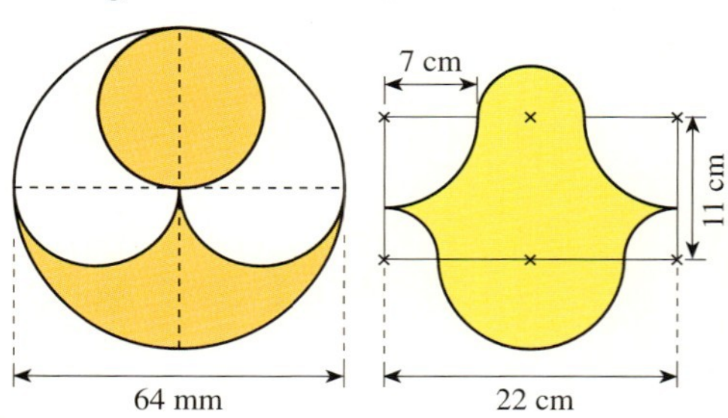

Satz des Pythagoras

25

a) Ein 8,40 m breites Satteldach hat 6,25 m lange Sparren. Wie hoch ist der Giebel?
b) Eine Wohnzimmertür hat ein lichtes Maß von 196 cm × 81,5 cm. Kann eine 2,12 m × 3,42 m große Sperrholzplatte durch diese Tür transportiert werden?
c) Wie lang ist die Raumdiagonale einer Lautsprecherbox mit den Maßen 42 cm × 64 cm × 20 cm?

Logik-Aufgaben

26
Welcher Dominostein ergänzt die Reihe sinnvoll?

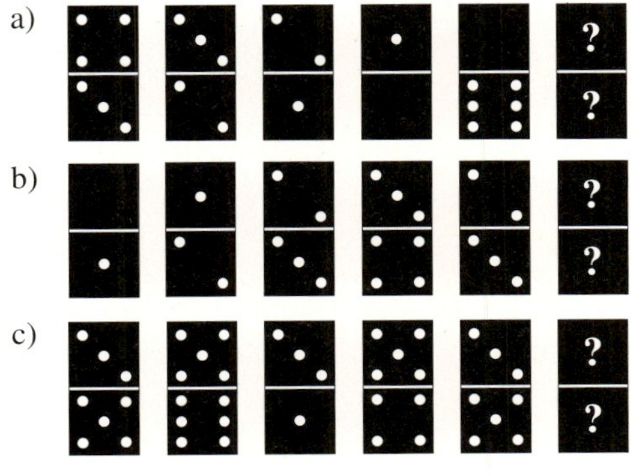

27
Welcher Würfel ist durch Kippen, Drehen oder Kippen und Drehen aus dem Ausgangswürfel entstanden?

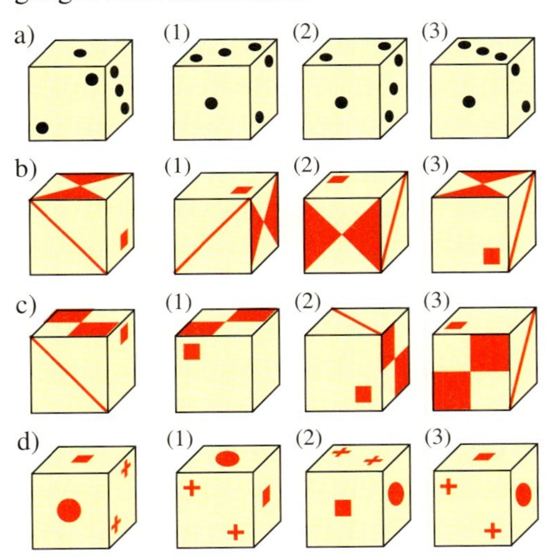

28
Welche Zahlen setzen die Zahlenreihen logisch fort?

a)	5	6	8	11	15	□	□
b)	8	10	9	11	10	□	□
c)	10	11	9	12	8	□	□
d)	7	12	19	28	39	□	□
e)	8	16	20	40	44	□	□
f)	5	15	10	30	25	□	□
g)	3	3	6	18	72	□	□

29
Mit welchem der vier Lösungsvorschläge wird die Reihe sinnvoll ergänzt?

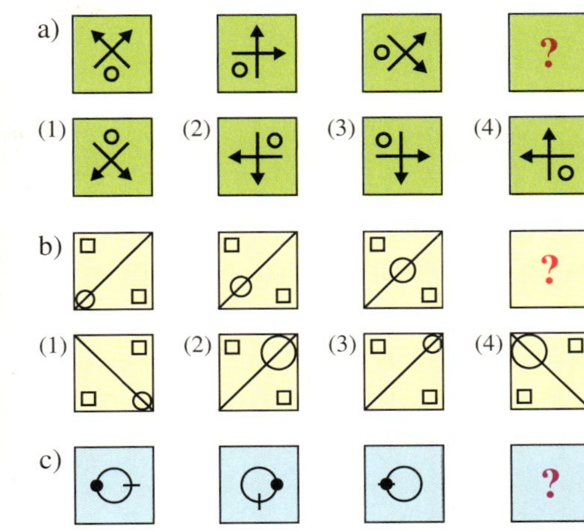

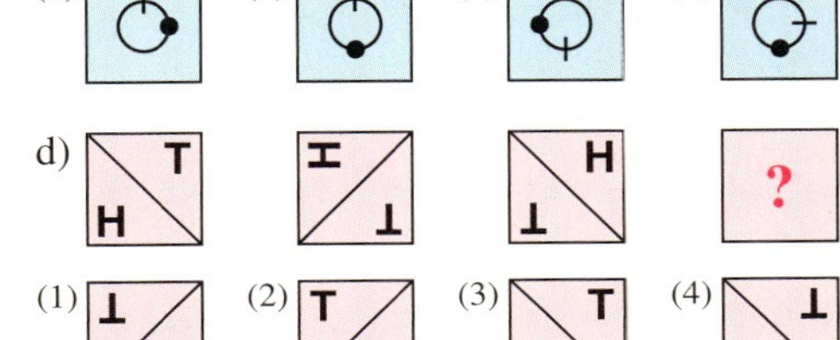

30
Wie viele Flächen besitzt der Körper?

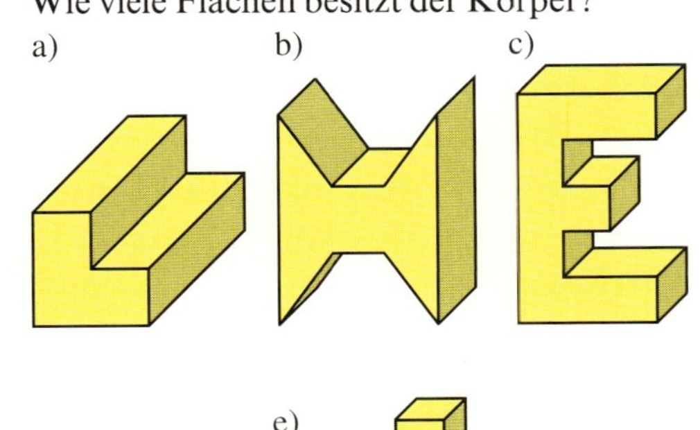

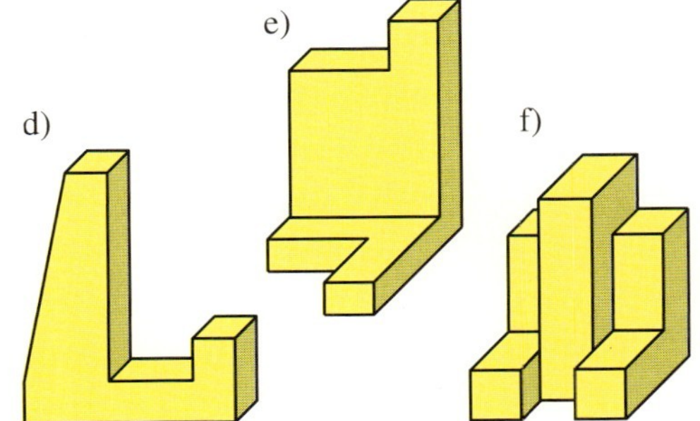

Lösungen

Wiederholung, Seite 7

1

a) $ab+6a+2b+12$
b) $xy-5x+3y-15$
c) $rs+11r-7s-77$
d) $5n-60-mn+12m$
e) $27ac+36ad-18bc-24bd$
f) $-mr-2ms-5ur-10us$
g) $-4xz+12yz-5x^2+15xy$
h) $vs+vt+ws+wt$

2

a) $8x^2-50y^2$
b) $5r^2-8s^2-9t^2-6rs-12rt-18st$
c) $-2x^2-6x+28$
d) -65

3

a) $25+10a+a^2$
b) $x^2-14x+49$
c) $9s^2+42st+49t^2$
d) $25x^2-80xy+64y^2$
e) $2{,}25e^2+12ef+16f^2$
f) $6{,}25p^2-15pq+9q^2$
g) $\frac{1}{4}a^2+\frac{1}{2}ab+\frac{1}{4}b^2$
h) $\frac{1}{16}v^2-\frac{1}{6}vw+\frac{1}{9}w^2$

4

a) $9a^2-b^2$
b) $169x^2-0{,}81y^2$
c) $2{,}25c^2-196d^2$
d) $1{,}69d^2-2{,}89$
e) $\frac{1}{25}x^2-\frac{1}{16}y^2$

5

a) $169+130x+25x^2=(13+5x)^2$
b) $9x^2-6ax+a^2=(3x-a)^2$
c) $36a^2-108ab+81b^2=(6a-9b)^2$
d) $25y^2-10y+1=(5y-1)^2$
e) $225y^2+12xy+0{,}16x^2=(15y+0{,}4x)^2$
f) $9f^2+6{,}25g^2-15fg=(3f-2{,}5g)^2$

6

a) $(x+2y)^2=x^2+4xy+4y^2$
b) $(3u+4v)^2=9u^2+24uv+16v^2$
c) $(9p-8r)^2=81p^2-144pr+64r^2$
d) $(\frac{1}{2}x+\frac{3}{5}y)(\frac{1}{2}x-\frac{3}{5}y)=\frac{1}{4}x^2-\frac{9}{25}y^2$

7

a) $50x^2-228x+314$
b) $-33x^2+112x+33$
c) $1{,}78a^2-1{,}42ab+27{,}89b^2$
d) -625
e) $-175x^2+448y^2$
f) $7{,}2\,hi$

8

a) $(a+5)^2$
b) $(9x-4y)^2$
c) $(0{,}5u-1{,}2v)^2$
d) $(3p+9q)(3p-9q)$
e) $(16v+20w)(16v-20w)$
f) $(\frac{1}{4}a+\frac{3}{11}b^2)(\frac{1}{4}a-\frac{3}{11}b^2)$

Wiederholung, Seite 8

Marginalie:

$$\begin{array}{r} 3984 \\ +4033 \\ \hline 8017 \end{array} \quad \text{oder} \quad \begin{array}{r} 4983 \\ +3034 \\ \hline 8017 \end{array}$$

1

a) $x=4$ b) $y=2{,}5$
c) $n=-16$ d) $z=7{,}5$
e) $s=2$ f) $x=24$

2

a) $x=7$
b) $y=2$
c) $x=51$

3

a) $x=-1$
b) $x=2$
c) $x=1\frac{1}{6}$
d) $x=2$

4

a) $x=18$
b) $x=5{,}5$
c) $y=2$

5

a) $x=9$ b) $x=5$
c) $x=-1$ d) $x=9$
e) $x=1$ f) $x=-5$
g) $x=\frac{1}{2}$

6

a) $x=1{,}2$ T
b) $x=1$ E
c) $x=-15$ N
d) $x=-2$ N
e) $x=2$ I
f) $x=1\frac{1}{3}$ S

Lösungswort TENNIS

7

a) $L=\{53, 54, 55, \ldots\}$
b) $L=\{-3, -4, -5, \ldots\}$
c) $L=\{0, -1, -2, -3, \ldots\}$
d) $L=\{x|x>0\}$
e) $L=\{-3, -4, -5, \ldots\}$
f) $L=\{x|x\geq\frac{2}{5}\}$

8

a) $L = \{x | x > 3\}$
b) $L = \{x | x > 11\}$
c) $L = \{x | x < -\frac{1}{2}\}$
d) $L = \{x | x \leq \frac{2}{3}\}$
e) $L = \{x | x \leq 8\}$
f) $L = \{x | x < 36\}$
g) $L = \{x | x > 6\}$
h) $L = \{y | y \leq 2\frac{1}{4}\}$
i) $L = \{x | x > 1\}$
k) $L = \{x | x < -3\}$

Wiederholung, Seite 9

1

a) Funktion
b) Keine Funktion, da das Element b der Definitionsmenge keinen Partner hat.
c) Keine Funktion, da das Element x der Definitionsmenge mehr als einen Partner hat.
d) Funktion

2

a) $y = x^2$
b) $y = \frac{1}{x}$
c) $y = -1{,}5x$
d) $y = 2x - 5$

3

a)

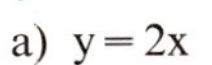

x	−5	−4	−3	−2	−1
y	−1,25	−1	−0,75	−0,5	−0,25

x	0	1	2	3	4	5
y	0	0,25	0,5	0,75	1	1,25

b)

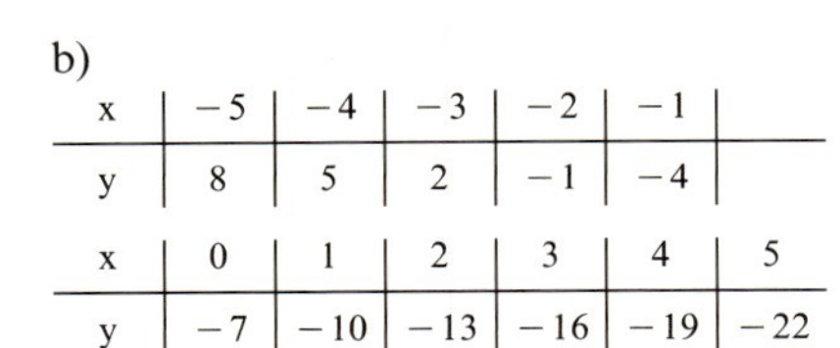

x	−5	−4	−3	−2	−1
y	8	5	2	−1	−4

x	0	1	2	3	4	5
y	−7	−10	−13	−16	−19	−22

c)

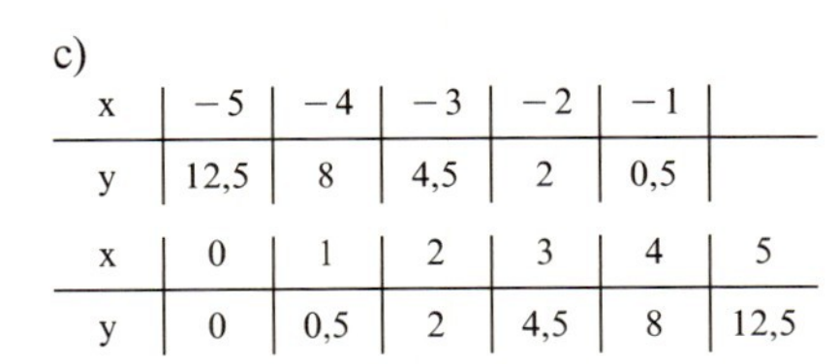

x	−5	−4	−3	−2	−1
y	12,5	8	4,5	2	0,5

x	0	1	2	3	4	5
y	0	0,5	2	4,5	8	12,5

d)

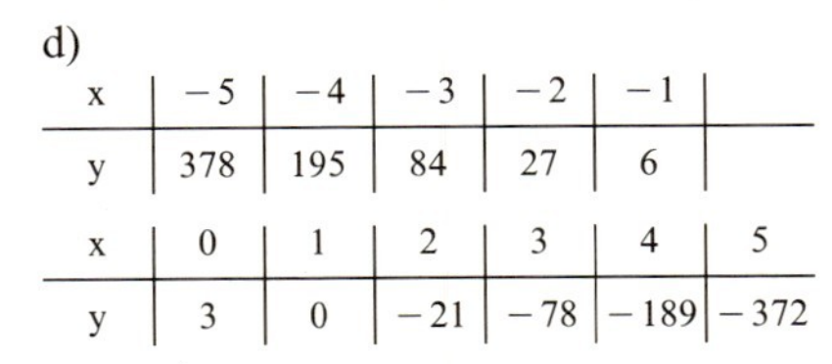

x	−5	−4	−3	−2	−1
y	378	195	84	27	6

x	0	1	2	3	4	5
y	3	0	−21	−78	−189	−372

4

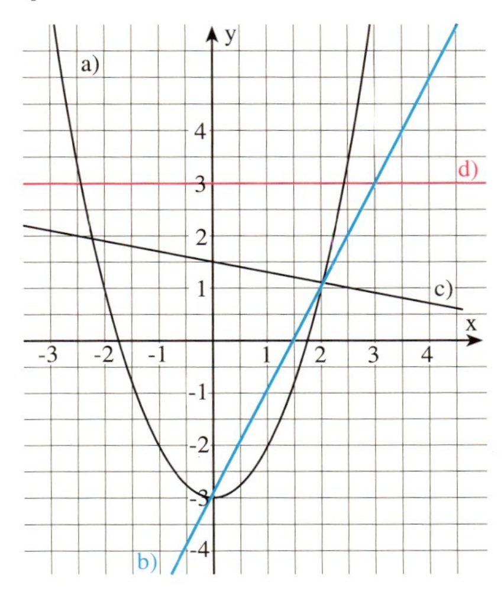

5

a) $y = 2x$
b) $y = -x + 1$
c) $y = -3$
d) $y = 1{,}5x + 2$
e) $y = \frac{2}{3}x - 1$
f) $y = -\frac{3}{2}x - 2$

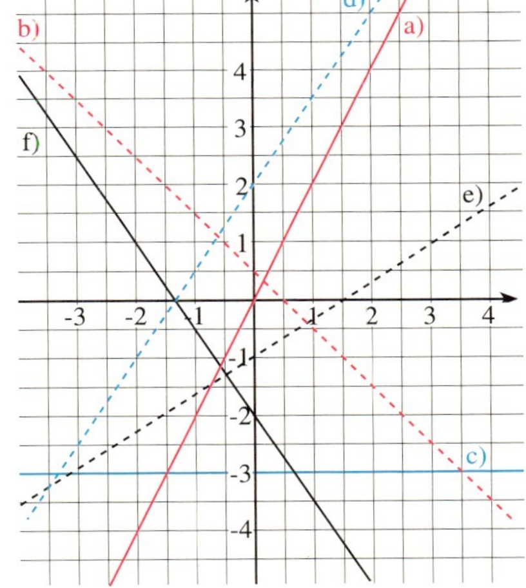

6

g_1: $m = 0{,}5$; $b = 1{,}5$; $y = 0{,}5x + 1{,}5$
Nullstelle: $x = -3$
g_2: $m = -1$; $b = 0$; $y = -x$
Nullstelle: $x = 0$
g_3: $m = 0$; $b = -3{,}5$; $y = -3{,}5$
keine Nullstelle
g_4: Keine Funktion, Gleichung: $x = 2{,}5$

Wiederholung, Seite 10

1
a) $A = 35\,cm^2$ b) $A = 30{,}96\,cm^2$
c) $A = 12\,dm^2$ d) $A = 10{,}08\,cm^2$

2
a) $b = 4{,}44\,m$
b) $b = 20{,}4\,mm$
c) $b = 22\,cm$

3
$h_b = 4{,}5\,cm$

4
$h_c \approx 4{,}32\,cm$
$b \approx 7{,}2\,cm$
$u \approx 21{,}6\,cm$

5
a) $A = 1{,}5r^2$; $u = 6r$
b) $A = 12s^2$; $u = 18s$

6
a) $A = 107{,}73\,cm^2$; $u = 46{,}8\,cm$
b) $b = 21\,cm$; $A = 1\,848\,cm^2$
c) $a = 7{,}2\,cm$; $u = 23\,cm$

7
a) $A = 27{,}54\,cm^2$; $u = 23{,}24\,cm$
b) $A = 186{,}24\,m^2$; $u = 71{,}2\,m$
c) $A = 53\,cm^2$; $u = 41{,}2\,cm$

8
0,92 m

9
$c = 1{,}4\,m$; $h = 5{,}75\,m$

Wiederholung, Seite 11

10
$a = 9\,cm$; $A = 243\,cm^2$

11
$a = 9{,}5\,cm$

12
$A = 345{,}45\,m^2$

13
Der Flächeninhalt A ist 6-mal größer.

14
$A = 16\,cm^2$

15
18 896,64 €

16
a) $A = 10{,}5\,cm^2$
b) $A = 20{,}5\,cm^2$

17
A = 45 Flächeneinheiten

18
a) $1\,276\,m^2$
b) $900\,m^2$

Wiederholung, Seite 12

1
a) $V = 127{,}008\,cm^3$
$O = 186{,}48\,cm^2$

b) $V = 1\,223{,}22\,cm^3$
$O = 1\,125{,}92\,cm^2$

c) $V = 1\,609{,}92\,dm^3$
$O = 945{,}44\,dm^2$

2
a) $c = 3\,cm$
b) $a = 6{,}1\,cm$
c) $c = 4{,}8\,cm$; $a = 2{,}4\,cm$

3
$V = 118\,724\,cm^3$
Gewicht: 213,7032 kg
maximal 112 Schwellen

4
$V = 728{,}75\,m^3$

5
$V_{alt} = a \cdot b \cdot c$
$V_{neu} = \frac{a}{2} \cdot \frac{b}{2} \cdot \frac{c}{2} = \frac{1}{8} \cdot V_{alt}$
$O_{alt} = 2 \cdot (ab + bc + ac)$
$O_{neu} = 2 \cdot (\frac{a}{2} \cdot \frac{b}{2} + \frac{a}{2} \cdot \frac{c}{2} + \frac{b}{2} \cdot \frac{c}{2}) = \frac{1}{4} O_{alt}$

6
$V = 460\,dm^3$ $O = 17{,}492\,m^2$

7
$V = 285\,696\,m^3$
Wassermenge: $228\,556{,}8\,m^3$

8
806,4 kg

Rückspiegel, Seite 44

1

a) L = {(4;3)} b) L = {(2;2)}
c) L = {(−2; −3)} d) L = {(3; −2)}

2

a) L = {(4;7)} b) L = {(5;7)}
c) L = {(3; −5)} d) L = {(1;4)}

3

a) L = {(4;1,5)} b) L = {(4;3)}
c) L = {(24;16)} d) L = {(7;10)}
e) L = {(27;44)}

4

a) keine b) eine, L = {(4;2)}
c) unendlich viele d) keine

5

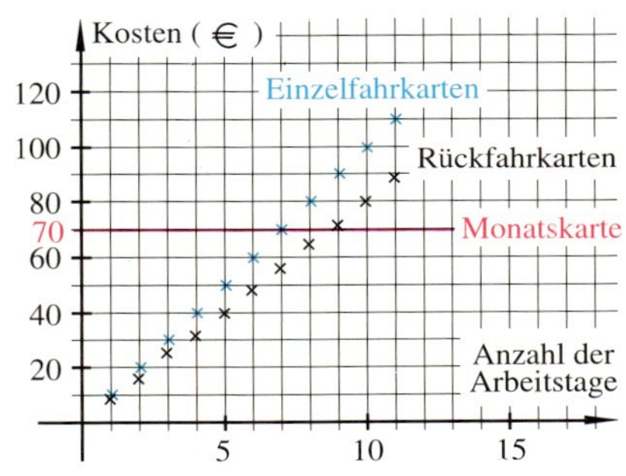

Die Monatskarte macht sich ab 9 Arbeitstagen bezahlt, da 9 Rückfahrkarten 72 € kosten.

6

a) $y > 2x + 2{,}5$ und $y < -0{,}5x + 12{,}5$

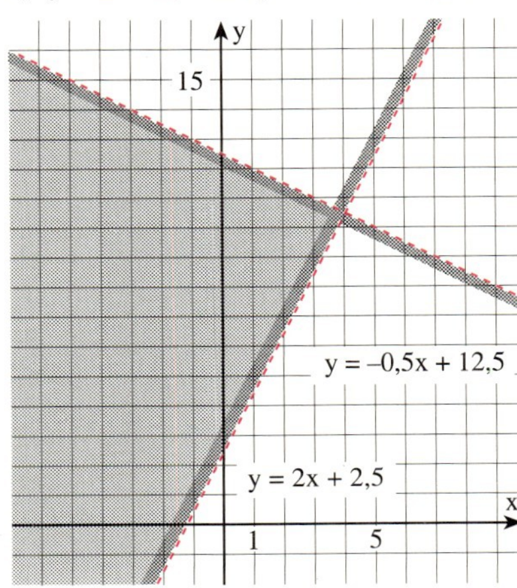

b) $y > 2x + 2{,}5$ und $y > -0{,}5x + 12{,}5$

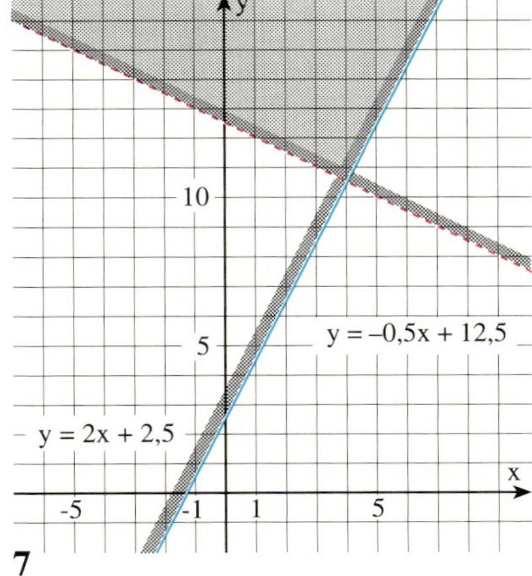

7

a) 10 cm und 6 cm
b) 14 cm; 14 cm; 9 cm

8

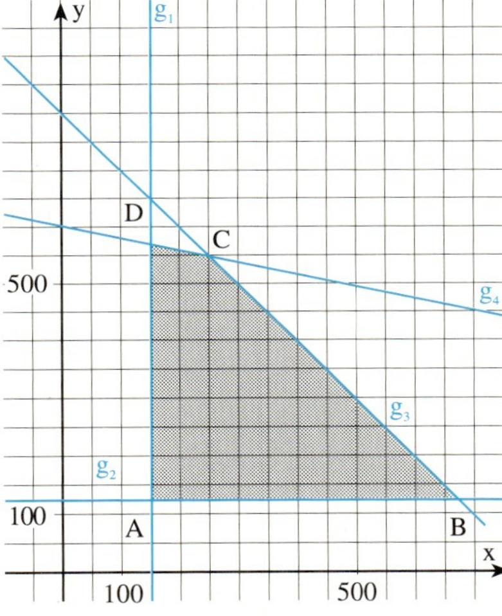

A(150|125), B(675|15), C(250|550), D(150|570)

9

A(0|−2), B(3|−2), C(1,25|1,5), D(0|1)
(1) $x > 0$
(2) $y > -2$
(3) $y < -2x + 4$ oder $2x + y < 4$
(4) $y < \frac{2}{5}x + 1$ oder $2x - 5y > -5$

10

x vom Typ 702, y vom Typ 703
(1) $x \geq 0$
(2) $y \geq 0$
(3) $x \leq 1400$
(4) $y \leq 800$
(5) $x + y \leq 1800$
(6) $x = 2y$

$z = 8x + 12y \rightarrow y = -\frac{2}{3}x + b$

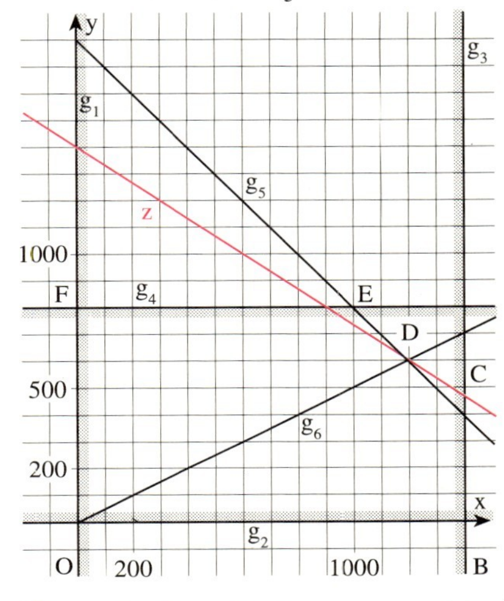

Wegen Gleichung (6) kann es nur auf der Strecke $\overline{OD}$ Lösungen geben.
Der größte Gewinn liegt bei Punkt D mit 1 200 vom Typ 702 und 600 vom Typ 703; er beträgt 16 800 €.

Rückspiegel, Seite 64

1

a) 6 b) 22 c) 0,7
d) 1,3 e) 3,2 f) 4,5
g) $\frac{2}{3}$ h) $\frac{8}{19}$ i) $\frac{27}{31}$

2

a) 4,848 b) 7,550 c) 98,765
d) 1,799 e) 0,245 f) 0,094

3

a) $\sqrt{36}$ b) $\sqrt{196}$ c) $\sqrt{289}$ d) $\sqrt{0{,}04}$
e) $\sqrt{0{,}81}$ f) $\sqrt{2{,}25}$ g) $\sqrt{\frac{1}{9}}$ h) $\sqrt{\frac{4}{49}}$

4

a) 12 b) 33 c) 154
d) 0,6

5

a) 3 b) $\frac{5}{6}$ c) 3
d) 1,5

6

a) 4x b) 105xy c) 14ab
d) 72a

7

a) 5x b) $\frac{3a}{b}$ c) $\frac{17y}{20}$
d) 42x

8

a) 4z b) $\frac{2b}{3}$ c) 4xy
d) 3

9

a) $\sqrt{5}$ b) $16\sqrt{19}+\sqrt{13}$
c) $\sqrt{b}-\sqrt{a}$ d) $3x\sqrt{yz}+y\sqrt{xz}$

10

a) $6\sqrt{2}$ b) $4\sqrt{6}$ c) $4\sqrt{15}$
d) $7y\sqrt{y}$ e) $4x\sqrt{7y}$ f) $12xz\sqrt{3xy}$

11

a) $7\sqrt{3}-3\sqrt{2}$ b) $19\sqrt{3}$
c) $3x\sqrt{2}$ d) $15y\sqrt{5y}$

12

a) $\frac{\sqrt{7}}{7}$ b) $\frac{\sqrt{21}}{6}$ c) $\frac{2+\sqrt{2}}{4}$
d) $3\sqrt{a}$ e) $\frac{x\sqrt{x}+\sqrt{x}}{2x}$
f) $\frac{\sqrt{pq}-q}{pq}$

13

a) 128x b) 45
c) $\frac{\sqrt{2}}{2}$ d) 0

14

Man benötigt 18 Sträucher.

Rückspiegel, Seite 94

1

a) S(−3|−4)
b) S(−7|−4)
c) S(1|−8)
d) S(0,5|−18,75)
e) S(0,25|−0,25)
f) S(0,2|−0,36)

2

a)

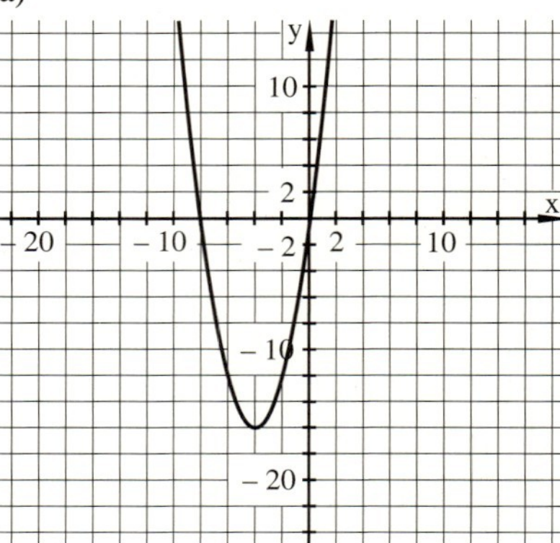

b)−d)

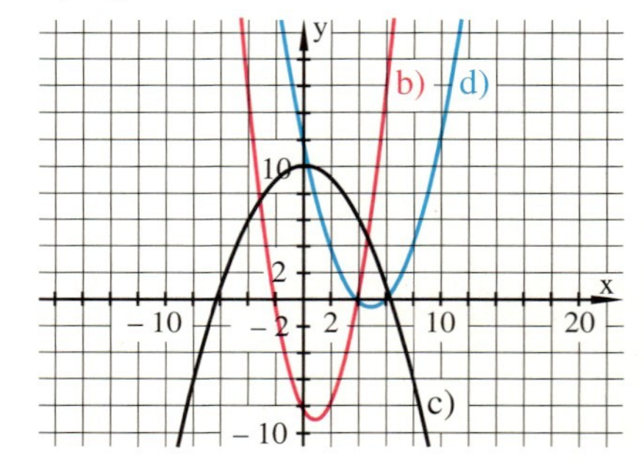

3

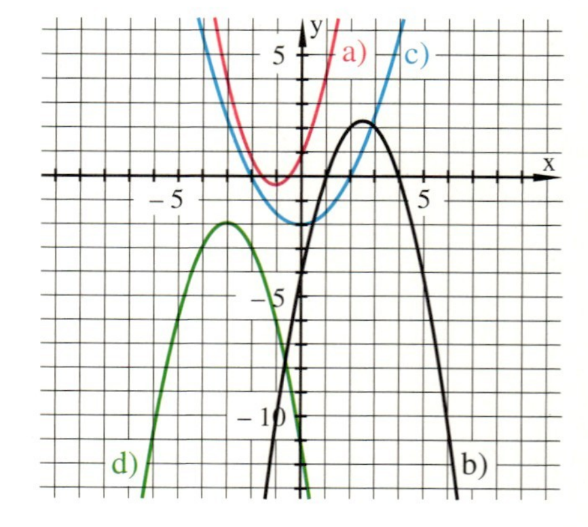

3

Zeichnung (S. 182) und Rechnung ergeben:

a) $x_1 = -1{,}5;\ x_2 = -0{,}5$

b) $x_1 = 1;\ x_2 = 4$

c) $x_1 = -2;\ x_2 = 2$

d) $L = \{\ \}$

4

a)

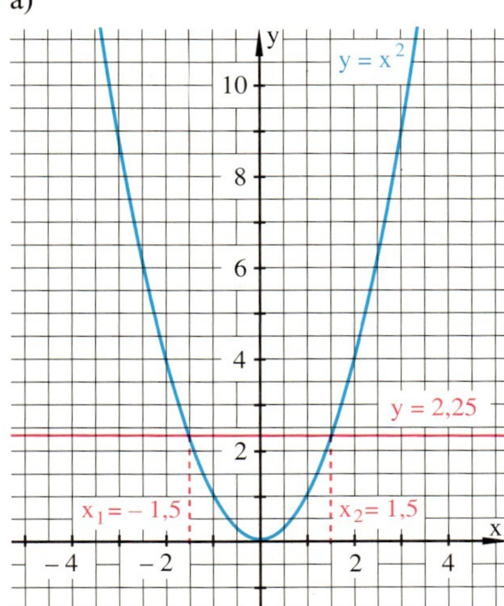

b)

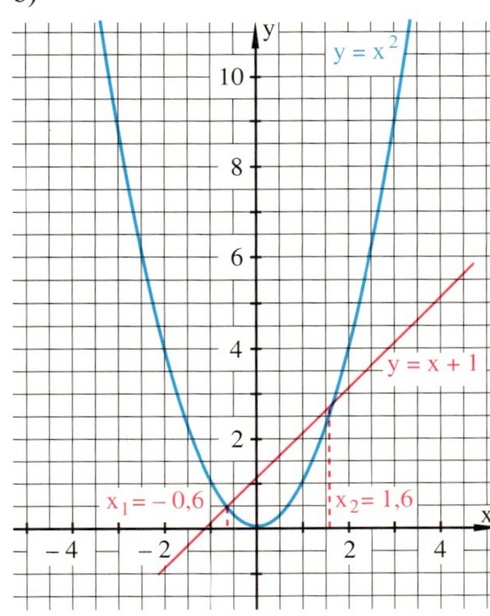

c)

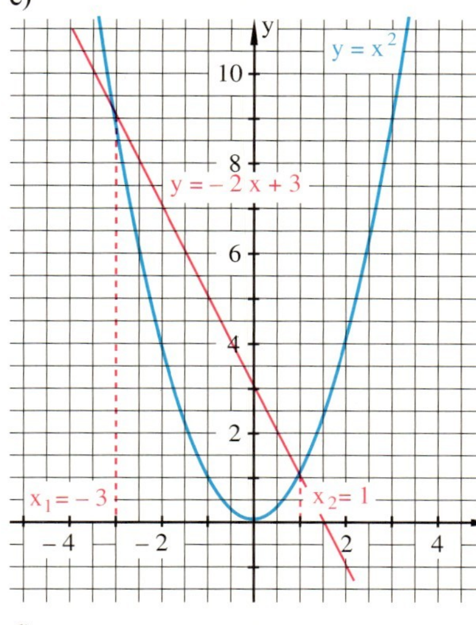

d)

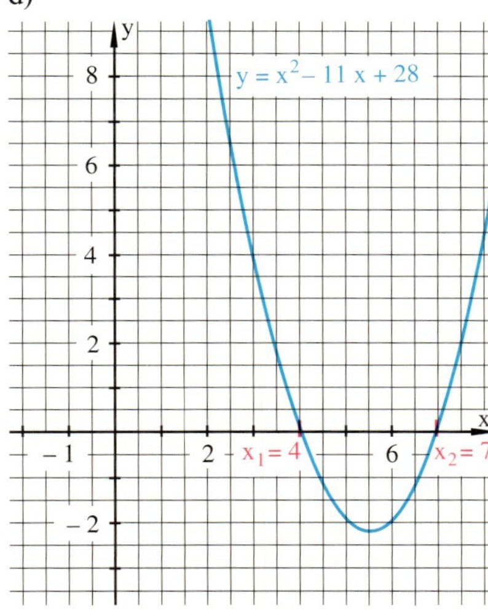

5

a) $x_1 = -10;\ x_2 = -5$

b) $x_1 = -2;\ x_2 = 15$

c) $x_1 = -\frac{7}{8};\ x_2 = \frac{1}{8}$

d) $x_1 = 0{,}3;\ x_2 = 4$

e) $L = \{\ \}$

f) $x_1 = -0{,}5;\ x_2 = 5$

g) $x_1 = 2;\ x_2 = 6{,}4$

h) $x_1 = -31;\ x_2 = -7$

6

a) $x^2 - 7x + 10 = 0$

b) $x^2 + 11x + 24 = 0$

c) $x^2 - 7x = 0$

d) $x^2 - 70x + 1\,225 = 0$

e) $x^2 - 22x - 48 = 0$

f) $x^2 - 1{,}21 = 0$

7

a) $x_1 = -10; x_2 = 1; p = -9; q = -10$

b) $x_1 = 1; x_2 = 2; p = 3; q = 2$

c) $x_1 = -6; x_2 = 2; p = -4; q = -12$

d) $x_1 = -12; x_2 = 23; p = 11; q = -276$

e) $x_1 = 8; x_2 = 12; p = 20; q = 96$

f) $x_1 = -2; x_2 = 3; p = 1; q = -6$

8

$x = 6$ cm

9

a) $x = 18$

b) $x_1 = -3{,}8; x_2 = 5$

10

a) 402,2 m

b) 402,8 m; 9 Sek.

c) $\approx 18{,}02$ Sek.

11

29,1 m

12

a) $x_1 \approx -1$, $x_2 \approx 5$ } Sprungweite = 6 m

b) $x_1 \approx -2{,}42$, $x_2 \approx 3$ } Sprungweite = 5,4 m

Rückspiegel, Seite 124

1

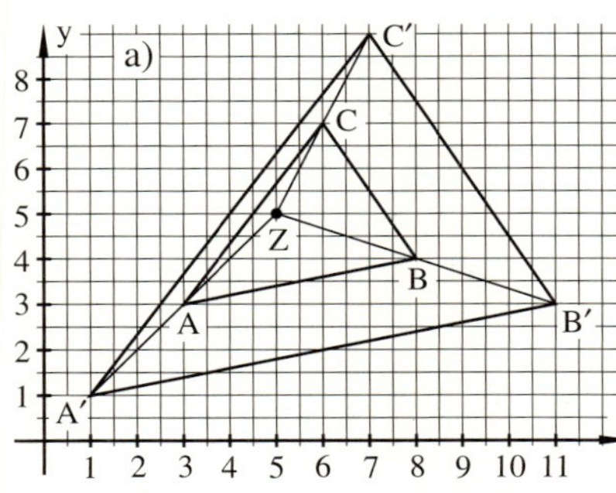

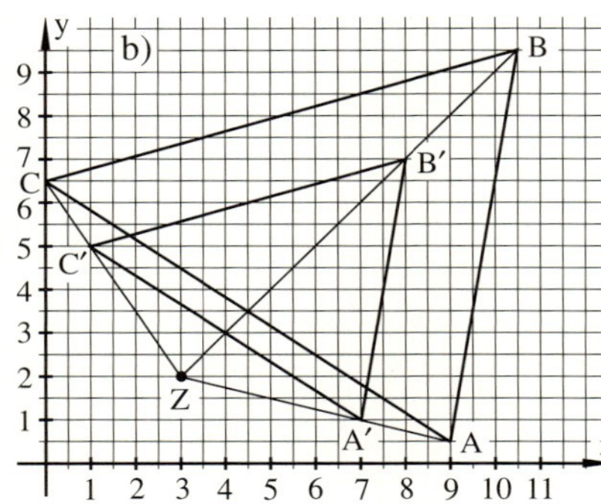

c) $A'(14\frac{1}{2}|11)$
$B'(4|5)$
$C'(10|-1)$

2

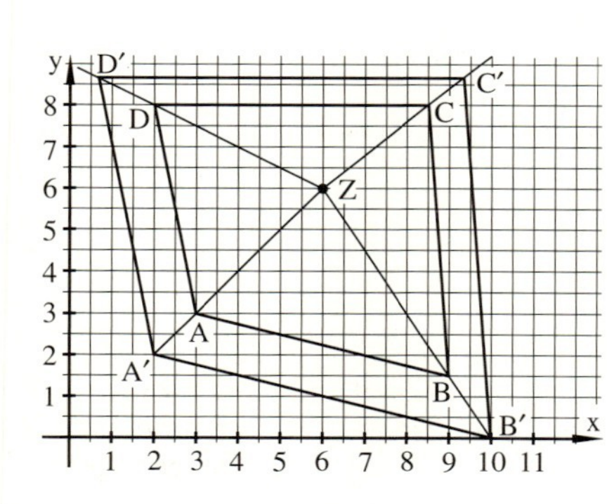

3

Da die Figur in bezug auf Z punktsymmetrisch ist, hätte man auch mit $k = \frac{3}{2}$ strecken können!

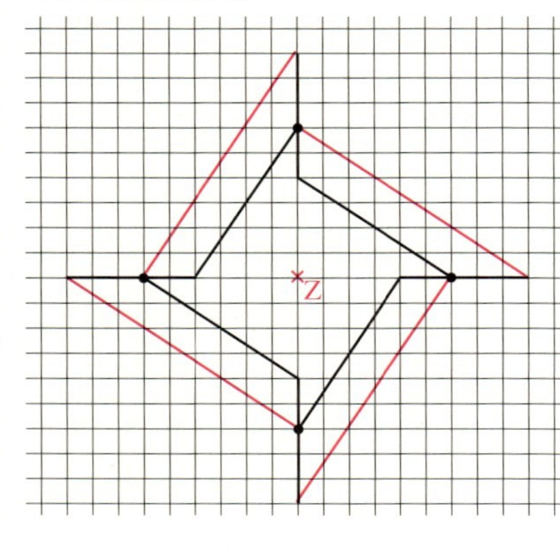

4

Längen-abb.-maß-stab k	3	1,5	0,5	2
Flächen-abb.-maß-stab k^2	9	2,25	0,25	4
Seite a	7 cm	4 cm	4 cm	3 cm
Seite a′	21 cm	6 cm	2 cm	6 cm
Flächen-inhalt A	49 cm²	16 cm²	16 cm²	9 cm²
Flächen-inhalt A′	441 cm²	36 cm²	4 cm²	36 cm²

5

a) $x \approx 10{,}8$ cm b) $x \approx 2{,}6$ cm

6

$\frac{x+y}{y} = \frac{50}{40}$, $\frac{x+y}{25} = \frac{36}{15}$

$x = 12$ mm, $y = 48$ mm

7

a) und c) ähnlich, b) nicht ähnlich

8

a), b) und d) ähnlich, c) nicht ähnlich

9

$\frac{54-x}{62-x} = \frac{92}{92+46}$

$x = 38$ mm

10

$\frac{x + 160\text{ m}}{160\text{ m}} = \frac{205}{98}$

$x \approx 175$ m

11

Flächenabbildungsmaßstab 2,
Längenabbildungsmaßstab $\sqrt{2}$

Rückspiegel, Seite 148

1

a) $a^2 = b^2 + c^2$
$c^2 = d^2 + e^2$
$b^2 = d^2 + f^2$

b) $\overline{AC}^2 = \overline{AB}^2 + \overline{BC}^2$
$\overline{AB}^2 = \overline{AE}^2 + \overline{BE}^2$
$\overline{BC}^2 = \overline{BE}^2 + \overline{CE}^2$
$\overline{AD}^2 = \overline{AE}^2 + \overline{DE}^2$
$\overline{BD}^2 = \overline{AB}^2 + \overline{AD}^2$
$\overline{CD}^2 = \overline{CE}^2 + \overline{DE}^2$

2

a) $x \approx 6{,}0\,\text{cm}$ b) $x \approx 12{,}3\,\text{cm}$
c) $x \approx 6{,}0\,\text{cm}$ d) $x \approx 9{,}7\,\text{cm}$

3

a) $c \approx 12{,}6\,\text{cm}$
b) $b \approx 75{,}9\,\text{m}$
c) $a \approx 203\,\text{m}$

4

a) $u \approx 25{,}0\,\text{cm}$; $A \approx 29{,}9\,\text{cm}^2$
b) $A \approx 75{,}9\,\text{cm}^2$

5

$u \approx 33{,}0\,\text{cm}$; $A \approx 59{,}5\,\text{cm}^2$

6

$e \approx 10{,}0\,\text{cm}$

7

a) $u \approx 42{,}4\,\text{cm}$; $A \approx 107{,}0\,\text{cm}^2$
b) $u \approx 30{,}0\,\text{cm}$; $A \approx 52{,}7\,\text{cm}^2$

8

rund 1 800 m = 1,8 km
(der „genaue“ Wert ist 1801,1 m)

9

rund 21 cm

10

a) $u = 5a + 2a\sqrt{2} = a(5 + 2\sqrt{2})$

b) $A = 2a^2 + \frac{a^2}{4}\sqrt{3} = \frac{a^2}{4}(8 + \sqrt{3})$

Rückspiegel, Seite 167

1

a) $u \approx 75{,}4\,\text{cm}$, $A \approx 452{,}4\,\text{cm}^2$ b) $u \approx 339{,}3\,\text{mm}$, $A \approx 9160{,}9\,\text{mm}^2$

c) $u \approx 38{,}3\,\text{cm}$, $A \approx 116{,}9\,\text{cm}^2$ d) $u \approx 4{,}33\,\text{m}$, $A \approx 1{,}50\,\text{m}^2$

e) $u \approx 2{,}42\,\text{dm}$, $A \approx 0{,}47\,\text{dm}^2$ f) $u \approx 3{,}267\,\text{km}$, $A \approx 0{,}849\,\text{km}^2$

2

a) $r \approx 2{,}9\,\text{cm}$, $d \approx 5{,}8\,\text{cm}$ b) $r \approx 1\,094\,\text{mm}$, $d \approx 2\,188\,\text{mm}$

c) $r \approx 0{,}32\,\text{m}$, $d \approx 0{,}64\,\text{m}$ d) $r \approx 2{,}39\,\text{m}$, $d \approx 4{,}77\,\text{m}$

3

a) $d \approx 7{,}8\,\text{cm}$ b) $d \approx 30{,}3\,\text{mm}$
c) $d \approx 6{,}3\,\text{dm}$ d) $d \approx 1{,}13\,\text{km}$

4

a) $A \approx 2{,}68\,\text{cm}^2$ b) $A \approx 0{,}08\,\text{m}^2$
c) $h \approx 8{,}3\,\text{m}$ d) $u \approx 10{,}63\,\text{cm}$

5

a) $858\,\text{mm}^2$ b) $70{,}9\,\text{cm}^2$

6

a) $b \approx 22\,\text{mm}$, $A \approx 231\,\text{mm}^2$ b) $b \approx 20{,}0\,\text{cm}$, $A \approx 73{,}0\,\text{cm}$

c) $b \approx 136{,}2\,\text{cm}$, $A \approx 2\,411{,}4\,\text{cm}^2$

7

a) $\alpha \approx 85{,}9°$ b) $\alpha \approx 294{,}1°$

8

a) Die Wegstrecke beträgt 21,36 m.
b) Die Wegstrecke während eines Tages (24 h) beträgt 27,65 m.

9

a) $u = r(2 + \frac{\pi}{2})$
Für r = 5 cm: $u \approx 17{,}9\,\text{cm}$
$A = r^2(1 - \frac{\pi}{4})$ $A \approx 5{,}4\,\text{cm}^2$

b) $u = r(1 + \pi)$
Für r = 5 cm: $u \approx 20{,}7\,\text{cm}$
$A = \frac{\pi}{8}r^2$ $A \approx 9{,}8\,\text{cm}^2$

10

$A_{rot} = \frac{1}{2}a^2$

$A_{blau} = \frac{1}{2}\cdot\pi\left(\frac{a\cdot\sqrt{2}}{2}\right)^2 - \left(\frac{1}{4}\cdot\pi\cdot a^2 - \frac{1}{2}a^2\right) = \frac{1}{2}a^2$

11

r Zylinderradius
A_r Zylinderflächeninhalt, $A_r = r^2\pi$

Zweiventilmotor:
$z = 0{,}5r$
$A_Z = \pi z^2 = 0{,}25A_r$ Ventilflächeninhalt

Vierventilmotor:
v Ventilradius

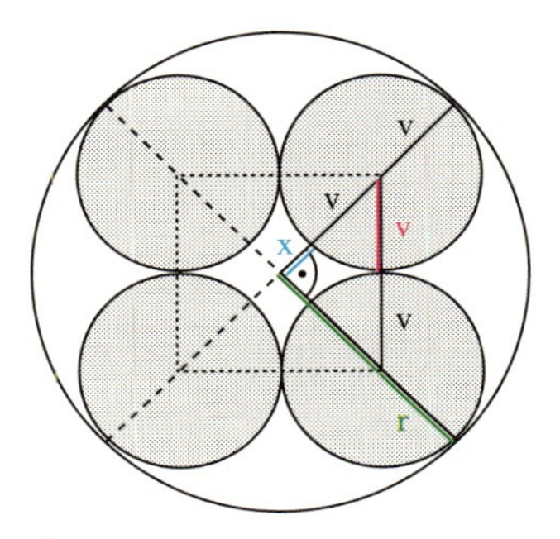

(1) $x = r - 2v$
(2) $(2v)^2 = 2(v + x)^2$
$v = (\sqrt{2} - 1)r$
$v \approx 0{,}414r$
$A_v = 2(\sqrt{2} - 1)^2 r^2\pi = 2(\sqrt{2} - 1)^2 A_r$
$A_v \approx 0{,}343A_r$

Der Ventilflächeninhalt ist beim Vierventilmotor ca. 37 % größer als beim Zweiventilmotor.

12

oben: $d = \frac{f}{4}$, unten: $d = \frac{f}{8}$
Die Vorhangbreite ist stets πf, sogar wenn die Falten verschieden groß sind, solange es sich nur um Halbkreisbögen handelt. Faustregel: $b = 3f$

TEST, Seite 174–177

1
a) 15154 b) 30702 c) 83960

2
a) 6965 b) 19337 c) 57090

3
a) 957453 b) 479
c) 71400504 d) 173
e) 1366852 f) 58

4
a) 5285 b) 13 c) 2
d) 17204 e) 29176

5
a) $\frac{9}{10}$ b) $12\frac{5}{24}$ c) $\frac{1}{30}$
d) $1\frac{13}{45}$ e) $\frac{15}{28}$ f) $7\frac{1}{32}$
g) 24 h) $\frac{36}{85}$

6
a) $116\frac{1}{12}$ b) $2\frac{1}{5}$ c) $14\frac{3}{5}$
d) $5\frac{1}{30}$ e) $6\frac{5}{24}$ f) $2\frac{3}{4}$

7
a) 118,974 b) 3,389
c) 5,008 d) 21,736
e) 328,104 f) 1451
g) 1000

8
a) 29,45 b) 280
c) 73 d) 8,625
e) 97,25 f) 2,8

9
a) 32 dm; 480 dm; 12,4 cm; 1070 m; 7940 mm
b) 47000 ml; 1100 l; 280 l; 340 ml; 238000 ml
c) 1260 s; 4560 min; 227 min = 13620 s; 119 d
d) 1055 kg; 170 g; 832000 mg; 31000 kg; 12000 g
e) 230 dm²; 3600 a; 827 cm²; 7,4 m²; 400 ha

10
a) 1856 cm = 18,56 m
b) 214,31 dm² = 2,1431 m²
c) 12127,5 l = 121,275 hl
d) 782704 kg = 782,704 t
e) 1819 min = 30 h 19 min

11
a) 0,712 km > 7 m 12 dm > 71,2 dm > 7,012 m
b) 30,1 km > 30 km 10 m > 3010 m > 3 km 1 m
c) 77,77 m > 70 m 7 dm > 7 m 77 dm > 7,777 dm
d) 0,974 t > 9 kg 9748 g > 9,748 kg > 0,9748 kg

12
a) 22,50 € b) 62,5 kg
c) 2,5 kg d) 70 %
e) 20 % f) 25 %
g) 156,80 €

13
a) 42 €; 222 €
b) 770,40 €; 977,625 kg

14
a) 20 % b) 15 % c) 59 €

15
a) 1123,20 €; 6,42 €; 58,50 €
b) 3,8 %; 6,2 %
c) 200,21 €

16
a) 5,60 € (proportionale Z.)
b) 94,34 € (prop.)
c) 2 h 24 min (umgekehrt prop.)

17
a) 72 mal (prop.)
b) 20 Maschinen (umgekehrt prop.)
c) 540 € (prop.)

18
a) 19473 b) 2536525
c) 1369 d) 4589
e) 396 f) 99

19
a) $x = 6$ b) $x = 11$ c) $x = 1$
d) $x = c$ e) $x = 3$ f) $x = 1$
g) $x = 1$ h) $x = -2$ i) $x = 4$
k) $x = 16$

20
a) $A = 316{,}84\,dm^2$ b) $A = 978{,}75\,m^2$
c) $h = 5\,cm$ d) $h = 3{,}5\,cm$

21
a) 19 cm² b) 22,5 cm² c) 16 cm²

22
a) $O = 1155{,}6\,mm^2$ $V = 976\,mm^3$
b) $V = 2114\,cm^3$
$V = 2{,}114\,l$

23
a) $V = 57750\,cm^3$
b) $V = 118867{,}26\,cm^3$

24
a) $u = 46{,}62\,dm$; $A = 172{,}96\,dm^2$
b) $r_a = 13{,}89\,mm$; $A = \pi(r_a^2 - r_i^2)$
$r_i = 5{,}4\,mm$ $= 514{,}5\,mm^2$
c) Linke Figur: $A = 1608\,mm^2$
Rechte Figur: $A = 242\,cm^2$

25
a) 4,63 m
b) ja, Diagonale größer als 2,12 m
c) 79,12 cm

26
a) 6 / 5 b) 1 / 2 c) 5 / 6

27
a) 3 b) 2 c) 3 d) 1

28
a) 20, 26 (Regel: +1, +2, +3, +4 ...)
b) 12, 11 (Regel: +2, −1, +2, −1 ...)
c) 13, 7 (Regel: +1, −2, +3, −4 ...)
d) 52, 67 (Regel: +5, +7, +9, +11 ...)
e) 88, 92 (Regel: ·2; +4, ·2, +4 ...)
f) 75, 70 (Regel: ·3, −5, ·3, −5 ...)
g) 360, 2160 (Regel: ·1, ·2, ·3, ·4 ...)

29
a) 3 b) 2 c) 1 d) 2

30
a) 8 b) 10 c) 14
d) 11 e) 12 f) 18

Formeln

Termumformungen und Binomische Formeln

$a(b+c) = ab + ac$

$a(b-c) = ab - ac$

$\frac{b+c}{a} = \frac{b}{a} + \frac{c}{a}; \quad a \neq 0$

$\frac{b-c}{a} = \frac{b}{a} - \frac{c}{a}; \quad a \neq 0$

$(a+b)(c+d) = ac + ad + bc + bd$
$(a+b)(c+d-e) = ac + ad - ae + bc + bd - be$

$(a+b)^2 = a^2 + 2ab + b^2$
$(a-b)^2 = a^2 - 2ab + b^2$
$(a+b)(a-b) = a^2 - b^2$

$(a+b)^3 = a^3 + 3a^2b + 3ab^2 + b^3$
$(a-b)^3 = a^3 - 3a^2b + 3ab^2 - b^3$

Wurzeln

Quadratwurzel $a = \sqrt{b}$ wenn $a^2 = b$ und $a, b \geq 0$

Kubikwurzel $a = \sqrt[3]{b}$ wenn $a^3 = b$ und $a, b \geq 0$

n-te Wurzel $a = \sqrt[n]{b}$ wenn $a^n = b$ und $a, b \geq 0$

Rechengesetze:

$\sqrt{a} \cdot \sqrt{b} = \sqrt{ab}$

$\frac{\sqrt{a}}{\sqrt{b}} = \sqrt{\frac{a}{b}}$

$a\sqrt{x} + b\sqrt{x} = (a+b)\sqrt{x}$
$a\sqrt{x} - b\sqrt{x} = (a-b)\sqrt{x}$

Funktionen

Lineare Funktion
Funktionsgleichung $y = mx + b$
mit Steigungsfaktor m
y-Achsenabschnitt b

Der Graph ist eine Gerade.

y
m Steigung
b Achsenabschnitt
x
1

Umgekehrt proportionale Funktion
Funktionsgleichung $y = \frac{k}{x}$
mit $x \neq 0$

Der Graph ist eine Hyperbel.

y
x

Rechtwinkliges Dreieck

Satz des Thales

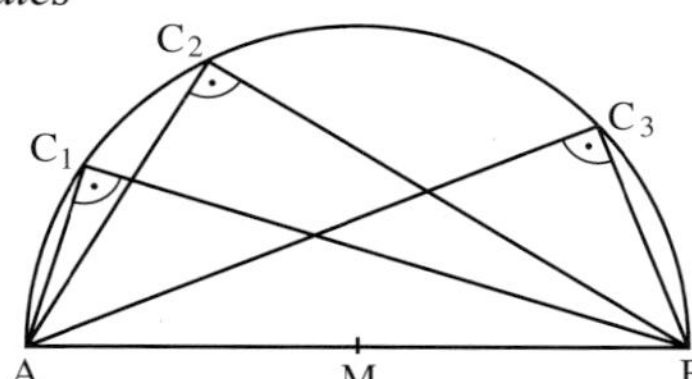

Alle Dreiecke im Halbkreis sind rechtwinklig.

Satz des Pythagoras

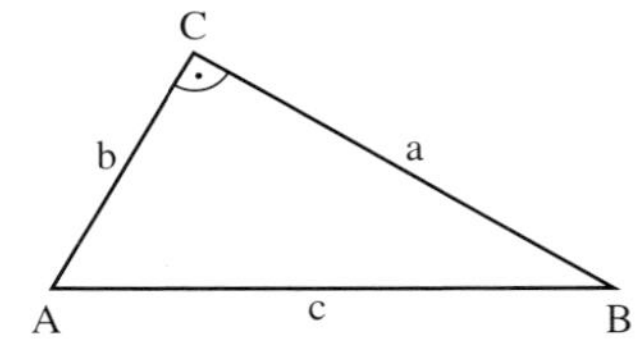

a, b Katheten
c Hypotenuse

$a^2 + b^2 = c^2$

Strahlensätze

$c_1 \parallel c_2$

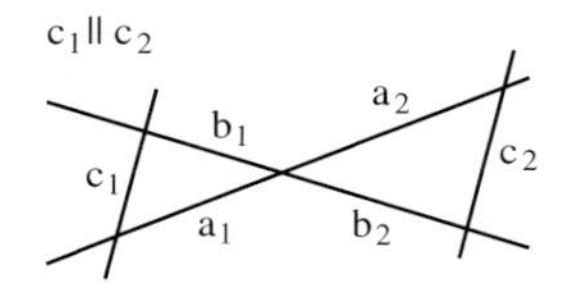

$c_1 \parallel c_2$

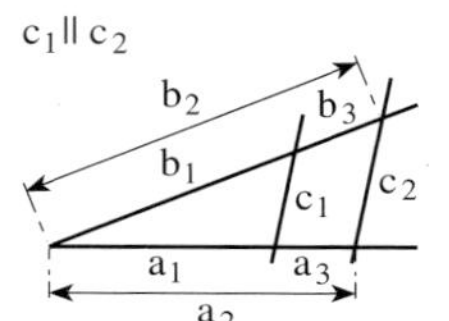

1. Strahlensatz

$\frac{a_1}{a_2} = \frac{b_1}{b_2}$
und
$\frac{a_1}{a_3} = \frac{b_1}{b_3}$

2. Strahlensatz

$\frac{c_1}{c_2} = \frac{a_1}{a_2}$
und
$\frac{c_1}{c_2} = \frac{b_1}{b_2}$

Dreiecke

allgemein

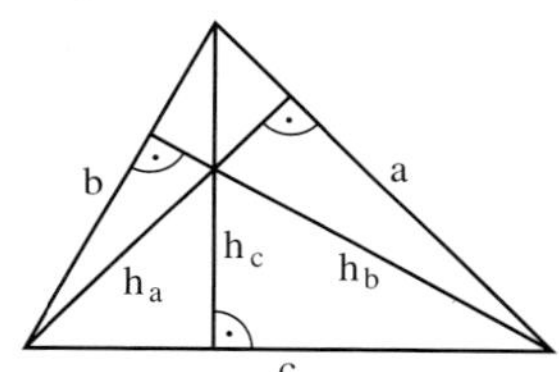

$A = \frac{c \cdot h_c}{2}$
$= \frac{a \cdot h_a}{2}$
$= \frac{b \cdot h_b}{2}$
$u = a + b + c$

rechtwinklig

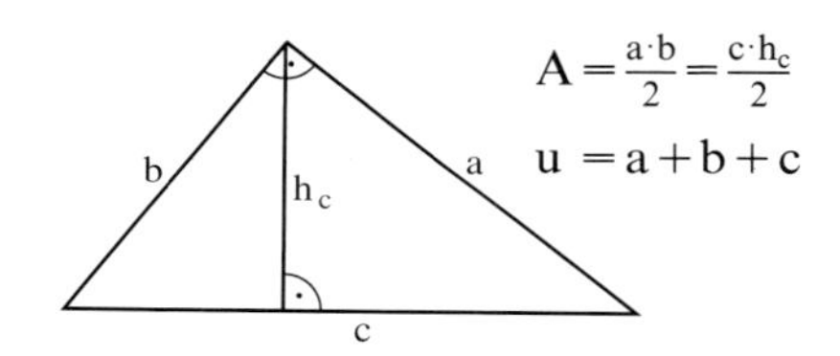

$A = \frac{a \cdot b}{2} = \frac{c \cdot h_c}{2}$
$u = a + b + c$

Vierecke

Quadrat

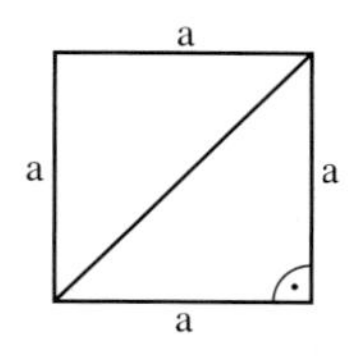

$A = a^2$
$u = 4a$

Raute

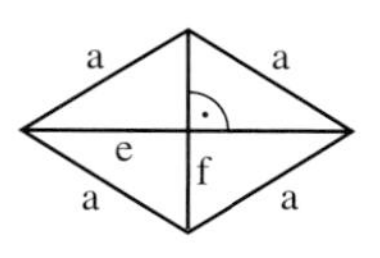

$A = \frac{e \cdot f}{2}$
$u = 4a$

Parallelogramm

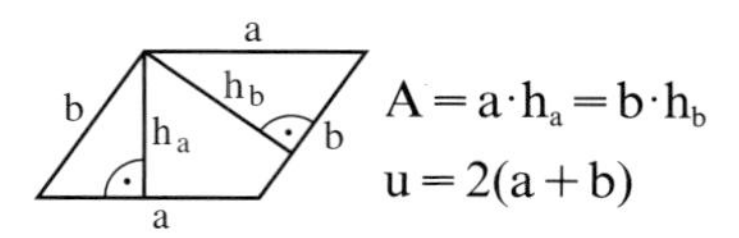

$A = a \cdot h_a = b \cdot h_b$
$u = 2(a + b)$

Rechteck

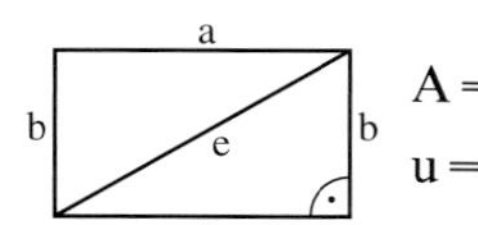

$A = a \cdot b$
$u = 2(a + b)$

Drachen

$A = \frac{e \cdot f}{2}$
$u = 2(a + b)$

Trapez

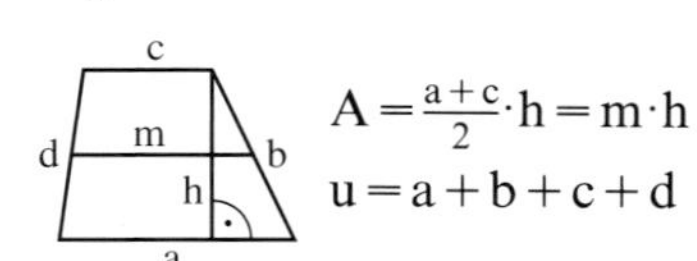

$A = \frac{a + c}{2} \cdot h = m \cdot h$
$u = a + b + c + d$

Kreis und Kreisteile

Kreis

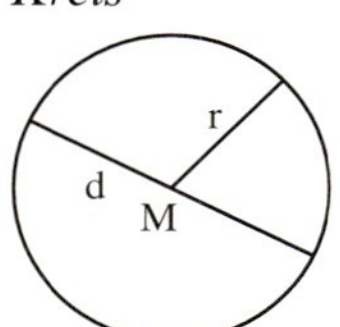

$A = \pi r^2 = \frac{\pi}{4} d^2$

$u = 2\pi r = \pi d$

$d = 2r$

Kreisring

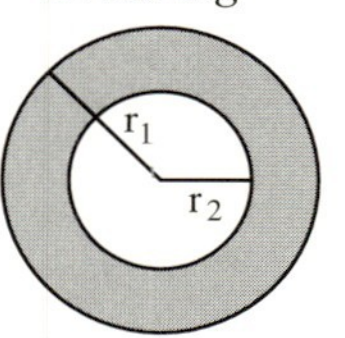

$A = \pi(r_1^2 - r_2^2)$

$u = 2\pi(r_1 + r_2)$

Kreisausschnitt (Sektor)

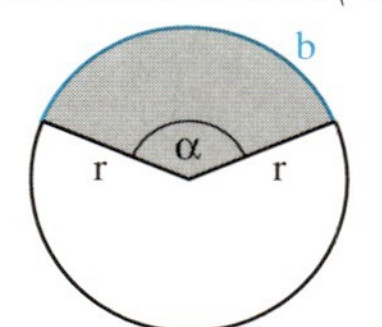

$A = \frac{\pi r^2 \alpha}{360°}$ $A = \frac{b \cdot r}{2}$

$b = \frac{\pi r \alpha}{180°}$

Körper

Würfel

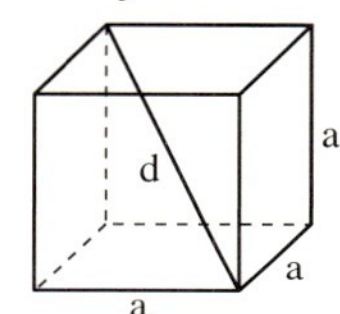

$V = a^3$
$O = 6a^2$
$d = a\sqrt{3}$

Quader

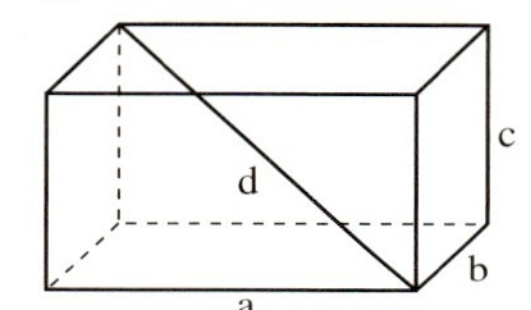

$V = a \cdot b \cdot c$
$O = 2(ab + ac + bc)$
$d = \sqrt{a^2 + b^2 + c^2}$

Prisma

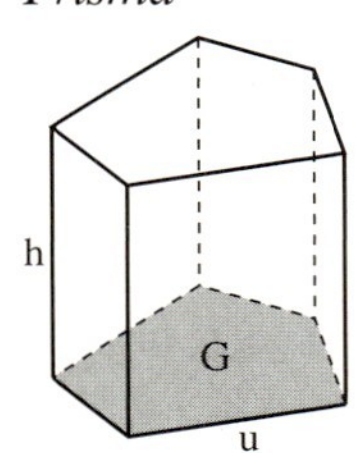

$V = G \cdot h$
$M = u \cdot h$
$O = 2 \cdot G + M$

Zylinder

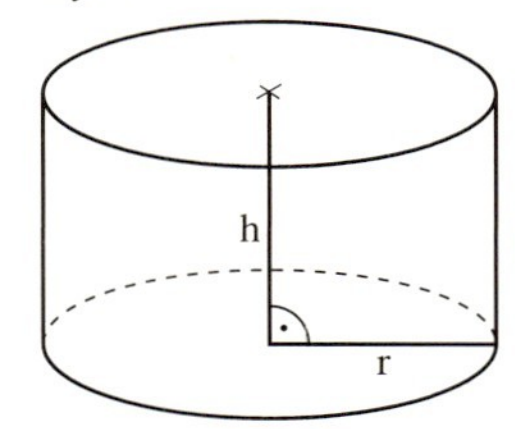

$V = \pi r^2 h$
$M = 2\pi r h$
$O = 2\pi r(r + h)$

Prozent und Zinsrechnung

$1\% = \frac{1}{100} = 0{,}01$, allgemein $p\% = \frac{p}{100}$

$W = G \frac{p}{100}$

G	Grundwert
W	Prozentwert
p%	Prozentsatz

Promille

$p‰ = \frac{p}{1000}$

$Z = K \frac{p}{100} t$

K	Kapital
Z	Zinsen
p%	Zinssatz
t	Zeitfaktor

$t = \frac{i}{12}$ oder $t = \frac{i}{360}$
(i Monate)(i Tage)

Im Bankwesen gilt: 1 Monat hat 30 Tage. 1 Jahr hat 360 Tage.

Mathematische Symbole und Bezeichnungen

$=, \neq, \approx$	gleich, nicht gleich, ungefähr gleich
$<, >$	kleiner, größer
$\leq, \geq$	kleiner oder gleich, größer oder gleich
$\mathbb{N}$ ($\mathbb{N}^*$)	Menge der natürlichen Zahlen (ohne 0)
$\mathbb{Z}$ ($\mathbb{Z}^*$)	Menge der ganzen Zahlen (ohne 0)
$\mathbb{Q}$ ($\mathbb{Q}^*$)	Menge der rationalen Zahlen (ohne 0)
$\mathbb{R}$ ($\mathbb{R}^*$)	Menge der reellen Zahlen (ohne 0)
$\mathbb{R}^-$ ($\mathbb{R}^+$)	Menge der nicht positiven (nicht negativen) reellen Zahlen
$\{\}, \emptyset$	Leere Menge
$x \in M$	x ist Element der Menge M
$\lvert a \rvert$	Betrag der Zahl a bzw. Länge der Strecke a
a, b, c, ...	Bezeichnungen für Strecken
g, h, i, k, ...	Bezeichnungen für Geraden, Linien
A, B, C, ...	Bezeichnungen für Punkte
$\overline{AB}$	Strecke zwischen A und B bzw. Länge der Strecke zwischen A und B
$\overrightarrow{AB}$	Verschiebungspfeil von A nach B
A(2|4)	Punkt mit der x-Koordinate 2 und der y-Koordinate 4
S(Z;k)	zentrische Streckung mit Zentrum Z und Streckfaktor k
$\cong, \sim$	kongruent, ähnlich
$g \perp h$	g steht senkrecht auf h
$g \parallel h$, $g \nparallel h$	g ist parallel zu h, nicht parallel
⊾	rechter Winkel (90°)
$\sphericalangle$ ASB	Winkel mit dem Scheitel S und dem Punkt A auf dem ersten Schenkel und dem Punkt B auf dem zweiten Schenkel
α, β, γ ...	Bezeichnungen für Winkel bzw. Winkelgrößen

Maßeinheiten und Umrechnungen

Einheiten der Länge

Beispiele:

1 m = 10 dm
1 dm = 10 · 10 mm
= 100 mm

Millimeter	Zentimeter	Dezimeter	Meter	(kein Name)	(kein Name)	Kilometer
1 mm	**1 cm**	**1 dm**	**1 m**	**10 m**	**100 m**	**1 km**

·10 ·10 ·10 ·10 ·10 ·10

Einheiten des Flächeninhalts

$1\ m^2 = 100\ dm^2$
$1\ km^2 = 100 \cdot 100 \cdot 100\ m^2$
$= 1\,000\,000\ m^2$

Quadratmillimeter	Quadratzentimeter	Quadratdezimeter	Quadratmeter	Ar	Hektar	Quadratkilometer
1 mm²	**1 cm²**	**1 dm²**	**1 m²**	**1 a**	**1 ha**	**1 km²**

·100 ·100 ·100 ·100 ·100 ·100

Einheiten des Rauminhalts (Volumen)

$1\ m^3 = 1000\ dm^3$
$1\ m^3 = 1000 \cdot 1000\ cm^3$
$= 1\,000\,000\ cm^3$

Kubikmillimeter	Kubikzentimeter	Kubikdezimeter	Kubikmeter	(kein Name)	(kein Name)	Kubikkilometer
1 mm³	**1 cm³** 1 Milliliter	**1 dm³** 1 Liter (1 l)	**1 m³**			**1 km³**

·1000 ·1000 ·1000 ·1000 ·1000 ·1000

Gebräuchlich sind auch noch: 1 Hektoliter (hl) = 100 Liter, 1 Zentiliter (cl) = $10\ cm^3$

Einheiten der Masse
(in der Umgangssprache oft als **Gewicht** bezeichnet)

1 kg = 1000 g

Milligramm	Gramm	Kilogramm	Tonne
1 mg	**1 g**	**1 kg**	**1 t**

·1000 ·1000 ·1000

Gebräuchlich ist auch noch: 1 Pfund = 500 g

Einheiten der Zeit

1 d = 24 · 60 · 60 s
= 86 400 s

Sekunde	Minute	Stunde	Tag	Jahr
1 s	**1 min**	**1 h**	**1 d**	**1 a**

·60 ·60 ·24 ·365*

* 1 „Schaltjahr" hat 366 Tage; Geldinstitute rechnen mit 360 Tagen

Gebräuchliche Vorsilben:

milli = Tausendstel
(1 Millimeter = $\frac{1}{1000}$ Meter)

zenti = Hundertstel
(1 Zentimeter = $\frac{1}{100}$ Meter)

dezi = Zehntel
(1 Dezimeter = $\frac{1}{10}$ Meter)

kilo = Tausend
(1 Kilometer = 1000 Meter)

Register

Abbildung
–, maßstäbliche 96
Abbildungsvorschrift
–, der zentrischen Streckung 98
Additionsverfahren 26
ähnlich 114
Ähnlichkeitssatz 117
Ausklammern 55
Ausmultiplizieren 55

Binomische Formel 7
break even point 40

Diskriminante 82
Distributivgesetz 55
Divisionsverfahren 62

Eckpunkte 32
Einsetzungsverfahren 24
Ergänzung
–, quadratische 75

Figuren
–, ähnliche 114
Flächenmaßstab 115
Funktion
–, lineare 9
–, quadratische 66
Funktionsgleichung 9
Funktionsgraph 9
Funktionstabelle 9

Gleichsetzungsverfahren 22
gleichsetzen 22
Gleichung 8
–, gemischt quadratische 79
–, lineare 14
–, rein quadratische 71
Gleichungssystem
–, lineares 17
grafisch 32

Halbebene 29
Hippokrates
–, Möndchen des 161
Höhensatz 128
Hypotenuse 126
Hypotenusenabschnitt 126

Intervall 49

Kathete 126
Kathetensatz 126
Kreis
–abschnitt 161
–ausschnitt 158
–bogen 158
–fläche 153
–ring 153
–sektor 158
–teile 158
–umfang 150
Kreiszahl π
–, Bestimmung der 157
Kubikwurzel 48
Kubikzahl 48

Längenmaßstab 115
Linearfaktor 73
Lösung 14
Lösungsformel 81
Lösungsverfahren
–, rechnerisches 22
–, halbebene 30

Menge
–, der reellen Zahlen 51
Messkeil 111
Messlehre 111
Mittel
–, arithmetisches 60
–, geometrisches 60

Nenner 57
Normalform 79, 81
Normalparabel 66
Nullstelle 9, 71, 79
Nutzenschwelle 40

Ordinatenabschnitt 9
Optimieren
–, lineares 35

Parabel 66, 69
Parabelschar 77
Planungsgebiet 32, 34
Planungsdiagramm 34
Produkt 53
Proportionalzirkel 111
Punktprobe 30
Pythagoras
–, Satz des 130

Quadratfunktion 66
Quadratwurzel 46
Quadratzahl 46
Quadrieren 46
Quotient 53

Radikand 46
Randgerade 29
Randpunkte 32
Rationalmachen
–, des Nenners 57

Scheitel
–form 75, 79
–punkt 66
Steigung 9
Strahlensatz 104
–, Umkehrung des ~ 112
Streckenverhältnis 102
Streckfaktor 98
–, negativer 99
Streckung
–, zentrische 98, 101
Streckzentrum 98
Symmetrieachse 66
System
–, linearer Ungleichungen 32

Ungleichung 8
–, lineare 29
Umkehrung
–, des Satzes des Pythagoras 131

Verteilungsgesetz 55
Vieta
–, Satz von 86

Wurzel
–, 3. (Kubikw.) 48
–, n-te 48
Wurzelziehen
–, teilweises 57

Zahl
–, reelle 51
–, irrationale 51
Zahlentripel
–, pythagoreisches 147
Zeichenschablone 67
Zielfunktion 34, 35
Zielgerade 34, 35